JN175694

放射性廃棄物処分の原則と基礎

杤山　修 著

公益財団法人
原子力環境整備促進・資金管理センター 監修

ERC出版

本書は，公益財団法人原子力環境整備促進・資金管理センターが
創立40周年記念事業として制作したものです。

はじめに

本書は，放射性廃棄物の処分にこれからたずさわろうとしている人に学んでいただきたい放射性廃棄物の処分の原則と基礎を書いた入門的教科書である。

放射性廃棄物の処分の社会における実現に対する最大の課題は，処分の安全性と正当化の議論の専門家による説明が社会に共有されず，社会の協力が得られないことである。放射性廃棄物の処分のことを知っている専門家はごく限られており，社会の圧倒的多数は何も知らない非専門家であり，処分のことを知らないため，処分地の選定は廃棄物の押し付け合いであると誤解して協力を拒否する。

放射性廃棄物の処分を科学技術的側面から考えると，処分の実現のためには，実に多くの分野の学問的成果が必要とされ，それぞれの学問分野はそれぞれの方法論や物差しを持っている。これから放射性廃棄物の処分の研究開発や実施の実務にたずさわる人も，恐らくそれぞれの分野で多くのことを学ばなければならないだろう。しかし，処分の実現に貢献するためには，ただ各分野の人が寄り集まればよいというわけにはいかない。放射性廃棄物の危険性を避けるためには，人の生活における日常感覚からはかけ離れた長期の間，人が生活する環境から廃棄物を隔離しておく必要があり，その実現という目的のためには，様々な分野でそれぞれの方法論や物差しにより得られた知識を，放射性廃棄物の処分という目的に合わせた方法論や物差しに合わせて統合する必要があり，これを人々が生活する実社会において社会問題の解決という形で適用しなければならない。本書では，放射性廃棄物の処分に関する技術的内容や歴史的経緯，現在の処分の政策を述べることはせず，放射性廃棄物の処分という全体像を俯瞰的に把握することを目的として，その原則や基礎を述べることに注力した。

放射性廃棄物の処分に至るには，放射性廃棄物を処分に適した化学形にして固体の廃棄物パッケージにするまでの処理等を行う処分前管理が先行し，この処分前管理と処分を合わせて，放射性廃棄物の管理（マネジメント）と呼んでいる。2011年3月の東京電力㈱福島第一原子力発電所（福島第一）の事故以来，特にこの廃棄物の処分前管理の重要性がクローズアップされている。福島第一の廃炉では，特に事故により汚染された施設の廃棄物の管理が重要となり，これについて知りたい人も多いかもしれない。残念ながら本書ではこれについて多く触れることはできなかったが，事故後の処理としての処分前管理も，最終的には廃棄物を処分に適した形にすることであるので，本書の内容を基礎とすることができると考えている。

本書の内容は，具体的には，次の7章で構成されており，興味と関心により，できる限り各章を独立して読めるように努めた。このため全体を通読する人にとっては，重複する記述がかなりあるが，各章を独立して読む際に，その章の主題にとって重要な点については漏れないようにとの配慮であると理解してほしい。

第1章では，人の生命活動，社会活動から不可避に発生し，もはや不要となった有害廃棄物を人々はどう扱ってきたかを概観し，環境防護の観点から生まれてきた汚染者支払いの原則，予防原則，持続可能性の原則と，廃棄物に対する廃棄物の最小化，廃棄物処分の考え方を紹介する。

第2章と第3章は，廃棄物の危険性のもととなる放射線の理解のためにある。第2章では，放射性廃棄物の危険性をもたらす放射線の発生と性質に関する基礎知識を概説し，第3章では，放射線の健康影響と，それに対する防護の考え方を概説する。

第4章では，どのような放射性廃棄物がどのような活動からどれだけ発生しているかを概説し，第5章では，今日，国際的コンセンサスとして認められている放射性廃棄物の処分の基本戦略を概説する。

第6章と第7章では，放射性廃棄物の処分の基本戦略である廃棄物の隔離と閉じ込めが達成されることを高い信頼性で示すための，科学技術的努力と，社会におけるステークホルダーとのコミュニケーションの努力について述べる。第6章では，放射性廃棄物中の危険物質が，その危険性が持続する間，定置された場所にとどまり，その場所が種々の外的擾乱を受けず隔離されたままとなることを示す様々な分野の科学的知識について概説する。第7章では，放射性廃棄物の処分において，廃棄物に対する安全が確保されていることを，科学的知識に基づいて示す安全評価と，安全評価における不確実性を評価して意思決定のための情報として提示するセーフティケースについて概説する。

本書の執筆は，原子力環境整備促進・資金管理センターの企画部の藤原愛さんから，センターの創立40周年の記念事業の一環として，放射性廃棄物の処分にこれからたずさわる若手のために，本を書いてはどうかとの提案を受けて始まった。原稿を書き上げるのがずいぶんと遅れたにもかかわらず，辛抱強く励ましていただき付き合っていただいた。深甚なる感謝を申し上げる。また，原稿の一部については，原子力安全研究協会の立川博一さんと増田純男さんに目を通していただき，多くの助言をいただいた。深く感謝申し上げる。最後にERC出版の長田高さんと牧智子さんには編集から出版まで大変お世話になった。御礼申し上げる。

2016年12月

杤　山　　修

目　次

1章

放射性廃棄物と社会

第1章
放射性廃棄物と社会

放射性廃棄物問題の複雑さは我々の日常生活の理解を超えている。危険が存在するのは確かであるが，その危険性は実感することのできない抽象的なものであり，科学や確率の中に埋もれている。放射性廃棄物の処分に関する議論では，知らないことからくる不確かさに対する認識の違いが，容易に，我々の感情，文化，倫理の心理構造に深く滑り込む。限られた言葉による伝達の不備は，未知の事柄に対する疑心暗鬼を呼び起こし，我々を口争いの迷路にさまよわせる。

人々は放射性廃棄物が好きではない。放射性廃棄物などないに越したことはないので，厄介な放射性廃棄物を生み出す上に，運転に大きな危険性を伴う原子力などやめたほうがよいと思ってしまう。しかし，考えてみれば，先史時代から今日に至るまで，人間社会は，放射性廃棄物に限らず廃棄物を生み出して来たし，将来もそうなるだろうことに疑いはない。廃棄物は，それ以上の使用が見込まれていない物質であるので，消えてなくなればよいものであるがそうはいかない。

歴史的には，人々は廃棄物の行方のことを気にかけないで，希釈・分散や隔離により自分から遠ざけて投棄することにより，これを処分してきた。人が生態系の一員として有機物のみを資源として，そこから生じる有機物のみを廃棄物として排出していた時は，有機物の徐々に起こる分解すなわち自然の浄化作用が，希釈・分散による廃棄物の処分を許容していた。

ところが，文明が発達するにつれて，地球が人間社会にとって無限に広かった時代は去り，科学文明の発達は，分解による無害化が容易に起こらない廃棄物を増やし，人口の増加と社会の生産・消費活動の膨張は，捨てなければならない廃棄物の量を増大させてきた。

ある人が自分から遠ざけようとして廃棄物，特に有害廃棄物を捨てる行為は，他の人が生活している環境を脅かすものとなり，人々の間に軋轢が生じる状況を作り出した。

これを受けて，廃棄物の管理（management）は，その発生の抑制と再使用，再生利用をめざすようになったが，それでも廃棄物は残る。避けることができずに残る有害廃棄物については，それを環境に戻して分散させるのではなく，廃棄物の危険性がなくなるまで，可能な限り濃縮し閉じ込めて，人々の生命活動，社会活動が行われる環境から隔離しておくという処分法が選ばれるようになってきた。廃棄物の危険性が非常に長期に持続する高レベル放射性廃棄物に対しては，長期の隔離・閉じ込めが高い信頼度で見込まれる地層処分が考えられている。

有害廃棄物を安全に処分できるかどうかは，有害物質が環境に分散しないように隔離し閉じ込めておくための処分技術の成立性と社会における実現性にかかっている。残念ながら人々は，処分技術の成立性のいかんによらず，廃棄物を自分から遠ざけたいという感情のもとに廃棄物処分のための施設が近くにくることを拒否する。あるいは自分以外の他人に廃棄物の管理の責任を押し付けるという個人的解決の道を選ぼうとする。有害廃棄物の中でも，放射性廃棄物に対する忌避の感覚は，放射線を出すこと，原子力に関連していることによりさらに強く感情的である。

このような場面では，廃棄物を忌避するという自然の感情が，一方では，廃棄物の適切な管理（control）に関する厳しい要求を生み出し，一方では，社会として廃棄物を安全に管理（management）して問題を解決しようとする企図を妨げて，廃棄物が管理（control）の手を逃れて環境に放出される危険性を刻々と高めている。この問題の解決のためには，手間暇はかかるが，廃棄物の安全な処分が達成できるという技術的成立性の確認とともに，それに対する人々の信頼と納得，さらには社会として廃棄物問題を解決しようとする協力を得ることが不可欠である。

この章では，近代社会が，生み出してきた廃棄物を，その場しのぎの形で，どのように扱ってきて，どのような不具合をもたらしてきたか。その結果，現在どのように扱おうとしているかを概観し，このような背景のもとに，社会問題として特に先鋭化している放射性廃棄物の管理に対して，技術が目指すようになった処理処分の基本的考え方を概説する。

1.1　廃棄物の管理の基本的考え方

現代の社会は，産業革命で芽を吹いた科学技術が社会に適用され，社会の経済成長がこれに支えられて物質文明を花開かせてきた結果であるといえる。

しかし，18世紀半ばから後の世界では，物質文明の隆盛はその陰で大量の廃棄物を生み出し，この廃棄物，特に有害廃棄物が人々の生活する環境に侵入して人々の間に軋轢を生じるようになった。

廃棄物に関する多くの条約や法令は，人々の生活する環境への廃棄物の侵入を拒否する環境意識の高まりが規制として実現したものである。過去の有害廃棄物の環境への侵入の事例は，液体や気体の形での安易な放出や，野積みのような投棄など，環境の汚染に直接つながる可能性の高いものである。これらは，経済競争の中で既に利益を得てしまい，その後に残る「もはや価値のない」廃棄物には，手間や資源を投入したくないという人々の心理に根差している。廃棄物は，もはや価値がなく，時に有害である。このため人々は，処分しようとする時には，自分から離れたところに手間をかけず安易に捨てようとして，自分の環境に処分されるときには，これを絶対に許さない。しかしそれにもかかわらず，あらゆる人の行為は，廃棄物を生み出す。廃棄物問題の解決には，こうした人々の感情に配慮して，人と自然環境および社会環境が調和していく方法を見つけ出し，作り出していく必要がある。

廃棄物の管理（management）に対する人々の理性的あるいは感情的反応は，様々な議論の混乱を導くものであるが，そのめざすところは，「廃棄物は，現在および将来の人々の健康と環境への悪影響を最小限にとどめるよう取り扱われるべきである」ということになる。

これを実現するために，現在，世界が廃棄物に対して行っている措置は，図1.1-1に示すように廃棄物が発生してから最終処分されるまでの「揺りかごから墓場まで」を，次のように管理規制しようというものである。

発生の抑制（reduce），再使用（reuse），再生利用（recycle）は3Rと呼ばれ，社会が最大限に力を入れていることである【経済産業省，2016a】。しかし，3Rで達成が不可能な廃

1. まず廃棄物そのものの発生を減らし(reduce)
2. それでも出てくる廃棄物は、部品、製品を再利用(reuse)
   または廃棄物を再資源化(recycle)し、
3. それが不可能なものは最適処分(disposal)を行う
4. そして、廃棄物による汚染には浄化措置(cleanup)を実施する

有害廃棄物が発生してから最終処分されるまで「揺りかごから墓場まで」を管理規制する

廃棄物は現在および将来の国民の健康と環境への悪影響を最小限にとどめるよう取り扱われるべきである

図 1.1-1　廃棄物管理の基本戦略

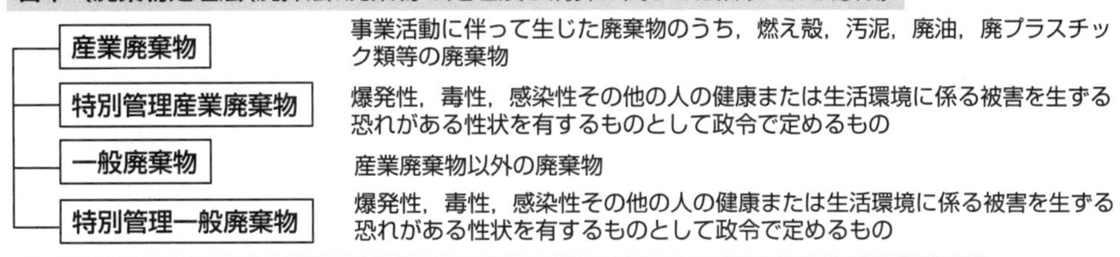

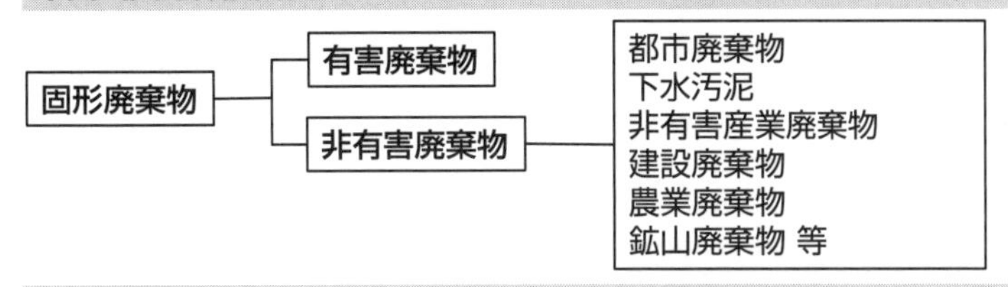

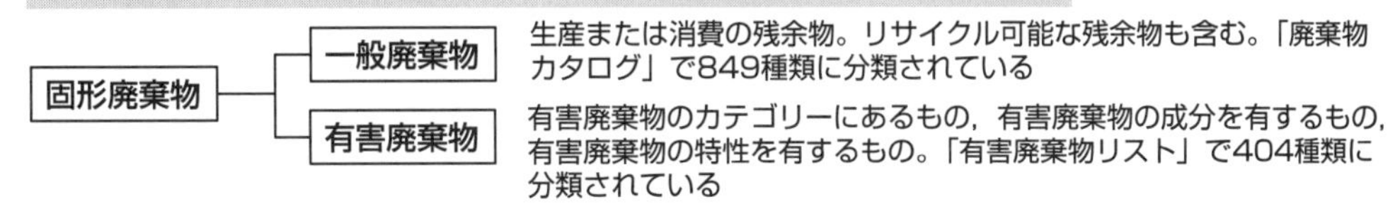

図 1.1-2　日本，米国，EUにおける廃棄物の定義【環境省，2016aより作成】

棄物は，地球上のどこかに蓄積することになる。時間を後戻りすることはできないので，どうしても廃棄物になるものが残る。有害な廃棄物は，人為的に無害化するか，それができなければ，廃棄物が有害な期間，人間社会のおかれている環境から隔離するしかない。これが基本的な廃棄物の管理（management）の戦略である。

廃棄物の定義は，各国の廃棄物関連法規および廃棄物対策への取り組みによって様々である。日本，米国，EUでは，各法律において図1.1-2のように定義されている。

日本における基本となる法律は，循環社会推進基本法（2000年制定）および廃棄物の処理および清掃に関する法律（1970年制定，廃棄物処理法（廃掃法））であり，分類は廃掃法によっている。

米国における基本となる法律は資源保護回復法（1976年制定RCRA，1984年大幅改正RCRA修正法）で，分類はこれによっている。有害廃棄物は，有害物一覧表に掲載されているもの，有害廃棄物の特性があるものとされる。

EUにおける基本となる法制度は，廃棄物枠組み指令（91/156/EEC），廃棄物政策に関する1997年理事会決議，有害廃棄物：理事会指令（94/31/EC）であり，分類は廃棄物カタログ（European Waste Catalogue, EWC）によっている。

これらの廃棄物の種類ごとに，処分場の種類・構造が規定されている。なお，日本における一般廃棄物（一廃）と産業廃棄物（産廃）は排出者の違いによる法律上の区分であって性状や有害性によるものではない。

1.2　廃棄物と環境

1.2.1　地球環境と生物の進化

便益を得るための人々のあらゆる活動は必然的に廃棄物を生み出す。廃棄物はもはや必要のないもので，時には有害であることもある。人々はそれを自分のそばには置きたくないので，何らかの形で処分する。処分とは，もはや必要としないものすなわち廃棄物を取り除き始末をつける行為である。その最も直截な方法は，液体や気体の場合は環境中に放出し，固体の場合はどこか遠くの場所に投棄することである。昔世界が十分広く，迷惑をかける相手がいない場所が見つけられた時，20世紀の半ば頃までは，こうした安易な投棄がごく当然の慣行としてなされてきた。今でも，さまざまな廃棄物が，違法，合法を問わずこうして処分されている。かつて，人間の活動が生態系のごく一部にすぎなかった時代には，人間の出す廃棄物も主として有機物で構成されていて，とりあえず自分から離して捨てれば，生態系の循環のおかげで，時間とともに物質が希釈や分散などの物理変化や，分解や変質などの化学変化を受けて，その有害性を失い，再生されると信じて，大気中や近くの河川や環境中に物を捨てることができた。他人にも迷惑をかけないで済んだ。

これは，生態系の一員である生物としての廃棄物の処分方法であるといえる。もっともこうした廃棄物の処分方法が，その生物や地球環境に何の影響も与えなかったというわけではない。このことを生物の進化との関連で見てみよう【和田，2004】。

図1.2-1は生物の進化の土台となった生態系のエネルギーと物質のフローの構造である。この図に示すように，定常的な太陽エネルギーから直接または間接に生み出される生命の維持（光合成）が，地球上における非平衡状態（生態系の生物活動）をもたらす主たる原因

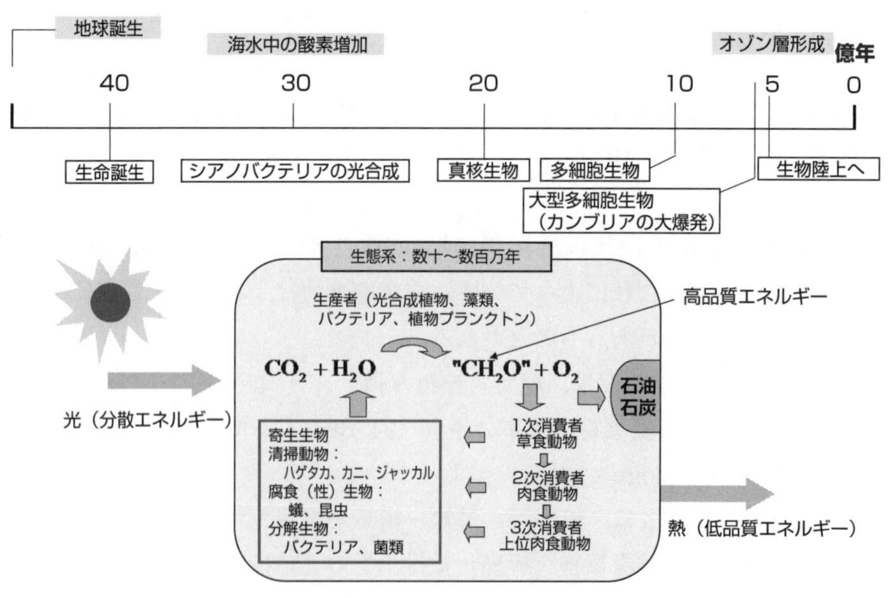

図 1.2-1　生態系におけるエネルギーと物質のフロー

である。思い切り単純化すると，光合成は，二酸化炭素と水から，有機物（水素（H），炭素（C），窒素（N），イオウ（S）およびリン（P）の化合物により成る高エネルギーの結合を含むバイオマス）と遊離酸素への次のような反応である。

$$CO_2 + H_2O \rightarrow \text{"}CH_2O\text{"} + O_2$$

この反応は，より実際の生物の組成に近い形で書くと次のようになる。

$$106\,CO_2 + 16\,NO_3^{\,-} + HPO_4^{\,2-} + 122\,H_2O + 18\,H^+ \\ \rightarrow \{(CH_2O)_{106}(NH_3)_{16}(H_3PO_4)\} + 138\,O_2$$

太陽からの放射線や紫外線が降り注ぎ，大気中には酸素がなかった原始地球で，27億年前頃から10億年ほど前までの期間，地球の浅い海の中心的な生物であったシアノバクテリアはこうした光合成をする生物であった。

生命活動は，図の上部の5億年単位の目盛の時間軸に示されるように非常に長い時間をかけて大気中の酸素の濃度を増加させ，これに適応して，進化の結果，真核生物から多細胞生物に至る酸素呼吸生物を生み出してきた。

生物の進化は，長い時間軸の上で，その時々に形成される環境に適応して起こってきている。地球の無機的な環境の変化は，数億年をかけて地球内部を対流するマントルの流れの上に乗った地殻と，それに接するマントルの最上部の，厚さ約100 km程度の部分（プレート）の動きにより起こり，地殻はプレートの離合集散により，大陸や山脈，海洋，河川を形成し，地表の気候風土を支配する。生物種の変化は，地殻の変化に応じて決まる地形と生物活動の影響を受けて形成される環境に適応して様々な時間をかけて起こっている。このような生物の進化の過程は，地球表面に隆起した地殻が侵食され，海側で堆積することにより形成される地層に化石として記録される生物相の変化として示されている。表1.2-1はこれを簡単にまとめたもので，それぞれの地質年代における無機的環境（大陸の離合集散）の変遷を3列目に，それに対応する有機的環境（生物の進化）の変遷を4列目に示している【和田，2004】。

これを，図1.2-1に示す生態系におけるエネルギーと物質のフローの観点から見ると，原始のシアノバクテリアの光合成では，水と二酸化炭素が，炭化水素（“CH_2O”）の生物骨格を形作るとともに，生物活動のためのエネルギーを太陽光から得て，活動の結果として，炭化水素の化学結合としてエネルギーを固定し，廃棄物として酸素を放出している。光合成生物にとって猛毒である廃棄物の酸素は，約25億年前～20億年前ごろには海水中の2価鉄イオンを酸化し，縞状鉄鉱床を形成することによって消費されていたが，やがて飽和し，海水中と大気中の酸素濃度を増大させ，約10億年前～5億年前ごろにはオゾン層が形成されるようになる。酸素濃度の増加は，真核生物から多細胞生物に至る酸素呼吸生物を進化の結果生み出し，オゾン層による紫外線や放射線の遮蔽は，陸上生物を生み出してきた。

人を含む動物などの酸素呼吸する非光合成生物は，光合成により生成した熱力学的に不安

表 1.2-1　地質年代と生態系の進展

年代	地下（地層の形成）			大陸の離合集散	地表（酸素の増加に伴う生態系の進化）
46億年前	冥王代			地球誕生，隕石衝突，原始大洋形成	生命誕生以前
40億年前	始生代				メタン細菌(原核生物)，シアノバクテリアの出現
25億年前	原生代	シデリアン～トニアン		超大陸の形成と分裂，23億年前雪玉地球	シアノバクテリアの繁栄(酸素放出)，大部分の嫌気性微生物の消滅，真核生物出現
7億2000万年前		クライオジェニアン		7億年前雪玉地球	
6億3500万年前		エディアカラン		6億年前雪玉地球	多細胞生物の誕生，紀末に大量絶滅
5億4100万年前	古生代	カンブリア紀		海洋が地球上のほぼ全てを覆い尽くす	カンブリア爆発(生物多様化)
4億8500万年前		オルドビス紀		オゾン層形成	オウムガイ
4億4300万年前		シルル紀			昆虫類，最古の陸上生物
4億1900万年前		デボン紀			両生類の出現，シダ植物や種子植物の出現
3億5900万年前		石炭紀		ゴンドワナ大陸，ローレンシア大陸，バルチック大陸，ユーラメリカ大陸	シダ植物の繁栄，昆虫の繁栄，爬虫類の出現
2億9900万年前		ペルム紀		ユーラメリカ大陸，ゴンドワナ大陸，シベリア大陸の衝突⇒パンゲア大陸へ	紀末に95%以上の生物種が絶滅
2億5200万年前	中生代	三畳紀		パンゲア超大陸	恐竜の出現、紀末に76%が大量絶滅
2億130万年前		ジュラ紀		パンゲア大陸がローラシア大陸とゴンドワナ大陸へ分裂	恐竜の繁栄、動植物の種類増加と大型化
1億4500万年前		白亜紀		各大陸の分裂で現在の諸大陸の形になる	恐竜の繁栄と絶滅、哺乳類の進化，真鳥類の出現
6600万年前	新生代	古第三紀	暁新世	アフリカ，南米，南極大陸は分離，ヨーロッパと北米は陸続き，インドは巨大な島	哺乳類，魚類の進化
5600万年前			始新世		現存哺乳類のほとんどの目(もく)が出現
3390万年前			漸新世	日本列島は大陸の一部，後に日本海となる地溝帯が拡大	哺乳類の進化・大型化
2300万年前		新第三紀	中新世	アフリカがユーラシア大陸と結合，インド大陸衝突，日本海形成	生物相はより現代に近づく
533万年前			鮮新世	ヒマラヤ山脈上昇，寒冷化，氷床発達	人の祖先誕生
258万年前	有史時代	第四紀	更新世（洪積世）	氷期と間氷期の繰り返し，大規模な氷河，日本列島完成	大型哺乳動物の絶滅
1万1700年前			完新世（沖積世）		農耕牧畜の開始、最初の文明
今日					

定な物質（有機物）を，酵素を用いる触媒的酸化還元反応（酸素呼吸など）により，分解してエネルギーを得ており，前に書いた反応の逆向きの反応を行っている。

$$"CH_2O" + O_2 \rightarrow CO_2 + H_2O$$

非光合成生物は，エネルギーを有機組織に蓄積している生産者である光合成生物を捕食して，エネルギーと有機組織を得る消費者であり，非光合成生物間でも，1次消費者を捕食する2次消費者，さらにこれを捕食する3次消費者というように，酸化反応を段階的に行う階層的な生物相を形成し，その排泄物や死骸を利用する寄生生物や分解生物を含めて全体として生態系を形作っている。

非光合成生物の世界は，消費者としての生物がより効率的にエネルギーと物質資源を得るために捕食しようとする多細胞生物から大型多細胞生物へと進化する弱肉強食の世界である。光合成生物が生成する生物骨格（物質資源）と廃棄物に相当する酸素は，非光合成生物の物質資源とエネルギー源として利用され，非光合成生物が生成する廃棄物に相当する二酸化炭素は，再び光合成生物により有機物として再生されている。原始の光合成生物にとって有毒な廃棄物である酸素は，極めて緩やかに地球環境を変化させ，個々の種を生成消滅させたが，その時々の地球環境に適応して生物の進化が起こってきた。

このような生態系の循環は，エネルギーと物質のフローの観点からみると，生物群が，太陽からのエネルギーを光合成や酸素呼吸を通じて利用して，これにより物質資源である有機物を消費・再生産することにより起こっている。地球上の生物は，表1.2-1に示すように，ゆっくりと起こる地球環境の変化に対して，個々の生物種はもちろんのこと，厳しい環境変化によりかなりの部分の生物種が絶滅したこともあるが，進化により再び新しい生物相が形成され，全体として調和的で，太陽からのエネルギー供給で維持される持続的なシステムを形成してきたといえる。

1.2.2 文明の発展と環境負荷

人は生態系の一員として酸素呼吸生物として進化してきて，他の生物を捕食することにより，その生物の中の炭素，水素，酸素の結合に固定された化学エネルギーを使い，身体を形成する物質資源として元素そのものを使っている。

この人類が，人間の目から見て他の生物と大きく異なっているのは，人の進化の過程で，火と道具を使うようになり，文明を築くようになったことである。人類の祖先はおよそ数百万年前に生まれている。人類の人口が飛躍的な増加を開始したのは，数百万年前に生態系に依存してそこから食料を得るだけであった原始人が，数十万年前に火と道具を使い始めたとき，1万3千年前頃に氷期が終了して5千年前頃に農耕や牧畜による古代文明が形成されたとき，18世紀半ばから19世紀にかけて起こった産業革命のときである。

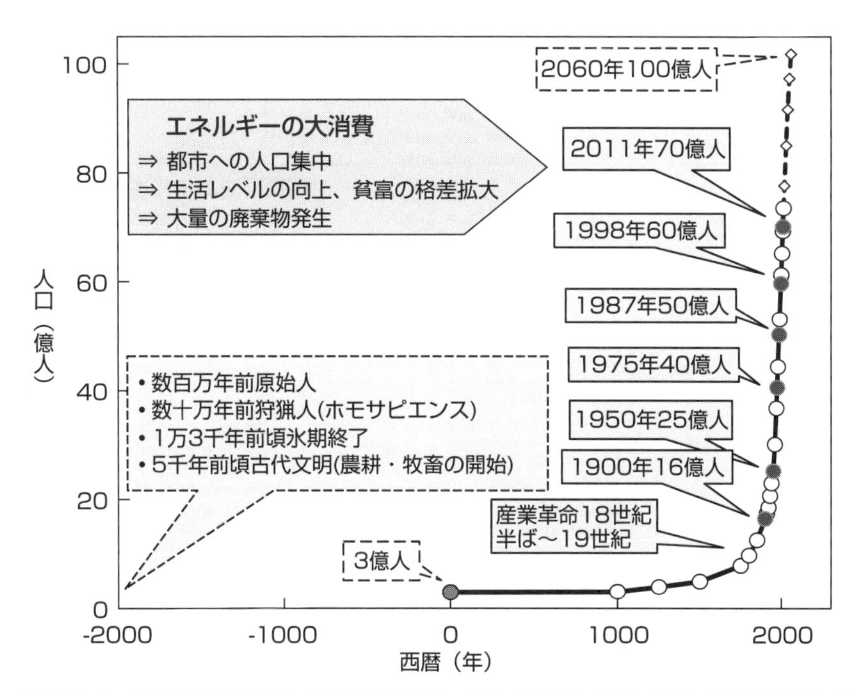

図 1.2-2 世界の人口の推移【1950年以後：UN, 2015；以前：UN, 1999より作成】

20世紀には，世界は，人口爆発と呼ばれる人類史上最大の人口増加を経験した。この人口の増加の仕方は，図1.2-2に示すように，産業革命以降ははっきりと指数関数的（幾何級数的）であり，国連の推定では，19世紀末の1900年におよそ16億人だった世界人口は，20世紀半ばの1950年におよそ25億人となり，21世紀初頭の2011年には70億人を突破している。このように増加する人が科学技術の進歩に従ってより多くの資源を消費することから，エネルギー資源，物質資源の枯渇や廃棄物による環境劣化の問題が生じている。

図1.2-3および図1.2-4は，現代の世界および日本の一次エネルギー消費量である。エネル

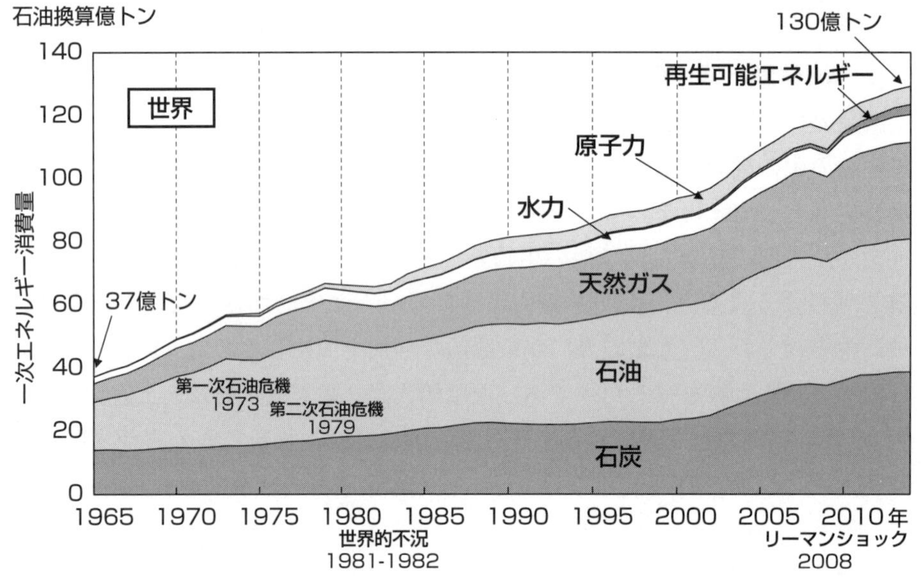

図 1.2-3　世界の一次エネルギー消費量【BP統計，2015より作成】

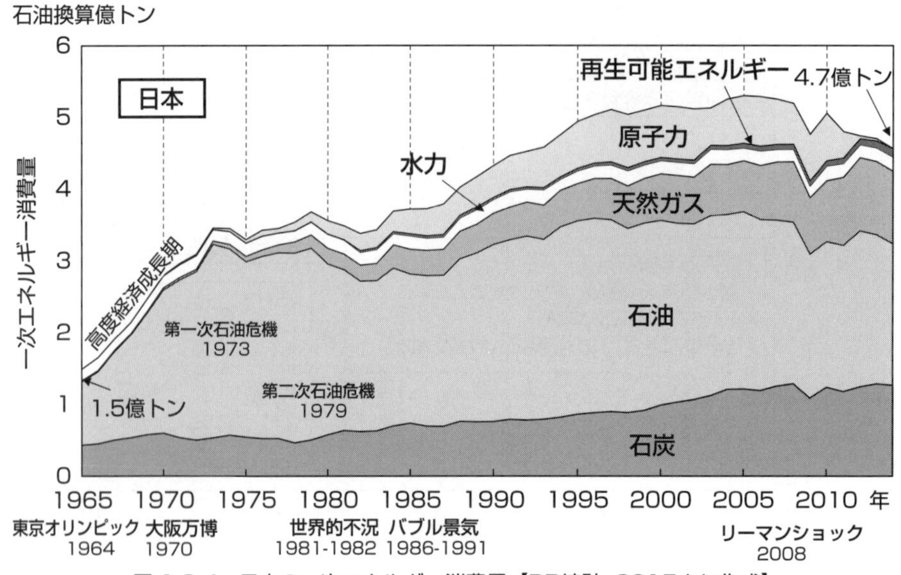

図 1.2-4　日本の一次エネルギー消費量【BP統計，2015より作成】

ギーの単位として用いられている石油換算トン（TOE : tonne of oil equivalent）は，石油1トンが燃焼したときに発生する平均エネルギーで，

$$1\ \mathrm{TOE} = 10^7\ \mathrm{kcal} = 41.87 \times 10^9\ \mathrm{J}$$

と定義されている。

この図を見ると，世界人や日本人は，紆余曲折を経ながら経済成長の中で，エネルギー消費を増大させ，今日では1965年頃の3倍を超えるエネルギーを消費していること，消費量は増加し続けていることがわかる。日本は1950年代半ば頃から1970年代半ば頃までに高度経済成長を遂げて，今では1年に4.7億 TOE/1.3億人≈3.6 TOE/人のエネルギーを消費している。これは1日1人当たりおよそ0.01 TOE = 10^5 kcalに相当する。原始人は生命を維持するだけの食料を生態系から得てこれを消費していたと考えると，約2000 kcalのエネルギーで生きていたと想像される【Cook, 1971】。これと比べると，現代の日本人は原始人の約50倍のエネルギーを，家庭・商業，工業・農業，輸送等に消費して文明生活を送っていることになる。

このように現在の世界は，産業革命以来の科学技術の進歩とともに，一人一人がエネルギー資源や物質材料をより多く消費するようになり，世界の人口も爆発的に増加している。この結果，両者の積として，社会に流通するエネルギーと物質の流通量が急速に増大し，その影響が，資源の枯渇や環境の劣化として，目に見える形で現れてくるようになったのである。

さらにこの図からわかるのは，現代人は，エネルギーを得るのに，圧倒的に石油，石炭，天然ガスのような化石資源に依存していることである。化石資源は，太陽からもたらされるエネルギーが有機物の骨格中の化学結合として獲得され，何らかの形で酸素のない地下にもたらされ，再び酸化を受けることなく長い年月をかけて化石として蓄えられたものである。一方，原子力エネルギーは，今後これに対する依存が増えると思われるエネルギーであるが，その源は宇宙生成の過程で原子核内に蓄えられたエネルギーである。いずれも一度利用すれば，人の文明の時間枠内では二度と再生しない枯渇資源である。

これに比べて，水力や太陽光，バイオマス等のエネルギーは太陽からもたらされるエネルギーをそのまま用いるもので，太陽からくるエネルギーにより再生されるエネルギーである。蓄積されたものではないため，エネルギーの空間密度が低く，エネルギー資源を大量に効率的に必要とする現代文明社会を支えるには困難がある。このため現代人は，生態系の生物とは全く異なり，不可逆で再生不可能なエネルギー資源の利用をして，急速にその消費量を増やし，それに伴う廃棄物を生産している。

前節では生態系におけるエネルギーと物質のフローを見たが，同様に文明社会におけるエネルギーと物質のフローを地球環境との関係で見ると，図1.2-5のように要約される。

環境とは，人間または生物を取り巻き，それと相互作用を及ぼしあうものとしてみた外界であり，自然環境と社会環境がある。人類の社会は，産業革命以降，特に第2次世界大戦以降，先進国は空前の繁栄を迎え，工業化を遂げ，消費社会となった。人間の文明活動が膨張しす

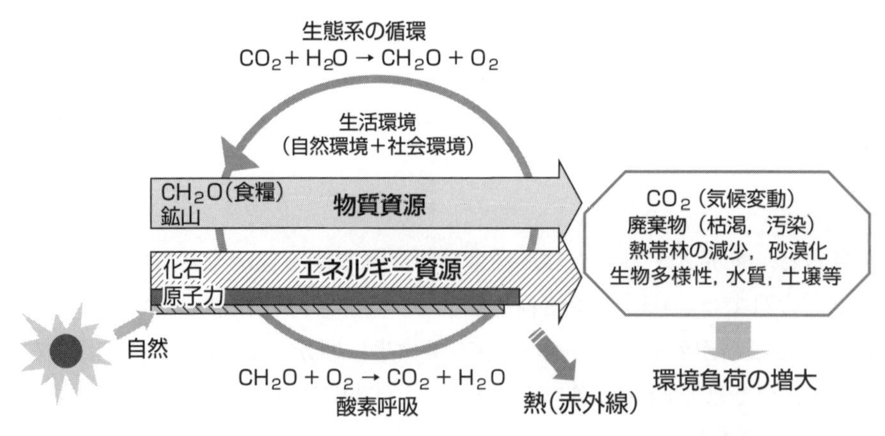

図 1.2-5　文明社会におけるエネルギーと物質のフローと地球環境

ぎて，エネルギーと物質材料の社会における流通量が，生態系の循環再生の許容量を超えているのが現在の地球文明の状況である。

かつて人類が生態系の一員として生きていた時に有効に働いていた環境の浄化再生能力にも限りがある。廃棄物の中でも，無機物質は生態系の循環では浄化再生されない。例えば，二酸化炭素が炭酸塩鉱物として沈殿して空気中から除かれて地殻中に固定されるといったような，無機物質の循環のプロセスは生態系の循環よりはるかに遅い。このため，人間社会の活動の膨張により，生態系の浄化再生能力を超えた速度で生成する二酸化炭素は環境中に蓄積されることとなる。無機材料から成る有害廃棄物も，核反応による原子力エネルギーの利用の結果生成する放射性物質も，生態系の循環では浄化再生されない。これらの結果，地球環境にもたらされるのが，二酸化炭素の増加による気候変動，資源の枯渇，有害物質による環境汚染，砂漠化，熱帯林の減少等の問題である。

1.2.3　環境汚染

こうした諸問題のうち，最も早くに顕在化したのが，有害物質による環境汚染すなわち公害の顕在化である。日本では，特に高度経済成長期，つまり1950年代後半から1970年代に，公害により住民に大きな被害が発生した。被害の大きい水俣病，新潟水俣病，イタイイタイ病，四日市喘息は4大公害病といわれる。

1）水俣病：1956年熊本県水俣湾で発生した有機水銀による水質汚染や底質汚染を原因とし，魚類の食物連鎖を通じて人の健康被害が生じた。

2）第二水俣病（新潟水俣病）：1964年新潟県阿賀野川流域で発生した有機水銀による水質汚染や底質汚染を原因とし，魚類の食物連鎖を通じて人の健康被害が生じた。

3）イタイイタイ病：1910年代から1970年代前半にかけて富山県神通川流域で発生したカドミウムによる水質汚染を原因とし，米などを通じて人々の骨に対し被害を及ぼした。

4）四日市喘息：1960年から1972年にかけて三重県四日市市で発生した。主に亜硫酸ガスによる大気汚染を原因とする。

これらは，人間の文明活動が膨張した結果，廃棄物を捨てるという行為が局地的環境を汚染し，そこに居住し生活する人々に健康被害をもたらすことから生まれる社会の摩擦である。なぜこのようなことになるのを防げなかったのかを考えると，その理由は，有害化学物質等による健康被害が，環境を経由してもたらされる有害物質を人が摂取して時間的に遅れて現れるもので，原因と結果の結びつきが不確実性を伴っているためであると考えられる。このため，このような廃棄物を初めて発生させる経験をすることになった人々は，有害物質と健康被害の間の因果関係に気付くことなく，放出された液体や気体は，希釈・分散と環境の浄化作用（化学物質の分解）によりいずれ有害性は失われると素朴に信じて，手っ取り早い方法で廃棄物を処分したのである。

社会は，原因が確定的に証明されない限り加害者として責めることはできないため，結局，投棄に起因する被害が生じ因果関係が明らかになるのは，多くの健康被害の例が統計的にみられるほどになり，その原因がどこに帰属するのかが確からしさをもって疑われるようになってからのことである。

このような被害の顕在化の事例が頻繁にみられるようになった1960年代から1970年代には，カウンターカルチャー（反体制）の動きとともに，公害に対する政府や企業の責任を追及し，そのような可能性のある環境の汚染を予防的に拒否するという環境保護の運動が拡大した。1962年，アメリカ合衆国では，レイチェル・カーソンの「沈黙の春」が刊行され【カーソン，1974】，工業社会のもたらす生態系への深刻な影響が訴えられ，これを契機に，環境問題が積極的に議論されるようになる。

こうした社会運動はやがて，局地的な汚染に対する告発や，伝統的な自然保護の精神から出発して，地球規模で維持されている生態系の平衡の持続性に対する懸念の形へと進化することとなった。指数関数的な成長は持続可能ではない，地球環境は有限であるので成長が永遠に続くことはありえない，有害物質を希釈・分散させる環境の容量には限りがある，という懸念である。経済成長が文明の持続を支えるのか，それとも限界の到来をより早めるのかは未だに議論の的であるが，いずれにしても，地球の生態系が人々の生命活動，すなわち人々の健康と良い生活状態を支えており，人々の活動がその生態系の均衡状態を損なう可能性があることは，万人の認める地球文明の現状である。

このような環境保護の動きの中で適用されるようになった重要な政策上の原則が，汚染者支払いの原則，予防原則および持続可能性の原則である【Beder, 2006】。

1.2.4 汚染者支払いの原則

社会の環境保護の運動に対して，国や政府は新たに法制度や規制機関を整備することとした。その主たる目的は有害な物質を環境に放出することを規制し，そのような物質を生み出す活動を制約することであった。

汚染者支払いの原則（polluter-pays-principle：PPP）は，環境汚染を引き起こす汚染物質の排出源となる汚染者に，発生した損害の費用をすべて支払わせるという原則である。1972年，経済協力開発機構（Organization for Economic Cooperation and Development：OECD）は，民間企業に汚染防止のための補助金を与える国と与えない国がある場合，市場で相対的に有利な立場に立つ企業が現れることになり，貿易に歪みが生じるため，加盟国全体で補助金を与えないことを決定した。この原則は，もともとはこのように，貿易取引における不均衡をもたらさないように，汚染防止のために必要な費用は製品やサービスに反映させるべきであるとするものであった。

やがてこの原則の目的は汚染者に支払わせることにより環境汚染を防止する動機を与えるものである，という考え方が広く受け入れられるようになった。ここでは，社会の共有財産である環境を利用し，その浄化のための費用が支払われないことにより環境劣化が起こると考えている。すなわちこの原則は，このような生産者と消費者の間の取引に反映されない費用（外部費用）を，製品やサービスの価格に反映させる（内部化する）ことにより，汚染をもたらす活動を抑制することを目的としている。内部化により，費用は，生産者のみでなく製品やサービスの価格を通じて消費者にも回される。すなわち汚染者には生産者とともに消費者も含まれている。ここでは，汚染をもたらす廃棄物は，分業化社会において，生産者と消費者が取引を通じて協働して消費することにより発生するものであると考えている。これにより，環境汚染をもたらす製品やサービスはより高価になりその生産活動は抑えられ，社会の仕組みにより環境負荷のより小さな製品やサービスへと向かう動機が生まれるというのがこのPPPの考え方である。

この考え方は，これから起こすかもしれない環境汚染を防ぐ企業の動機を強めるのは間違いないが，一方で，引き起こされてしまった汚染に対しては人々に少し異なる感情を引き起こす。多くの公害を引き起こした日本では，公害被害者救済の立ち遅れが厳しく糾弾され，有害物質を環境に放出した企業が，直接の汚染下手人として特定され，汚染防止費用の負担だけでなく，汚染環境の修復費用や公害被害者の補償費用についても汚染者が負担すべきとする公害健康被害補償法が制定されている。

いったん被害が生じるような事態が生じれば，これは社会活動を行っている生産者の事故により引き起こされたものとはみなされず，放出してはならないものを放出し，社会で許容できない不法な行為を行った加害者により引き起こされたものとみなされ，責任を追及されることになる。このような見方の違いによりPPPは，「支払い」の代わりに「負担」や「責任」の用語を用いて，汚染者負担の原則，廃棄物発生者責任の原則とも呼ばれている。

1.2.5 予防原則

1970年代までの環境保護は，主として汚染環境の修復の形で存在した。汚染をもたらしているかもしれない企業の活動は，社会の経済成長のための重要な活動であるので，国や政府は，はっきりと実証できる被害が起こらない限りは，環境保護の措置をとることに消極的であった。因果の不確実性は，国や政府の不介入の理由となり，被害が拡大して多くの被害者が出て原因が確からしさをもって帰属されるまで介入が立ち遅れる結果を招くことになった。

何かが起こってからそれに対処するというアプローチでは被害の拡大を防げないという懸念と，海洋や大気，生態系などが種々の汚染物質を何の影響も受けずに希釈して無害化する能力は限られているという認識が広く受け入れられるようになって，予防原則（precautionary principle）の適用が考えられるようになった。予防原則とは，「環境を防御するため各国はその能力に応じて予防的取組を広く講じなければならない。重大あるいは取り返しのつかない損害の恐れがあるところでは，十分な科学的確実性がないことを，環境悪化を防ぐ費用対効果の高い対策を引き伸ばす理由にしてはならない」（リオ・デ・ジャネイロ宣言（後述）の第15原則）というもので，化学物質や遺伝子組換えなどの新技術などに対して，環境に重大かつ不可逆的な影響を及ぼす仮説上の恐れがある場合，科学的に因果関係が十分証明されない状況でも，規制措置を可能にする制度や考え方のことである。1990年頃から欧米を中心に取り入れられてきた概念で，オゾン層の保護のための，ウイーン条約（1985）やモントリオール議定書（1987）などにあらわれており，海洋汚染に対しては，生態系に対する汚染は十分ではないが相当の懸念があるという形で取り入れられている。

この原則の適用は，あまりにも文字通りに受け取ると「疑わしいものはすべて禁止」といった極論に理解される場合もあるので，日本のように予防的取り組み（precautionary approach）という用語を使用している国も多い。この原則が本来取り入れられた経緯を考えると，懸念されるリスクがどのようなものであるかを可能な限り合理的に評価して，感情に流されずに社会的合意のもとに予防原則を適用すべきであるとするのがこの用語の本来の意図と考えられる【サンスティーン，2015】。

1.2.6 持続可能性

液体や気体などの形で放出される有害物による環境汚染は，局地的な汚染であり，汚染物質は主として製品やサービスの生産者によりもたらされる。一方，人間の文明活動の膨張によりもたらされる気候変動，資源の枯渇，砂漠化，熱帯林の減少等は，目に見えない形で，地球規模で徐々に起こる環境劣化である。これらは，汚染者を特定することが困難で，社会問題としての解決がより難しい問題である。この問題の解決には，地球環境における人類文明の運命がかかっており，長期的なエネルギー資源の選択や南北問題の解決などについても考える必要がある。

国際連合では，環境問題全般についての大規模な世界会議が，1972年のストックホルムでの国連人間環境会議を皮切りに，以後，1992年のリオ・デ・ジャネイロでの環境と開発に関する国際連合会議，2002年のヨハネスブルクでの持続可能な開発に関する世界首脳会議，2012年のリオ・デ・ジャネイロでの国際連合持続可能な開発会議（リオ＋20）が開かれている。

環境全般に関する世界で最初の会議であったストックホルム会議は，「かけがえのない地球」をキャッチフレーズとして114か国が参加して開催された。この会議の背景には，第2次世界大戦後の世界において，西欧，北米，日本などの先進工業国の経済の急激な発展，生産規模の拡大などにより，排ガス，汚廃水，廃棄物などが飛躍的に増大し公害と環境破壊が進行していること，開発途上国で貧困と環境衛生の悪化が大きな社会問題となっていることがある。この会議においては，先進工業国における環境問題については，経済成長から環境保護への転換が，また，開発途上国における環境問題については，開発推進と援助の増強，そして，貧困と環境衛生の問題が重要であることが示された。さらに，この会議により人間環境宣言（ストックホルム宣言）の採択や国連環境計画の設立などがなされた。国連環境計画は，既存の国連諸機関が実施している環境に関する活動を総合的に調整・管理するとともに，国連諸機関が着手していない環境問題に関して，国際協力を推進していくことを目的とするものである。扱う主要な事項は，オゾン層保護，気候変動，廃棄物，海洋環境保護（海洋生物資源保護を含む），水質保全，土壌劣化防止（砂漠化防止を含む），熱帯林保全等森林問題，生物多様性保全，産業活動と環境の調和，省エネルギー・省資源であり，環境問題全体をカバーする。

人間環境宣言では，「人は，環境の創造物であると同時に，環境の形成者であり，自然的および人為的環境は，人間の生存権そのものの享受のために基本的に不可欠であるが，それらは人間の力の誤用や人口の自然増加により深刻な影響を受けている」との認識の下，人種差別・植民地主義等の排除，天然資源および野生生物を含む自然の適切な保護，再生不能な資源の枯渇防止と公平な分配・利用，環境汚染の防止措置，経済的および社会的開発，国の環境政策の在り方，基本的人権を侵害しない人口政策，国際協力などの原則が掲げられた。

その後，1987年の国際連合の環境と開発に関する世界委員会では，当時の委員長であるノルウェーのブルントラント首相のもとに，「地球の未来を守るために」という報告書が出され，持続可能な開発の考え方が示された【環境と開発に関する世界委員会，1987】。これを受けて，1992年のリオ・デ・ジャネイロで会議では，持続可能な開発を目指すというリオ宣言が採択された。持続可能な開発とは，「将来の世代が自分たち自身の欲求を満たす能力を損なうことなく，現在の世代の欲求を満たすような開発」であるとされ，これからの世界は次のような原則を守っていかなければならないとの宣言がなされたのである。

1）生態系の維持：自然の能力の不可避な劣化の回避
2）世代内の公平：絶対的貧困，貧富の格差の解消
3）世代間の衡平：将来世代の開発の可能性の保証

これまでの社会は，個々人が自らの便益を最大とするように自由競争をすれば，社会が発展してみんなが豊かになるだろうというものであった。しかし，与えられる環境や資源は限られたものであり，足ることを知らないで貪ることは結局，文明や社会，環境という自分たちの生きている基盤システムを枯らしてしまうことになる。地球という惑星の中で，弱肉強食の本能に導かれ，自然を征服し，社会の中の競争に打ち勝って膨張しすぎた人々は，これからは，生態系と社会と共生していくことを考えなければならないのである。

廃棄物や資源枯渇等の環境の劣化は，自分たちの便益を追求することにより生み出された，生態系，世代内の他者，将来の人々に対するマイナスである。しかし，人間は生きていく限り，廃棄物の発生や環境の劣化を起こさずに済ますことはできない。持続的な開発の考え方は，このようなマイナスに目をつむることなく，その影響をできる限り小さくすべきであるといっている。廃棄物の発生が避けられない以上，残された選択肢は，より長期的かつ全体的な視点に立って，できる限り廃棄物の発生が少なくすむ資源を選び，できる限り人間や環境に悪影響を与えないと予測される方法で，廃棄物を捨てるしかない。エネルギーや物質材料の資源については，廃棄物の発生をできる限り減らし（reduce），再使用に努め（reuse），再生利用（再資源化）する（recycle）よう努めること，社会におけるエネルギーと物質材料の流通量を抑制することが大事になる。

持続的な開発の考え方の中で，最後に残るのが廃棄物の処分の問題である。廃棄物の発生に対して，低減，再使用，再生利用あるいは無害化に努めたとしても，完全に元の状態に戻すことはできず，誰もがそれ以上利用しようとしない廃棄物がどうしても残る。有害廃棄物や放射性廃棄物のように，生態系の循環再生に期待できず，有限の資源の投入によっては無害化できない廃棄物が残る。これらの廃棄物は，現世代の活動の結果既に存在しており，現世代の社会の継続しているうちに無害化することはできないので，結局は次世代に引き渡すしかない。だとすれば，将来世代に負担を与えない最善の形で次世代にこの廃棄物を引き渡すのが現世代の倫理的義務である。

一般に，廃棄物はその総量が少なく，環境に希釈・分散されて，あるいは岩石圏に固定されて濃度が低くなり，その影響が人の健康上無視してよいレベルになるのであれば，環境の浄化再生能力に期待して，単純な投棄，言い換えれば環境への放出による処分が行われる。しかし，何らかの操作による廃棄物そのものの無害化や希釈・分散等による無害化に期待できないような，内容が不快で危険な廃棄物については，これが生活環境中に飛散分散しないように，濃縮して閉じ込め，危険性が持続する限りの期間，生活環境から隔離（isolation：廃棄物と環境との間で物質のやり取りが起こらないこと）しておく施設が作られる。このような配慮により，人と環境の防護が十分達成されるとの考えのもとに処分施設が作られるのであるが，こうした施設は，宇宙処分のような方法を除いて，地球上のどこかに作らなければならない。

例えば，高レベル放射性廃棄物の地層処分は，深い地下を，宇宙と同様，人と生活環境から隔離された場所と考えている。人は，地表で生態系と人間社会を環境として生活（生命活動）している。数十から数百mより深い地下は，何億年もかけて増加してきた酸素のある地表の雰囲気とは異なり，遊離の酸素がほとんどなく，プレートの動きにより，より長い時間をかけて非常にゆっくりと移り変わっている場であり，人の生活環境とは隔絶していて，地表の生態系から成る環境から廃棄物を隔離しておけると考えられている。すなわち，人々から忌避され嫌悪される有害廃棄物の究極の行き先として考えられているのである。投棄は，ある人が他の人の迷惑を顧みず，自分から隔離しようとして廃棄物に始末をつけようとする処分法であるが，隔離と閉じ込めを目指す埋設による処分法は，万人の生活環境からの隔離を目指す処分法である。

これに対して，人々は，過去の液体や気体の放出や廃棄物の不法投棄による環境汚染を経験してきているため，自分の環境にそのような施設が作られることを，自分の環境に廃棄物が投棄，放出されることと同一視して，そのような施設の建設を拒否する。これは廃棄物そのものあるいは廃棄物の直接投棄と，廃棄物の隔離を確保するための処分施設（あるいは地層処分の場合は地下への入り口）を同一視する誤解から生じているが，廃棄物に対する管理の責任が消費者の手を離れて生産者に委ねられていること，廃棄物の絶対に完全な永久隔離は保証できないこと，廃棄物や公害に対する人々の強い嫌悪があることなどから，克服の非常に難しい社会問題となっている。

1.3　廃棄物の処分を巡る慣行：条約や法令および処分施設

世界はこのように，特に第2次大戦後の経済成長の下で，廃棄物に対しては，有害物質の不法な環境への放出の拒否から始まって，汚染者支払いの原則，さらには持続可能性に対する懸念からの予防原則の考え方へと発展してきた。この考え方の進展に従って，廃棄物の越境を禁じるバーゼル条約【外務省HP, 2016a；経済産業省HP, 2016b】や廃棄物の海洋投棄を禁じるロンドン条約【外務省HP, 2016b】などの国際条約が締結され，また，汚染された地域の修復に関しては汚染者支払いの原則を適用する米国におけるスーパーファンド法【米国環境保護庁HP, 2016】などの法律が各国で制定されてきた。これらの条約の制定が必要となった背景には，リオ宣言で示されたように，生態系の維持，世代内の公平（偏らないこと），世代間の衡平（釣り合いの取れていること）に関連する社会的問題が関わっている。こうした行為をどの程度許容してどの程度禁止あるいは拘束するかについては錯綜した議論があり，その議論は今も続いている。ここではこれらの条約，法律の制定の経緯を見ることにより，廃棄物管理がどのような問題を内包しているかを考える。

1.3.1　バーゼル条約

第2次世界大戦後の社会では，都市人口の増大，都市機能の集約による環境基準や規制の強化，処分費用の高騰，分業の高度化（受益者と廃棄物の分離）による責任の所在の不透明化などが原因となり，廃棄物は投棄または埋め立てによる処分地を見つけることが非常に困難になってきた。その結果，不法投棄の他にも，有害廃棄物の越境移動事件が頻発するようになった。ニンビー（NIMBY）とは，“Not In My Back-Yard”（自分の裏庭＝近所以外なら）の略で，「施設の必要性は認めるが，自らの居住地域には建てないでくれ」と主張する住民たちや，その態度を指す語で，そうした施設は忌避施設，迷惑施設，嫌悪施設などと呼ばれている。施設から直接ないし間接的に衛生・環境面や健康上の被害を受ける，施設があることによって地域に対するイメージが低下する，それによって不動産の資産価値が下がる，施設の影響で治安が悪化する，風評による影響で生産物の価値が下がる，などが忌避の理由である。

結局，人々は経済競争の下で，自分が出す廃棄物は安価で安易な方法で処分したいと思うが，他人が自分の環境に廃棄物を捨てることは決して許さない。この結果起こるのが，環境に対する規制が緩やかで，利益のためなら不法に廃棄物を受け入れることも辞さない人のいる国への廃棄物の越境移動であり，処分の方法も最も安価で安易な投棄積み上げである。1970年頃以降には表1.3-1に示すように廃棄物の越境移動事件が数多く起こっている。

これらは，廃棄物の越境移動事件の氷山の一角で，枚挙にいとまがない。このような背景のもとに，OECDおよび国連環境計画でこの問題の検討が行われ，1989年，スイスのバー

表 1.3-1　廃棄物の不法投棄，越境事件の例

セベソ（Seveso）事件
1976年7月にイタリア北部のセベソで起きた農薬工場の爆発事故で，ダイオキシンが住宅地を含む周辺に飛散。 汚染地域では住民の避難がなされ，家畜等が大量に死亡した。汚染土壌や残留化学物質をドラム缶詰めして保管していたものが，1982年9月に搬出後行方不明になり翌年5月にフランスで発見。フランスとイタリアで引き取り交渉が紛糾したが，最終的にスイスの農薬工場の親会社が引き取り焼却処分した。
カリンB号事件（ココ(Koko)事件）
1988年6月頃から，イタリアの業者がポリ塩化ビフェニール(PCB)を含む有害廃棄物をナイジェリアのココ港付近に投棄。イタリア政府は非を認め，カリンB号で投棄された有害廃棄物を回収してヨーロッパに向かうが，住民の反対でイタリアに戻れず，欧州諸国にも入国を拒否されて，1989年8月にイタリアに引き取られるまで，長期間，フランス沖の公海に停泊した。
キアン・シー号（Khian Sea)事件
1986年，米国フィラデルフイアの請負業者が一般廃棄物の焼却灰約1万4千トンを積んだキアン・シー号でバハマに向かうが，政府に拒否され、カリブ海に向かい，ハイチで一部陸揚げし化学肥料として4千トンを散布したが，グリーンピースの告発により，ハイチ政府は同船の出港を命じた。その後，キアン・シー号は，残りの灰1万トンの荷下ろし地を求めて，バハマ，バミューダ，ホンジュラス，ドミニカ共和国，ギニア，ピサウ，フィリピン，東欧などに向かい，途中，船の名前を幸福号からペリカン号へと，船籍もリベリアからバハマ，さらにはホンジュラスへと変えつつ１年半航海し，最後にはインド洋のどこかで積み荷は消えてなくなった。乗組員はコメントを拒否したが，最終的に船長がインド洋と大西洋で海洋投棄したことを認めた。ハイチの灰が回収されペンシルベニアで非有害廃棄物として処分するとされたのは2002年であった。

ゼルにおいて，一定の廃棄物の国境を越える移動等の規制について国際的な枠組みおよび手続等を規定した「有害廃棄物の国境を越える移動およびその処分の規制に関するバーゼル条約」が作成された。1992年発効で，2012年末現在，締約国数は178か国，1機関（EC）である。日本は，1993年にバーゼル条約への加入を果たし，これを実施するための「特定有害廃棄物等の輸出入等の規制に関する法律」および関連法として「廃棄物の処理および清掃に関する法律の一部を改正する法律」が同年に成立し，これらに沿った規制が実施されている。

バーゼル条約によれば，「廃棄物」とは，処分され，処分が意図され又は国内法の規定により処分が義務付けられている物質又は物体である。廃棄物は規制の対象となる廃棄物として，以下のように有害廃棄物と他の廃棄物に大別され定義される。この条約に特定する廃棄物の輸出には，輸入国（通過国を経由する場合には，原則として通過国も含む）の書面による同意を要するとして，不法な取引が行われた場合の責任を規定している。

1）有害廃棄物

廃棄の経路と成分の2つの要因で規制される廃棄物に分類される廃棄物で，かつ，有害特性（すなわち，爆発性，引火性，可燃性，毒性，腐食性などの有害・危険性特性）を有するもの。廃棄経路により分類されるものとしては，例えば，病院などの医療行為などから生ずる医療廃棄物，医薬品の製造などから生ずる廃棄物，有機溶剤の製造などから生ずる廃棄物，PCBなどを含む又はPCBにより汚染された廃棄物質および廃棄物品など。含有成分による有害廃棄物としては，たとえば，6価

クロム化合物，銅化合物，亜鉛化合物，ヒ素，ヒ素化合物，カドミウム，カドミウム化合物，水銀，水銀化合物，鉛，鉛化合物など。

2）それ以外の廃棄物で締約国が有害と定義し，また，認める廃棄物

3）他の廃棄物

家庭から出されるごみ，家庭の廃棄物焼却からの残滓

ただし，放射性廃棄物は，別の国際的な規制の対象とされており，これらおよび船舶の通常の運行から生ずる廃棄物であって他の条約が適用されるものは，本条約の適用範囲から除外される。放射性廃棄物については，IAEA放射性物質安全輸送規則（個別安全指針SSR-6, 2013）および使用済燃料管理及び放射性廃棄物管理の安全に関する条約（1997）に，この条約と同等の越境移動禁止が定められている。

以上に基づき，廃棄物は以下の場合を除き輸出は禁止される。また，締約国と非締約国との間の越境移動は禁止される。

1）輸出国が当該廃棄物を環境上適正かつ効率的な方法で処分するための技術上の能力および必要な施設，処分能力又は適当な処分場所を有しない場合

2）当該廃棄物が輸入国において再生利用産業又は回収産業のための原材料として必要とされている場合

3）締約国全体で決定される当該国境を越える移動が締約国全体として決定する他の基準に従って行われる場合。ただし，当該基準がこの条約の目的に合致することを条件とする。

本条約の難しい点は，何が廃棄物で，何がリサイクル（資源回収，回収利用，再生利用など）可能なのかの区別である。リサイクルの名を借りて最終処分を目的とする輸出が行われてはならない。日本では，バーゼル条約の下で，貴金属，銅，銀，鉛，スズ等の回収・再生利用を目的として輸出入を行っている。

1.3.2 ロンドン条約

国連人間環境会議の決議の1つを受けて，1972年ロンドンで「海洋汚染防止に関する国際会議」が開かれ，「廃棄物その他の投棄による海洋汚染の防止に関する条約」が採択された。この条約の目的は，放射性廃棄物その他の廃棄物の海洋への故意の投棄を制限することにある。この条約では廃棄物は，投棄規制の違いによって3つに区分されている。

1）投棄禁止のもの

有機ハロゲン化合物，水銀とその化合物，カドミウムとその化合物，耐久性のあるプラスチックおよび合成物質，原油・重油・潤滑油などとそれらの混合物，生物戦用・

化学戦用に製造された物質，および公衆衛生学的・生物学的などの理由で，権限ある国際機関（現在ではIAEA）により海洋投棄不適当と定義される高レベル放射性廃棄物，またはその他の高レベル放射性物質。

2）投棄のため，当該する適当な国家機関の事前の特別許可を必要とするもの
ヒ素・鉛・銅・亜鉛・それらの化合物。有機ケイ素化合物，シアン化合物・フッ化物・殺虫剤およびその副産物を相当量含む廃棄物。以上の物質・ベリリウム・クロム・ニッケル・バナジウムおよびそれらの化合物を含む廃棄物と同時に多量の酸・アルカリを投棄する場合。海底に沈んで漁業および船舶航行に重大な障害をもたらすコンテナ。金属屑およびその他の大形の廃棄物。および前項に含まれない放射性廃棄物，またはその他の放射性物質。

3）投棄のため事前の一般許可だけを必要とするもの。
その他のすべての廃棄物または物質。

その後1993年には，ロンドン条約締約国協議会議がロンドンで開催され，本条約が採択されて20年目にあたる前年からの条約改正の検討を踏まえ，条約改正問題が主要課題となった。改正されたロンドン条約は採択後1994年2月に発効となった。その中で各締約国の関心の高い事項は，放射性廃棄物の海洋投棄，産業廃棄物の海洋投棄，洋上焼却の3つであった。特に，放射性廃棄物の海洋投棄の取扱いは，ロシアが低レベルの放射性廃液を日本海に投棄したことを契機として国内で政治問題化したことにより，マスコミの注目するところとなった。結果として，この会議では，海洋投棄禁止対象が高レベルのもののみから規制免除レベル以上の「放射性廃棄物およびその他の放射性物質」に拡張された。

さらに，ロンドン条約による海洋投棄規制を強化するため，「1996年の議定書」が採択され，2006年3月に発効している。この内容の大きな特徴は，基本的な考え方として，予防原則の考え方が取り入れられていることである。予防原則の考え方に基づいて，廃棄物のリストは，逆リストアプローチで示されるようになった【IMO, 2016】。すなわち，それまでは投棄を規制する廃棄物をリストアップしていたのであるが，ここでは，リストにない廃棄物その他の海洋投棄を原則禁止するとされ，浚渫物・下水汚泥・魚類加工かすなど一部の品目に限って厳格な条件下で投棄が許可されることとなった。

なお，この議定書では，「投棄」は「海底及びその下に貯蔵すること」を含むと定義する一方，「海洋」は「海底及びその下」を含み，陸上からのみ利用することのできる海底の下の貯蔵所を含まないとしている。

1.3.3 スーパーファンド法

(1) 資源保護回復法【経済産業省，2016c；日本政策投資銀行，2002】

廃棄物なかでも有害廃棄物の安易な処理・処分は，水，土壌，大気を含む環境全体の汚染

を引き起こすものであるが，過去には，米国においても他国と同様，1970年代まで有害廃棄物が埋め立て地などで処分されてきた。しかし，過去の処分が最悪のあり方であったとの反省の上で，米国は，1976年に資源保護回復法（Resource Conservation and Recovery Act of 1976：RCRA）を制定した。本法は，その後数回にわたって修正が加えられ，1984年の最も大幅な修正法が有害固形廃棄物修正法（1984年RCRA修正法）である。

RCRAは，有害廃棄物の発生者，輸送者，有害廃棄物の処理，貯蔵および処分施設の所有者および管理者に，有害廃棄物の取扱いおよび管理について，有害廃棄物が発生してから最終処分されるまでの文字通り「揺りかごから墓場まで」を規制する。この背景には基本的理念として，有害廃棄物は，

1）可能なかぎり迅速に削減するか，あるいはなくすべきである。
2）埋め立て処分は最も望ましくない廃棄物処分方法である。
3）廃棄物は現在および将来の国民の健康と環境への悪影響を最小限にとどめるよう取り扱われるべきである。

という3点がある。RCRAの対象となるのは主として現在操業中の施設の所有者や管理者といった廃棄物管理の現在の関係者であり，有害廃棄物の管理方法を定めたに過ぎず，汚染発生の責任を問うことはない。

1984年RCRA修正法の重要な条項は，有害廃棄物の汚染除去責任を規定する条項と地下貯蔵タンクを規定する条項である。これらの法は，有害廃棄物の輸送，処理，貯蔵ならびに処分やそのための施設に関する規制である。この法によって，汚染発生について，過去の管理について責任が問われるようになった。

一方，発生してしまった汚染を浄化する際の責任を誰に求めるか，責任者にその能力がない時にどうするかは，悩ましい問題である。1978年に起きたラブ・カナル事件はこの問題を社会に突き付けた衝撃的な出来事であった。また，放射性廃棄物の処分においては，将来，人が施設の存在を知らずに偶発的に処分施設に直接的な擾乱を与え，その健全性に影響を及ぼし，放射線影響を与える可能性も考えられる。このような人の行為は人間侵入（human intrusion）として知られている。このことを考える上でもこの事件は示唆深いものがあるので少し詳しく紹介する。

(2) ラブ・カナル事件

この事件は，フッカー化学という企業が化学廃棄物をラブ・カナルと呼ばれる運河に廃棄していたことに起因する。ラブ・カナルは，ニューヨーク州ナイアガラ市で水力発電のために，オンタリオ湖とナイアガラ市をつなぐ運河を築こうとして中断された廃運河である。フッカー化学は，この運河を排水し，厚い粘土で裏打ちして，6 mから8 mの深さに，染料，香料，ゴムと合成樹脂製造のための溶媒からの苛性アルカリ，アルカリ物質，脂肪酸，塩素

化炭化水素などの化学物質を，1942年から1952年までの間に2万1千トン廃棄した。以後，運河は土壌と投棄場の上に育ち始めた植生により覆われた。当時の法律によれば，それは合法的な行為であった。

その後1953年に，当時劇的に膨張する人口を背景に，ナイアガラ・フォールズ市教育委員会は新たな学校の建設のために，この土地をフッカー化学から購入しようとした。会社は当初安全上の懸念を述べて売却を拒否したが，教育委員会は折れなかった。最終的に一部の土地を収用，没収されて，フッカー化学は，教育委員会が全体を1ドルで購入するという条件で，譲渡することに同意した。フッカー化学はこの際に，「被譲与者はその利用に関する全てのリスクと責任事項を負うものとする。制限事項として，被譲与者またはその継承者は，譲与者に対して，ここに述べた工業廃棄物の存在に起因または関連して引き起こされる，人または複数の人の死亡を含む傷害，もしくは財産の損傷に関して，どのような種類の請求，訴訟，活動または要求もなさない」とする通告を含めた。

この免責条項にもかかわらず，教育委員会は，建築の際に廃棄物の入ったドラム缶を掘り出したりしながら，何とか場所をずらして学校を建てた。その後，学校の街区の残りの土地は売却され，1957年には，ナイアガラ・フォールズ市が埋め立て地に隣接する土地に建設される住宅のための下水設備を建設した。この時，砂利下水道の土台を建設する際に，作業班は運河の壁を破って粘土シールを壊した。具体的には，充填土砂として利用するため防護粘土キャップの一部を取り除いて，水路を作り高速道路を建設するために固体粘土に穴をあけた。これにより雨のときには有毒廃棄物が漏出するようになり，もはや部分的に除かれた粘土キャップで保持されることはなく，壁に作られた隙間を通じて洗い出された。この結果，埋設された廃棄物は，運河からさらに漏れ出て移行し染み出しやすくなった。住宅が建設される土地は教育委員会とフッカー社の合意の場所からは外れていたので，これらの居住者の誰一人として運河の歴史を知る者はいなかった。地下に貯蔵された化学廃棄物のモニタリングや評価はなされなかった。さらに，不透水性であると考えられていた運河の粘土カバーはひびが入り始めた。その後の高速道路の建設は地下水がナイアガラ川に流れるのを制限した。1962年の異常に雨雪が多かった冬と春に，高架の高速道路は，破れた運河をあふれるプールへと変化させた。人々は庭や地下室にたまった油や色のついた液体があると告げた。

1970年代には豪雨が続き，ラブ・カナルのあった地域も深刻な洪水に見舞われた。1976年の調査では，オンタリオ湖の魚に有害化学物質が検出され，ニューヨーク州は，ラブ・カナルに廃棄された化学物質が，相次いだ洪水で周囲の河川に流れ込み，汚染となったと，原因を特定している。

地方紙がニューヨーク州の発表を報道すると，ラブ・カナルの旧水路周辺の住民はパニックに陥った。特に，子供を持つ親や妊婦の間で不安が高まり，様々なレベルの住民運動が起きた。ニューヨーク州は当該地域に非常事態を宣言し，妊婦や子供を一時的に退避させた。さらに全国紙が報じるに至って，ラブ・カナルの土壌汚染は全国的な関心事となった。1980

年には，カーター大統領が国家非常事態宣言を行い，多額の費用をかけて700世帯の移転を決定し，連邦議会は包括的環境対応補償責任法（CERCLA）すなわちスーパーファンド法を通過させた。スーパーファンド法は「遡及責任」による条項を含んでいるので，フッカー化学の後継であるオクシデンタル社は，それを処分したときには全ての合衆国の法律を順守していたが，廃棄物のクリーンアップの責任を負わされた。1994年連邦裁判所判事は，フッカー/オクシデンタルは廃棄物の取り扱いとナイアガラ・フォールズ教育委員会への土地売却において，配慮を欠いたわけではないが，怠慢であったとした。オクシデンタル石油は合衆国環境保護庁（EPA）により訴えられ，1995年に損害賠償として1億2900万ドルを支払うことに同意した。住民の訴訟も，ラブ・カナルの悲劇の後にもなされている。

しかし，ラブ･カナルの事件には，後日談がある。1982年の連邦政府の，6千の土壌，空気，地下水試料に基づく詳細な調査では，ラブ・カナル地区が汚染されていたという証拠がまったく見つからず，十分に居住可能な地域であったと結論された【Zuesse, 1981；Sunstein, 2002】。結果から振り返って見ると，科学的な根拠が十分でなかった事件が，スーパーファンド法という厳密な環境基準と厳格な連帯責任を要請する法律制定の決定的な引き金となったことになる。廃棄物特に有害廃棄物や環境汚染が社会から忌避され，強い感情的な拒否反応を引き起こし，社会の意思決定にまでつながることの典型的な例であるといえる。

もたらされる結果としての危険性が，その原因と考えられる事柄と，不確かな推定と確率により結び付けられる類のもので，影響の有無について容易に理解できないとき，人々は意思決定のために自分の持っている知識や経験を総体として統合した直感（ヒューリスティクス）を用いる。この際には，人は，性向として記憶から簡単に呼び出すことのできる記憶情報を優先的に用いて判断をすることとなり，記憶に残っている情報ほど頻度や確率が高いと錯覚したり，探せる記憶だけを意思決定の判断材料として優先させてしまったりする。このようなヒューリスティック・バイアスが生じることが認知心理学においてよく知られている【カーネマン，2012】。すなわち，予測に関して不確かな領域は，全く空白というわけではなく，厳密な論理による推測から始まってより取り出しやすい結果と原因の短絡や楽観的期待，疑心暗鬼で埋まることになる。Kuranらはラブ･カナルで起こったことは図1.3-1に示すようなヒューリスティック・カスケードであると解析している【Kuranら, 1999】。

最初，些細なことがメディアにより報道され，この報道が特定グループの注意をひき，このグループが騒ぎ出す。そうなると，その騒ぎ自身がニュースの材料となり新たな報道を促す。メディアは印象的で注意を引く報道をしようとし，公衆の中にはそれにこたえるべく不安や怒りなどの感情を煽る個人や組織が現れる。この循環の中でニュースは客観的な事実やリスクを超えて拡大され，果ては政策までを左右する。有害廃棄物，特に放射性廃棄物に関するリスク認知はこのような経路をたどり，社会は風評の影響を受けてこれを考慮して意思決定せざるを得なくなる。本来リスクを認知しようという心の動きは，もたらされる危険性とその起こりやすさの程度に応じて適切な行動をとろうとするものであるが，リスク推定の

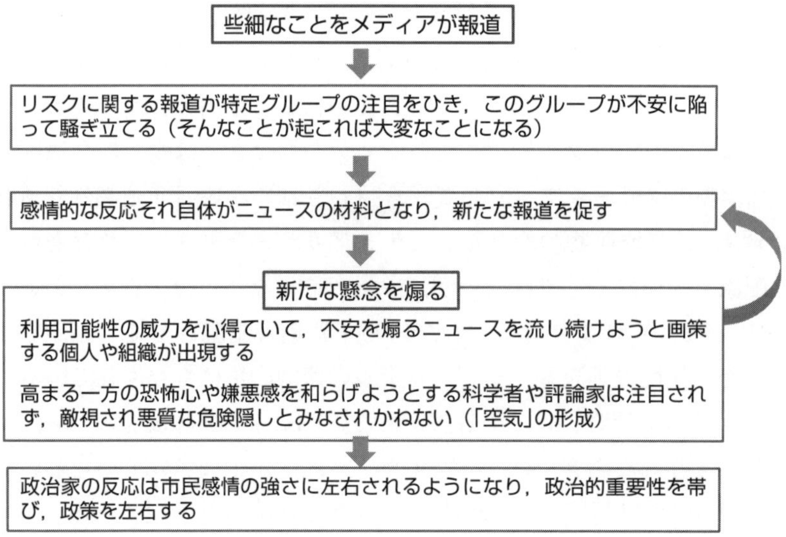

些細なことをメディアが報道

リスクに関する報道が特定グループの注目をひき，このグループが不安に陥って騒ぎ立てる（そんなことが起これば大変なことになる）

感情的な反応それ自体がニュースの材料となり，新たな報道を促す

新たな懸念を煽る

利用可能性の威力を心得ていて，不安を煽るニュースを流し続けようと画策する個人や組織が出現する

高まる一方の恐怖心や嫌悪感を和らげようとする科学者や評論家は注目されず，敵視され悪質な危険隠しとみなされかねない（「空気」の形成）

政治家の反応は市民感情の強さに左右されるようになり，政治的重要性を帯び，政策を左右する

図 1.3-1　ヒューリスティック・カスケード【Kuran他，1999より作成】

不確かさと伝達の不備のために疑心暗鬼が生じて恐怖を呼び起こし，結果として関与する誰もが不幸になる現実の被害をもたらしてしまう。

公害の例では，健康被害の原因特定が手遅れになって多くの深刻な被害をもたらしたことを見た。このような経験から人々は，有害物質による環境汚染には過剰なまでに予防的に反応し，ヒューリスティック・カスケードが起こる。

このような，ヒューリスティック・カスケードが起こることについて，誰もが憤りを覚え，そのような報道を行ったメディアは容認できないと思う。しかし，注意すべきは，このような現象が不当で倫理に反するといったとしても，言葉を用いる伝達によるコミュニケーションでは内容の完全な伝達はありえないし，完全な伝達が行えるほど人々が知識を持つこともあり得ない。まして報道はできるだけ短い言葉で情報を伝えるので，伝わり切らないことが必ず存在する。この伝わり切らないことに対して，人々はもともと心に抱いている好き嫌いの感情に基づいて，疑心暗鬼を抱くことになる。この伝達の不備は，人々の善意や悪意とは無関係に生じるものであることを認識する必要がある。

もともと日常経験や知識から類推できることについては，情報の伝達についての不備は生じにくいが，普段あまりなじみがなく，原子力のように恐怖や疑いを持っている事柄については，特に情報伝達の不備が生じやすい。廃棄物の管理においては，リスク推定の不確かさに対する人々の予防的反応から，このような現象が起きることが避けられないことを認識したうえで，管理の原則と戦略を立てる必要がある。

(3) スーパーファンド法

この事件を契機として環境保護庁が全米で調査を行った結果，環境汚染を及ぼす恐れのある廃棄物処分地が3万から5万か所もあることが確認された。中でも原爆製造のために使われ，その結果，放射性物質で汚染された軍の土地は汚染の深刻な事例であるが，これらの国有地を除き，多くの土地は取引され，責任ある会社はなくなったり合併されたりしている。何とか手を打つ必要がある。議会ですでに検討されていた土壌汚染対策関連法案は，1980年にCERCLA（スーパーファンド法の前身である環境法）として法制化された。その後も，米国民の間では土壌汚染が環境問題の筆頭となり，スーパーファンド法を強く支持する世論が形成されてきた。

スーパーファンド法とは，一般市民の健康や生命に対して重大な危害を与える有害物質について，政府（環境保護庁）に緊急浄化対策の権限を与えている法律である。その前身となる法律は，1980年に包括的環境対処・補償・責任法（The Comprehensive Environmental Responseand, Compensation, Liability Act：CERCLA）として制定され，1986年に改定されてスーパ―ファンド法（正確にはSuperfund Amendments and Reauthorization Act：SARA）となった。

米国のほとんどの環境法が将来における汚染の進行防止を目的としているのに対して，スーパーファンド法は，過去になされた汚染の浄化を義務づけることを目的としており，スーパーファンドとは，CERCLAの下で設立された危険物質を浄化するために必要となる費用を調達する基金を指している。1976年制定のRCRAでは過去に投棄された廃棄物による汚染には無力であったことから，ラブ・カナル事件の翌年1979年に，CERCLAを制定し，過去の汚染の修復をまかなうための基金を設けることとしたのである。スーパーファンド法では，有害物質の許容限度，汚染調査の手続き，調査結果の開示，汚染除去の方法，浄化措置命令の発動要件などが詳細に決められている。

有害物質によって汚染されている施設（サイト）を発見した場合，汚染場所の浄化費用を有害物質に関与した全ての潜在的責任当事者に負担させる。さらに潜在的責任当事者が特定できない場合や特定できても浄化費用を負担する賠償能力がない場合に，この基金を使って汚染サイトの浄化作業や改善措置を進めることにして，関係当事者からの弁済を法的に追及していくこととしたのである。この基金の運営には，1970年に設置された環境保護庁があたり，浄化作業に着手し，その費用を潜在的責任当事者に請求できる権限を持っている。

スーパーファンド法は，潜在的責任当事者の範囲をかなり広く設定している。これは本法が因果関係に基づいて汚染者負担の法的責任を追及するためではなく，浄化費用の負担者を決めることを目的とすることに起因している。潜在的責任当事者としては，

1）現在の施設の所有者，管理者
2）有害物質が処分された当時の施設の所有者，管理者
3）有害物質発生者
4）有害物質を廃棄場へ運んだ輸送業者

が対象となる。つまり，「厳格責任，連帯責任，遡及的責任」として，潜在的責任当事者には，直接有害物質を廃棄，処理した者に限らず，その後の施設の所有者や運搬関係者にまでその範囲が及ぶことになる。既に汚染されている土地や施設を取得したことにより，「所有者」または「管理者」とみなされ，加害者の過失の有無を問わず，責任を追及される。単に潜在的責任当事者に該当するだけで自動的に浄化責任者にされてしまうのである。

1986年に改正制定されたSARAは，「善意の購入者の抗弁」の条項を追加して，不動産の取得者や銀行などの金融機関が環境汚染賠償リスクに対して善意の購入者又は所有者の抗弁を主張できることを明確にした。この抗弁方法の最良の手段が環境監査であり，単に汚染の事実を知らなかったというだけでは責任を回避できないのである。

この厳しい責任原則の下で進められたスーパーファンド計画により，汚染被害が最も深刻なスーパーファンド・サイトの7割で汚染責任者による浄化修復が行われ，米国内の汚染サイトの修復が進められてきた。その一方で，責任原則の厳しさは大量の訴訟をもたらし，浄化プロセスや浄化基準を巡る議論も多く，責任主体が不在の汚染サイトの浄化向けに特定産業等に課税したスーパーファンド税制も当初15年間続いた後に再延長されず，今日では同計画の資金枯渇が懸念される状況に至っているのが現状である。

日本の土壌汚染対策法では，基本的に汚染者負担原則が採られているがスーパーファンド法ほど厳格ではない。汚染原因者（土壌汚染の原因を作ったもの）が特定できる場合には，汚染原因者が浄化を実施し，その費用を負担するのが原則である。汚染原因者が特定できない場合に限って，現在の土地所有者が浄化を実施し，その費用を負担する。後者の場合であっても，後に汚染原因者が判明すれば，土地所有者が汚染原因者に対して浄化費用を請求（求償）することができる。スーパーファンド法のような厳格な連帯責任を用いることがないので，汚染原因者に財務的な負担能力がなければ，汚染された土壌の浄化が実現できなくなってしまう。土壌汚染対策法は，そうした事態を防ぐために，国の補助金を主たる財源とする基金を設置しているが，基金規模は，深刻な土壌汚染を浄化するには十分といえない。

また，米国の場合は，広範な有害物質に対して大まかな環境基準が設定され，浄化対策の必要性は，土地利用状況や周辺環境など個別の要因を考えて判断される。日本では，有害物質が限定され，これらの環境基準が一律に適用されている。これを超える場合，汚染されているとの判断がなされ，その土地の利用状況や周辺環境にかかわらず，浄化では環境基準以下にすることが求められる。この結果，実際に用いられる浄化手段は，汚染土壌を完全に入れ替えてしまう掘削除去に限られているのが現状である。

周辺住民は，「環境基準を何倍超えている，汚染している」という情報だけで，それがどの程度危険なのかを考えることなく，感情的に反応してしまう。合理的な判断を伴わない不安に対しては，その不安要因となっている有害物質を跡形もなく完全に取り除くしかなくなり，適切な浄化手法を用いることができなくなる。

1.3.4　廃棄物の最終処分場

廃棄物の管理の目的は，廃棄物の減容化，安定化，無機化，無害化を行うことであり，最終処分場の主要な目的は安定化の達成で，これを助けるために行われるのが焼却を主体とする中間処理である。安定化とは「環境中にあってそれ以上変化せず，影響を与えなくなった状態」等と定義される。しかし，これを人間社会の尺度内で実現することは往々にして困難または不可能である。そこで「掘り返すなどの人為的な行為を行わない限り，見かけ上安定している」状態を技術的に達成し，最終的な安定を待つことが考えられている。

この目的達成のため，最終処分場は，日本では，安定型処分場，管理型処分場，遮断型処分場が定められており，隔離閉じ込め性能とモニタリングや管理の義務付けがなされている。図1.3-2は最終処分場の概要である【田中，2000】。

(1) 安定型処分場

この処分場は，環境に影響を与えない廃棄物として，安定5品目（廃プラスチック類・金属くず・ガラス陶磁器くず・ゴムくず・がれき類）のうち，除外項目に該当しない産業廃棄物だけを埋め立てる。安定型最終処分場のレイアウトは例えば図1.3-3のようになっており，遮水工（地下水への浸透防止）や，公共水域への浸出水処理施設は要求されない。ただし，地下水のモニタリングは義務づけられている。

処分場は，初期に行われた投棄積み上げ方式のように積み上げるか，単に穴を掘って埋めるという方式が改良されたものであるが，安定化，無害化のために工夫がなされる。例えば，遮水工と浸出水集排水管，空気抜きを設置した衛生埋め立て方式や微生物による分解を促進する生物反応器型埋め立て方式がある。

1. 投棄積み上げ(open dumps)：積み上げるか，穴を掘って埋める
2. 衛生埋立(engineered dumps)：遮水工と浸出水集排水管，空気抜き
3. 生物反応器型埋立(bioreactor landfill)：微生物による分解を促進する

廃棄物の最終処分

廃棄物の減容化，安定化，無機化，無害化を行うこと
- ✓ 最終処分場の主要な目的：安定化の達成
- ✓ これを助けるために行われるのが焼却を主体とする中間処理

安定化

- ✓ 環境中にあってそれ以上変化せず，影響を与えなくなった状態
- ✓ 人間社会の尺度内で実現することは往々にして困難または不可能であるので，「掘り返すなどの人為的な行為を行わない限り，**見かけ上安定している」状態を技術的に達成し，最終的な安定を待つのが処分**。

安定型処分場	環境に影響を与えない廃棄物だけを埋め立てる
管理型処分場	低濃度の有害物質と生活環境項目の汚濁物質を発生させる，大部分の廃棄物に対し，安定化を図る。
遮断型処分場	重金属や有害な化学物質などが基準を超えて含まれる有害な産業廃棄物の保管

図 1.3-2　廃棄物最終処分場の概要【田中，2000より作成】

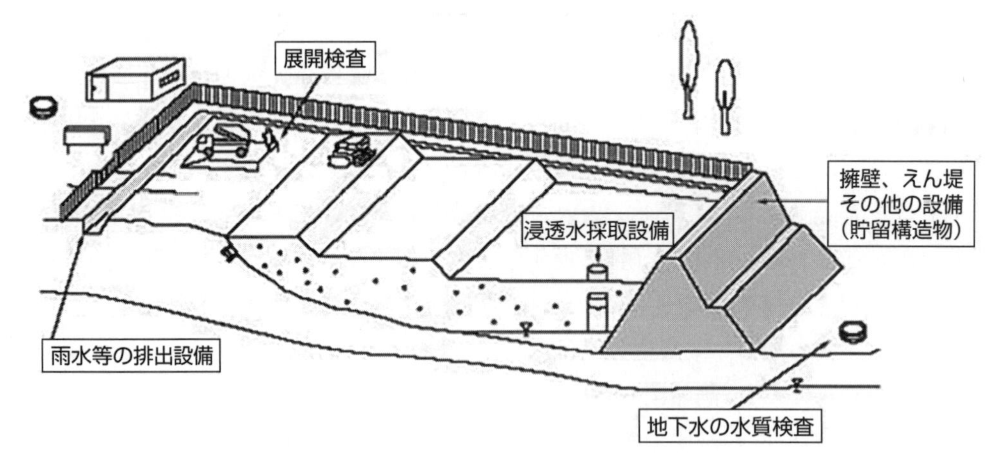

図 1.3-3　安定型処分場のレイアウト例【環境省, 2008】

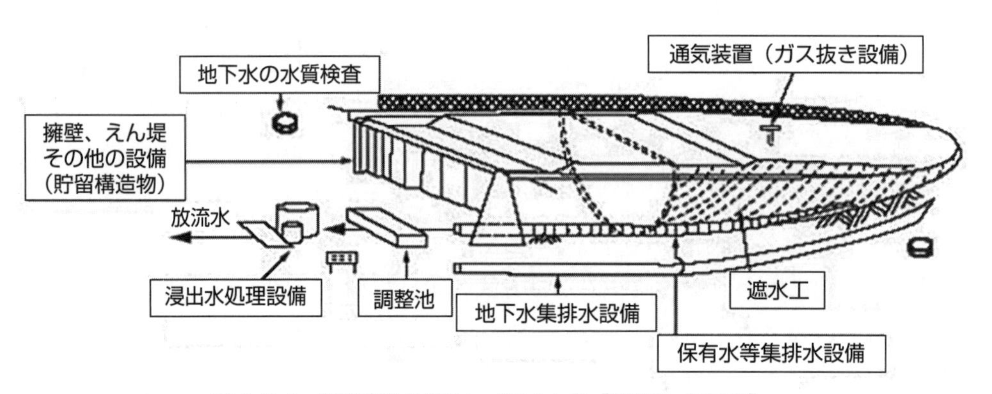

図 1.3-4　管理型処分場のレイアウト例【環境省, 2008】

(2) 管理型処分場

管理型処分場では，低濃度の有害物質と生活環境項目の汚濁物質を発生させる大部分の廃棄物に対し，安定化を図る。埋め立て後に次第に分解し，重金属やBOD成分，COD成分，窒素，酸・アルカリを含んだ浸出水が生じる。BODおよびCODは水の汚染を表す指標で，BOD（生物化学的酸素要求量）は好気性微生物が，COD（化学的酸素要求量）は酸化剤が，一定時間中に水中の有機物を酸化・分解する際に消費する溶存酸素の量である。

このため，ゴムシートなどによる遮水工と浸出水処理施設等が設置され，水質試験やモニタリングによって管理される。降水は多くの場合そのまま受け入れるが，処分場周辺に降った雨が地表を流れる表流水は雨水排除施設で流れ込まないようにする（図1.3-4）。

また，遮水工の劣化や破損による漏出を検知するための破損検知設備や，地下水位の上昇に備える地下水集排水設備など多重安全構造を組み込むのが望ましいとされる。埋め立て完了後，表面も遮水工で覆う場合もある。現在は海面埋め立て地も，護岸と遮水工を敷設して行う管理型処分場である。

最終処分場の主目的である「安定化」を実施するのは，この管理型処分場である。

(3) 遮断型処分場

遮断型処分場は，重金属や有害な化学物質などが基準を超えて含まれる有害な産業廃棄物を保管する処分場である。廃棄物が無害化することはないため，公共水域と地下水から永久に遮断を保つよう管理し続ける必要がある。このため，有害物質を含む漏水が周辺の一般環境へ漏洩しないように，厳重な構造設置基準（コンクリートで周囲を覆うなどの遮断対策など）・保有水の漏出管理が厳重に行われる。将来の新技術に最終処分を託す「長期・無期限保管」場所といえる。屋根構造形式，人工地盤形式，カルバート（排水構）形式などがある（図1.3-5）。遮断型処分場は長期・無期限保管となっているため，表1.3-2に示すように新たに作られる遮断型処分場はほとんどないのが実情である。

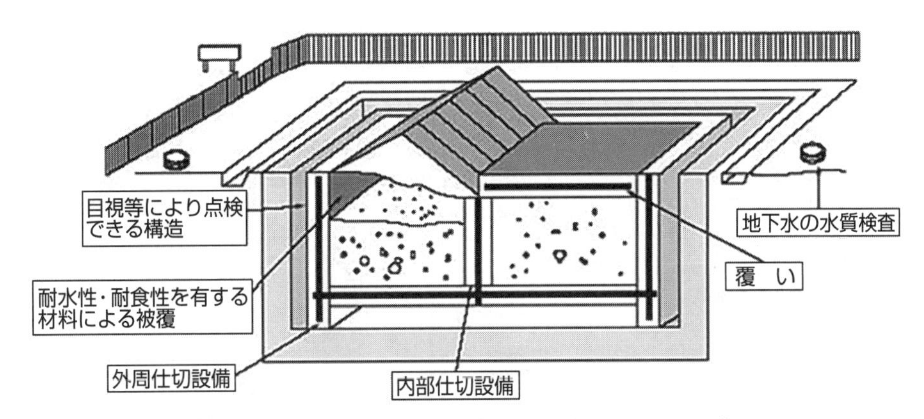

図 1.3-5　遮断型処分場のレイアウト例【環境省, 2008】

表 1.3-2　産業廃棄物処分場の現状【環境省, 2016b】

区分		施設数 平成25年4月1日現在 （カッコ内前年度）		平成24年度分		
				新規施設数	変更許可数	廃止施設数
最終処分場		1,942	(1,990)	16	15	46
	遮断型処分場	25	(25)	0	0	0
	安定型処分場	1,164	(1,201)	10	7	39
	管理型処分場	753	(764)	6	8	7
合　計		20,771	(20,870)	505	146	556

1.4 放射性廃棄物の管理

1.4.1 放射性廃棄物の発生

放射性でない廃棄物の有害性は，爆発性，毒性，感染性など，廃棄物の化学的性質に由来しているのに対して，放射性廃棄物の有害性は，含まれる放射性核種が放射線を出す能力，すなわち放射能を持っていることによる。このような放射性核種は天然に存在する自然起源放射性物質を除き，核反応によって生成する。有害物質を発生させるのは好ましいものではないが，核反応によってエネルギーを得る原子力発電や，医療・工業をはじめとする様々な分野での放射線や放射性物質の利用により大きな便益が得られることから，このような廃棄物の発生は社会に認められた行為となっている。

そのもっとも大きな便益を得る原子力発電では，図1.4-1および表1.4-1に示すような形で

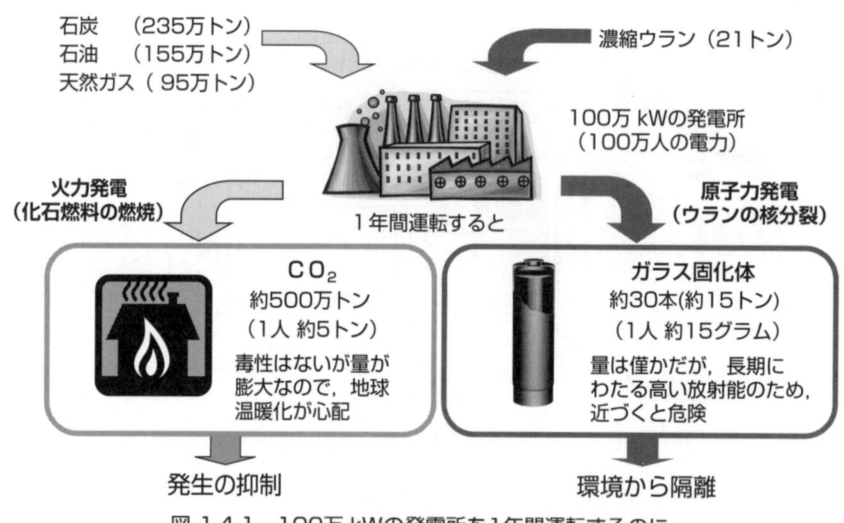

図 1.4-1 100万 kWの発電所を1年間運転するのに要する燃料と発生する廃棄物

表 1.4-1 100万 kWの発電所を1年間運転するのに必要な資源と環境負荷
【経済産業省，2012などより作成】

			必要な燃料	確認可採埋蔵量	建設費（兆円）*	発生廃棄物，リスク	
枯渇エネルギー	化石資源	石炭	235万トン	119年	0.2兆円	CO_2 800万トン	重金属を含む灰数十万トン
		石油	155万トン	48年		CO_2 600万トン	
		天然ガス	95万トン	63年		CO_2 400万トン	
	ウラン	原子力	21トン	114年	0.4兆円	運転，核拡散の危険性 ガラス固化体 30本（15トン） 低レベル放射性廃棄物 約1000トン	
		（高速増殖炉）	（約1トン）	（約2500年）	（?）		
再生可能エネルギー		太陽光	必要面積	58 km^2	1.3〜2.8兆円	エネルギーの空間密度が小さい	
		風力		214 km^2	0.7〜1兆円		

＊100万 kWの規模の発電施設をつくるための費用

廃棄物が生じる。100万 kW（キロワット）は日本人の100万人当たりの電力に相当する。これを1年間運転するのに必要なエネルギー資源量は，もしこれを火力発電で賄うとすれば，図または表中にあるようにおよそ100万から250万トンの化石資源が必要となる。石炭ではC_nH_n，石油ではC_nH_{2n}，天然ガスではCH_4の組成に近い炭化水素が二酸化炭素（CO_2）と水（H_2O）に酸化される際の化学エネルギーが，熱として発生して水を温め，できた蒸気でタービンを回転させて，電気エネルギーに変換される。一方，原子力発電では，^{235}Uの割合を3～5％に増加させた濃縮ウランを二酸化ウラン（UO_2）の形にした固体約21トンが必要となり，核分裂により解放される核エネルギーが熱として発生し，水を温め電気エネルギーに変換される。

これに伴って発生する主たる廃棄物は，化石資源ではCO_2であり，原子力ではUO_2燃料中のウランの約4～5％が核分裂して核分裂生成物に変化したUO_2固体が放射性廃棄物となる。同じ100万 kWの発電を1年間したときの廃棄物は，火力発電では，100万から250万トンの炭化水素が燃焼するので，400万～800万トン前後のCO_2となり，原子力発電では用いたウラン燃料約21トンが核分裂生成物などを含む同じ質量の使用済燃料となる。

日本の場合，この使用済燃料から未燃焼のウランとプルトニウムを取り出して再利用する核燃料サイクルを目指している。ウラン燃料を酸に溶解してウランとプルトニウムを溶媒抽出により分離する処理を核燃料再処理と呼んでいる。核分裂により生成した核分裂生成物と，中性子吸収とベータ崩壊を繰り返すことにより生成した超ウラン（TRU：Transuranium）核種を含む廃液（高レベル放射性廃液）は，ガラス材料とともに融解された後，放冷され一括してガラス化されて高レベル放射性廃棄物ガラス固化体とされる。この際には，ガラス固化体1本あたり約40 kgの核分裂生成物とTRU核種が含まれるように固化されるので，使用済燃料1トンあたり1.2～1.3本のガラス固化体（1本あたりステンレス容器約100 kgを含め約500 kg）が作られる。したがって，100万 kW×1年あたり約30本のガラス固化体が作られる。これが原子力発電の場合の主たる廃棄物となる。

原子力及び放射線の利用では，この他にも，原子力発電所の運転や解体，放射線利用から，放射性物質で汚染された材料が低レベル放射性廃棄物として発生する。詳細は第4章で説明するが，これらに含まれる放射能濃度は，高レベル放射性廃棄物に比べ概ね数十分の1以下であり，これらの体積の総和は高レベル放射性廃棄物の数十倍程度である。

火力発電の場合に廃棄物となる二酸化炭素は，大気中に放出すれば拡散して危険性はなさそうに見えるが，非常に大量である。地球が希釈・分散により受け入れることのできる容量は限られているので，結局，地球規模で二酸化炭素濃度を上昇させる原因の一部となり，結果として起こる二酸化炭素の濃度の増加は気候変動をもたらす可能性が高いと懸念されている【IPCC, 2013】。また，同時に重金属を含む灰や，窒素酸化物，イオウ酸化物等の有害廃棄物も発生するので，配慮が必要となる。原子力発電の廃棄物は，廃棄物量（体積または質量）が火力発電に比べて極めて小さく，単位質量当たり非常に大きい放射能，すなわち放射線を出す能力を持っている。このため，危険性は高いが，化学エネルギーを利用するエネルギー資源と比べて，廃棄物としての物量が極めて限られているので，手間をかけること，すなわち，これらを安定な固体として，低レベル放射性廃棄物の一部については浅地中の施設に閉じ込められるようにすることにより，その他の低レベル放射性廃棄物や高レベル放射性廃棄物については，地下深くの地質環境に定置して廃棄物がそこに閉じ込められたままになるようにすることにより，廃棄物の危険性が持続する期間，これを人の生活環境から隔離して，環境に負荷をかけずに処分することができると考えられている。

二酸化炭素についても，火力発電所や製鉄所などの大規模発生源で二酸化炭素濃度の高い排ガスから二酸化炭素を回収し，油田や天然ガス田などを貯留先とする地中貯留技術が開発され，既に実用に近い段階にあるが，大量であることから，分離回収，輸送，地下貯留のそれぞれに費用がかかることや，貯留先の確保，貯留層の閉じ込め性などの問題があるといわれている。

エネルギー資源の選択では，得られる便益と付随するリスクの比較として

1）エネルギーの必要性（危険を冒してでも必要か）
- 技術的実現可能性（資源の入手，経済性，運転の危険性など）
- 地球環境への影響（資源枯渇，廃棄物処理・処分の難易度）

2）便益とリスクの分配の公平性（誰かが不当に損をしないか）

が考慮される。かつては，資源の入手と経済性が主たる考慮事項であったが，今日では，これに加えて，運転の危険性，廃棄物の環境負荷が加わり，3E+SすなわちEnergy Security（安定供給），Economic Efficiency（経済効率性の向上），Environment（環境への適合）およびSafety（安全性）を基本的な視点として，これらをバランスよく実現することが重要とされている。この中で廃棄物の問題は，放射性廃棄物は局所的環境の汚染のリスク，二酸化炭素は，地球規模の環境劣化のリスクをもたらすものとして，問題の解決が強く求められている。

1.4.2　放射性廃棄物の発生源による分類

図1.4-1で示した放射性廃棄物は，原子力発電により発生させたエネルギーに直接比例する形で生成する核分裂生成物を主とするもので，これを固化した廃棄物は高レベル放射性廃棄物と呼ばれる。一方，このような形で原子力を利用する際やその他医療や研究等に放射性物質あるいは放射線を利用する際には，これ以外にも副次的に低レベル放射性廃棄物が発生する。

表1.4-2はそれらの放射性廃棄物を要約したもので，ガラス固化体以外の放射性廃棄物は日本では全て含めて低レベル放射性廃棄物と呼んでいる。国によっては，低レベル放射性廃棄物のうち放射能レベルの高いものを，中レベル放射性廃棄物と呼んでいる。

発電所の原子炉施設から発生する廃棄物は，核燃料中で核分裂連鎖反応を行う際に，この反応を連鎖的に進める中性子が，反応容器から外に漏れて構造材料中に含まれる一部の安定核種と核反応して放射性核種を生成する放射化と呼ばれる反応が起こり，材料が放射性物質となり，これが廃棄物となるものや，非常にわずかに気体や液体（冷却水中の溶存物）とし

表 1.4-2　原子力,放射線の利用により発生する放射性廃棄物

<table>
<tr><th colspan="3">廃棄物の種類</th><th>発生施設</th><th>廃棄物の形態</th><th>処分法</th></tr>
<tr><td colspan="3">高レベル放射性廃棄物</td><td>再処理施設</td><td>ガラス固化体</td><td>地層処分</td></tr>
<tr><td rowspan="10">低レベル放射性廃棄物</td><td colspan="2" rowspan="3">TRU廃棄物</td><td rowspan="3">再処理施設、MOX燃料加工施設</td><td>燃料被覆管廃材（ハル）、エンドピース、ヨウ素吸着フィルター、濃縮廃液,金属廃材</td><td>地層処分</td></tr>
<tr><td>濃縮廃液,樹脂,フィルター,焼却灰,金属廃材等</td><td>余裕深度処分</td></tr>
<tr><td>施設解体,改造に伴うコンクリート,金属の廃材</td><td>ピット処分</td></tr>
<tr><td rowspan="3">原子炉施設から発生する廃棄物</td><td>放射能レベルの比較的高い廃棄物</td><td rowspan="3">原子力発電所等の原子炉施設</td><td>運転廃棄物（制御棒、チャンネルボックス,樹脂等）
解体廃棄物（シュラウド等の炉内構造物）</td><td>中深度処分</td></tr>
<tr><td>放射能レベルの比較的低い廃棄物</td><td>濃縮廃液,樹脂,フィルター,焼却灰,金属廃材等</td><td>ピット処分</td></tr>
<tr><td>放射能レベルの極めて低い廃棄物</td><td>施設解体,改造に伴うコンクリート,金属の廃材</td><td>トレンチ処分</td></tr>
<tr><td colspan="2" rowspan="2">ウラン廃棄物</td><td rowspan="2">ウラン濃縮、燃料加工施設</td><td>濃縮廃液,樹脂,フィルター,焼却灰,金属廃材等</td><td rowspan="2">未定</td></tr>
<tr><td>施設解体,改造に伴うコンクリート,金属の廃材</td></tr>
<tr><td colspan="2" rowspan="2">研究施設等廃棄物</td><td rowspan="2">放射性物質利用施設,研究所</td><td>使用済み線源</td><td rowspan="2">トレンチ処分および ピット処分</td></tr>
<tr><td>実験、医用廃棄物</td></tr>
<tr><td colspan="3">放射性物質として扱う必要のないもの</td><td>上記全て</td><td>解体廃棄物の大部分</td><td></td></tr>
</table>

て漏れ出てくる放射性核種を固体として固定したものを含む廃棄物である。TRU廃棄物は，超ウラン核種（Transuranium nuclides）を含む廃棄物で，処理中に，使用済燃料中に含まれる核分裂生成物や超ウラン核種で汚れた材料である。原子炉の運転廃棄物や解体廃棄物が主として放射化生成核種を含むのに対して，TRU廃棄物や高レベル放射性廃棄物，あるいは再処理施設の解体廃棄物は，核分裂生成物と超ウラン核種を主として含み，少量の放射化生成核種を含むという特徴を持つ。ウラン廃棄物は，原子炉で利用される前の燃料製造工程（ウランの同位体組成を変化させ^{235}Uの濃度を増加させるウラン濃縮工程や燃料をUO_2の固体に成型加工する工程）で生成するウラン（天然起源放射性物質）を含む廃棄物で，放射能レベルは高くないが，極めて長い半減期の核種を含むという特徴を持つ。研究施設等廃棄物は，放射線や放射性物質の様々な利用より発生する雑多な放射性核種を含む廃棄物である。

活動履歴から考えて明らかに放射性物質によって汚染されていないものは「放射性廃棄物でない廃棄物（NR，non-radioactive waste）」として，汚染のレベルが極めて低く放射性物質として扱う必要のないものは「クリアランス物」や「規制免除廃棄物（exempt waste）」として，規制の手続きにより判別され，残るものが放射性廃棄物（radioactive waste）となる。

1.4.3　放射性廃棄物の危険性

放射性廃棄物の危険性は，廃棄物が放射性物質を含み，これが放射線を出す能力，すなわち放射能を持つことに由来する。人がこれにより危害を受けるのは

1）外部被ばく：放射性物質に接近して体外から放射線を受ける

2）摂取：消化器官を通じて体内に取り込む

3）吸入：呼吸器官を通じて体内に取り込む

ことにより放射線が細胞に損傷を与えることを通じて起こる。放射線を出す物質（線源）と被ばく（体外，摂取，吸入）を結びつける事象のつながり（経路）を断つことが放射性廃棄物に対する安全確保の戦略である。

すなわち，放射性廃棄物の危険性は，廃棄物が危険な間，廃棄物と人が接近しないようにすることにより避けることができる。これには，放射性廃棄物の側からは，含まれている放射性物質が人に接近することのないように放射性廃棄物を固体にして不動化し，固体内に放射性物質を閉じ込めて，外部の環境の側からは，固体として不動化されている状態を壊さないように，廃棄物を外的擾乱（自然事象や人間活動）から隔離しておけばよい。

固体内に不動化した放射性物質は，外から働く作用がなければ永遠にそのままであるが，人が生活している環境において起こる外的擾乱には，継続的に起こる風化や侵食等や離散的に起こる火山，地震，地滑り，津波，台風等の自然に起こる物理現象や化学現象のほか，動植物および人の活動から起こる建設や道路工事，航空機落下，偶発的な（廃棄物のあることを知らずに不注意に起こる）あるいは意図的な破壊行為等がある。

これらからの隔離の達成は，自然事象に対しては，この影響に耐えうるような頑健なバリアを準備することによりある程度可能であるが，人為事象に対しては，人の接近を制限するなどして人の行為を管理するか，人の接近が非常に困難なシステムとするしか方法はない。

問題は，どれだけの期間隔離し閉じ込めておく必要があるかである。放射性物質の危険のもととなる放射線は，放射能を持つ核種（放射性核種）が，放射性崩壊をする際に放出される。放射性崩壊を終えた核種は最終的に安定となり，もはや放射性ではなくなる。放射性崩壊は確率的に起こり，単位時間に起こる放射性崩壊の数（放射能，単位ベクレル[Bq]）は，放射性核種の数に比例し，はじめの数の半分が放射性崩壊するまでの時間をその放射性核種の半減期と呼んでいる。

例えば核分裂生成物の1つである^{137}Cs（質量数が137のセシウムの同位体）の半減期は30年であるので，30年後にはその放射能は最初の1/2になり，$30 \times 2 = 60$年後にはさらにその半分の1/4になり，$30 \times 3 = 90$年後にはさらにその半分の1/8になる。半減期の10倍の300年後には$(1/2)^{10} = 1/1024$すなわち約1000分の1になり，600年後にはさらにその1000分の1の100万分の1となる。

このことから，放射性廃棄物に含まれている核種のそれぞれの半減期から，どれだけの期間隔離しておく必要があるかがわかる。

表1.4-3は，地層処分の対象とされる高レベル放射性廃棄物であるガラス固化体（500kg）について，固化時（取り出し後4年），1000年後，1.5万年後，20万年後の時点において含まれる放射能に，最も大きい寄与をする放射性核種の放射能の時間変化を示したものである。半減期が30年ほどである^{137}Csや^{90}Srは，当初，非常に高い放射能（全体の約98%）を占めるが，半減期の10～20倍の時間がたった時点ではほとんど問題にならないレベルになる。

ちなみに，自然界には半減期が12億年の^{40}Kや45億年の^{238}Uなどが分布している。土壌

表 1.4-3　ガラス固化体に含まれる放射性核種の放射能量

核種	半減期（年）	時間経過後のインベントリ（Bq/本）			
		固化時	1000年後	1.5万年後	20万年後
Sr-90	29	2.8×10^{15}	2.9×10^{4}	~0	~0
Cs-137	30	4.1×10^{15}	1.3×10^{5}	~0	~0
Am-241	433	3.5×10^{13}	7.1×10^{12}	1.3×10^{3}	~0
Pu-240	6560	3.2×10^{11}	2.9×10^{11}	1.1×10^{11}	2.1×10^{2}
Am-243	7370	8.1×10^{11}	7.4×10^{11}	3.2×10^{11}	5.5×10^{3}
Tc-99	21万	5.2×10^{11}	5.2×10^{11}	5.0×10^{11}	3.7×10^{11}
Zr-93	161万	7.3×10^{10}	7.3×10^{10}	7.3×10^{10}	7.0×10^{10}
Np-237	214万	1.4×10^{10}	1.4×10^{10}	1.4×10^{10}	1.4×10^{10}
Cs-135	230万	1.8×10^{10}	1.8×10^{10}	1.8×10^{10}	1.7×10^{10}

中の^{40}Kの濃度は100～700 Bq/kgであるので，これは500 kgあたり5×10^{4}～3.5×10^{5} Bqに相当する。また天然にはウラン鉱石が分布しており，高いものは数十%のウランを含んでおり，0.1%以上含むものは鉱石としての価値があるといわれている。天然ウランは1.7×10^{8} Bq/kgの放射能を持っているので，0.1%のウラン鉱石500 kgは8.7×10^{7} Bqの放射能を含むことになる。

これを参考にして表1.4-3をみると，^{241}Amは1.5万年の隔離・閉じ込めで，^{240}Puや^{243}Amは20万年の隔離・閉じ込めで，その危険性からの安全を確保できることがわかる。しかし半減期が1万年よりも長い核種はそれでも減衰せず残っている。薄い灰色で示した欄が残留している核種の放射能である。遠い将来まで残留する放射能レベルは非常に高いものではないが，それでも純粋な金属ウランの数倍の放射能あるいは天然に分布する放射能の1000万倍の放射能があり，この廃棄物がむき出しになっていて，人の生活環境にあり，これに人が接近するとかなりの被ばくをする。

要するに，高レベル放射性廃棄物の危険性のもとになる放射能の99%以上は1000年の隔離・閉じ込めでなくなり，20万年の隔離・閉じ込めで99.99%はなくなるが，それでも完全になくなるわけではない。

これに対して，放射性廃棄物の処分では，危険性のもとになる放射能を持つ放射性物質を，固体にしてその周囲を堅牢なバリアで囲むことにより，ほぼ完全に閉じ込める。高レベル放射性廃棄物に対しては，最も重要なバリアはガラス固化体である。ガラス固化体は，廃棄物に含まれる様々な放射性元素を，ケイ素，ホウ素，アルミニウムを中心にして酸素を架橋して作る網目状の酸化物中に，骨格としてガラス化して固定したものである。先史時代より矢じりや刃物として使われてきた天然ガラスの黒曜石の例からもわかるように極めて不溶性で安定であり，放射性元素を固定して閉じ込める高い能力を持っている。

これをおよそ20 cmの厚さの炭素鋼オーバーパックで覆う。鉄は酸化されることがなければ1000年以上は間違いなく健全なままであるので，これにより^{137}Csや^{90}Srは完全に減衰する。1000年以上の後には，オーバーパックによる物理的閉じ込めが絶対完全であることを期待することはできないが，残留するもののうち主たる寄与をする^{241}Amや^{240}Pu，^{243}Amは，たとえガラス固化体から地下水に溶出したとしても，オーバーパックの周囲を覆う約70 cmの厚さの粘土緩衝材中を移行するのに数万年以上かかるため，この期間に減衰する。

それ以上の長期に残留する放射性物質については，半減期が長いので単位質量当たりの放射能は小さく，地下水中に溶解する物質量（溶解度）が限られているので，有意な影響を与えることはない。

このように，放射性廃棄物は固体として固定され，適切な工学的に付け加えたバリアがあれば，外からこれを破壊する物理的または化学的な力が働いてこの処分施設を破壊することがない限り，自然の法則に従い，すなわち自発的（受動的）に，長期の閉じ込めが達成される。

このため，処分施設は，必要な長期間，外的擾乱事象の影響を受けないように，隔離しておく必要がある。このような長期間の隔離・閉じ込めは，人が管理し続けることによっては達成することはできない。放射性廃棄物が地表の生活環境に置かれたままでは，いずれ社会の変化とともに管理が失われ，廃棄物は外的擾乱を受けて人に危害をもたらすことになるからである。長期の隔離・閉じ込めの必要性が，長期に残留する放射能のレベルの高い高レベル放射性廃棄物などに対する地層処分の概念を導くこととなった。

1.4.4　放射性廃棄物管理の考え方

放射性廃棄物の処分に関する国際的コンセンサスは，国際原子力機関の個別安全要件SSR-5「放射性廃棄物の処分」【IAEA, 2011 a】にまとめられている。全ての放射性廃棄物の管理のための好ましい戦略は，無視し得る程度の影響しかもたらさない液体または気体状の放射性物質を放出するか，あるいは固体状の放射性物質をクリアランスする（放射性物質を規制上の管理から外す）ことを除き，廃棄物を閉じ込めること（すなわち，廃棄物マトリクス，パッケージおよび処分施設の中に放射性核種を封じ込めること）および生活環境から隔離することである。放射性廃棄物中に含まれている放射性物質の悪影響を受けないためには，廃棄物と人が隔離されていればよいが，隔離を確実にするためには，放射性物質が隔離された場所にとどまったままでいる（閉じ込められている）ことが必要になり，放射性廃棄物の処分の基本戦略として，隔離・閉じ込めという戦略が採用されている。

表1.4-2の右端の列と図1.4-2は，様々な放射性廃棄物に対して，国際的コンセンサスに従って日本で考えられている処分の方法を示したものである。処分の方法は，関連する危険性によって必要とされる程度に，受動的な人工または天然の特質を用いて生活環境から隔離し，廃棄物が閉じ込められているように設計される。生活環境とは，人が生命活動と社会活動を行う地表の環境であり，長期的観点からいえば，生物の進化が起こってきた生態圏であり，人が生活のために利用する帯水層や海洋あるいは浅地中を含む地表もまた接近可能な生活環境である。一般に環境防護などの文脈で用いられる「環境」はこの生活環境を意味している。

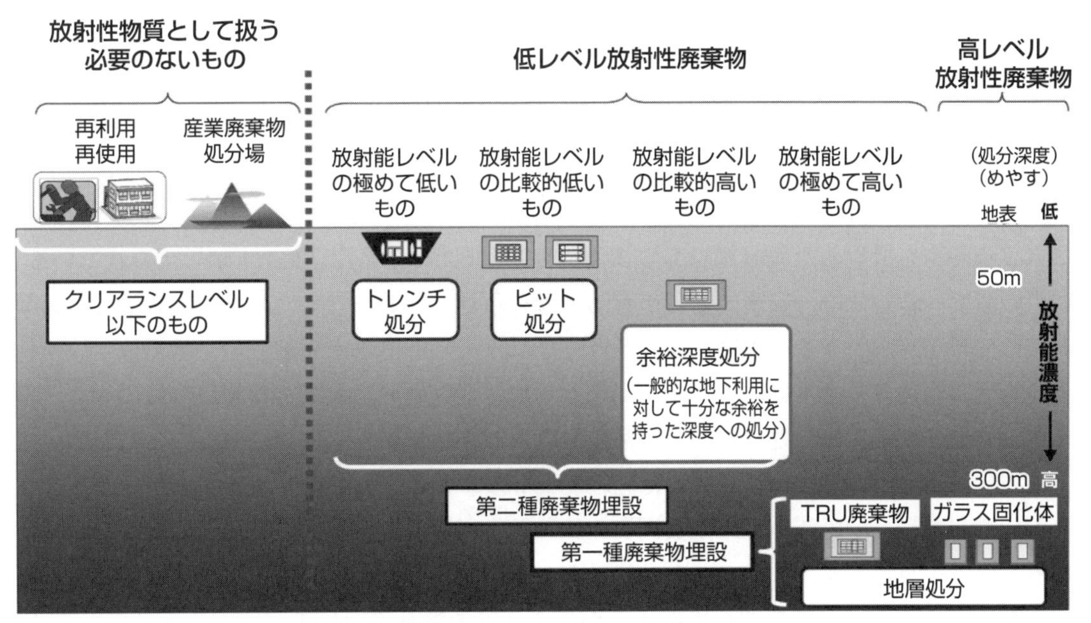

図 1.4-2　放射性廃棄物の処分方法【原子力規制委員会，2015】

1.3節では，ロンドン条約において，廃棄物を海洋に投棄する行為が，海洋という「生活環境」に有害物質を分散させる行為であるとして，予防原則の観点から禁止されたことを紹介した。

原子力発電所の運転・解体や研究施設等における放射性物質の利用から発生する廃棄物のうち，含まれる放射能レベルが低く半減期の短い核種が大部分を占める廃棄物は，浅地中に埋設処分することができる。この埋設法には，人工構築物を設置しない廃棄物埋設施設に浅地中処分するトレンチ処分，浅地中にコンクリートピットなどの人工構築物を設置して埋設するピット処分がある。このような場合には，隔離は処分施設の位置と設計および操業上の管理と制度的管理によって確保し，放射性核種を定められた期間にわたり固体とされた廃棄体およびパッケージに閉じ込め，比較的短寿命の放射性核種の大部分が原位置で減衰する閉じ込め機能を確保する。

これにより廃棄物からの放射性物質の環境への移行は十分に抑制できる。しかし，浅地中は人の生活環境中にあるため，例えば1.3節で紹介したラブ・カナル事件のように，上下水道，地下道，建築等の工事や，処分施設直上での居住や農耕などの人の一般的な活動により，処分施設の閉じ込め機能が損なわれる可能性がある。

このため，埋設された廃棄物が，人の活動の影響を受けて，危険をもたらす可能性のある期間は，人の立ち入りや掘削等の行為を制限するための制度的管理（公的機関による放射性廃棄物サイトの管理）が行われる。

社会的制度の継続性が見込めて，操業上の管理と制度的管理に信頼がおけると考えられる期間は，人間の活動の歴史から考えて，たかだか数百年程度と考えられるので，その期間に放射能の大部分が減衰して，残留する放射性物質が自然過程あるいは人為過程により環境中に流入し分散したとしても，その影響が無視できるようなレベルの廃棄物のみが浅地中処分可能である。

原子力発電所の運転・解体や研究施設等における放射性物質の利用から発生する廃棄物のうち，例えば炉内構造物のように，含まれる放射能レベルの高い廃棄物に対しては，一般的であると考えられる地下利用に対して十分余裕を持った深度（例えば，50～100 m程度）に人工構築物を設置した埋設施設への処分（中深度または余裕深度処分）が考えられている。

この深度への処分は，制度的管理が有効と考えられる期間を超えた後も，人の活動の影響からの隔離が達成できる。隔離が達成されていれば，地下深部から地表の生活環境へ放射性物質を運ぶ経路は地下水による運搬しかなく，放射性物質のほとんどは水に溶けにくく，地下水の移動速度も極めて遅いため，有意な量の放射性物質が地表に到達することはない。

一方，隔離については，将来的には隆起侵食等の影響により，余裕ある深度が保てなくなる可能性がある。その時点での地質環境の状態と人間活動の影響を考えて，埋設する廃棄物の放射能レベルが制限される。また余裕のある深度であっても，放射性廃棄物が存在するという情報が失われて，偶発的な人間侵入が起こる可能性を完全に否定することはできない。ただしこの場合は，深度から考えて直接の侵入が起こるのではなく，まずボーリングのような調査が地下利用に先立つと考えられる。したがって，侵入者についてはその場限りの事故的被ばくが起こり，乱された状態の影響については近隣住民が長期の被ばくを受けると考えて，それぞれの影響を評価して深度の妥当性が判断され，不適切な場合はより深い深度への処分などの代替法が選ばれる。

高レベル放射性廃棄物のように，含まれる長寿命放射性核種に起因する放射能が，社会制度の継続が見込まれ制度的管理が有効と考えられる時間をはるかに超えて有意に残留するような廃棄物については，そのような長期の時間範囲に対しても隔離と閉じ込めの面での地質環境の安定性が見込まれる地下数百m以深の地層中の母岩に固体廃棄物を定置する施設を建設して処分し，長期の隔離を達成しようというのが地層処分である。

図1.4-2に示すように，地層処分で利用しようとしている地下深部は，地表の生活環境からは隔離された環境であると考えられている。生活環境すなわちアクセス可能な生物圏は，非常に長い時間をかけて生物の進化が起こり，生物活動の結果，遊離酸素が蓄積されてきた生態圏であり，固体地球と宇宙空間の界面として太陽からのエネルギーを受け取りながら，様々な反応によりかき乱されている場所である。地下深部はこのような生態圏からは隔離され，地表の遊離酸素が到達することはなく，地表との物質のやり取りは，岩石の間隙にあるわずかな地下水の極めてゆっくりとした循環を介してのみなされる。地層処分では地下深部に放射性廃棄物を埋設することで，放射性廃棄物の定置環境が生活環境と地表の様々な擾乱による影響から隔離されることによって，長期にわたってその放出や分散が抑制され処分施設周辺に閉じ込められるようにする。この間に，放射性廃棄物に含まれる放射能の大部分が減衰するため，人間と環境が放射性廃棄物に由来する放射線の影響から防護される。

放射性廃棄物の処分については，浅地中処分が，放射性でない通常の廃棄物の安定型処分場や管理型処分場への処分に対応しているが，地層処分は，遮断型処分場という今のところ本質的解決の見通しのない処分法に対して，永久に近い時間の隔離を達成しようとする新たな提案であると考えることができる。このような方法が提案されるのは，原子力の利用により得られる便益が非常に大きく，得られるエネルギーに比べて発生する廃棄物の物量が小さく，処分のために手間暇をかけても，得られる便益に十分見合うという考え方がもとになっている。二酸化炭素についても，発生を抑制することに加えて，油田や天然ガス田などを貯留先とする地中貯留技術が考えられていることからわかるように，長期の安定的な生活環境からの隔離には地下深部を利用するのが今のところ最善の方法と考えられていることがわかる。

1.4.5　放射性廃棄物の処分の技術的段階

放射性廃棄物管理（radioactive waste management）とは，放射性廃棄物の取り扱いのことであり，放射性廃棄物が発生してから最終的に処分されるまでの，処分前管理（predisposal management）および処分に関係する管理上および操業上のすべての活動を指している。

処分前管理とは，処分に至るまでの活動で，図1.4-3に示すように，前処理，本処理，コンディショニング等の処理（processing）と貯蔵から構成されており，処理においては，発生した廃棄物は，処分に対する受け入れ基準を満たすように，爆発性や反応性のない安定で分散しにくいバルク状（ある程度の大きさ）の固体，すなわち廃棄物形態（wasteform）とされ，パッケージに封入され，廃棄体（waste package）とされる。

処理（processing）とは，何らかの目的に合うように物質の特性を変える操作のことで，廃棄物の処理は，減容や固化，分離等の本処理（treatment）や，その前段階としての収集，分別，化学的調整，除染などの前処理（pretreatment），後段階としての固定化，パッケー

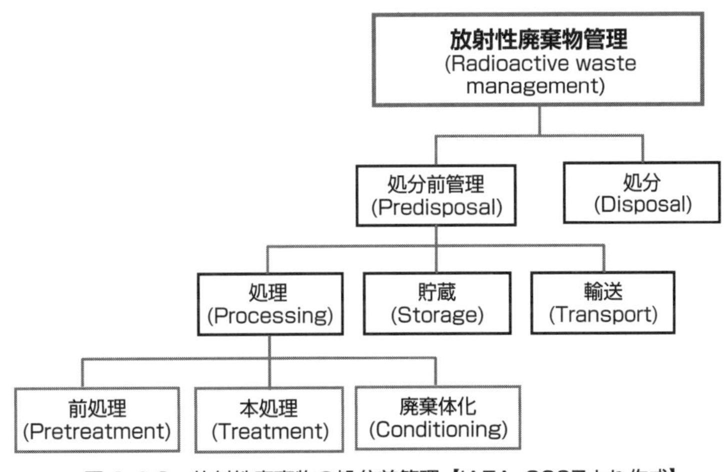

図 1.4-3　放射性廃棄物の処分前管理【IAEA, 2007より作成】

ジ化，オーバーパック封入などのコンディショニング（conditioning）などからなる。

これに対して，一般用語としての処分は，事柄に決まりをつけることを意味するが，廃棄物管理における処分とは，回収（再取出し）を意図することなしに，廃棄物を適切な施設に定置することを意味している。確かに，処分とは事柄に決まりをつけることで，人が廃棄物に対して能動的に手を加える管理（control）を終了することを意味している。しかし，重要なことは，管理を解くことが目標とされているように見えるが，処分では，将来管理のない状態がいずれ来ることが避けられないので，その状態を想定して，管理に依存することなく将来の安全（隔離と閉じ込め）が確保される状態にすることが目標となり，この努力のすべてを放射性廃棄物管理（radioactive waste management）と呼んでおり，一般に「放射性廃棄物処分」というときもこの放射性廃棄物管理のことを言っている。

図1.4-4に処分における各段階を示す。浅地中処分においては覆土が終了した後，人間侵入を防ぐために制度的管理（institutional control）が行われ，そののち規制による管理（regulatory control）が終了する。地層処分においては，閉鎖後の，念のためあるいは安心のための処分システムの安定状態の確認がなされ，そののち規制による管理が終了する。

管理という用語も，処理や処分という用語の解釈と関連して混乱して理解されている。廃棄物管理の文脈で用いられている管理はmanagementの訳語であり，物事をうまく成し遂げること，取り扱い（方），操作，処理，経営，監督を意味している。一方，図1.4-4の右下にある能動的管理，受動的管理などの，規制上の管理や制度的管理の管理はcontrolの訳語で，支配，監督，統制，操作をすることを意味しており，単に何かをチェックしたり見張ったりするのみならず，必要なら何らかの修正や強制の措置をとって，人や事物を制御するという意味合いが含まれている。制度的管理は当局あるいは公的機関による放射性廃棄物サイトの管

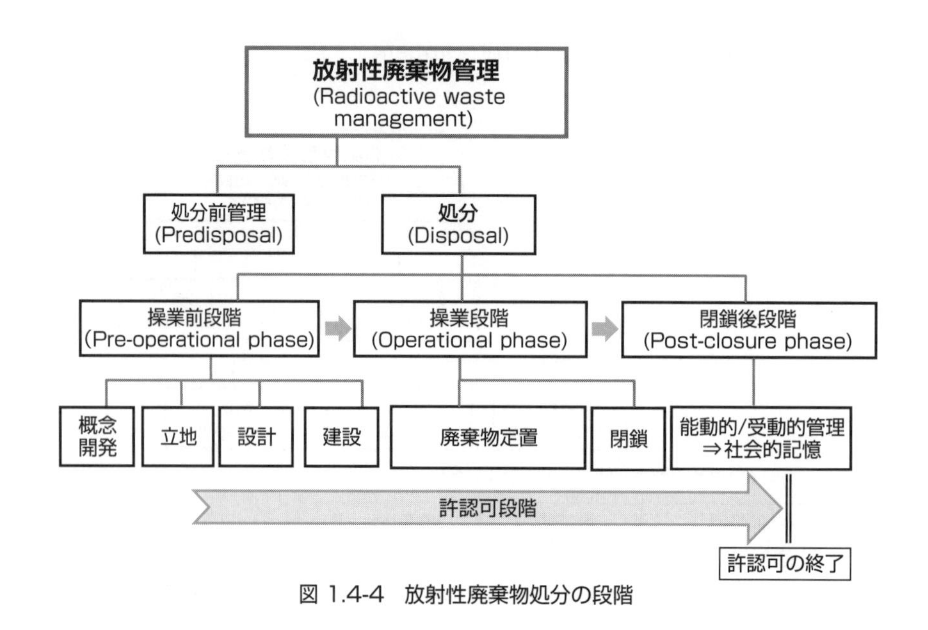

図 1.4-4　放射性廃棄物処分の段階

理を指し，規制による管理もこの中に含まれるが，特に規制による管理から解放された後の，当局あるいは公的機関による廃棄物サイトの管理を指すときに用いられ，能動的管理（モニタリングやサーベイランス）や受動的管理（土地利用の制限）がある。管理という言葉が何らかの形で働きかけることを意味しているので，受動的（受け身の）管理という用語は少し矛盾した用語であり，安全規制と管理期間終了後の制度的管理の関係はなかなかわかりにくい。

規制上の管理の終了では，それ以降の安全規制上の管理，すなわち規制による事業者の活動の管理は不必要であることが確認される。したがって規制による管理が終了した後の，制度的「管理」は不要と判断される。

もともと，廃棄物はおかれた状態で自然の地質環境の機能により，その場に閉じ込められるように，自然法則によりコントロールされていることが確認される。しかし，人間による制度的管理は永久に継続しえないので，偶発的な人間侵入の可能性は否定できない。制度的管理の永久の継続の保証も，人間侵入の可能性の排除も，いくら努力しても達成できない。そこで地層処分や中深度処分では，できる限りの深度を確保して，なんの準備や調査もなくいきなり地下を大規模に利用して施設を擾乱するような活動を避け，十分な深度があればボーリングなどの調査が先行すると考えて，その影響を評価する。このとき侵入者個人は短期的にかなり大きな被ばくをするが，これは少数者が受ける事故的被ばくとみなし，周辺住民が長期的被ばくを大きく受けるかどうか，現在の社会でなら何らかの防護のための介入措置が必要となるほどの被ばくを受けるかどうかが評価される。

このような形で管理の終了が判断される。これに対して，土地利用の制限を管理する制度（受動的制度的管理と呼ばれる）は，いつか忘れ去られるかもしれないが，記録が保存され，そこに廃棄物があるという情報さえ将来の人々が知っていれば，その人々はより良い行動をすることができるという風に考えている。これは将来の人々に「管理」の負担を先送りしようとしているのではなく，彼らがより良い意思決定ができるように現世代ができる限り努力することを意味している。このため，規制による管理が終了するときには，将来の制度的管理の断絶を仮定して安全を確認し，そのうえで，受動的管理に相当する緩やかな監視（oversight）が続くように努力する。この努力は永久に続くとはいえないので，これにより安全が確保されると考えてはならないが，それでも，早い時期における偶発的人間侵入の発生を抑制し，安全あるいは安心に寄与する意味のある努力と考えることができる。これが規制上の管理が終了した後の制度的管理の考え方である。

このように，処分には，廃棄物の投棄から連想される管理の放棄という概念はあてはまらない。時に，管理していれば安全，していなければ危険と考える人がいる。これは，運転システムの安全確保の概念の短絡的あてはめであって，処分では人間による管理は永久に持続することはできないことが出発点となっている。

以上を要約すれば，放射性廃棄物の処分においては，制度的管理が有効と思われる数百年（国によって異なる）の間に，十分な放射能の減衰がある放射性廃棄物は浅地中に埋設することが可能である。それよりもはるかに長い期間，危険性がなくならない廃棄物については，社会制度が変わって制度的管理が失われることになると予測される遠い将来においても，地層処分によれば，外的手段や継続的手段に依存しないで，自然の地質環境が持っている本来の特性により，廃棄物が永久に隔離され閉じ込められると考えられている。

1.5 参考文献

1. 経済産業省 (2016a). 資源循環ハンドブック2016　法制度と3Rの動向.
2. 環境省 (2016a). 海外の廃棄物処理情報>廃棄物の分類など.
   http://www.env.go.jp/recycle/waste_tech/kaigai/02.html　閲覧日2016年3月.
3. 和田純夫 (2004). 宇宙創成から人類誕生までの自然史, ベレ出版.
4. UN (2015). World Population Prospects: The 2015 Revision. United Nations, Department of Economic and Social Affairs, Population Division.
5. UN (1999). The World at Six Billion. United Nations, Department of Economic and Social Affairs, Population Division.
6. BPエネルギー統計 (2015). BP Statistical Review of World Energy 2015.
7. Cook, E. (1971). The Flow of Energy in an Industrial Society, Scientific American, September, 1971, pp. 135-144.
8. レイチェル・カーソン (1974). 沈黙の春 (青樹 簗一訳), 新潮文庫.
9. Beder, Sharon (2006). Environmental Principles and Policies: An Interdisciplinary Introduction, Earthscan.
10. キャス・サンスティーン (2015). 恐怖の法則 予防原則を超えて (角松生史, 内野美穂監訳, 神戸大学ELSプログラム訳), 勁草書房.
11. 環境と開発に関する世界委員会編 (1987). 地球の未来を守るために (環境庁国際環境問題研究会訳,大来佐武郎監修), 福武書店.
12. 外務省HP (2016a). 外交政策>ODAと地球規模の課題>地球環境>バーゼル条約. http://www.mofa.go.jp/mofaj/gaiko/kankyo/jyoyaku/basel.html,　閲覧日: 2016年3月.
13. 経済産業省HP (2016b). 政策について>政策一覧>エネルギー・環境>リサイクル>3R政策ホーム>行政情報を調べる>バーゼル条約・バーゼル法.
    http://www.meti.go.jp/policy/recycle/main/admin_info/law/10/index.html, 閲覧日: 2016年3月.
14. 外務省HP (2016b). 外交政策>条約>1972年の廃棄物その他の物の投棄による海洋汚染の防止に関する条約の1996年の議定書.
    http://www.mofa.go.jp/mofaj/gaiko/treaty/treaty166_5.html,　閲覧日: 2016年3月.
15. 米国環境保護庁HP (2016). Superfund, United States Environmental Protection Agency. http://www.epa.gov/superfund,　閲覧日: 2016年3月.
16. IMO (2016). London Convention and Protocol, International Marine Organization, http://www.imo.org/en/OurWork/Environment/LCLP/Pages/default.aspx,　閲覧日 2016年3月.
17. 経済産業省 (2016c). 3R政策ホーム>海外情報>北米の取り組み事例.
    http://www.meti.go.jp/policy/recycle/main/data/oversea/index02_1.html,　閲覧日 2016年3月.

18. 日本政策投資銀行（2002）．米国スーパーファンド・プログラムの概観―その経験から学ぶもの―，日本政策投資銀行ニューヨーク駐在員事務所．
19. Zuesse, E. (1981). Love Canal, Reason.com February 1981 Issue. http://reason.com/archives/1981/02/01/love-canal/ 閲覧日 2016年3月．
20. Sunstein. C. R. (2002). Risk and Reason －Safety, Law, and the Environment－, Cambridge University Press.
21. ダニエル・カーネマン（2012）．ファスト＆スロー，早川書房．
22. Kuran, T., Sunstein, C. R. (1999). Availability Cascades and Risk Regulation, Stanford Law Review, Vol. 51, No. 4.
23. 田中信寿（2000）．環境安全な廃棄物埋立処分場の建設と管理，技法堂出版．
24. 環境省（2008）．中央環境審議会循環型社会計画部会（平成20年1月 第42回）資料1. http://www.env.go.jp/council/former2013/04recycle/y040-42b.html 閲覧日 2016年3月．
25. 環境省（2016b）．産業廃棄物処理施設の設置，産業廃棄物処理業の許認可に関する状況（平成25年度実績）記者発表資料（平成28年4月）. http://www.env.go.jp/recycle/waste/kyoninka.html 閲覧日 2016年9月．
26. 経済産業省（2012）．総合資源エネルギー調査会基本問題委員会（平成24年1月 第9回）資料2. http://www.meti.go.jp/committee/gizi_8/18.html 閲覧日 2016年4月．
27. IPCC (2013). Fifth Assessment Report of the Intergovernmental Panel on Climate Change, WMO & UNEP.
28. IAEA (2011). Disposal of Radioactive Waste, Specific Safety Requirement No. SSR-5, International Atomic Energy Agency.
29. 原子力規制委員会（2015）．廃炉等に伴う放射性廃棄物の規制に関する検討チーム会合（平成27年1月第1回）資料1-1 第二種廃棄物埋設に係る規制制度の概要. https://www.nsr.go.jp/disclosure/committee/yuushikisya/hairo_kisei/index.html 閲覧日 2016年4月．
30. IAEA (2007). IAEA Safety Glossary －Terminology Used in Nuclear Safety and Radiation Protection 2007 Edition, International Atomic Energy Agency.

2章

核反応と放射線

第2章

核反応と放射線

放射性廃棄物はそれが有害な期間，人の生活環境から隔離しておく必要があるが，その有害性は，廃棄物中に含まれている放射性核種が放射線を出す能力（放射能）を持つことに由来している。原子炉中や加速器中などの核反応で放射性核種が生成し，この放射性核種の原子核は不安定で，より安定な原子核に変化するときに粒子線や電磁波を放射線として放出する。ここでは，放射性廃棄物の有害性に関連する事柄に絞って，放射線，放射能，核反応の基礎知識【Benedict他，1981；Choppin他，2013】を概観する。

2.1　原子の構造

2.1.1　物質，原子，原子核の構造

図2.1-1は物質，原子，および原子核の構造を模式的に示したものである。全ての物質は分子やイオンからできており，これらは原子からできている。原子は原子核と電子からできている。原子核は整数個（Z個）の陽子と，陽子の数に対してある決まった数個の中性子から成る$Z+N$個の核子からできており，原子の質量のほとんどを占めている。電子の質量は

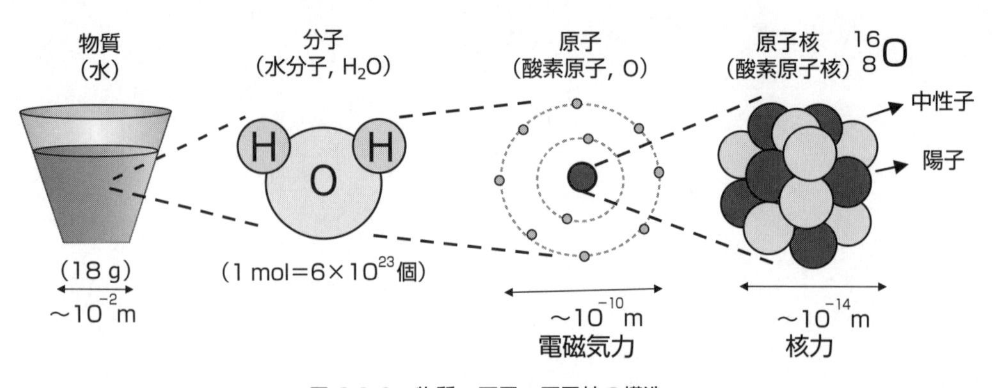

図 2.1-1　物質，原子，原子核の構造

陽子の約1836分の1でしかない。原子核中の全核子数$Z+N$は質量数と呼ばれAで表される。質量数は原子核の原子数に最も近い整数となっている。

原子核の組成，すなわち核の中の陽子の数Zと中性子の数N，および核のエネルギー準位によって規定される特定の原子の種類は核種と呼ばれ $^{A}_{Z}\mathrm{X}_{N}$ のように記述される。ここでXは元素の種類として，例えば炭素を表すC，ナトリウムを表すNaなどのような元素記号である。原子番号Zごとに元素記号が決められており，中性子数も$A = N+Z$からわかるので，$^{A}_{Z}\mathrm{X}_{N}$という表記で，元素記号と質量数さえわかれば，ZとNは決まる。このため核種を表す時には多くの場合$^{A}\mathrm{X}$あるいはX-A，たとえば$^{23}\mathrm{Na}$あるいはNa-23のように記述されるが，核反応における核子数と電荷の保存を考えるときは便利なので $^{A}_{Z}\mathrm{X}_{N}$ または $^{A}_{Z}\mathrm{X}$ という表記が用いられる。原子番号が同じで中性子数にしたがって質量数の異なる核種を同位体と呼び，質量数が同じ核種を同重体と呼ぶ。

2.1.2　電磁気力と化学エネルギー

原子の中の電子は電磁気力（クーロン力）により原子核に結合されている。原子核の中の陽子は電子の素電荷$\mathrm{e} = 1.602176 \times 10^{-19}$ C（Cは電荷の単位でクーロン）の正電荷をもち，中性子には電荷がない。この結果，Z個の陽子を持つ原子核は$+Ze$の電荷を持っている。電子1個は$-e$の負電荷を持っており，電気的に中性の原子では，原子核の電荷に等しい個数の電子により取り囲まれている。正と負の電荷の間では，同じもの同士で斥力，異なるもの同士で引力が働く。この電磁相互作用による電磁気力は電荷に比例し，距離の二乗に反比例する力である。負の電荷を持つ電子は，原子核の正電荷によるクーロン引力と他の電子の負電荷によるクーロン斥力によるポテンシャルエネルギーを持ち，これが運動エネルギーと釣り合う状態で，原子核を取り囲んでいる。$+Ze$の電荷を持つ原子核の周囲のZ個の電子は，順次，軌道と呼ばれる状態に分布し，この分布状態（電子配置）により原子の大きさ（おおよそ10^{-10}m）と元素（種類としての原子）の化学的性質が決まる。元素の原子番号は陽子の数Zに等しく，元素の化学的性質に基づいて整理されている周期表中の通し番号である。原子が互いに近づくと，原子核の正電荷と電子の間の電磁気力による安定化の程度が変わり，原子核と電子はより安定な配置へと変化する。これが化学反応であり，これにより出入りするエネルギーは化学エネルギーと呼ばれる。

化学エネルギーの程度を知る目安として，図2.1-2に元素の第一イオン化エネルギーを示す。第一イオン化エネルギーとは，原子から1個の電子を取り+1価の陽イオンにするために必要な最小のエネルギーである。原子中の電子のうち，最外殻の電子は，原子核の電荷を，より内側の電子により遮蔽されていて，最も弱く結合されているため，他の原子との相互作用に関与する価電子と呼ばれている。化学反応では最外殻の電子の状態が変化し，過剰または不足のエネルギーが出入りする。一般に，化学反応はモル数に対するエネルギー変化量としてJ/molで表し，核反応は1個の原子または分子に対するエネルギー変化量としてeVで

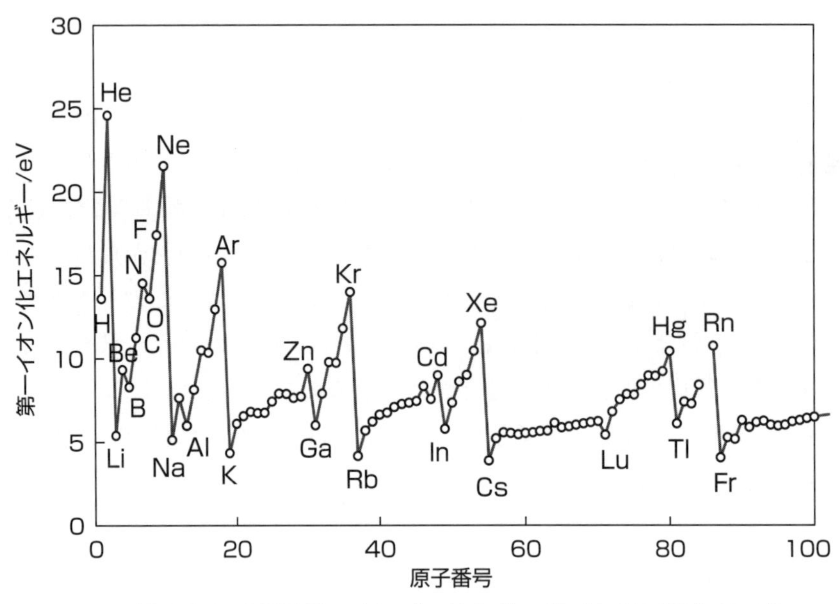

図 2.1-2　元素の第一イオン化エネルギー（1eV=96.487kJ/mol）

表す。1 eVは電子の電荷が1Vの電位差の下で得るエネルギーすなわち

$$1\ \text{eV/原子} = 1.60221\times10^{-19}\ \text{C}\cdot\text{V}\times6.02214\times10^{23}\ \text{原子/mol} = 96.487\ \text{kJ/mol}$$

である。

2.1.3　核力と核エネルギー

原子中の電子は電磁力によって核に結合されているのに対して，フェルミ（1 fm = 10^{-15} m，fは10^{-15}を表す接頭辞でフェムト）程度の大きさを持つ陽子や中性子は，より強い核力によってたがいに結び付けられている。核力は，フェルミのオーダーの距離で働く引力で，正電荷の陽子間の反発に打ち勝つ。しかしこの強い力の作用する範囲は限られていて，0.7 fm以下で反発力となり，2.5 fm以上でほぼゼロとなる。この結果，陽子と中性子の数により原子核の安定性が決まり，安定な原子核を作るZとNの組み合わせがあり，さらにZには限界がある。

自然界に見られる元素の原子核が，陽子や中性子がばらばらにあるときに比べてどのくらい安定化されているかは，陽子と中性子が原子核を構成するときに失われる質量が$E = \Delta mc^2$により示される安定化エネルギーに相当するとして計算できる。

例えば，$^{56}_{26}$Feの中性原子は，26個の陽子と26個の電子と30個の中性子からできている。しかし，$^{56}_{26}$Feの質量はこれらを構成している水素原子（陽子と電子）26個と中性子30個の質量の和にぴったり同じとはなっていない。それぞれの質量は

26個の水素原子（陽子と電子）：1.0078 u × 26 ＝ 26.2028 u

30個の中性子：1.0087 u × 30 ＝ 30.2610 u

であり，その和は56.4638 uとなるが，一方，^{56}Feの質量は55.9349 uでこれより小さい。

ここでuは，統一原子質量単位（記号u）またはダルトン（dalton，記号Da）と呼ばれ，極めて小さい原子や原子核の質量を表す単位として用いられる。1 u（Da）は炭素12（^{12}C）原子の質量の1/12として定義されている。すなわち

$$1\,\text{u} = \frac{1\times10^{-3}\ \text{kg/mol}}{6.02214\times10^{23}/\text{mol}} = 1.66045\times10^{-27}\ \text{kg/個}$$

である。

$^{56}_{26}$Feでは，質量の差0.5289 uがエネルギー$E = \Delta m \times c^2$として失われ安定化が起こったと考えることができる。1 uの質量に相当するエネルギーは

$$E = \Delta m \times c^2 = \left(\frac{10^{-3}\ \text{kg/mol}}{6.02214\times10^{23}/\text{mol}}\right) \times (2.99793\times10^{8}\ \text{m/s})^2 = 1.49242\times10^{-10}\ \text{J}$$

$$\frac{1.49242\times10^{-10}\ \text{J}}{1.60221\times10^{-19}\ \text{J/eV}} = 9.3148\times10^{8}\ \text{eV} = 931.5\ \text{MeV}$$

となる。ここでMeVは10^6 eVであり，化学反応に比べてはるかに大きい核反応のエネルギー変化を表すのに用いられる単位である。これより，$^{56}_{26}$Feの原子における核子1個当たりの安定化エネルギーは0.5289 × 931.5/56 = 8.80 MeVとなる。

図2.1-3はこのようにして計算した核子1個あたりの原子核の安定化エネルギーである。陽子や中性子は，核子あたり8 MeV程度の核力による安定化を受けて原子核として存在している。図2.1-2の第一イオン化エネルギーがeVを単位として表されていたのに比べ，原子核の安定化エネルギーはMeV（=10^6 eV）を単位として表されており，その大きさの違いが見て取れる。

この図を見ると，最も安定な陽子と中性子の集合は^{56}Feの付近にあるので，原子が互いに近づいて電子をやり取りして化学反応が起こるのと同じように，もしも原子核同士が，自由に衝突して陽子数や中性子数をやりとりすることができるのであれば，鉄よりも軽い原子核は核融合し，重い原子核は核分裂してより安定な原子核になろうとする。

実際には原子核のもつ正電荷によるクーロンの反発力のために，核力が働く範囲にまで互いに近接することができない。距離の2乗に反比例して働くクーロンの反発力に抗して核力の働くフェルミ（fm）の距離にまで原子を近づけるためには巨大な力が働く必要がある。このため，原子核の合成は宇宙の生成や星の進化の過程あるいは加速器等による人為的な過

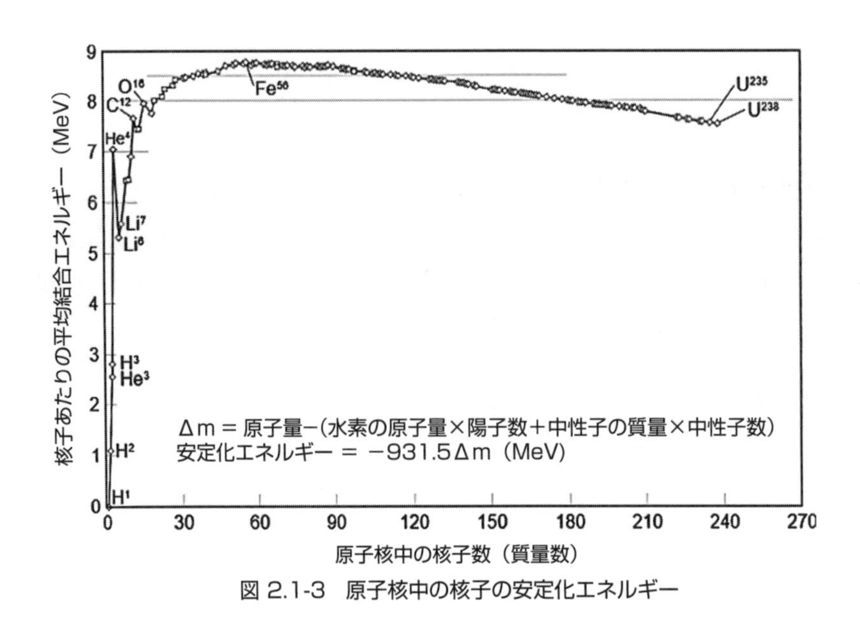

図 2.1-3　原子核中の核子の安定化エネルギー

程に限られており，いったん形成された原子核は，その陽子と中性子の数によってのみ決まる安定性に従って安定なままでいるか，決まった速さで他の核種（陽子数と中性子数のより安定な比の核種）に崩壊する。

どのような陽子と中性子の数の組み合わせが安定であるかは，知られている安定な核種と不安定な核種を表にして示す核図表を見るとよくわかる。図2.1-4は核図表と呼ばれているもので，縦軸に原子番号，横軸に中性子数をとって，安定な核種を濃い黒色のマーカーで示し，不安定な核種（半減期1年以上の核種）を灰色マーカーで示したものである。図の下にはこの核図表の一部をより詳しく示している。

半減期のより短いものや理論的に存在可能な核種までを示すより完全な核図表は，様々な機関により提供されている。たとえばIAEAのNuclear Data Servicesのウェブページ（https://www-nds.iaea.org/）にまとめられている核図表では，核種を指定すると，その核種の安定性，半減期，質量，その他の核データが示されるようになっている。

図2.1-4の特徴を見ると，安定な陽子数と中性子数の組み合わせは，原子番号が高くなるにつれて，$Z = N$から次第に$Z < N$へと変化していることがわかる。また安定な原子核を作るZには限界があり，最も大きな安定な原子核は鉛208で，これは合計208個の核子（126個の中性子と82個の陽子）を含んでいる。同じZの数の原子に対して，中性子の数が不足であったり過剰であったり，あるいは陽子の数が大きすぎたりすれば，核種は不安定となり，より安定になろうとして過剰のエネルギーを放射線として放出し違う核種に変化する。これが放射性崩壊である。

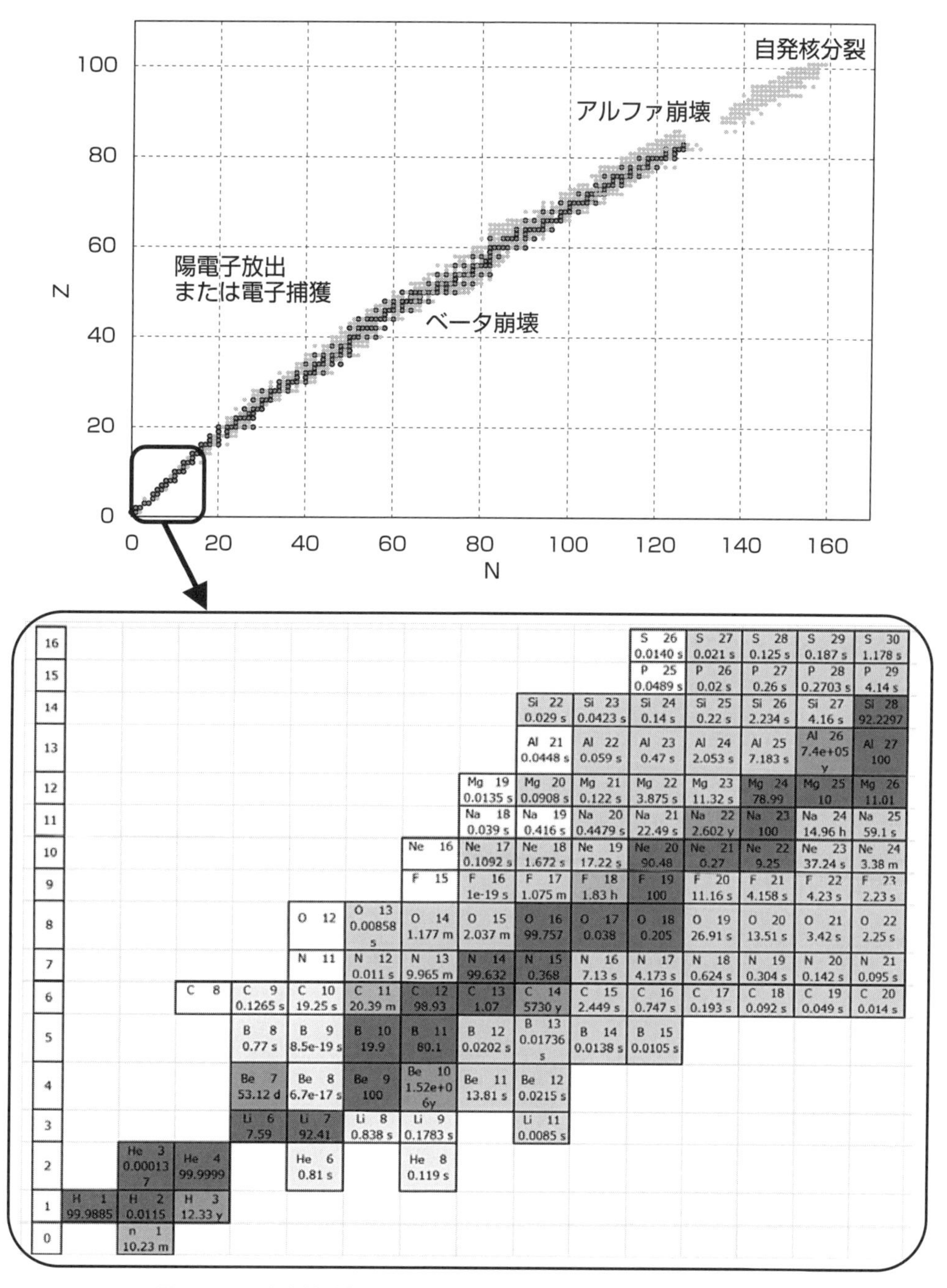

図 2.1-4　安定核種(黒)，不安定核種(灰色)を示す核図表とその一部

2.1.4 宇宙における元素の合成

ビッグバン理論によれば，今から137億年前に，ビッグバンによって宇宙は生まれた。ビッグバンの数分後に陽子と中性子ができ，宇宙が十分に冷えてくると陽子と中性子が衝突して中性子が捕獲され，^{2}H，^{3}H，^{3}He，^{4}Heまでが作られ，この中で安定な中性水素（^{1}H）とヘリウム4（^{4}He）が蓄積した。3億年ほど経て，これらが集まって恒星が生まれると，恒星の内部での巨大な圧力の下での核融合と中性子捕獲により，ヘリウムより重い鉄までの元素が創られる。太陽の8倍程度以上の質量の恒星は，自らの重力エネルギーによってさらに収縮し，やがて崩壊し超新星爆発してその寿命を終える。

この超新星爆発の膨大な圧力や熱といったエネルギーによってウラン以上の重い核までが一気に創られたと考えられている。宇宙を構成し，地球上の自然界を構成する物質は，全てこれらの元素合成を通して創られたものである。図2.1-5は隕石の分析結果等の情報を参考にして求められた元素の相対存在度を，ケイ素の存在度を10^{6}にして表したものである。相対的に軽元素が多いこと，偶数奇数の原子番号で違いがあること，原子核の安定性を反映していることなどが見てとれる。

太陽は比較的新しい恒星で，他の恒星が燃え尽きて超新星爆発を起こした後，残されたガスや塵から生まれたと考えられている。これらのガスや塵が互いの引力で渦状に集まり，中心部の太陽が核融合を起こして輝き始めた。これが50億年ほど前の太陽系の始まりである。惑星である地球では，融けた鉄やニッケルが中心に沈み込み核を形成し，磁場を生み出すもととなり，その他の元素はその重さに従って分化し，下部マントル，上部マントルを構成し，地表部ではこれが冷えて薄皮のように固まった地殻が形成されている。

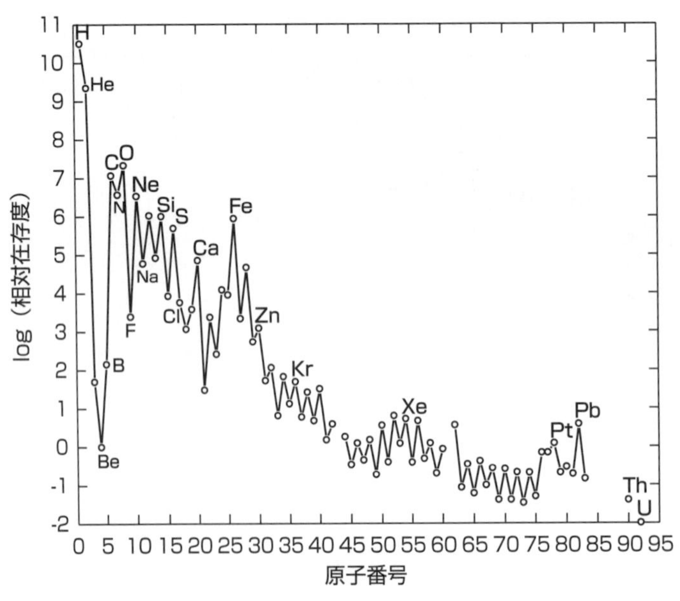

図 2.1-5　宇宙における元素の相対存在度（Siの存在度を10^{6}原子とする）

表 2.1-1　自然界に分布する放射性核種

原始放射性核種

核種	崩壊様式	半減期(年)	天然存在比(%)	単体の比放射能(Bq/g)	土壌中平均存在量(Bq/kg)
^{40}K	β^-	1.248×10^9	0.0117	31.7	370(100〜700)
^{87}Rb	β^-	4.81×10^{10}	27.85	896	
^{138}La	β^-	1.02×10^{11}	0.089	0.83	
^{147}Sm	α	1.060×10^{11}	15.07	125	
^{176}Lu	β^-	3.76×10^{10}	2.6	52.3	
^{232}Th系列	α	1.40×10^{10}	100	4071	25(7〜50)
^{235}U系列	α	7.04×10^8	0.72	568	
^{238}U系列	α	4.468×10^9	99.274	12344	25(10〜50)

宇宙線起源核種

核種	生成反応	被ばくへの寄与(μSv/y)
^{3}H	$^{14}N(n,^{12}C)^{3}H$	0.01
^{7}Be	O, Nの核破砕	0.03
^{14}C	$^{14}N(n, p)^{14}C$	12
^{22}Na	Arの核破砕	0.15

このようにして形成された元素のうちでは，不安定で放射線を出して崩壊する元素は数多くあるが，長い年月のうちにほとんどは崩壊しつくしていて，地球上ではごく少なくなっている。それでもなおその長い年月を生き延びて，現在でも存在している放射性核種もある。表2.1-1はこれらの核種の半減期と天然の同位体存在比，単体の比放射能を示したものである。

現代では加速器や原子炉の発達によって人工的に核反応を起こすことができるようになっている。中性子は電荷を持たないので，原子核に衝突させることが容易であり，これにより核反応を起こすことができる。原子力発電に用いられている^{235}Uや^{239}Pu，^{241}Puの核分裂反応では，^{235}Uや^{239}Pu，^{241}Puが中性子を吸収して不安定となり，より小さな原子核に分裂して過剰なエネルギーを放出するが，この時に放出される過剰な中性子がさらに別の^{235}U等の核分裂を誘発する核分裂連鎖反応が利用されている。

また中性子以外にも，電荷反発が比較的に小さい軽元素の原子核を，加速器により衝突させ核反応させることによって92番のウラン元素を超える重さの元素を作り出すこともできるようになっている。一方，これに対して超高温，超高圧を生み出すことで質量の軽い水素と重水素を合成する元素合成に関しても研究が行われている。この合成形態は一般的に核融合として知られており，取り出せるエネルギーが非常に大きいために未来のエネルギー源として先進各国で研究が行われている。

2.2 核反応

2.2.1 放射性崩壊

核種は安定であったり不安定であったりする。放射性核種は自発的に崩壊する性質を持つ核種である。約1700の核種が知られており，そのうち300の核種が安定であり，残りが放射性である。何らかの形で形成された原子核が，安定な陽子数と中性子数の組み合わせよりも中性子数が多かったり少なかったり，あるいは核子数が多すぎたりすると，原子核は不安定となり，より安定な原子核に崩壊する。この際には過剰の粒子または光子が放射線として放出されるので，この崩壊は放射性崩壊と呼ばれる。この崩壊において，元の核種を親核種，生成する核種を娘核種または子孫核種と呼ぶ。

放射性崩壊は，原子核を構成する陽子と中性子の状態にのみ依存して自発的に起こる確率的プロセスである。また，放射性崩壊を含む核反応においては，反応物（出発物）中の陽子と中性子の数の合計は，生成物中の陽子と中性子の数の合計に等しくなる。反応物と生成物の電荷についても同じである。

主な放射性崩壊の形式には，表2.2-1に示すように，アルファ崩壊，ベータ崩壊（電子放出，陽電子放出，電子捕獲），ガンマ崩壊および自発核分裂がある。

核種によっては，複数の型を通じて崩壊することもある。例えば^{85m}Krの14％は表2.2-1に示したようにガンマ線を放出して^{85}Krになり，86％はベータ（β^-）粒子を放出して^{85}Rbになる。

(1) アルファ崩壊

アルファ崩壊は，放射線としてアルファ線（アルファ粒子線）を放出する放射性崩壊の一種であり，鉛よりも重い元素やランタノイド元素と同程度の質量数の核種で観測される。アルファ粒子は陽子2個，中性子2個のヘリウムの原子核である。

表 2.2-1　放射性崩壊の型

崩壊の型	反応例
アルファ（α）崩壊	$^{239}_{94}$Pu→ $^{235}_{92}$U+$^{4}_{2}$He（アルファ粒子）
ベータ（β）崩壊	
β^-崩壊（陰電子放出）	$^{89}_{38}$Sr → $^{89}_{39}$Y+$^{0}_{-1}$e$^-$（電子）+$\bar{\nu}_e$
β^+崩壊（陽電子放出）	$^{11}_{6}$C → $^{11}_{5}$B+e$^+$（陽電子）+ν_e $^{0}_{1}$e+$^{0}_{-1}$e → 2$^{0}_{0}\gamma$（0.51MeV光子）
電子捕獲（EC）	$^{83}_{38}$Sr+$^{0}_{-1}$e → $^{83}_{37}$Rb+X線
ガンマ崩壊（γ線放出）	$^{85m}_{36}$Kr → $^{85}_{36}$Kr + $^{0}_{0}\gamma$
自発核分裂	$^{252}_{98}$Cf → 核分裂生成物+中性子

$$^{A}_{Z}X \rightarrow ^{A-4}_{Z-2}X' + ^{4}_{2}He$$

この式でX，X’は，原子核の電荷Zおよび$Z-2$で定義される元素を表している。なお，崩壊の際にアルファ粒子は，原子核内で働く核力を上回るだけのエネルギーを持つわけではないが，非常に微細な世界にある粒子が，古典的には乗り越えることができないポテンシャル（エネルギー）障壁を，量子効果すなわち，時間とエネルギーとの不確定性原理により乗り越えてしまう（透過してしまう）量子トンネル効果により，原子核から飛び出すことにより起きている。原子核外へは核力が及ばず，さらに原子核とアルファ粒子の間には電磁気力による斥力が働くため，一度外に出たアルファ粒子はそのまま原子の外へ高速で飛び出すことになる。

崩壊エネルギーは，質量の消滅に相当する結合エネルギーが放出されるので，もとの核種および生成核種の原子質量から計算される。このエネルギーは反応のQ値と呼ばれる。

$$Q(\mathrm{MeV}) = -931.5\,\Delta M(\mathrm{u})$$

アルファ崩壊に関しては，Q値は次のように計算される。

$$Q_\alpha = -931.5\,(M_{Z-2} + M_{\mathrm{He}} - M_Z)$$

ここで，実際にはアルファ粒子は＋2の電荷を持っていて^4Heの電気的中性核種の質量に比べて2個の電子の質量が欠けており，生成核は－2の電荷を帯びていて，$^{A-4}_{Z-2}X'$で示される電気的中性核種の質量に比べて2個の電子の質量が過剰である。Q値の計算においては，この電子分がそれぞれ電気的中性核種の質量を考えることで相殺されている。例えば

$$^{238}U \rightarrow ^{234}Th + ^{4}He$$

という崩壊に対し，^{238}Uの質量は238.050788 u，^{234}Thの質量は234.043601 u，^4Heの質量は4.002603 uであるので，

$$Q_\alpha = -931.5\,(234.043601 + 4.002603 - 238.050788) = 4.270(\mathrm{MeV})$$

となる。アルファ崩壊では，生成核が基底状態で得られる場合が多く，その場合には，崩壊エネルギーは娘核（E_{Z-2}）とヘリウム核（E_α）の運動エネルギーに振り分けられる。

$$Q_\alpha = E_{Z-2} + E_\alpha$$

エネルギーと運動量の保存則により，娘核とヘリウム核の運動エネルギーは次のようになる。

$$E_{Z-2} = \frac{Q_\alpha M_\alpha}{M_Z} = \frac{4.270 \times 4.002603}{238.050788} = 0.072\ (\mathrm{MeV})$$

$$E_\alpha = \frac{Q_\alpha M_{Z-2}}{M_Z} = \frac{4.270 \times 234.043601}{238.050788} = 4.198\ (\mathrm{MeV})$$

このように，アルファ放出核とHe原子との大きな質量の差のため，ほとんどすべてのエネルギーは，アルファ粒子の運動エネルギーとして持ち去られる。このアルファ粒子の速度を$E_\alpha = (1/2) M_\alpha v^2$により計算すると

$$E_\alpha = (1/2) M_\alpha v^2$$

$$v = \sqrt{\frac{2 \times (4.198 \times 10^6\,\mathrm{eV} \times 1.602 \times 10^{-19}\,\mathrm{J/eV})}{(4.0026 \times 10^{-3}\,\mathrm{kg/mol})/(6.022 \times 10^{23}/\mathrm{mol})}} \approx 1.4 \times 10^7\,\mathrm{m/s}$$

となり，光速度2.9979×10^8 m/s の約5%の速度を持っていることがわかる。

娘核の運動エネルギー 0.072 MeV = 72000 eVはアルファ粒子の運動エネルギーと比べれば小さいが，それでも化学結合のエネルギー（<5 eV ≃ 480 kJ/mol）と比べるとはるかに大きい。このため，娘核は反跳により全ての化学結合を破壊して過剰のエネルギーを持つホットアトムとなる。

ある原子核から放出されるアルファ粒子は全て同じエネルギーを持つか，多くて数個の異なるエネルギー値を持つだけである。エネルギーは2から8 MeVの範囲にあり，表2.2-2に示すように，より半減期の短い核種ほど高いエネルギーのアルファ粒子を放出する。

物質中を通過する際には，アルファ粒子は物質原子と電気的に相互作用して，そのエネルギーを失って中性のHe原子となる。物質中の飛程は非常に短く，普通の紙でアルファ粒子は止まり，空気中でも数cmで止まる。このため，アルファ線を出す放射性核種からの外部被ばくは問題とならないが，一方，このような核種が体内に摂取されれば，その崩壊エネルギーを全て体組織に与えることになるので，摂取毒性は非常に高い。

表 2.2-2　いくつかの核種のアルファ崩壊エネルギーと半減期

核種	αエネルギー/MeV	半減期
Rn-220	6.288	55.6秒
Pu-238	5.499	87.7年
Am-241	5.485	432年
Am-243	5.275	7370年
Pu-239	5.157	2.41×10^4年
Np-237	4.788	2.14×10^6年
U-238	4.202	4.47×10^9年

(2) ベータ崩壊

ベータ崩壊とは，原子核内の陽子が中性子に変わるか，原子核内の中性子が陽子に変わる放射性崩壊で，崩壊の結果，原子核はより安定な陽子数と中性子数の比に変化する。前者は，陰電子崩壊またはベータ（β^-）崩壊，あるいは単にベータ崩壊と呼ばれ，この崩壊に伴って放出される電子のことをベータ線と呼んでいる。後者は，陽電子崩壊またはベータ（β^+）崩壊と呼ばれる。また，軌道電子を原子核に取り込み，原子核内の陽子を中性子に変化させる崩壊もあり，これは電子捕獲（Electron Capture，EC）と呼ばれる。陰電子崩壊は中性子過剰核種すなわち，図2.1-4の核図表で安定核種を示す線の右側の核種で見られ，陽電子崩壊あるいは電子捕獲は線の左側の中性子不足核種で見られる。

ベータ（β^-）崩壊は，陰電子すなわち負の電荷を持つ電子の放出を含む崩壊で，全ての元素についてこの崩壊をする同位体が知られている。特に，原子力エネルギーの利用において用いられる重元素の核分裂反応では，中性子が過剰な核種を生成するので，それらの核種では，非常に一般的にベータ（β^-）崩壊が見られる。

ベータ（β^-）崩壊では，次のような反応が起こる。

$$ {}^{A}_{Z}\mathrm{X} \rightarrow {}^{A}_{Z+1}\mathrm{X'} + {}^{0}_{-1}\mathrm{e}^- + \bar{\nu}_\mathrm{e} $$

ここでベータ（β^-）粒子は陰電子 ${}^{0}_{-1}\mathrm{e}^-$ であり，$\bar{\nu}_\mathrm{e}$ は反電子ニュートリノと呼ばれる電気的中性の粒子である。ベータ（β^-）崩壊では，娘核種は，親核種よりも1大きい原子番号を持つ原子へと変化する。自由中性子は半減期約12分で陽子と電子および反電子ニュートリノに崩壊する。

$$ {}^{1}_{0}\mathrm{n} \rightarrow {}^{1}_{1}\mathrm{p} + {}^{0}_{-1}\mathrm{e}^- + \bar{\nu}_\mathrm{e} $$

この反応のQ値は次のように計算できる。陽子と電子の質量の和は，電気的中性である ${}^{1}_{1}\mathrm{H}$ の原子の質量と等しく1.007825uであり，中性子の質量は1.008664uであるので，

$$ Q_\alpha = -931.5\,(1.007825 - 1.008664) = 0.78\,(\mathrm{MeV}) $$

となる。

同様にして ${}^{14}\mathrm{C}$ は半減期5730年で ${}^{14}\mathrm{N}$ に崩壊する。

$$ {}^{14}_{6}\mathrm{C} \rightarrow {}^{14}_{7}\mathrm{N} + {}^{0}_{-1}\mathrm{e}^- + \bar{\nu}_\mathrm{e} $$

この反応についてもQ値を求めてみる。電子を考慮すると，中性の親の炭素原子は6個の軌道電子を持つ。生成核種については，6+1の窒素原子核の電荷を持つ娘の原子は中性になるため，まわりから電子を捕獲しなければならない。その一方，放出される陰電子は周りに電子を供給するので，全体として電子の数は一定に保たれる。その結果，壊変エネルギーの計算において，中性の娘の原子の質量を用いる際にはこの余分の電子の質量を含むので，放

出されたベータ粒子の質量を含める必要はない。したがって，Q値は，^{14}Cの質量14.003241 u，^{14}Nの質量14.003074 uより

$$Q_{\alpha} = -931.5\,(14.003074 - 14.003241) = 0.156\,(\mathrm{MeV})$$

と計算できる。

放出されるベータ粒子の持つエネルギーについては，アルファ崩壊におけるアルファ粒子やガンマ放出におけるガンマ線とは違いがある。アルファ粒子やガンマ線（後述）のエネルギー分布が常に離散的な値を示すのとは異なり，ある崩壊する核種から放出されるベータ（β^-）粒子は，図2.2-1に示すように，連続的なエネルギー分布をとり，その核種に特有の最大エネルギーとゼロの間の全てのエネルギーを持つ。最大エネルギーは10 keVから約4 MeVの範囲にあり，平均エネルギーは通常最大エネルギーの3分の1付近である。半減期はマイクロ秒から数十億年までで，長い半減期は低いエネルギーに相関している。

この連続的なエネルギーの分布は，第二の粒子としてニュートリノが電子とともに放出され，電子とニュートリノにより運ばれるエネルギーの和が観測されるベータエネルギーの最大値であるとして説明されている。従ってニュートリノのエネルギーは電子の平均エネルギーの約2倍である。ニュートリノは電荷を持たず，質量はあっても極めて小さく，実際に観測できる効果を持たない。代表的なベータ（β^-）崩壊核種をその半減期と最大エネルギー，生成反応とともに表2.2-3に示す。

ベータ（β^-）粒子はアルファ粒子よりも長い飛程を持つが，比較的薄い水の層，ガラス，金属などにより阻止される。しかし，生体組織中のβ^-粒子の飛程は十分大きく，皮膚が曝されるとやけどを引き起こす。また，体に固定されるベータ（β^-）放射性の同位体は非常に毒性が高い。骨に固定される^{90}Srはその例である。^{85}Krや^{14}Cはより速やかに入れ替えられるので毒性はずっと低い。

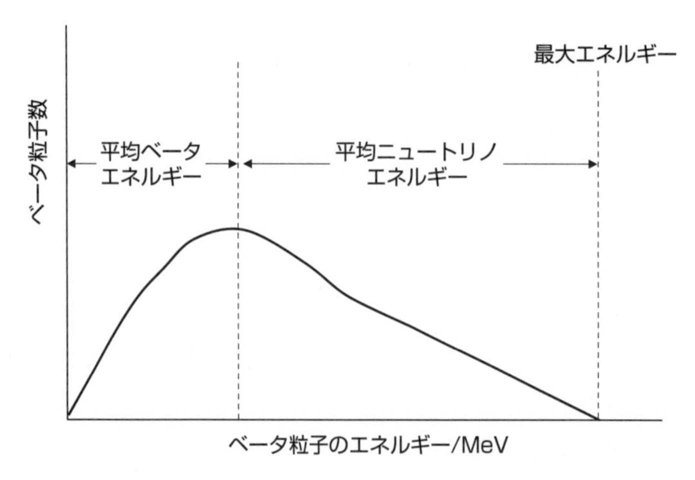

図 2.2-1　ベータ線のエネルギー分布

表 2.2-3　代表的なベータ(β^-)崩壊核種の特性

核種	最大エネルギー/MeV	半減期	主な生成反応
^{3}H	0.018	12.32 y	^{6}Li(n, α)
^{14}C	0.156	5,700 y	^{14}N(n, p)
^{32}P	1.710	14.27 d	^{31}P(n, γ)
^{35}S	0.167	87.37 d	^{36}Cl(n, p)
^{40}K	1.310	1.25×10^{9}y	天然起源
^{63}Ni	0.067	101.2 y	^{62}Ni(n, γ)
^{85m}Kr	0.304	4.480 h	核分裂
^{85}Kr	0.687	10.38 y	核分裂
^{89}Sr	1.500	50.56 d	核分裂
^{90}Sr	0.546	28.79 y	核分裂
^{131}I	0.971	8.025 d	核分裂
^{137}Cs	1.176	30.08 y	核分裂
^{233}Th	1.244	21.83 min	^{232}Th(n, γ)
^{233}Pa	0.570	26.98 d	^{232}Th→β^-
^{237}U	0.519	6.752 d	^{236}U(n, γ)
^{239}U	1.261	23.45 min	^{238}U(n, γ)
^{239}Np	0.723	2.356 d	^{239}U→β^-

ベータ（β^+）崩壊は，陽電子すなわち正の電荷を持つ電子の放出を含むもう1つのベータ崩壊で，一般的に，安定同位体よりも中性子の少ない核種で発生する。原子核の中で，プロトンが中性子に転換される。陽電子のエネルギーは，ベータ（β^-）崩壊の場合と同様，対応するニュートリノの分布を伴い，特有の最大エネルギーまで連続して分布している。

ベータ（β^+）崩壊では，次のような反応が起こる。

$$^{A}_{Z}\mathrm{X} \rightarrow {}^{\;\;A}_{Z-1}\mathrm{X'} + {}^{\;0}_{+1}\mathrm{e}^{+} + \nu_{\mathrm{e}}$$

ここで$^{\;0}_{-1}\mathrm{e}^{+}$は陽電子であり，$\mathrm{v_e}$は電子ニュートリノと呼ばれる電気的中性の粒子であり，娘核種は，親核種よりも1小さい原子番号を持つ原子へと変化する。放出される正に荷電した電子は，周囲の物質中の原子の中の電子の場を通る際に，これらの原子中の電子に強く静電的にひきつけられる。この反応のQ値を考慮する際には，正味の原子の電荷を考慮しなければならない。娘核は親核より原子番号が1つ小さく，その変化により，電気的中性の原子に比べて1つ余分の電子質量が加わっている。さらに，放出された陽電子も電子1個分の質量を持っている。したがって，Q値の計算では，親と娘の電気的中性の原子の質量に加えて，2個の電子の質量を考慮しなければならない。

$$Q_{\beta+} = -931.5\,(M_{Z-1} + 2\,M_{\mathrm{e}} - M_{Z})$$

各々の電子の質量は，$931.5 \times 0.000549 = 0.511$なので，0.511 MeVに相当するエネルギーを持つ。陽電子と負の電子は1つの反応で互いに対消滅し，結果としてのエネルギーが，それぞれ0.511 MeVを持つ逆方向に出現する2個の光子として現れる。

この崩壊を行い，それに伴い陽電子を放出する同位体には^{11}C（半減期：20.3分），^{13}N（10.0分），^{15}O（124秒），^{18}F（109.7分），^{64}Cu（12.8時間）などが挙げられる。これらの同位体は陽電子検出を利用した断層撮影技術であるPET（ポジトロン断層法）として，医用診断に使われている。

電子捕獲（EC）では，電子軌道の電子が原子核に取り込まれ，捕獲された電子は原子核内の陽子と反応し中性子となり，同時に電子ニュートリノが放出される。捕獲される電子は，普通はK軌道の電子であるが，L軌道やM軌道の電子が捕獲される場合もある。電子殻は主量子数n = 1, 2, 3,・・・ごとに複数の層を構成しているとみなされ，エネルギー準位の低い方からK軌道，L軌道，M軌道・・・と呼ばれている。軌道に生じた孔には，その外側の電子軌道から電子が遷移して，軌道のエネルギーの差に相当する波長のX線（特性X線）が放出される。また，より高い準位の軌道電子がこのエネルギーを受け取って原子外に放出されるオージェ電子も観測される。

放射性核種の正味の変化は，陽電子放出による核種の変化と同様，原子番号のZからZ－1への変化であるので，電子捕獲は一般に陽電子ベータ崩壊の全ての場合と競合するが，親核と娘核のエネルギー差が1.022 MeVに満たない場合は電子捕獲のみが起こる。

(3) ガンマ崩壊

励起された原子核がガンマ線（光子すなわち電磁波）を放出して崩壊する放射性崩壊であり，アルファ崩壊やベータ崩壊と違い，核種が変わらない，つまり，原子番号や質量数が変わらない崩壊である。具体的には，アルファ崩壊やベータ崩壊などで崩壊した娘核種が励起した状態である場合や，エネルギーをもらうなどして励起された場合に，高いエネルギー準位から低いエネルギー準位に遷移する際に，その準位間のエネルギー差に等しいエネルギーを持つガンマ線を放出して安定な原子核へと移行する。

ほとんどの場合，励起状態の核がガンマ線を放出するまでの時間は極めて短く，おおむね10^{-10}秒以下である。しかし測定可能な時間，原子核が励起状態にとどまる例もいくつかある。このような励起状態にある原子核を核異性体と呼ぶ。

ガンマ線のデータは，実際は娘核種からガンマ線放出は起こるのであるが，親のアルファ放射体またはベータ放射体のデータとともに与えられるのが普通である。不安定な核種は基底状態に到達するまでにいくつかの中間のエネルギー状態を通過するので，多くのガンマ線がカスケード状に放出されることが多い。この例として$^{60}_{27}$Coの崩壊を図2.2-2に示す。

ガンマ線は光子（電磁波）で，この量子の放射線（光子）を放出する原子核のエネルギーの変化ΔEは次の式で関係づけられる。

$$\lambda = \frac{hc}{\Delta E}$$

ここでhはプランクの定数6.62559×10^{-34} J・sでcは光速度2.997925×10^{8} m/sである。

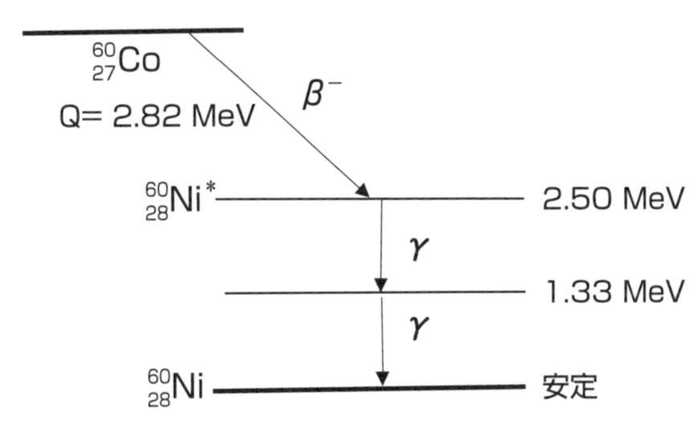

図 2.2-2　$^{60}_{27}$Coの(β^-)崩壊に伴う励起状態の$^{60}_{28}$Ni*のガンマ線放出

0.1 MeVあるいはそれ以上のエネルギー変化が一般的であるので，ガンマ線は一般に10^{-12} m よりも小さい波長を持ち，数百 keVから数十 MeVまでのエネルギーを持つ。ただし，ガンマ線は，波長またはエネルギーで定義されているわけではなく，波長またはエネルギーが何であれ，原子核から放出される電磁波として定義されている。X線もまた同様またはこれより少し長い波長を持つが，これは軌道電子から放出される電磁波として定義されている。ガンマ線とX線はともにエネルギーの高い，すなわち硬い（高周波の）電磁波であり，吸収されるまでに比較的大きな厚さまで突き通り，物体を透過するときに，単位距離あたりそのエネルギーの一部を失う。

ガンマ線は透過しやすい性質を持っているので，身体が過度に照射されると，より深い部分の有機物が損傷を受ける。放射性物質からの3つの型の放射線のうち，外部被ばくに関しては，ガンマ放射線が断然深刻な危険であり，重遮蔽と遠隔制御操作を必要とするものである。

(4) 自発核分裂

自発核分裂とはウラン（U），ネプツニウム（Np），プルトニウム（Pu），その他質量数が非常に大きな同位体に特徴的に見られる放射性崩壊の一種である。アクチノイドに属する元素－ウラン，ネプツニウム，プルトニウム，その他－の多くの核種は放射性崩壊の1つの様式として自発的に核分裂する。通常，多重の崩壊様式を持つ核種では，核種の半減期は，その核種の全ての崩壊プロセスを表す全崩壊速度から決まる。しかし，自発核分裂の場合，このプロセスのみの，分離した半減期が用いられる。自発核分裂をする核種の例を表2.2-4に示す。

自発核分裂では中性子が数MeVの平均エネルギーで放出される。中性子は電荷を持たないので，これらの核分裂中性子は非常に速やかに固体や液体を透過する。それらは透過している材料の原子核と衝突するときにのみ停止または減速される。中性子は，その質量とほぼ同じ質量の水素の原子核と衝突するときに衝突あたり最も大きいエネルギーを失う。このため，核分裂中性子のエネルギーを減速して，核反応のために，より容易に吸収されるエネル

表 2.2-4　自発核分裂をする核種の例

核種	半減期 / 年
$^{235}_{92}U$	1.9×10^{17}
$^{238}_{92}U$	10^{16}
$^{239}_{94}Pu$	5.5×10^{15}
$^{240}_{94}Pu$	1.4×10^{11}
$^{242}_{92}Pu$	7×10^{10}
$^{244}_{96}Cm$	1.3×10^{7}
$^{252}_{98}Cf$	85

ギーである数eVから数keVの範囲にまで減速するのには，水素を含む物質が用いられる。

エネルギーの高い中性子が動物の組織を通過するときには，中性子の衝突からの反跳陽子（水素の原子核）が組織内に電離を引き起こし，生物学的損傷を引き起こす。例えば^{252}Cfのような，かなりの程度の自発核分裂をする放射性核種は，外的危険から保護するために，含水素材料と中性子吸収材（例えばホウ素）の混合物により遮蔽しなければならない。

2.2.2　崩壊則

全ての放射性核種は，空間と時間に依存しない固有の崩壊定数を持っていて，これによりある特定の放射性崩壊形式の確率が指定される。いくつかの形式を通じて崩壊する放射性同位体については，

$$\lambda = \sum_k \lambda_k$$

である。放射性の原子核がある決まった時間に崩壊する確率は，温度，圧力あるいは他の隣接する原子核の崩壊によらず一定である。個々の原子核の崩壊は統計的に独立した事象で，ランダムな変動に支配される。しかしながら，原子核が非常にたくさんあると，変動は平均化され，単位時間に崩壊する割合は一定となり，数値的には1つの核がその時間に崩壊する確率と等しくなる。この放射性崩壊の速度は，時間の逆数を単位とする崩壊定数λとして知られている。一般的な化学反応では反応速度定数はkで表されるが，放射性崩壊の場合は崩壊定数をλとして表すのが慣習的になっている。

ある単位時間に崩壊する原子核の数は存在する原子核の総数に比例するので，放射性崩壊は1次反応である。Nをある時間tに存在する原子核の数とし，Nが放射性崩壊によってのみ時間とともに変化するとすれば，

$$\frac{dN}{dt} = -\lambda N$$

これを積分すると

$$N = N^0 e^{-\lambda t} \text{ または } \ln\left(N/N^0\right) = -\lambda t$$

ここでN^0は時間ゼロで存在する原子核の数である。したがって，最初に存在する原子核N^0のうち$N^0 e^{-\lambda t}$が時間tで残存する。tと$t + dt$の間に崩壊する数（tと$t + dt$の間の寿命を持つ原子核の数）は

$$-dN = \lambda N^0 e^{-\lambda t} dt$$

平均寿命τは，次式からわかるように崩壊定数の逆数になっている。

$$\tau = \frac{1}{N^0}\int_0^{N^0} t dN = \int_0^{\infty} \lambda t e^{-\lambda t} dt = \frac{1}{\lambda}$$

放射性崩壊の速度は，慣習的に半減期$t_{1/2}$により表される。これはもともと存在した原子核の数の半分が崩壊するのに要する時間である。半減期と崩壊定数の関係は次のようになる。

$$\frac{N^0}{2} = N^0 e^{-\lambda t_{1/2}}$$

すなわち

$$t_{1/2} = \frac{\ln 2}{\lambda} = \frac{0.693}{\lambda}$$

放射性元素が放射線を出す能力を放射能と呼ぶ。放射性元素が崩壊する際には，崩壊ごとに放射線が放出されるので，放射能はある単位時間に崩壊する原子核の数$-dN/dt = \lambda N$に比例する。これは存在する放射性元素の数に比例するので，放射性元素の量を表す際にも放射能という用語が用いられることもある。放射能すなわち放射性元素の1秒あたりの崩壊数のSI基本単位は[s^{-1}]であるが，特にベクレル（Bq）という単位がこれに用いられる。ベクレルは数値の桁が大きくなるため，m（ミリ：10^{-3}），k（キロ：10^3），M（メガ：10^6），G（ギガ：10^9），T（テラ：10^{12}），P（ペタ：10^{15}）などのSI接頭辞とともに使用することが多い。

かつてはキュリー（Ci）という単位が用いられた。これは，1 gのラジウムの放射能で$1\ \mathrm{Ci} = 3.7 \times 10^{10}\ \mathrm{Bq} = 37\ \mathrm{GBq}$に相当する。

1 mol（$N_A = 6.022 \times 10^{23}$ 個）の原子核が1秒あたりに崩壊する数はλN_Aであるので，原子量M（$g \cdot mol^{-1}$）の元素1 gの放射能（比放射能）は

$$A = \frac{\lambda N_A}{M} = \frac{0.693 N_A}{t_{1/2} M}$$

で表され，半減期に反比例して比放射能は大きくなる。放射能の最も大きな特徴は，半減期が短いほど比放射能は大きくなり，これに応じて放射能はより速く減衰することである。

2.2.3　崩壊連鎖

多くの放射性核種は，直接安定な状態にまで崩壊することはなく，より安定な核種にたどり着くまでに，親核種から娘核種，娘核種から孫核種，さらにはひ孫核種へと，一連の崩壊を順々に起こす。それぞれの核種にはそれぞれの半減期があり，それぞれの半減期の違いは大きなものから小さなものまで様々である。

次のような崩壊連鎖について，それぞれの核種がどのように生成，崩壊するかを考えてみる。

$$N_1 \xrightarrow[\lambda_1]{} N_2 \xrightarrow[\lambda_2]{} N_3 \xrightarrow[\lambda_3]{} \cdots \rightarrow N_j \rightarrow \cdots \rightarrow N_i$$

核種1の数の正味の変化速度は

$$-\frac{dN_1}{dt} = -\lambda_1 N_1$$

核種2の正味の変化速度は

$$\frac{dN_2}{dt} = \lambda_1 N_1 - \lambda_2 N_2$$

核種 j の正味の変化速度は

$$\frac{dN_j}{dt} = \lambda_{\mathrm{j}-1} N_{j-1} - \lambda_{\mathrm{j}} N_j$$

核種 i の正味の変化速度は

$$\frac{dN_i}{dt} = \lambda_{\mathrm{i}-1} N_{i-1}$$

時間 $t = 0$ で $N_1 = N_1^0$ のもとでの N_1 の解は

$$N_1 = N_1^0 e^{-\lambda_1 t} \text{ または } \ln\left(N_1 / N_1^0\right) = -\lambda t$$

この N_1 を用いれば，$t = 0$ で $N_2 = 0$ のもとでの N_2 に対する解は

$$N_2 = \lambda_1 N_1^0 \left(\frac{e^{-\lambda_1 t}}{\lambda_2 - \lambda_1} + \frac{e^{-\lambda_2 t}}{\lambda_1 - \lambda_2} \right)$$

さらにこれを用いて$t=0$で$N_2=0$，$N_3=0$のもとでのN_2に対する解は

$$N_3=\lambda_1\lambda_{12}N_1^0\left(\frac{e^{-\lambda_1 t}}{(\lambda_2-\lambda_1)(\lambda_3-\lambda_1)}+\frac{e^{-\lambda_2 t}}{(\lambda_1-\lambda_2)(\lambda_3-\lambda_2)}+\frac{e^{-\lambda_3 t}}{(\lambda_1-\lambda_3)(\lambda_2-\lambda_3)}\right)$$

として求められる。一般的にN_iは次のように表すことができる。

$$N_i=\left\{N_1^0\prod_{j=1}^{i-1}\lambda_j\right\}\sum_{j=1}^{i}\frac{e^{-\lambda_j t}}{\prod_{\substack{k=l\\k\neq j}}^{i}(\lambda_k-\lambda_j)}(i>1)$$

この式は，崩壊連鎖のメンバーの崩壊定数または半減期が等しい時は，分母がゼロになるため計算できなくなるが，その他の場合には，煩雑な形をしてはいるが，直接計算が可能で，ベイトマン（Bateman）の式として知られている。

崩壊系列に含まれる核種の初期値がN_1^0であるときは，その核種から始まる崩壊連鎖を考えて次のように重ね合わせればよい。

$$N_i=\sum_{i=1}^{i-1}\left[\left\{N_1^0\prod_{j=1}^{i-1}\lambda_j\right\}\sum_{j=1}^{i}\frac{e^{-\lambda_j t}}{\prod_{\substack{k=l\\k\neq j}}^{i}(\lambda_k-\lambda_j)}\right]+N_i^0e^{-\lambda_i t}$$

親核種の半減期に比べて娘核種の半減期がはるかに短い時，すなわち$\lambda_1\ll\lambda_2$または$t_{1/2,1}\gg t_{1/2,2}$の場合には，tが娘核種の半減期$t_{1/2,2}$に比べて大きくなると$e^{-\lambda_1 t}\gg e^{-\lambda_2 t}\approx 0$になるので

$$N_2=\frac{\lambda_1}{\lambda_2}N_1^0e^{-\lambda_1 t}=\frac{\lambda_1}{\lambda_2}N_1$$

となる。すなわち半減期の短い娘核種の放射能λ_2N_2は，半減期の長い親核種の放射能λ_1N_1と等しくなり，親核種の半減期に従って減衰することになる。

逆に，親核種の半減期に比べて娘核種の半減期がはるかに長い時，すなわち$\lambda_1\gg\lambda_2$または$t_{1/2,1}\ll t_{1/2,2}$の場合には，tが親核種の半減期$t_{1/2,1}$に比べて大きくなると$0\approx e^{-\lambda_1 t}\ll e^{-\lambda_2 t}$になるので

$$N_2=N_1^0e^{-\lambda_2 t}$$

となる。すなわち，十分時間がたつと，親核種が全て崩壊して娘核種の初期値があたかもN_1^0であったかのようにして崩壊していることになる。娘核種の放射能λ_2N_2の親核種の放射能の初期値$\lambda_1N_1^0$に対する割合は，次式のように与えられる。

$$\frac{\lambda_2 N_2}{\lambda_1 N_1^0} = \frac{\lambda_2}{\lambda_1} e^{-\lambda_2 t} = \frac{t_{1/2,1}}{t_{1/2,2}} e^{-\lambda_2 t}$$

すなわち，娘核種の放射能$\lambda_2 N_2$は，親核種の半減期に比べて十分長い時間がたつと，その初期の核種量が$N_2^0 = (\lambda_2/\lambda_1)N_1^0$であった娘核種の崩壊放射能と等しくなる。このような関係を放射平衡と呼んでいる。

例えば，原子力発電では原子炉中で^{238}Uをもととして中性子捕獲とベータ崩壊を繰り返して核分裂性核種の^{241}Puが生成するが，この核種は，次のような崩壊連鎖を形成する。

$$^{241}_{94}\mathrm{Pu} \xrightarrow[14.29\ \mathrm{y}]{\beta^-} {}^{241}_{95}\mathrm{Am} \xrightarrow[432.6\ \mathrm{y}]{\alpha} {}^{237}_{93}\mathrm{Np} \xrightarrow[2.14\times10^6\ \mathrm{y}]{\alpha} {}^{233}_{91}\mathrm{Pa} \xrightarrow[27\ \mathrm{d}]{\beta} {}^{233}_{92}\mathrm{U} \xrightarrow[1.59\times10^5\ \mathrm{y}]{\alpha} {}^{229}_{90}\mathrm{Th} \rightarrow \cdots$$

さらに$^{233}_{92}$Uから生成する$^{229}_{90}$Thは半減期7340年でアルファ崩壊し，それ以後も，いくつも，$^{233}_{92}$Uの半減期に比べてはるかに短い半減期で崩壊を繰り返し，最終的に安定な$^{209}_{83}$Biに至る。

表2.2-5および表2.2-6は，原子炉の中で生成するアクチノイド核種および原始放射性核種として地球上に分布する長寿命の放射性核種の崩壊系列を示したものである。原子炉中で生成するアクチノイド核種の崩壊連鎖には非常に半減期の長い核種が含まれており，ウラン（4n+2）系列，アクチニウム（4n+3）系列，トリウム（4n）系列，あるいは半減期214万年の^{237}Npを親核種とするネプツニウム（4n+1）系列につながっている。

図2.2-3は，^{241}Puの崩壊連鎖における娘核種の放射能の生成崩壊を，ベイトマンの式を用いて計算した結果であり，^{241}Puの初期放射能が$\lambda_{pu} N_{pu}^0$だけ存在し，その他の核種は存在しないとして，^{241}Puの初期放射能に対する放射能の相対値の対数の時間変化を示している。半減期の違いが非常に大きいので横軸も時間の対数で取られている。放射能の生成崩壊を問

表 2.2-5 天然の放射性崩壊系列とネプツニウム系列

ウラン系列（4n+2）			アクチニウム系列（4n+3）			トリウム系列（4n）			ネプツニウム系列（4n+1）		
核種	崩壊様式	半減期	核種	崩壊様式	半減期	核種	崩壊様式	半減期	核種	崩壊様式	半減期
^{238}U	α	4.468×10^9 y	^{235}U	α	7.04×10^8 y	^{232}Th	α	1.40×10^{10} y	^{237}U	β$^-$	6.75d
^{234}Th	β$^-$	24.10 d	^{231}Th	β$^-$	25.52 h	^{228}Ra	β$^-$	5.75 y	^{237}Np	α	2.14×10^6 y
^{234m}Pa	β$^-$	1.159 min	^{231}Pa	α	32760 y	^{228}Ac	β$^-$	6.15 h	^{233}Pa	β$^-$	27.0 d
^{234}U	α	245500 y	^{227}Ac	β$^-$	21.772 y	^{228}Th	α	1.9116 y	^{233}U	α	1.59×10^5 y
^{230}Th	α	75400 y	^{227}Th	α	18.68 d	^{224}Ra	α	3.66 d	^{229}Th	α	7880 y
^{226}Ra	α	1600 y	^{223}Ra	α	11.43 d	^{220}Rn	α	55.6 s	^{225}Ra	β$^-$	14.8 d
^{222}Rn	α	3.8235 d	^{219}Rn	α	3.96 s	^{216}Po	α	0.145 s	^{225}Ac	α	9.9 d
^{218}Po	α	3.098 min	^{215}Po	α	1.781 ms	^{212}Pb	β$^-$	10.64 h	^{221}Fr	α	4.9 min
^{214}Pb	β$^-$	26.8 min	^{211}Pb	β$^-$	36.1 min	^{212}Bi	β$^-$	60.55 min	^{217}At	α	0.032 s
^{214}Bi	β$^-$	19.9 min	^{211}Bi	α	2.14 min	^{212}Po	α	299 ns	^{213}Bi	β$^-$	45.6 min
^{214}Po	α	0.1643 ms	^{207}Tl	β$^-$	4.77 min	^{208}Tl	β$^-$	3.053 min	^{213}Po	α	3.72 μs
^{210}Pb	β$^-$	22.20 y	^{207}Pb		安定	^{208}Pb		安定	^{209}Pb	β$^-$	3.23 h
^{210}Bi	β$^-$	5.012 d							^{209}Bi	α	2.0×10^{19} y
^{210}Po	α	138.376 d									
^{206}Pb		安定									

表 2.2-6 アクチノイドの崩壊連鎖

ウラン系列 (4n+2)			アクチニウム系列 (4n+3)			トリウム系列 (4n)			ネプツニウム系列 (4n+1)		
核種	崩壊様式	半減期	核種	崩壊様式	半減期	核種	崩壊様式	半減期	核種	崩壊様式	半減期
^{246}Cm	α	4706 y	^{247}Cm	α	1.56×10^{7} y	^{248}Cm	α	3.48×10^{5} d	^{245}Cm	α	8423 y
^{242}Pu	α	3.75×10^{5} y	^{243}Am	α	7364 y	^{244}Pu	α	8.00×10^{7} y	^{241}Pu	β^-	14.29 y
^{238}U	α	4.468×10^{9} y	^{239}Pu	α	24110 y	^{240}U	β^-	14.1 h	^{241}Am	α	432.6 y
			^{235}U	α	7.04×10^{8} y	^{240}Np	β^-	61.9 min	^{237}Np	α	2.14×10^{6} y
						^{240}Pu	α	6561 y			
^{242m}Am	IT	141 y	^{243}Cm	α	29.1 y	^{236}U	α	2.34×10^{7} y			
^{242}Am	β^-	16.0 h	^{239}Pu	α	24110 y	^{232}Th	α	1.40×10^{10} y			
^{242}Cm	α	162.8 d	^{235}U	α	7.04×10^{8} y						
^{238}Pu	α	87.7 y				^{244}Cm	α	18.1 y			
^{234}U	α	2.455×10^{5} y				^{240}Pu	α	6561 y			
						^{236}U	α	2.34×10^{7} y			
						^{236}Pu	α	2.858 y			
						^{232}U	α	68.9 y			
						^{228}Th	α	1.912 y			

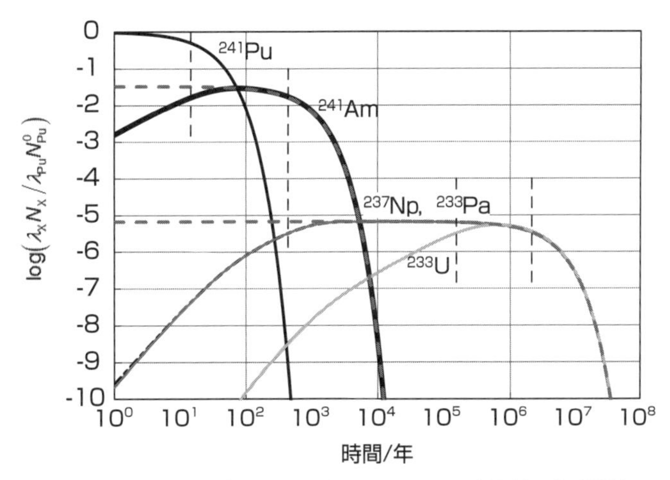

図 2.2-3 ^{241}Puの崩壊連鎖における娘核種の生成崩壊

題とするときには，縦軸の放射能量または放射能濃度も，横軸の時間も，対数軸として表されており，時間が10，100，1000，・・・倍となった時に，放射能量が何分の1になるかという割合を考える。

娘核種の半減期が，親核種の半減期に比べてはるかに長い場合の関係は，^{241}Pu（半減期14.3年）に対する^{241}Am (432年)，^{241}Amに対する^{237}Np (2.14×10^{6}年）の場合に見られる。娘核種の放射能は，はじめ徐々に増え，やがて極大を迎え，その後娘核種の半減期に従って崩壊するようになる。この時期の放射能は，^{241}Amの初期放射能が^{241}Puの初期放射能の14.3/432，^{237}Npの初期放射能が^{241}Amの初期放射能の432/ (2.14×10^{6})，または^{241}Puの初期放射能の14.3/ (2.14×10^{6}) であったとしたときの崩壊放射能となっている。図中ではこの関係を横向き破線で示している。

娘核種の半減期が，親核種の半減期に比べてはるかに短い場合の関係は，^{237}Np（2.14 × 10^{6}年）に対する^{233}Pa（27日）や^{233}U（1.59 × 10^{5}年）の場合に見られる。娘核種の放射能は，親核種の放射能と等しくなるまで増大して，その後は親核種の半減期に従って崩壊するようになる。この時期の娘核種の放射能は親核種と等しくなり，このような状態を放射平衡と呼んでいる。^{233}Paの半減期は27日で図の横軸の時間軸に比べてはるかに短いので，その放射能は親核種の^{237}Npの放射能と重なっている。^{233}Uの場合にはその半減期に従って徐々に増大が起こり，^{237}Npの放射能に到達した後は，親である^{237}Npの半減期に従って減衰する。

この特徴を理解すれば，図2.2-3の放射能の増減は，いちいちベイトマンの式を用いて計算しなくとも見当がつく。縦の破線は，生成崩壊のキーとなる核種の半減期^{241}Pu（14.3年），^{241}Am（432年），^{237}Np（2.14 × 10^{6}年），^{233}U（1.59 × 10^{5}年）を示している。キーとなる核種の放射能の初期値または飽和値（横破線で示した値）に対するずれは，成長または減衰する核種の半減期だけずれた時間のところで，$\log(1/2) = -0.301$となっており，核種の半減期の10倍ずれたところで$\log(1/2)^{10} = \log(1/1024) = -3$となっている。このように核種の放射能の成長または減衰は半減期の時間で，本来または平衡値の1/2，半減期の10倍の時間で本来または平衡値の約1/1000となる。

鉱石・岩石・石炭・石油などの天然資源には，自然起源の放射性核種が多く含まれている場合がある。これらは自然起源放射性物質（NORM：Naturally Occurring Radioactive Materials）と呼ばれている。中でも，半減期の非常に長い核種を親核種として，地球が形成されて以来長い年月を生き残ってきたものがある。これらの崩壊系列では，親核種の半減期が非常に長いため，娘核種は親の崩壊によって生成され続けている。崩壊系列における娘核種は，何らかの化学的な分離を受けない限り，全て親核種と等しい放射能で平衡になっている。例えばウラン系列の親核種^{238}Uは，その半減期よりも短い半減期の13の娘核種を随伴している。

$$^{238}_{92}\mathrm{U}\xrightarrow[4.468\times10^{9}\,\mathrm{y}]{\alpha}{}^{234}_{90}\mathrm{Th}\xrightarrow[24.10\,\mathrm{d}]{\beta^-}{}^{234\mathrm{m}}_{91}\mathrm{Pa}\xrightarrow[1.159\,\mathrm{min}]{\beta^-}{}^{234}_{92}\mathrm{U}\xrightarrow[2.455\times10^{5}\,\mathrm{y}]{\alpha}{}^{230}_{90}\mathrm{Th}\xrightarrow[7.54\times10^{4}\,\mathrm{y}]{\alpha}{}^{226}_{88}\mathrm{Ra}\xrightarrow[1600\,\mathrm{y}]{\alpha}$$

$$^{222}_{86}\mathrm{Rn}\xrightarrow[3.8235\,\mathrm{d}]{\alpha}{}^{218}_{84}\mathrm{Po}\xrightarrow[3.098\,\mathrm{min}]{\alpha}{}^{214}_{82}\mathrm{Pb}\xrightarrow[26.8\,\mathrm{min}]{\beta^-}{}^{214}_{83}\mathrm{Bi}\xrightarrow[19.9\,\mathrm{min}]{\beta^-}{}^{214}_{84}\mathrm{Po}\xrightarrow[164.3\,\mu\mathrm{s}]{\alpha}{}^{210}_{82}\mathrm{Pb}\xrightarrow[22.20\,\mathrm{y}]{\beta^-}$$

$$^{210}_{83}\mathrm{Bi}\xrightarrow[5.012\,\mathrm{d}]{\beta^-}{}^{210}_{84}\mathrm{Po}\xrightarrow[138.376\,\mathrm{d}]{\alpha}{}^{206}_{82}\mathrm{Pb}$$

これらを含む鉱石などが十分長い時間分離されずにいれば，それぞれが^{238}Uの放射能と等しい放射能を持って放射平衡となっているので，全体としての放射能は^{238}Uの放射能の14倍になる。しかし，例えばこのウラン鉱石からウランを取り出そうとして化学操作をすれば，ウラン（^{238}Uと^{234}U）とその他の娘核種との間で分離が起こるので，全体の4/14の放射能はウラン側に付随し，残る側に^{230}Thおよび^{226}Raの放射能が移動する。4/14になったウランの放射能は，^{230}Thの半減期7.54×10^4年に従ってもとの放射平衡になるまで成長することになる。このように自然界にある崩壊系列については，これらが放射平衡にあるかどうかにより，これらを含む鉱石がどのような期間，どのような運命をたどってきたかが議論されている。

2.2.4 放射性核種の生成

陽子，アルファ粒子などの荷電粒子を高エネルギーに加速して標的となる原子核のクーロン障壁を越えて標的核内に飛び込ませる，すなわち核力の働く10^{-14} m程度にまで近づけることができれば新しい原子核をつくることができる。入射粒子に中性子を用いれば，クーロン障壁がないので，容易に標的核内に入って新しい核が生成される。また高エネルギーの光子も核反応を起こしうる。核反応には，入射粒子と放出粒子が同じで，運動エネルギーが完全に保存される場合（弾性散乱）もあれば，入射粒子の運動エネルギーの一部が標的核を励起するのに使われる場合（非弾性散乱）もある。

中性子は電荷を持たないので，原子核にいくらでも近づくことができ，核と相互作用する。この中性子と原子核の相互作用は，散乱反応と吸収反応に大きく分けることができる。

(1) 散乱反応

散乱反応では，散乱後に再び中性子が放出されるが，その中性子は一般に入射した中性子とは異なるエネルギー，方向を持って現れる。散乱反応には弾性散乱と非弾性散乱がある。弾性散乱では，中性子と原子核の運動エネルギーと運動量が保存される。その結果，入射した中性子の運動エネルギーの一部が標的核に移り，放出される中性子のエネルギーと運動方向が変わる。一方，非弾性散乱では，もとの中性子の持っていた運動エネルギーの一部が標的核の内部エネルギーを上げる（励起）のに使われる。

(2) 吸収反応

中性子が起こすもう1つの核反応が吸収反応である。中性子が核に吸収されると，まず，入射中性子の運動エネルギーと，中性子の核に対する結合エネルギーの和の分だけ励起された，質量数が標的核より1つだけ大きい新しい原子核（複合核）が形成される。吸収反応は，複合核がその後どのような粒子を放出するかによって多くの反応に分類される。複合核からガンマ線のみが放出される反応を放射捕獲反応，荷電粒子（陽子，アルファ粒子など）が放出される反応を荷電粒子放出反応という。核分裂反応や，入射中性子のエネルギーが高い場合に生ずる2個以上の中性子を放出する反応，（n, 2n）反応や（n, 3n）反応なども吸収反応に含まれる。

原子炉では，ウラン，プルトニウムなどの核分裂性核種（fissile element）が中性子によって核分裂して熱を発生し，核分裂生成物（FP：Fission Products）が生成される。核分裂性核種とは，原子核分裂の連鎖反応を維持する能力を持つ核種である。この反応では核燃料が酸素と結合して化学的に燃えているわけではないが，核分裂により熱を発生する現象を燃焼と呼んでいる。生成した核分裂生成物がさらに中性子との核反応や放射性崩壊することにより核変換が起こる。ウラン，プルトニウムなどの核燃料自体にも同様の核変換が起こるが，特に，ウラン，プルトニウムが中性子を捕獲して質量数が増加し，ひき続きそれが放射性崩壊していくことによりアクチノイド核種あるいは超ウラン元素（TRU：TRansUranium）が生成されていく。また，原子炉の運転中には，中性子の照射により，燃料集合体の周囲の構造材（被覆管や原子炉材料など）が放射化される。

①放射捕獲反応：（n，γ）反応

この反応では，複合核はγ線を放出して基底状態に移る。

$$^{A}_{Z}X + ^{1}_{0}n \rightarrow \left(^{A+1}_{Z}X\right)^{*} \rightarrow ^{A+1}_{Z}X + \gamma$$

たとえば^{59}Coが中性子を吸収すると，^{60}Coができ，その瞬間にγ線を放出する。このとき放出されるγ線を捕獲γ線という。このとき生成された核は不安定であることも多く，^{60}Coの場合は，5.2年の半減期でベータ（β^{-}）壊変して^{60}Niとなり，1.33 MeVと1.17 MeVの2本のγ線を放出して基底状態に移る。

② 荷電粒子放出反応：（n，α）反応，（n, p）反応など

軽い原子核のなかには中性子を吸収して荷電粒子を放出するものがある。また入射中性子エネルギーが高くなると，多くの核が陽子や中性子を放出するようになる。放出される粒子がアルファ粒子である場合，この反応は次のように書き表される。

$$^{A}_{Z}X + ^{1}_{0}n \rightarrow \left(^{A+1}_{Z}X\right)^{*} \rightarrow ^{A-3}_{Z-2}X' + ^{4}_{2}He$$

天然のホウ素の約20％を占める^{10}Bに中性子が吸収されると，^{7}Liとアルファ粒子が放出される。この反応は原子炉の制御にとって大変重要な反応である。また^{58}Niに高エネルギーの中性子が吸収されると，^{55}Feを生じアルファ粒子が放出される。この反応は原子炉における材料の劣化に大きな影響を持つ。

③ 核分裂反応：（n, f）反応

^{235}U，^{239}Pu，^{233}Uなどの重い原子核に中性子が吸収されると，2つの核に分裂し，同時に2ないし3個の中性子が放出される。

$$^{A}_{Z}X + ^{1}_{0}n \rightarrow \left(^{A+1}_{Z}X\right)^{*} \rightarrow ^{A1}_{Z1}X' + ^{A2}_{Z2}X'' + (2\sim3)^{1}_{0}n$$

天然に存在する核種のうち熱中性子（入射エネルギーの小さい中性子）に対して核分裂を起こすのは^{235}Uのみであるが，天然ウランの99.3％を占める^{238}Uも約1 MeV以上のエネルギー

の中性子が入射したときには核分裂を起こす。

天然に存在する核種で，エネルギーが熱中性子に対して核分裂して連鎖反応を維持する能力を持つ核種（核分裂性核種）は^{235}Uのみである。しかし，天然に存在する^{238}Uや^{232}Thに中性子を吸収させると，次のプロセスによって低いエネルギーの入射中性子に対しても核分裂を起こす^{239}Pu，^{233}Uが生成される。そのため^{238}U，^{232}Thを親物質（fertile）という。

$$^{238}_{92}\mathrm{U} + ^{1}_{0}\mathrm{n} \rightarrow ^{239}_{92}\mathrm{U} \xrightarrow[23.5\ \mathrm{min}]{\beta^-} ^{239}_{93}\mathrm{Np} \xrightarrow[23\ \mathrm{d}]{\beta^-} ^{239}_{94}\mathrm{Pu}$$

$$^{232}_{90}\mathrm{Th} + ^{1}_{0}\mathrm{n} \rightarrow ^{233}_{90}\mathrm{Th} \xrightarrow[21.8\ \mathrm{min}]{\beta^-} ^{233}_{91}\mathrm{Pa} \xrightarrow[27.0\ \mathrm{d}]{\beta^-} ^{233}_{92}\mathrm{U}$$

2.2.5　燃焼計算

原子炉内で燃焼中の核燃料のある核種の個数密度の時間変化は

1）核分裂からの生成率（FP核種の場合）
2）他核種と中性子との核反応からの生成率
3）他核種の崩壊からの生成率
4）核種と中性子との核反応による消滅率
5）崩壊による消滅率

の合計であり，これを模式的に表したのが図2.2-4である。

核反応の起こる数は，中性子束Φ [neutrons・m^{-2}s^{-1}]，標的核種の個数密度N [m^{-3}] および反応断面積（reaction cross section）σ [barn] の積に比例する。入射粒子束に対する標的原子核の幾何学的な断面積はπr^2となる。ここで，原子核半径の平均値として6×10^{-15} mを用いると，πr^2は$3.14 \times (6 \times 10^{-15})^2 \approx 10^{-28}$ m^{2}となる。原子核の平均の幾何学的断面積σは，反応の確率を表す単位バーン（barn，1 b = 10^{-28} m^2）で表される。反応断面積は，入

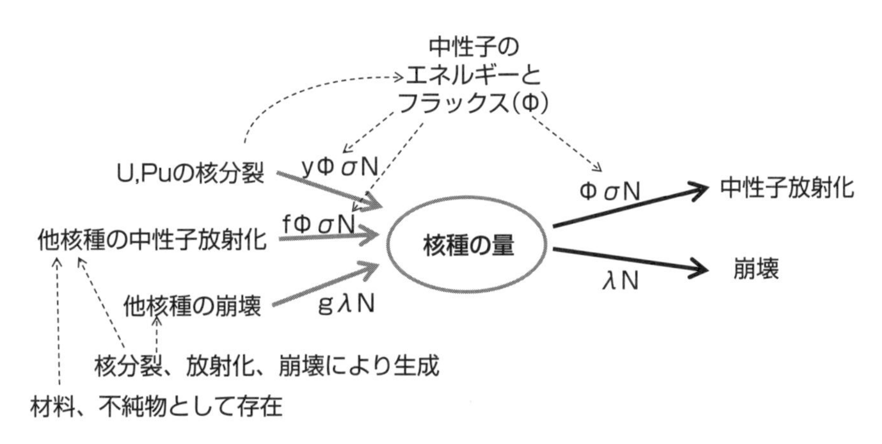

図 2.2-4　原子炉中の核種の生成と消滅

射中性子のエネルギーに依存し，エネルギーが高いほど（エネルギースペクトルが硬いほど）反応断面積は小さくなる。すなわち減速された熱中性子の方が，核分裂直後の速中性子に比べて反応断面積が大きい。図中のy，f，gはそれぞれ，核分裂，放射化，崩壊からの注目核種の生成割合である。注目核種の生成崩壊は，これらの反応を加え合わせたものとなる。

$$\frac{dN_i}{dt} = \sum_j y_{ij}\sigma_{f,j} N_j \Phi + \sum_k f_{k\to i}\sigma_k N_k \Phi + \sum_l g_{l\to i}\lambda_l N_l - \sigma_i N_i \Phi - \lambda_i N_i$$

y_{ij}：核分裂性核種jの核分裂による核種N_iの核分裂収率（生成割合）

$\sigma_{f,j}$：核分裂性核種jの核分裂反応断面積 [barn (=10^{-28} m^2)]

Φ ：中性子束 [$m^{-2}s^{-1}$]

σ_k：核種kの中性子反応断面積

$f_{k\to i}$：核種kが中性子と核反応する毎に核種iが生成する割合

λ_l：核種lの崩壊定数

$g_{l\to i}$：核種lの崩壊あたりの核種iの生成割合

σ_i：核種iが他の核種に変換される中性子反応断面積

λ_i：核種iの崩壊定数

燃焼の進行とともに燃料中の組成が変化していくのに伴い，体系中の中性子エネルギースペクトルおよび中性子束が変化していくため，y，f，g，σは時間依存の量であるが，その変化は比較的緩やかであり，ある時間範囲では一定と近似することができ，核種の生成崩壊は，核種の数だけある定数係数の連立1次微分方程式となり，解析的に解くことが可能である。

放射性廃棄物管理では，原子炉で燃焼した使用済燃料の核種組成，放射能，構造材の放射化量，ガンマ線，中性子線量，発熱（崩壊熱）量等の情報，いわゆるソースタームが必要になる。原子炉で燃焼した燃料の核種組成を計算するさまざまな計算コードがあるが，なかでも，ORIGENコード（ORNL Isotope Generation and Depletion Code）は，原子炉で燃焼した使用済燃料の核種組成，放射能，構造材の放射化量，ガンマ線，中性子線量，発熱（崩壊熱）量等，遮へい評価，環境影響評価等の基となるいわゆるソースタームを求める計算コードである。取り扱いが簡便で種々の詳細な出力情報が得られること，また，詳細炉物理計算コードが要求するような大きな計算能力を必要とせず，計算時間も短いことから，燃焼計算コードとして，その改良型を含めて世界で広く使用されている【Croff, 1983；ZZ ORIGEN-2.2-UPJ, 2006】。

表2.2-7に中性子による放射化が重要となる主な核種を示している。中性子による放射化は，標的となる核種が材料中に多量に含まれ，その核反応断面積が大きい場合に顕著に起こる。運転中には放射化生成物のうち半減期の短いものが，高い放射能を持つので問題となり，廃棄物の管理の観点からは，半減期の長いものが問題となる。

表 2.2-7　主な中性子放射化生成核種

生成核種	崩壊様式	半減期/年	標的核種	存在度/%
Na-24	β^-	0.0017	Na-23	100
Mn-54	EC	0.85	Fe-54	5.84
Tm-171	β^-	1.92	Tm-169	100
Fe-55	EC	2.74	Fe-54	5.84
Pm-147	β^-	2.62	Nd-146	17.2
Sb-125	β^-	2.76	Sn-124	5.79
Tl-204	β^-	3.78	Tl-203	29.52
Co-60	β^-	5.271	Co-59	100
Eu-154	β^-	8.6	Eu-153	52.19
H-3	β^-	12.33	Li-6	7.59
Cd-113m	β^-	14.1	Cd-112	29.13
Sn-121m	IT, β^-	43.9	Sn-120	32.58
Ni-63	β^-	101.2	Ni-62	3.63
Ag-108m	EC	438	Ag-107	51.84
Mo-93	EC	4000	Mo-92	14.53
C-14	β^-	5700	N-14	99.635
			C-13	1.07
Nb-94	β^-	20300	Nb-93	100
Ni-59	EC	76000	Ni-58	68.08
Tc-99	β^-	211100	Mo-98	24.4
Cl-36	β^-	301000	Cl-35	75.76

2.3 放射線と物質の相互作用

2.3.1 概要

放射性崩壊，原子核反応に伴って，エネルギーを持った粒子（粒子線）あるいは電磁波が放出される。これらはまた原子炉や加速器のような人工的な装置で作りだすことができる。電磁波はまた，内殻電子や外殻電子のエネルギー状態の変化によっても放出される。

図2.3-1に原子核や電子のエネルギー状態の変化に伴って放出される電磁波の概要を示す。エックス線やガンマ線は紫外線よりもエネルギーが高い電磁波であるが，内殻電子のエネルギー状態の変化により放出されるものをエックス線，原子核から放出されるものをガンマ線と呼んでいる。粒子線のエネルギーはアルファ線では一般的に4～9 MeV（表2.2-2），ベータ線では数 keV～数 MeV（表2.2-3）の範囲にある。

これらの粒子線や電磁波のうち，およそ100 eV以上のエネルギーを持ち，物質に電離作用を及ぼすことができる粒子線と電磁波を電離放射線あるいは単に放射線と呼んでいる。これらの放射線の持つエネルギーは，イオン化エネルギー（≲15 eV，図2.1-2）や化学結合のエネルギー（1～5 eV）と比べると極めて高い。この結果，電離放射線は物質中を通過するときに，物質原子と電気的に相互作用して，原子から電子をはぎ取って，その結果，電子とイオンとの対を作る。これを電離作用（イオン化）と呼んでいる。例えば大気中では1つのイオン対を作るのに平均34 eVのエネルギーが使われる。荷電粒子が物質を通過すると，荷電粒子の持っていたエネルギーが物質に与えられ，物質中には多くの電子とイオンの対が生ず

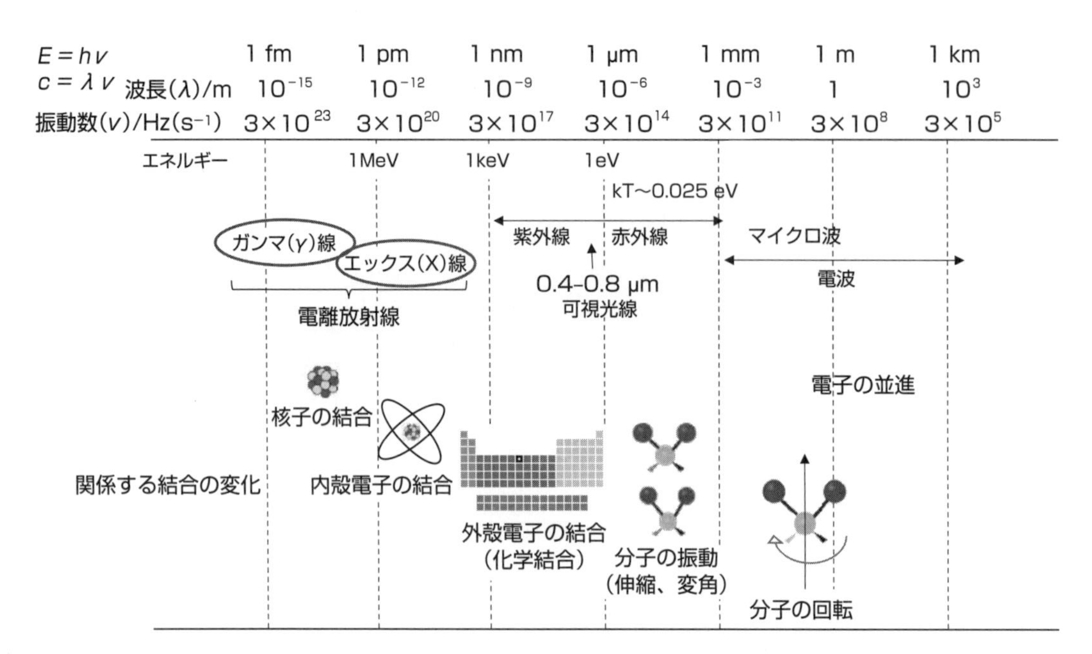

図 2.3-1 原子核・電子の結合状態の変化から放出される電磁波
($E = h\nu$，$c = \lambda\nu$，1 eV = 1.602×10^{-19} CV (J) ⇒ $\times N_A$ = 96.47 kJ/mol)

る。物質中を荷電粒子が単位長さ進むときに生ずるイオン対の数（比電離）は，同じ質量を持つ荷電粒子の場合には電荷とともに大きくなる。中性子やガンマ線，エックス線は電荷を持たないので，荷電粒子に比べ相互作用の確率が小さくなり，透過しやすくなる。同じエネルギーを持つ荷電粒子に対しては，質量の大きな粒子の方が，原子の近傍にいる時間が長くなるため，比電離は大きい。例えば大気圧の空気中で，アルファ粒子は $(5\sim10)\times10^{6}$ 個/m のイオン対を作るのに対し，同じエネルギーを持つベータ粒子は $(3\sim30)\times10^{3}$ 個/m のイオン対しか作らない。生成されたイオン対はいずれ再結合し，エネルギーは熱となって逸失する。

100 eV以下の中性子も，原子核に吸収（捕獲）されると100 eV以上の放射線を放出するので，これに含まれる。非電離放射線には紫外線を除き電離作用がない。

2.3.2 アルファ粒子の吸収

陽子や重荷電粒子の物質との相互作用は，アルファ粒子の吸収によって代表される。アルファ粒子は相互作用の相手となる電子よりもはるかに重いので，原子や分子との相互作用ではほとんど偏向されず直線的に進む。一方，イオン対の生成により放出された電子（2次電子）は非常に不規則に運動する。

アルファ粒子による比電離の大きさは，線源からの距離とともに急速に増加し，終端近くで急激にゼロになる。これはアルファ粒子が物質中を通過する際に，エネルギーを失ってスピードを落とし，その結果，物質原子との相互作用の割合が増し，より多くのイオン対を作るようになるからである。

ある物質をある種類の荷電粒子が通過したとき，物質原子の電離や励起によって，単位長さあたり粒子が失うエネルギーを，その物質のその荷電粒子に対する阻止能（Stopping power）という。比電離とイオン対生成エネルギーの積が阻止能となっている。

また，荷電粒子が通過した物質の単位長さあたりに吸収されたエネルギーを，線エネルギー付与（LET，linear energy transfer）という。粒子のエネルギー損失である阻止能とLET

表 2.3-1　単一エネルギー粒子の飛程と水中での平均のLET値
【Choppin他，2013より作成】

放射線	エネルギー /MeV	最大飛程		水中の平均LET値
		空気中/cm	水中/mm	keV·μm⁻¹
電子	1	405	4.1	0.24
	3	1400	15	0.20
	10	4200	52	0.19
ヘリウム	1	0.57	0.0053	190
	3	1.7	0.017	180
	10	10.5	0.11	92
核分裂片	100	2.5	0.025	3300

の違いは，前者は粒子の減速に伴う電磁放射線（制動放射線）の放出の損失が含まれている点である。

空気より密度が大きい物質に対してはその原子密度が大きいため比電離は大きくなり，この結果，飛程は空気中におけるより短くなる。放射性崩壊により生成したアルファ粒子の飛程は，気体（標準温度・圧力）中ではその飛程は数cmに及ぶが，固体や液体中では表2.3-1に示すように非常に短く，例えば5 MeVのアルファ粒子のアルミニウム吸収体中の飛程は0.02 mmである。アルファ崩壊によるアルファ粒子は紙一枚で容易に止めることができる。

2.3.3 電子の吸収

崩壊により生成するベータ粒子の吸収は，原子の軌道電子や電磁場との相互作用により起こる。その主な過程を図2.3-2に示す。

イオン化ではアルファ粒子の場合と同様，軌道電子がはぎ取られる。励起は与えられるエネルギーがイオン化に必要なエネルギー以下の場合にでも起こる過程で，軌道電子が励起される。制動放射は，ベータ粒子が核電荷の影響を受けて減速し，電磁波を放射する過程である。

基本的には，ベータ粒子はアルファ粒子の場合と同じようにしてエネルギーを失うが，ベータ粒子と軌道電子の静止質量は等しいので，ベータ粒子は1回の衝突でそのエネルギーのほとんどを失い，そのような衝突で大きな偏向を受け，散乱される。イオン化により原子から放出された2次電子は高いエネルギーを持つので，ベータ粒子の吸収過程における全イオン化の70～80%にも及ぶイオン化を引き起こす。ベータ粒子の全エネルギーの約半分はイオン化により，残りの半分は励起により失われる。

同じ初期エネルギーでは，ベータ粒子の質量がアルファ粒子の質量よりもはるかに小さいため，ベータ粒子の方がはるかに大きい速度を持ち，この結果，ベータ粒子による比電離は

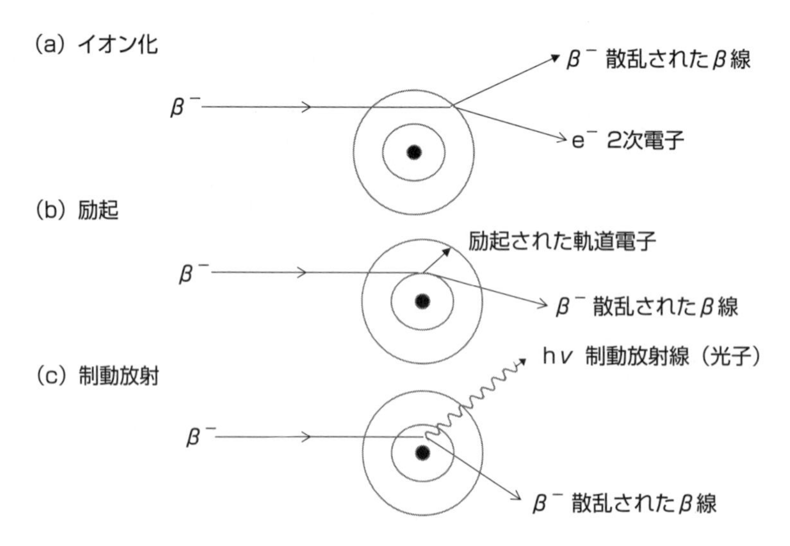

図 2.3-2 ベータ粒子の主な吸収過程【Choppin他，2013より作成】

重イオンによる比電離よりもはるかに低い。速度が大きいことに対応してイオン化は低くなり，ベータ粒子の飛程は，例えば空気中では数mから数十mに及ぶより長い飛程を与えることになる（表2.3-1）。また，放射性崩壊によるアルファ粒子は基本的に同じエネルギーを持つが，ベータ粒子は連続的なエネルギー分布を持つので，アルファ粒子のようにある決まった飛程を持たない。さらに，ベータ粒子は質量が小さいため，原子核や軌道電子との相互作用によりしばしば方向を変える。こうした効果が複合する結果，ある放射線源からのベータ粒子による電離は距離とともに指数関数的に減少する。ベータ粒子は決まった飛程を持たないが，あるエネルギーのベータ粒子に対して，電離が事実上ゼロになるのに必要な物質の厚さを定義でき，これを最大飛程といっている。

2.3.4 ガンマ線の吸収

ガンマ線は電荷も静止質量も持たないことから，吸収体の構成原子と長い距離にわたって相互作用を起こす確率は小さい。ガンマ線によりある一定距離内に生成されるイオン対の数は，同じエネルギーのベータ粒子により生成されるイオン対の1～10%程度である。例えば1 MeVのガンマ線は空気1 cmあたりおよそ1個のイオン対を生成するのみである。

ガンマ線の吸収は，図2.3-3に示すように主にコヒーレント散乱，光電効果，コンプトン散乱により起こる。

コヒーレント散乱（coherent scattering）は，ブラッグ（Bragg）あるいはレイリー（Rayleigh）散乱とも呼ばれ，この散乱ではガンマ線（光子）はエネルギーを失うことなく飛行方向のみ変わる。コヒーレントに散乱された放射線は干渉縞を与えるので，その過程はX線の場合と

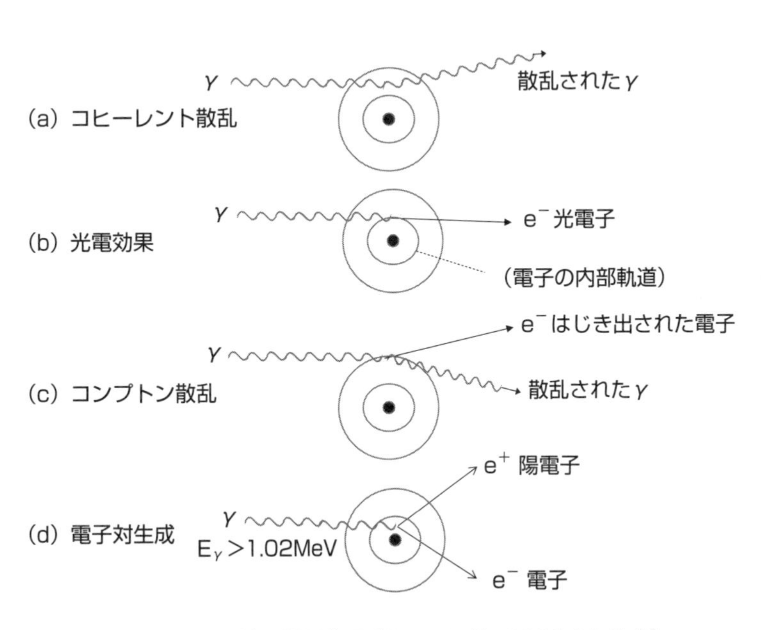

図 2.3-3 ガンマ線の相互作用【Choppin他，2013より作成】

同様に吸収体の構造解析に利用できる。コヒーレント散乱の確率は吸収体の原子番号の平方とともに増加し，ガンマ線のエネルギーとともに減少する。

光電効果（photoelectric effect）では，軌道電子の結合エネルギーより大きいエネルギーを持つガンマ線が物質に入射して，そのすべてのエネルギーを軌道電子に与え，その結果，電子が飛び出す。飛び出す電子を光電子という。ガンマ線の入射エネルギーから軌道電子の結合エネルギーを差し引いた残りが光電子の運動エネルギーとなる。光電子の進行方向は，ごく低いエネルギーのガンマ線の場合を除き，入射ガンマ線の方向と同じである。放出された電子はベータ粒子と同じ振る舞いをする。

光電効果の起こる確率は原子核との結びつきの強い電子ほど大きいので，実際上ほとんどK電子によって起こることとなる。すなわち光電効果は，吸収物質の原子番号が大きく，ガンマ線のエネルギーが小さいほど大きい。例えば鉛の場合は500 keV以下，アルミニウムの場合は，50 keV以下で大きな効果を持つ。

光電子が内殻軌道から生成した場合，より高い軌道にある電子がその空孔を満たすため移動する。この高い軌道と空孔の軌道とのエネルギーの差が特性X線やオージェ電子として放出される。

ガンマ線のエネルギーが高くなると，軌道電子の束縛エネルギーが無視できるようになり，光電効果のような原子全体の場での相互作用よりも，1個の電子との直接相互作用による弾性散乱が起こるようになる。これをコンプトン効果（Compton effect）という。コンプトン効果では，ガンマ線によって原子から電子がはじき出され，ガンマ線は一部のエネルギーを失って偏向される。散乱されたガンマ線はさらにコンプトン効果，光電効果あるいは電子対生成を引き起こすのに十分なエネルギーを持つ。コンプトン相互作用においてもX線やオージェ電子が放出され，広範な2次イオン化が起こる。コンプトン電子のエネルギーは一定でないため，散乱されたガンマ線も連続エネルギースペクトルを示す。光電子の場合と同様に，コンプトン電子もベータ粒子について述べた過程により熱平衡に至る。

ガンマ線のエネルギーが1.02 MeVより大きくなると，電子対生成（pair production）の確率が増大する。これは，原子核のクーロン場におけるガンマ線の電子と陽電子への変換である。この過程は陽電子消滅の逆過程と考えることができる。電子の静止質量は0.51 MeVに相当するので，電子対生成のためには最低1.02 MeVのエネルギーを必要とする。生成した電子対は，ベータ粒子について述べた過程により吸収される。陽電子についてはその消滅により，0.51 MeVのガンマ線が生成され，ガンマ線について述べた過程により吸収される。

2.4 参考文献

1. Benedict, M., Pigford, T. H., Levi, H. W. (1981). Nuclear Chemical Engineering, 2nd edition, Mcgraw-Hill Book Company.
2. Choppin, G., Liljenzin, O., Rydberg, J., Ekberg, C. (2013). Radiochemistry and Nuclear Chemistry, 4th Edition, Elsevier.
3. Croff, A. G. (1983). ORIGEN2: A Versatile Computer Code for Calculating the Nuclide Compositions and Characteristics of Nuclear Materials, Nucl. Technol. Vol.62.
4. ZZ ORIGEN-2.2-UPJ (2006). A complete package of ORIGEN2 libraries based on JENDL-3.2 and JENDL-3.3, http://www.oecd-nea.org/tools/abstract/detail/NEA-1642, OECD Nuclear Energy Agency.

3章

放射線の健康影響と放射線防護

第3章

放射線の健康影響と放射線防護

放射性廃棄物の有害性は，含まれる放射性物質が放射線（radiation）を放出する能力である放射能（radioactivity）を持っているからである。放射線は，その高いエネルギーのため，有機化合物からなる人体の構成物に損傷をもたらし，大量の被ばくは即時にその影響が症状として現れる危害をもたらし，少量の被ばくは即時には顕在化しないが，後にがんの発生の確率を増加させる効果を持つ。第1章でみたように，有害化学物質による健康影響も遅発的に現れるものが多く，その被害が統計的に観測されるまで明らかにならずに，対策が遅れるという過去の失敗の経験を持っている。したがって，放射性廃棄物を含む有害廃棄物については，その原因帰属の関係を不確かさとともに理解して，すなわち統計確率論的因果関係として把握して，予防的対策をとることが必要となる。本章では，特に放射線がなぜ，どの程度，どのように危険なのかという放射線の健康影響について説明し，国際的コンセンサスとして勧告されている放射線防護の考え方について紹介する。

3.1　バックグラウンド放射線と放射線の健康影響

第2章で述べたように，我々の住んでいる自然界には放射性物質があまねく存在している。これは世界が作られた時からずっとそうであった。自然の放射線はビッグバンと宇宙の出現以来，我々とともにあった。放射性核種と放射線は地球の構成要素であり，自然のプロセスに重要な役割を果たしている。例えば，長寿命の放射性核種は深地下の温度を高く維持し，地球の熱バランスを保持している。生態系における様々な生物は，自然放射能の存在レベルに適応して進化してきたと推測されている。

しかし，大量の放射線が生物に有害で適応しきれない影響をもたらすことも確かである。このことは，太古の生物の進化が，宇宙からの強い紫外線を遮る海中でしかなされえず，これらの光合成生物による何十億年もの長期間の酸素の蓄積によりおよそ4億年前に完成したオゾン層が，紫外線を遮るようになってはじめて，生物が陸上に進出したことからもうかがい知れる。

地球上の人々は，宇宙および太陽表面からの宇宙線，地球の地殻中や建設材料中に存在する放射性核種からの放射線などの，多くの自然起源および人工起源の放射線をある程度受けている。放射線はまた，空気，水，食物および人体そのものの中にも含まれる。人体は，^{40}Kと^{14}Cを含み，^{40}Kの崩壊は1.46 MeVのガンマ線の放出をもたらすので，人々は互いに放射線を照射しあっていることになる。

表3.1-1に自然放射線からの人の年間実効線量を示す。mSv（ミリシーベルト）を単位として表した実効線量は，全身が均等に照射されても不均等に照射されても，また放射線の線源

表 3.1-1　自然放射線からの人の年間実効線量【UNSCEAR, 2000より作成】

被ばく源	年間実効線量（mSv）	
	平均	合計（典型的な範囲）
宇宙線		
電離成分	0.28	0.39（0.3～1.0）（海面，高地）
中性子成分	0.10	
宇宙線生成核種	0.01	
原始放射性核種外部被ばく		0.48（0.3～0.6）（土壌，建築材料）
屋外	0.07	
屋内	0.41	
吸入被ばく		
ウランおよびトリウム系列	0.006	1.26（0.2～10）（屋内ラドン状況）
ラドン（^{222}Rn）	1.15	
トロン（^{220}Rn）	0.10	
摂取被ばく		0.29（0.2～0.8）（食物，飲料水）
^{40}K	0.17	
ウランおよびトリウム系列	0.12	

の種類が変わっても，健康影響として評価できるように作られた放射線の吸収エネルギー量を換算して表す線量の概念でこの後で説明する。この表のうち，ある種の被ばくは，例えば，食物中の^{40}Kの摂取からの被ばくのように，かなり一定で，どこにいても全ての人々に対して均一である。他の種類の被ばくは，場所によって大きく異なる。例えば宇宙線は高度が高いほど強くなる。また個々人が受ける放射線被ばくの程度は，その人の活動と行為によって異なってくる。特に，家屋の建設材料と換気システムの設計は^{222}Rnとその崩壊生成物の室内線量レベルに大きく影響し，吸入を通じて起こる被ばくに大きな寄与を与える。

放射線および放射性物質を利用する人の活動は自然被ばくに放射線被ばくを付け加える。例えば，天然の放射性物質を含む鉱石の採鉱と利用は単純に被ばく量の追加をもたらす。核実験の放射性残留物による環境汚染は，人の放射線被ばくの地球規模の線源であり続けている。軍事的目的のための核物質の生産は，世界の一部の場所に大量の放射性残留物の遺産を遺したままである。原子力発電所と原子力施設は放射性物質を環境中に放出し，操業とデコミッショニングにおいて放射性廃棄物を生み出す。産業，農業，研究における放射性物質の利用は世界規模で拡大しつつあり，人々は取り扱いを誤った放射線源により危害を受けている。

こうした人々の活動は，人々に放射線被ばくをもたらすとはいえ，一般的には自然被ばくの世界平均に比べてごく小さい割合にすぎない。しかしながら，放射性物質を環境中に放出する施設の近傍に住んでいる人々はより高い被ばくを受けるかもしれない。規制された管理下の放出に対する公衆の構成員の被ばくは国際的に認められた限度により制限されており，そのレベルは自然被ばくの世界平均よりいくらか小さい値とされている。

注意しなければならないのは，高いレベルの放射性残留物を含むような場所に人が居住するようなことになれば，住民は自然被ばくの地球平均レベルよりも高い放射線被ばくを受け続けることになるという点である。放射性廃棄物が適切に管理されなければ，放射性物質が環境中に分布して，その分布状況に依存して，様々な程度，頻度，継続時間で被ばくが起こる。放射性廃棄物の処分の目的は，放射性廃棄物が危険な間，その危険性の程度に応じて適切に，人が生命活動または社会活動を営む環境から廃棄物を隔離して閉じ込めておくことである。

問題となるのは，結局，放射線がなぜ，どの程度，どのように危険なのかである。放射線の存在が19世紀末に人類によって認知されるようになって以来今日まで，放射線の及ぼす生物に対する影響が様々な形で調べられてきた。放射性物質は崩壊に伴って電離放射線を発生し，放射線は健康影響をもたらす。電離放射線によって生じる健康影響の進行は，放射線の被ばく（exposure）による生物組織におけるエネルギー吸収の物理的過程から始まり，その結果，分子の変化を引き起こし，細胞の遺伝情報すなわち細胞核中のDNAにクラスター状に起こることのある電離を生じる。この損傷は，人体の臓器・組織に放射線損傷として現れ，短期と長期の両方の健康影響をもたらす可能性がある。高線量においては，主として，多量の細胞死を伴う機能喪失の結果として臓器・組織の急性損傷がもたらされ，極端な場合には，被ばくした個人の死を起こしうる。このタイプの損傷は確定的影響（deterministic effects）又は組織反応（harmful tissue reactions）と呼ばれている。もっと低い線量および低い線量率（dose rate）では，これらの組織反応は見られないが，何年も後でがんのリスク又は将来世代において遺伝病の増加を生じうる遺伝物質の損傷が発生するかもしれない。そのような損傷は，影響の重篤度でなくその発生確率が線量とともに増加すると仮定されているので，確率的影響（stochastic effects）と呼ばれる。

ICRP（国際放射線防護委員会，International Commission on Radiological Protection）は，被ばくに関連する可能性のある活動を過度に制限することなく，放射線被ばくの有害な影響に対して，人と環境を適切なレベルに防護するために，放射線防護の全ての側面に係る勧告を提供しており，その最近の基本勧告は「国際放射線防護委員会の2007年勧告」（ICRP Publ. 103または2007年勧告と略称される）【ICRP, 2007】として出版されている。

また，UNSCEAR（原子放射線の影響に関する国連科学委員会，United Nations Scientific Committee on the Effects of Atomic Radiation）は，ICRPに対して，純粋に科学的所見から電離放射線による被ばくの程度と影響を評価・報告するために国連によって設置された委員会で，その報告として「Sources and Effects of Ionizing Radiation」を不定期に刊行している。

さらに，原子力の平和利用の促進，軍事的利用への転用防止を目的とする国際連合傘下の自治機関であるIAEA（国際原子力機関，International Atomic Energy Agency）は，これを受けて「放射線源からの放射線防護と安全:国際的な基本安全基準」（GSR Part 3またはBSSと略称される）と題する基本安全要件を出版している【IAEA, 2014】。

本章では，主にこれらの文書に基づいて，放射線による健康影響と放射線防護について述べる。

3.2 放射線防護に用いられる諸量

放射線防護は，確定的影響（組織反応）が防止され，かつ確率的影響のリスクが容認できるレベルに制限されるように，電離放射線への被ばくを制御することである。この目的を達成するためには，放射線被ばくによる線量を評価し，これに基づき被ばくを制御することが必要になる。

図3.2-1はICRP2007年勧告【ICRP, 2007】により用いられている線量の考え方を要約したものである。外部線源による全身および身体の一部の外部照射および放射性核種の摂取により，人体の臓器・組織に付与されるエネルギーは吸収線量（absorbed dose）と呼ばれ，$J \cdot kg^{-1}$またはGy（gray，グレイ）という単位で表される。図の左側では，全身および身体部分の外部照射と放射性核種の摂取による吸収線量を，人体の電離放射線被ばくの程度を定量化する等価線量，実効線量（これらは$J \cdot kg^{-1}$またはSv（sievert，シーベルト）という単位で表される）に結び付けており，放射線防護では，この等価線量と実効線量を防護のための指標として用いて被ばくを制御する。一方，図の右側では，外部および内部被ばくを伴う状況を把握するために，測定により求められる計測量を吸収線量に結び付けている。

3.2.1 放射線によるエネルギー付与と電離

電離放射線と生体物質との相互作用における最初の段階は，電離の原因となるエネルギー転移である。第2章で述べたように，高エネルギーの粒子または電磁波が人の細胞に衝突したとき，1μm以下の細い飛跡をつくる。細胞の主要な構成分子である水との相互作用では，

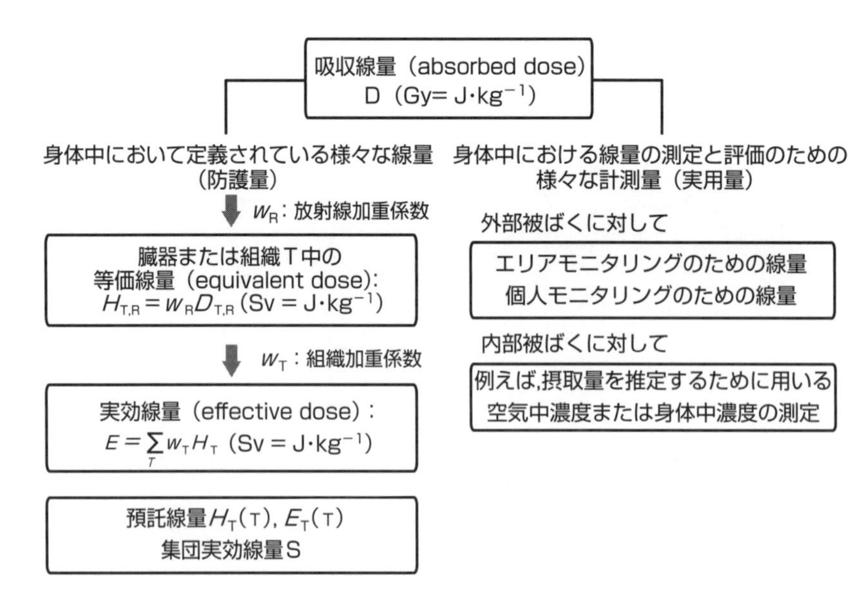

図 3.2-1　放射線防護に用いられる防護量と実用量の体系【ICRP, 2007】

表 3.2-1　放射線エネルギーの生体への吸収【Choppin他, 2013より作成】

アルファ線	LET～200 keV·μm^{-1}，数千イオン対·μm^{-1}
ベータ線	LET 0.2～1.1 keV·μm^{-1}, 5～10イオン対·μm^{-1} そのエネルギーのほとんどを低エネルギー散乱で失う。
ガンマ線, エックス線	LET～ 0.2～35 keV·μm^{-1}, 数回のコンプトン散乱でほとんどのエネルギーを失う（2つの散乱間の距離は細胞の大きさを超える)。

電離作用により放射線分解物が生成され，これらが細胞分子に損傷を与える。また頻度はより低いが，放射線が細胞分子と直接に相互作用することもある。重大な生物学的損傷を引き起こすのは細胞核にあるDNAに対する効果だけであると考えられている。

表3.2-1は，放射線エネルギーの生体への吸収の概要を示したものである。表中のLETは線エネルギー付与（linear energy transfer）と呼ばれる量で，電離性放射線が物質中を通過する際に，飛程の単位長さあたりに平均して失うエネルギーをいう。各種の放射線のうち，エックス線，ガンマ線はLETが小さいので低LETといい，アルファ線，中性子線，その他重荷電粒子，核分裂破片のLETは大きいので高LETという。

ガンマ線が人体に照射されると，体内分子の軌道電子と衝突して，光子エネルギーの一部が反跳電子の運動エネルギーに変換され，残りは，低エネルギーの散乱ガンマ線として偏向される（コンプトン効果)。コンプトン効果は1～数MeVの光子の主要なエネルギー付与の過程である。このようにしてガンマ線は数回のコンプトン散乱でほとんどのエネルギーを失う。典型的な自然放射線である1 MeVのガンマ線は，人体の典型的な厚さに相当する20cm厚の水中でその75%のエネルギーを失い，2次電子を発生させる。言い換えれば，エックス線やガンマ線は照射された生体の内部に高速電子線を発生させる放射線と考えることができる。

ベータ粒子はそのエネルギーのほとんどを低エネルギー散乱で失う。典型的なLET値は200 eV·μm^{-1}で，1 μmあたり5～10のイオン対を生成する。

アルファ粒子の典型的なLET値は200 keV·μm^{-1}で，高密度のイオン化をひき起こし1 μmあたり数千個のイオン対を生成する。

高エネルギー中性子はおもに水素原子との衝突により水中で吸収され，アルファ粒子と同様にイオン化をひき起こす高エネルギーの陽子を生成する。

3.2.2　身体中において定義される線量（防護量）

このように放射線は，ミクロに見れば個々の原子核や電子との相互作用により，ある量のエネルギーを析出させる。放射線の照射により，組織や器官を構成する物質に対して析出されるエネルギーとして表した量が吸収線量（absorbed dose）である。すなわち，吸収線量（D）は電離放射線と物質の相互作用の結果，単位質量（dm）に析出するエネルギーの平均値（$d\bar{\varepsilon}$）として定義される。

$$D = \frac{d\bar{\varepsilon}}{dm}$$

吸収線量の単位はグレイ（Gy）で，1 Gy = 1 J・kg^{-1}である。古いが今でも時々使われている吸収線量の単位はラド（rad）で，1 rad = 0.01 Gyである。

放射線防護の目的で吸収線量をグレイで定義することの問題は，組織に対する1 Gyの吸収線量の生物学的影響が入射放射線の型とエネルギーに依存して変わることである。この困難を乗り越えるために，等価線量（equivalent dose）と呼ばれる量が用いられる。放射線の性質を考慮に入れるために，放射線加重係数（radiation weighting factor）w_Rと呼ばれる加重係数が用いられる。組織または臓器Tにおける等価線量（H_T）は，複数の放射線による被ばくの際の，全ての型とエネルギー領域についての放射線（R）の$D_{T,R}$とw_Rの積の和である。

$$H_T = \sum_R w_R D_{T,R}$$

ここで$D_{T,R}$は組織又は臓器Tが放射線Rから受ける平均吸収線量（Gy），w_Rは低LET放射線と比べ，高LET放射線の高い生物学的効果を反映させるために，臓器又は組織の吸収線量に乗じる無次元の係数である。w_Rは無次元量なので，等価線量の単位は吸収線量と同じくJ・kg^{-1}，また特別の名称はシーベルト（Sv）である。これに対応する古い単位はレム（rem）で，1 rem = 0.01 Svである。ICRP（2007）により勧告されているw_Rの値を表3.2-2に示す。

さらに，異なる臓器または組織は放射線に対して異なる感度を持っているので，照射による生物学的影響は臓器または組織の型により異なる。これを考慮するために，組織加重係数（tissue weighting factor）w_Tを用いて組織による相対的な放射線感受性を考慮する実効線量（effective dose）と呼ばれる量が用いられる。実効線量（E）は全ての照射された組織（T）にわたる総和として与えられる。

$$E = \sum_T w_T H_T = \sum_T w_T \sum_R w_R D_{T,R}$$

組織加重係数は身体への均一照射の結果生じた健康損害全体に対する組織または臓器の相

表 3.2-2　放射線加重係数【ICRP, 2007より作成】

放射線の種類	放射線加重係数w_R
光子（ガンマ線，エックス線）	1
電子（ベータ線）	1
陽子	2
アルファ粒子，核分裂片，重い原子核	20
中性子線	2.5～20

表 3.2-3　組織加重係数【ICRP, 2007より作成】

組織・臓器	組織加重係数w_T	組織・臓器	組織加重係数w_T
赤色骨髄	0.12	食道	0.04
結腸	0.12	甲状腺	0.04
肺	0.12	唾液腺	0.01
胃	0.12	皮膚	0.01
乳房	0.12	骨表面	0.01
生殖腺	0.08	脳	0.01
膀胱	0.04	残りの組織・臓器	0.12
肝臓	0.04		

対的寄与を表現するために，組織または臓器Tの等価線量に加重する係数で

$$\sum_{T} w_T = 1$$

となるように，定義されている。ICRP 2007年勧告により勧告されているw_Tの値を表3.2-3に示す。

3.2.3　計測のために定義される様々な計測量（実用量）

被ばくは，人体外部の放射線場からの外部被ばく，およびまたは人体に取り込まれた放射性物質の放射能からの内部被ばくにより起こるが，等価線量と実効線量は実際には測定できない。そこで，様々な放射線場における線量あるいは摂取による放射能量から等価線量への換算をするための変換係数がモデル計算により求められている。

人体外部の放射線場は，粒子フルエンス（particle fluence）または空気カーマ（air kerma）によってよく記述される。粒子フルエンスは，単位断面積の小さな球に入射する粒子の数で個m^{-2}の単位で表される流束量である。ガンマ線やエックス線（光子）や中性子などの非荷電粒子から物質へのエネルギーの移動を記述するためには，カーマという量が用いられる。これは単位質量の物質中で非荷電粒子により生成されたすべての2次荷電粒子の運動エネルギーの総和で，その単位はグレイ（Gy, $J \cdot kg^{-1}$）である。

外部被ばくに対する粒子フルエンスまたは空気カーマと等価線量とを関係づけるために，これらの放射線場における臓器・組織に対する被ばくの分布と寄与を，コンピュータファントム（人体模型）を用いて求めた変換係数が，粒子または光子のエネルギーに対して求められており，ICRP Publication 116【ICRP, 2010】またはIAEA GSR Part 3（BSS）【IAEA, 2014】に表として与えられている。この表を用いて，あるエネルギーの粒子フルエンスまたは空気カーマから，全身の被ばくを問題とする実効線量Eを求める際には，深さd = 10 mmの個人線量当量H_p(10）が計算でき，皮膚と手足の等価線量の評価には，深さd = 0.07 mmの個人線量当量H_p(0.07）が計算できる。この考え方に基づき，放射線モニタリングに用いる線量率計や個人線量計などの測定機器は，^{137}Csなどの標準線源を用いて実用量であるH_p(10）

またはH_p(0.07)が求められるよう校正されている。

内部被ばくの線量評価については，人の体内に取り込まれた放射性核種は，その物理的半減期と体内における生物学的な滞留によって決まる器官にわたって組織を照射する。預託線量（committed dose）とは，特定の期間内に与えられると予測される総線量で，成人に対して50年間，幼児と小児に対しては70歳まで評価する。放射性核種の摂取による線量換算係数の計算には，放射性核種の体内動態モデル，標準的な生理学データ，およびコンピュータファントムが用いられる。IAEA GSR Part 3（BSS）【IAEA, 2014】には，吸入（inhalation）または経口摂取（digestion）により取り込まれた放射性核種の放射能量から預託線量を求める線量換算係数が与えられている。表には年齢グループに対する係数が与えられているが，表3.2-4にその一例として重要な核種の成人に対する係数を示す。

表 3.2-4　公衆の摂取(経口，吸入)による預託線量への線量換算係数【IAEA, 2014より作成】

核種	半減期[y]	崩壊様式	起源		線量換算係数	
			核反応	起源核種	経口摂取[Sv/Bq]	吸入[Sv/Bq]
H-3	1.23E+01	β⁻	AP	Li(n, γ)	1.8E-11	2.6E-10
C-14	5.70E+03	β⁻	AP	N(n, p)	5.8E-10	5.8E-09
Cl-36	3.01E+05	β⁻	AP	Cl(n, γ)	9.3E-10	7.3E-09
K-40	1.25E+09	β⁻	原始		6.2E-09	2.1E-09
Ca-41	1.02E+05	EC	AP	Ca(n, γ)	1.9E-10	1.8E-10
Mn-54	8.54E-01	EC	AP	Fe(n, d)	7.1E-10	1.5E-09
Fe-55	2.74E+00	EC	AP	Fe(n, γ)	3.3E-10	1.8E-10
Co-60	5.27E+00	β⁻	AP	Co(n, γ)	3.4E-09	3.1E-08
Ni-59	7.60E+04	EC	AP	Ni(n, γ)	6.3E-11	4.4E-10
Ni-63	1.01E+02	β⁻	AP	Ni(n, γ)	1.5E-10	1.3E-09
Se-79	2.95E+05	β⁻	FP		2.9E-09	6.8E-09
Sr-89	1.38E-01	β⁻	FP		2.6E-09	7.9E-09
Sr-90	2.88E+01	β⁻	FP		2.8E-08	1.6E-07
Y-90	7.30E-03	β⁻	FP		2.7E-09	1.5E-09
Y-91	1.60E-01	β⁻	FP		2.4E-09	8.9E-09
Zr-93	1.61E+06	β⁻	FP		1.1E-09	3.3E-09
Zr-95	1.75E-01	β⁻	FP		9.5E-10	5.9E-09
Nb-93m	1.61E+01	γ	FP		1.2E-10	1.8E-09
Nb-94	2.03E+04	β⁻	AP	Nb(n, γ)	1.7E-09	4.9E-08
Mo-93	4.00E+03	EC	AP	Mo(n, γ)	3.1E-09	2.3E-09
Tc-99	2.11E+05	β⁻	FP		6.4E-10	1.3E-08
Ru-103	1.07E-01	β⁻	FP		7.3E-10	4.8E-10
Ru-106	1.02E+00	β⁻	FP		7.0E-09	6.6E-08
Pd-107	6.50E+06	β⁻	FP		3.7E-11	5.9E-10
Ag-108m	4.38E+02	EC	AP	Ag(n, γ)	2.3E-09	3.7E-08
Cd-113m	1.41E+02	β⁻	FP		2.3E-08	1.1E-07
Sn-121m	4.39E+01	γ	FP		3.8E-10	4.5E-09
Sn-126	2.30E+05	β⁻	FP		4.7E-09	2.8E-08
Sb-125	2.76E+00	β⁻	FP		1.1E-09	1.2E-08
Te-125m	1.57E-01	γ	FP		8.7E-10	4.2E-09

（続く）

（表 3.2-4　公衆の摂取（経口，吸入）による預託線量への線量換算係数（続き））

核種	半減期[y]	崩壊様式	起源		線量換算係数	
			核反応	起源核種	経口摂取[Sv/Bq]	吸入[Sv/Bq]
I-129	1.57E+07	β⁻	FP		1.1E-07	9.8E-09
I-131	2.20E-02	β⁻	FP		2.2E-08	7.4E-09
Cs-134	2.07E+00	β⁻	FP		1.9E-08	2.0E-08
Cs-135	2.30E+06	β⁻	FP		2.0E-09	8.6E-09
Cs-137	3.01E+01	β⁻	FP		1.3E-08	3.9E-08
Ba-140	3.49E-02	β⁻	FP		2.5E-09	1.0E-09
Ce-141	8.90E-02	β⁻	FP		7.1E-10	9.3E-10
Ce-144	7.80E-01	β⁻	FP		5.2E-09	5.3E-08
Sm-151	9.00E+01	β⁻	FP		9.8E-11	4.0E-09
Eu-152	1.35E+01	EC, β⁻	FP		1.4E-09	4.2E-08
Eu-154	8.60E+00	β⁻	FP		2.0E-09	5.3E-08
Eu-155	4.75E+00	β⁻	FP		3.2E-10	6.9E-09
Ho-166m	1.20E+03	β⁻	AP	Ho(n, γ)	2.0E-09	1.2E-07
Hf-182	8.90E+06	β⁻	AP	Hf(n, γ)	3.0E-09	3.1E-07
Pb-210	2.22E+01	β⁻	AC↓		6.9E-07	5.6E-06
Ra-226	1.60E+03	α	AC↓		2.8E-07	9.5E-06
Ac-227	2.18E+01	β⁻	AC↓		1.1E-06	5.5E-04
Th-229	7.88E+03	α	AC↓		4.9E-07	2.4E-04
Th-230	7.54E+04	α	AC↓		2.1E-07	1.0E-04
Th-232	1.40E+10	α	AC↓		2.3E-07	1.1E-04
Pa-231	3.28E+04	α	AC↓		7.1E-07	1.4E-04
U-232	6.89E+01	α	AC↓		3.3E-07	3.7E-05
U-233	1.59E+05	α	AC↓		5.1E-08	9.6E-06
U-234	2.46E+05	α	AC↓		4.9E-08	9.4E-06
U-235	7.04E+08	α	AC		4.7E-08	8.5E-06
U-236	2.34E+07	α	AC		4.7E-08	8.7E-06
U-238	4.47E+09	α	AC		4.5E-08	8.0E-06
Np-236	1.53E+05	EC	AC		1.7E-08	8.0E-06
Np-237	2.14E+06	α	AC		1.1E-07	5.0E-05
Pu-236	2.86E+00	α	AC		8.7E-08	4.0E-05
Pu-238	8.77E+01	α	AC		2.3E-07	1.1E-04
Pu-239	2.41E+04	α	AC		2.5E-07	1.2E-04
Pu-240	6.56E+03	α	AC		2.5E-07	1.2E-04
Pu-241	1.43E+01	β⁻	AC		4.8E-09	2.3E-06
Pu-242	3.75E+05	α	AC		2.4E-07	1.1E-04
Pu-244	8.00E+07	α	AC		2.4E-07	1.1E-04
Am-241	4.33E+02	α	AC		2.0E-07	9.6E-05
Am-242m	1.41E+02	γ	AC		1.9E-07	9.2E-05
Am-243	7.37E+03	α	AC		2.0E-07	9.6E-05
Cm-242	4.46E-01	α	AC		1.2E-08	5.9E-06
Cm-243	2.91E+01	α	AC		1.5E-07	6.9E-05
Cm-244	1.81E+01	α	AC		1.2E-07	5.7E-05
Cm-245	8.42E+03	α	AC		2.1E-07	9.9E-05
Cm-246	4.71E+03	α	AC		2.1E-07	9.8E-05
Cm-248	3.48E+05	α	AC		7.7E-07	3.6E-04

α：アルファ崩壊； β⁻：ベータ崩壊； EC：電子捕獲； γ：核異性体転移
AP：放射化生成物； FP：核分裂生成物； AC：アクチノイド； AC↓：アクチノイド崩壊生成物
数値は例えば5.70E+03は5.70×10^{3}，1.8E−11は1.8×10^{-11}を表す。

例えば200 Bq/Lの^{137}Csを含む1 L（Lはリットル）の水道水を1年間飲み続けた場合の，それ以降の生涯（50年）における内部被ばく量による預託線量は次のように計算できる。

(200 Bq/L) × (1 L/d) × (365 d) × (0.013 μSv/Bq) = 950 μSv = 0.95 mSv

表の線量換算係数を見ると，同じ放射能（Bq）でも，生体に与える効果には大きな違いがあることがわかる。高いエネルギーのガンマ線やベータ線を出し体内に残留する傾向のある^{137}Csや^{90}Srに比べて，低いエネルギーのベータ線のみを出しガンマ線を付随せず，体内にも残留しにくい^{3}Hや^{63}Niの線量換算係数ははるかに低く，同じ放射能でも毒性が低いことがわかる。

3.3　照射の生物学的影響

強い放射線源が利用されるようになったのは，1895年のレントゲンによるエックス線の発見，1896年のベックレルによるウランからの放射線の発見，1898年のキュリー夫妻によるラジウムの発見に始まる。初期の頃には，放射線によって人体に悪影響が生じるという認識は存在しなかった。このため，放射線に関連する研究に携わった人々の間から，エックス線による急性の皮膚障害，目の痛み，脱毛，火傷などの発生，さらには白血球の減少や貧血などの造血臓器の障害などの被ばく後数週間以内に現れる早期影響（今日いうところの確定的影響）が報告された。この時期の被ばくに対する対処は，このような早期の影響を避けるため放射線を，一気にしきい線量以上に浴びないことであった。

しかしその後に，継続的にエックス線被ばくをしていた放射線診療の従事者に，慢性皮膚障害，および再生不良貧血や白血病などの造血臓器の障害が，被ばく後数か月以降に現れる晩発性の障害として発生することが明らかになってきた。つまり，しきい線量を超えないようにすれば早期の確定的影響を避けることはできるが，その後に放射線誘発がんおよび遺伝的影響が確率的影響として発生する可能性があることがわかってきた。このため放射線防護においては，その時点での知識をもとに，このような晩発性の障害が，生涯のどの時期においても感知される程度に現れないと思われる量以下に被ばくを抑えるようにしてきた。

その後は，この低線量被ばく領域に，確率的影響に対しても何らかのしきい線量があるかどうか，あるいは線量と障害（応答）の間の関数関係はどのようなものであるのか，さらには一時に受ける線量と数回または長期にわたって受ける線量，すなわち線量と線量率の間にはどのような関係があるのかなどを追究する研究が，放射線生物学と疫学の観点からなされてきている。

3.3.1　放射線によるDNA損傷と放射線障害の発生

放射線の生体系に対する影響を理解するためには，まず放射線のあたる標的である人体がどのように構成されているかを見ておく必要がある。

人体は約260種類の，およそ37兆（3.7×10^{13}）個の細胞からなっている。およそ数十 μm の大きさの細胞には，細胞膜に囲まれた細胞質の中に，DNA（デオキシリボ核酸）を含む細胞核が存在している。

この膨大な数の細胞から構成される人体は，最初ただ1個の細胞（受精卵）から始まり，子宮内に着床して，細胞分裂による増殖を始める。図3.3-1に示すように，細胞分裂における核分裂の前には，細胞が分裂のための準備として成長する時期（G1期）を経て，準備が整うと，細胞核の中にあるDNA分子が複製される（S期）。DNAは，遺伝情報の継承と発現を担う生物の最も重要な高分子生体物質で，デオキシリボースにリン酸が結合し，これにプリン塩基（アデニン（A），グアニン（G））またはピリミジン塩基（シトシン（C），チミン（T））が結合したデオキシヌクレオチドと呼ばれる単位が約2×10^9個鎖状に結合した高分子（分子量〜10^{11}）で，1つのDNA分子のプリン塩基ともう1つのDNA分子のピリミジン塩基が向き合って水素結合を介して対を作ることで，2重らせん構造をしている。遺伝情報は，分子中の塩基の配列として保持されており，複製においては図3.3-1のように2重らせんがほどかれて，ほどかれた親鎖と，それを鋳型として合成された娘鎖との2重らせんが形成される。

DNA複製の後，再び準備のための成長期（G2期）があり，準備が整うと，DNA分子は染色体の形となり，有糸分裂と呼ばれる細胞核の分裂が起こり引き続き細胞質の分裂が起こり，新たな細胞が形成される（M期）。細胞の増殖が止まるとその細胞の分化が始まり，細胞は一定の機能を持った細胞になり，組織形成，器官形成を経て個体発生を完了する。

個体の誕生後も個体の成長は細胞の増殖によりなされ，増殖を終えた細胞は分化して所属組織に必要な機能を果たして死滅する運命にある。それぞれの細胞の死滅する時期は組織の特性により異なり，神経および筋肉細胞は胎児期に増殖を停止して分化すると，個体の生涯を通じて機能を果たし続け，損失による再生産は行われず個体の死とともに死滅する。一方，機能的に細胞の消耗の激しい皮膚，血液，腸上皮などでは幹細胞という分裂能を有する特別な細胞が，細胞分裂による増殖を行って失われた細胞を補う。例えば皮膚では約1か月，赤

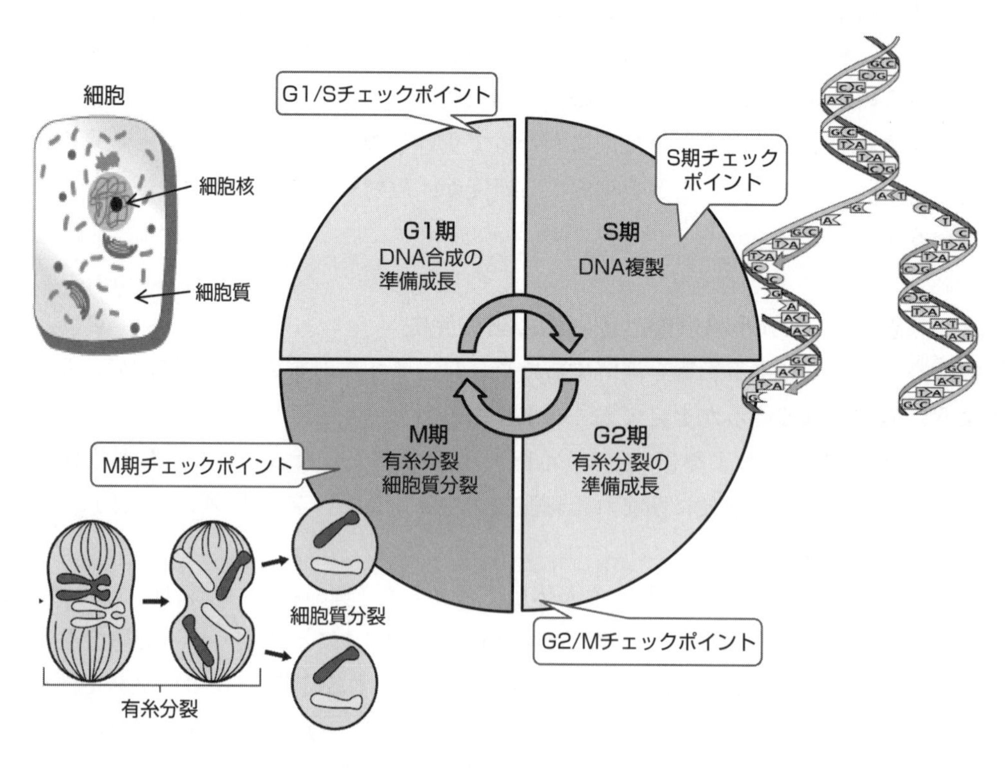

図 3.3-1　細胞周期とDNA複製の様子

血球では120日，小腸上皮ではわずか数日で組織の細胞が入れ替わり，古い細胞は失われる。

このような形で生体は生命体として維持されているが，細胞は，細胞が正しく細胞周期を進行させているかどうかを監視し，異常や不具合がある場合には細胞周期進行を停止または減速させる制御機構を備えている。1回の細胞分裂の周期の中に，複数のチェックポイントが存在することが知られており，G1/S期，S期，G2/M期，M期のそれぞれのチェックポイントが知られている。これらのチェックポイントではDNAの複製が正しく行われているか，適切な周期で増殖がなされているか，十分な準備が行われているかなどがチェックされ，不具合があれば修復され，修復ができない場合は，その細胞をアポトーシス，すなわち，あらかじめ遺伝子で決められたメカニズムによって自殺的に脱落死させる。

このようなチェックポイントの機構は正確な遺伝情報を娘細胞，ひいては子孫に伝達するための，生命にとって根源的な役割を果たしていると考えられており，この機構の異常がヒトなどのがん発生の主要な原因のひとつといわれている。

放射線はこのような生体系を構成する物質の分子・原子に対して電離あるいは励起をもたらして影響を与える。エックス線やガンマ線のような低LET放射線では，コンプトン散乱によりはじき出された電子の飛跡がもたらされる。電子飛跡の数は吸収線量に比例し，細胞が受けるガンマ線による線量が1mGyのとき直径8 μmの細胞核に平均1個のヒットが与えられる。細胞のおよそ70％は水なので，放射線はたいてい水中で吸収され，·OH，e_{aq}^-，H_2O_2などのイオン，フリーラジカルおよび励起原子を生成する。·OHのようなフリーラジカルやH_2O_2のような酸化剤は極めて反応性に富み，DNAと化学反応して損傷をもたらす（間接作用）。また，このような水の電離に起因する化学的相互作用を介さずに，放射線が直接DNA分子にヒットして電離が起こることもある（直接作用）。

このような作用では主としてDNA2重らせんの片側の1本に対してのみ損傷が起こる。このような損傷は1本鎖切断と呼ばれる。これに対して高LET放射線ではイオン化が極めて狭い領域で発生する。また低LET放射線により加速された電子についても，飛跡の末端部分や2次電子の電離の空間密度が高い高LETスポットが生成される可能性がある。こうした部分では，より大きなエネルギーがDNA高分子の小さい体積に与えられ，2本鎖切断あるいはさらに修復の困難なクラスター損傷を起こしやすくなる。

表3.3-1には単一の放射線によって引き起こされるイオン化の平均数，1個の細胞核に引き起こされる損傷およびそれらの損傷の修復に要する時間を示す。カッコ内の広い範囲の値で

表 3.3-1　単一の放射線によって1個の細胞核に引き起こされる損傷【Choppin他，2013より作成】

放射線	飛程単位長さ当たり失う平均エネルギー（LET）	イオン化の平均数	切断の平均数	
			DNA1本鎖	DNA2本鎖
ガンマ線	0.2~35 keV・mm^{-1}	70（1～1,500）	1（0～20）	0.04（0～少し）
アルファ粒子	～200 keV・μm^{-1},数千イオン対・μm^{-1}	23,000（1～100,000）	200（0～400）	35（0～100）
修復に要する時間			～10分	数時間

示されるように，これらの値には大きな不確かさがあるが，低LET放射線であるガンマ線では，1本鎖切断の数％以下の2本鎖切断が起こり，この割合は高LET放射線であるアルファ線ではずっと大きくなる。

細胞はラジカル除去剤を備えているので，それらが放射線分解生成物よりも十分多く存在していればDNAは保護される。またDNAの損傷は，細胞内における正常な代謝の過程でも1細胞につき1日あたり5万～50万回の頻度で発生していることが，DNA損傷生成物の同定から確認されており，細胞はこうした損傷を回復するいくつかのDNA修復機構を本来的に備えている。切断が起こっても高分子全体や2重らせんの構造が壊されることはなく，酵素の働きにより，もう一方のDNA鎖をひな形として再び正しい高分子配列構造を回復できるからであると考えられている。

一方，2本鎖切断は，1本鎖切断に比べて修復がより困難である。この場合も1個の2本鎖切断によってDNAの2重らせん全体が2つの鎖に分かれることはなく，2本鎖切断はそのままの状態で，修復機能が働くのを待っている。しかし，表に示したように1本鎖切断の修復に要する時間が10分程度であるのに比べて，2本鎖切断では数時間かかる。

大量の線量を受けると，組織・器官を構成している細胞の損傷に対して修復が間に合わず，細胞はそれ以上増殖することなく死滅する（間期死）かあるいは増殖能力を失ってしまう（増殖死）。一般に，細胞分裂が盛ん，すなわち細胞分裂の周期が短く，分化の程度の低い細胞（骨髄にある造血細胞，小腸内壁の上皮細胞，目の水晶体前面の上皮細胞など）ほど，放射線感受性が高く，逆に細胞分裂が起こりにくい骨や，筋肉，神経の細胞は放射線の影響を受

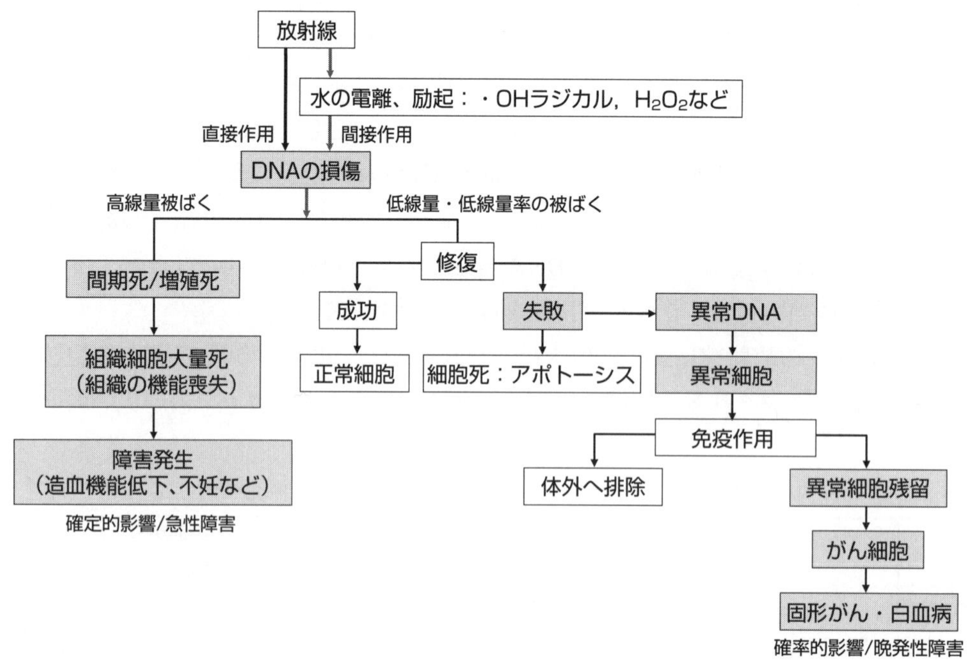

図 3.3-2　放射線による細胞への影響

けにくい。この法則は，1906年にこれを見出した発見者にちなんでベルゴニー・トリボンドー（Bergonie-Tribondeau）の法則と呼ばれている。

がん細胞は，正常組織より増殖が盛んであるため，その影響も大きくなる。またDNA修復機能が低下しているので，上記のような修復を行うことはない。放射線を当てると正常細胞はすぐに修復されるのに，がん細胞は修復を行うことなく死滅する。放射線治療ではこのような性質が利用されている。

放射線の種類による2本鎖切断やクラスター損傷の起こりやすさの違いは表3.2-2の放射線加重係数として，組織・臓器ごとの放射線感受性の違いは表3.2-3の組織加重係数として，防護量である実効線量の算定に組み込まれている。

図3.3-2は，放射線の被ばくがどのような経路で障害の発生に至るかの概要を示したものである。高線量の被ばくでは，細胞が大量死して組織の機能が失われる確定的影響または急性障害があらわれる。低線量・低線量率（時間当たりの線量）の被ばくでは，様々な作用が働き異常な細胞を修復したり，排除したりするが，これらをすり抜けた極めて僅かの異常細胞ががん化して長期間をかけて成長し，確率的影響または晩発性障害をもたらす。

3.3.2 確定的影響

大量の線量が加えられると，組織・器官を構成している細胞の多数が細胞死などにより機能を喪失してしまう障害は確定的影響（deterministic effect）と呼ばれる。その障害発生の仕組みから，確定的影響は，放射線量があるしきい値を超えた時に確実に症状が現れ，放射線量が高いほど症状が重くなり発症率が100％まで増加するような影響で，脱毛，皮膚障害，白内障などの症状がある。確定的影響の現れ方を要約すると下記のようになる。

1）1 Gy以上被ばくすると，一部の人に悪心，嘔吐，全身倦怠などの二日酔いに似た放射線宿酔という症状が現れる。

2）1.5 Gy以上の被ばくでは，最も感受性の高い造血細胞が影響を受け，白血球と血小板の供給が途絶える。これにより出血が増加すると共に免疫力が低下し，重症の場合は30 - 60日程度で死亡する。

3）皮膚は上皮基底細胞の感受性が高く，3 Gy以上で脱毛や一時的紅斑，7 - 8 Gyで水泡形成，10 Gy以上で潰瘍がみられる。

4）5 Gy以上被ばくすると，小腸内の幹細胞が死滅し，吸収細胞の供給が途絶する。このため吸収力低下による下痢や，細菌感染が発生し，重症の場合は20日以内に死亡する。

5）15 Gy以上の非常に高い線量の被ばくでは，中枢神経に影響が現れ，意識障害，ショック症状を伴うようになる。中枢神経への影響の発現は早く，ほとんどの被ばく者が5日以内に死亡する。

表 3.3-2　成人の睾丸，卵巣，水晶体，および骨髄における組織影響のしきい値の推定値【ICRP, 2007】

組織と影響	しきい値		
	1回の短時間被ばくで受けた総線量（Gy）	多分割または遷延被ばくで受けた総線量（Gy）	多年にわたり多分割または遷延被ばくで毎年受けた場合の年間線量率（Gy/年）
睾丸			
一時的不妊	0.15	−	0.4
永久不妊	3.5〜6.0	−	2.0
卵巣			
不妊	2.5〜6.0	6.0	＞0.2
水晶体			
検出可能な混濁	0.5〜2.0	5.0	＞0.1
視力障害（白内障）	5.0	＞8	＞0.15
骨髄			
造血機能低下	0.5	−	＞0.4

また表3.3-2には組織影響のしきい線量を示す。しきい線量が最も小さいと思われるものが胎児への影響である。妊娠の時期によって，細胞の増殖と分化の程度が違うので，影響の出方は異なってくるが，最も影響が表れやすい時期でのしきい線量はおよそ100 mGyと考えられている。確定的影響は，1回の短時間被ばくで数百 mGyを超える被ばくをしたときに現れる影響で，核爆発，原子炉に関わる事故や，加速器，エックス線発生装置または医療等で用いる放射線源を用いる放射線発生装置の利用，あるいは高い放射能（>1 GBq）を含む放射性物質の取り扱いなどにおける誤操作により生じるもので，一般人が通常経験する被ばくではない。

3.3.3　確率的影響

悪性腫瘍（固形がん，白血病）や遺伝的影響は，DNA分子（遺伝的影響については生殖細胞のDNA分子）の一部が傷ついて，その細胞が，正常に修復されることなく，死んでしまうこともなく，不具合のあるDNAを持つ細胞がそのまま複製増殖され，何年もの後や子孫に現れる影響である。細胞増殖においては，細胞周期を制御して，DNAの複製や細胞分裂を不具合なく進行させる多くの機構が働いていて，DNAの修復やアポトーシス（細胞死），がん細胞の免疫細胞による処理などががんの発生を抑制している。こうした機構を働かせるための遺伝情報は，もともとDNA分子上に遺伝子として保存されているが，このような遺伝子に対する異常が，複数のがん遺伝子の活性化やがん抑制遺伝子の異常を誘発して，これらが重なり合うことで細胞の増殖制御機構が働かなくなり，がん化するのであろうと考えられている。

放射線誘起のがんは，自然の状態または他の原因で起こるがんとなんら違いはない。しかし，突然変異細胞の誘発がたとえ1個であったとしても，その個体に発がんや遺伝的影響の発現の可能性があり，そのような突然変異細胞の生み出される確率は，被ばく線量がいかに小さくてもその線量に比例して追加的に増えると考えられるため，このような影響は確率的影響（stochastic effect）と命名された。

低線量（およそ100 mGy以下）・低線量率（およそ0.05～0.1 mSv/分以下）の被ばくによる確率的影響に関しては，がんも遺伝的疾患も放射線被ばくの有無にかかわらず自然発生する疾患である。これらの疾患は結果が出るまでに時間的遅れがあり，影響が発生する確率が低い上に，その機構についても解明しきれていないことがあるため，放射線の被ばくという原因と疾患の発症という結果の間の因果関係を，他の原因から分離して特定するのは極めて困難である。

そこで，広島・長崎の原爆被爆者の健康影響調査から得られる高線量領域での線量－反応関係（白血病を除く全がんでは，直線の線量－反応関係が示唆されている）を，低線量領域まで直線的に外挿することにより，低線量放射線の発がんリスクを推定するという方法（疫学的方法）がとられている。低線量・低線量率被ばくの疫学研究の対象となる集団としては，大気圏核実験による放射性降灰による被ばく者，高自然放射線地域住民，原子力関連施設周辺の住民，原子力施設従事者，放射線診断や治療に携わる医療従事者，医療被ばく者，鉱山労働者（ラドン），住居のラドン，放射線事故による汚染地域住民，事故処理作業従事者などがあり，多くの研究が行われているが，今までのところ何らかの関係を見出すに至っていない。低線量被ばくリスクを推定するために必要な統計的検出力を得るためには，大量の症例対照群を確保しなければならない。直線関係を考慮した場合，1 Gyのリスク評価に，被ばく群と対照群が1000人ずつ必要であり，10 mGyのリスク評価において同じ統計的検出力を得るためには，被ばく群と対照群が1000万人ずつ必要になる。低線量被ばくによるリスクは検出困難なほど小さいため，喫煙習慣その他の生活習慣などの影響を取り除いて対照群とすることにも困難がある。このため現在のところ，広島および長崎の短時間における高線量領域での線量－反応関係から低線量領域へ外挿するという方法がとられている。

1945年8月6日および8月9日の広島および長崎への原爆投下時の人口は，広島では34～35万人，長崎では25～27万人で，そのうち広島で9～17万人，長崎で約6～8万人が1945年末までに死亡したと推定されている。まず比較的高線量を被ばくした人たちでの早期の急性症状（悪心・嘔吐，脱毛，下痢などの消化器症状，造血能障害による出血，貧血，感染症などの確定的症状）が現れたが，その後，晩発性障害に対する危惧により，長期的な疫学追跡調査がなされており，現在では財団法人放射線影響研究所が，約12万人の被爆者を中心に調査を継続している。

なお，原爆を被災した場合には被爆，放射線にさらされた場合は被曝（被ばく）という用語が用いられる。すなわちこの調査は原爆被爆者の被ばく影響の調査である。

調査は，まず危険因子である放射線の個人被ばく線量（ガンマ線と中性子線）が，爆心地からの距離と被ばく位置（屋外，屋内），人の向きなどから推定され，被ばく放射線量，広島・長崎の別，男女別，被ばく時年齢，観察期間中に到達した年齢に対する過剰相対リスク（ERR：

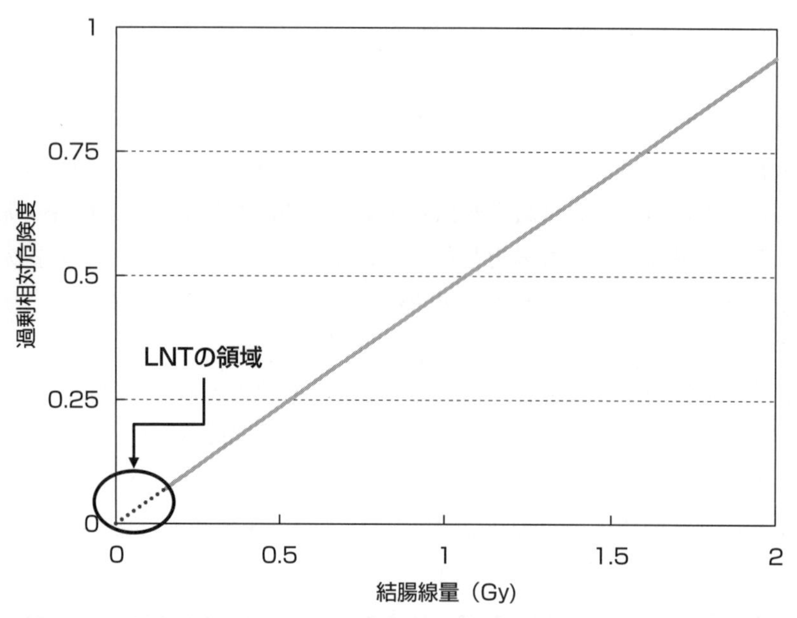

図 3.3-3　総固形がん罹患リスクの線量反応関係【Preston他, 2007より作成】

excess relative risk）および過剰絶対リスク（EAR：excess absolute risk）の関係が調べられた。過剰相対リスクとは，被ばく集団における疾患発生率λを，被ばくしていない集団における対応する疾患の発症率λ_0で割り，1.0を差し引いたものである。

$$\lambda = \lambda_0 (1 + \mathrm{ERR})$$

過剰絶対リスクとは，被ばく集団における疾患発生率又は死亡率から，被ばくしていない集団における対応する疾患の発生率を差し引いたものである。

$$\lambda = \lambda_0 + \mathrm{EAR}$$

被爆者における白血病の過剰発生は被ばく2年後くらいから見られるようになり，6～8年後にピークとなった。固形がんのリスクは10年後から見られ始め，現在まで継続している。総固形がん罹患リスク（がん死ではなくがんに罹患するリスク）は，図3.3-3のような形で，およそ150 mGy以上で被ばく放射線量に比例しており，30歳で1 Gy被ばくした人が70歳になった時に，同世代の非被ばく者に比べて男女平均にして約47％大きい，あるいは，EARで表すと1万人年・1 Gyあたり52人の過剰発生となるという結果が得られている。

ICRPでは，このデータおよび種々の生物学データを基に，低線量・低線量率被ばくについても，この領域では影響が発生しないしきい線量がなく，線量とともにリスクが増加する直線関係が成り立つと仮定し，放射線防護を考えるべきであるとしている。これはしきい値なし直線（LNT：Linear No Threshold）モデルとよばれている。実際には，この領域でしきい線量がないということがデータにより示されているわけではない。放射線リスクで最も信頼性の高い原爆被爆者の疫学解析は100 mGy以上の急性被ばくのみで有意なため，それ以下の線量のリスクは高線量域から外挿して求めるしかない。さらに放射線の生物影響は一般に低線量率で効果が減少する。これは損傷修復がやりやすくなるためである。公衆の放射線防護で問題となる慢性被ばくや反復被ばくのリスクについては，高線量域で求められたリスク値を線量・線量率効果係数（DDREF：dose and dose rate effectiveness factor）により補正する必要がある。ICRPでは急性の被ばくで生じる効果は，単一の飛跡により生じる効果と2つの飛跡で生じる効果があると考えて，低線量・低線量率では単一飛跡で生じる効果のみとなると仮定して解析を行うとともに，動物の発がん実験などで得られた低線量率に基づいた値も加味して，DDREF = 2を用いている（すなわち低線量・低線量率での効果は高線量で得られた効果を外挿した値の1/2になるとしている）【放医研, 2007】。

ICRPの勧告では，身体各部の放射線被ばくの有害な健康影響を定量化するため，がんの発生率と，各部位に発生したがんによる致死率を考慮して，放射線損害すなわちがんで死ぬことに等価な損害として表し，名目リスク係数（Nominal risk coefficient，代表的集団における性および被ばく時の年齢で平均化された生涯の過剰絶対リスク推定）として5.5×10^{-2} Sv^{-1}という値を提案している。

放射線誘発遺伝的疾患に関しては，親の放射線被ばくがその子孫に過剰な遺伝的疾患をもたらすという直接的な証拠は存在しない。しかし，放射線が実験動物に遺伝性影響を引き起こす証拠が存在する。このため，この推定は間接的になされている。まずヒトの遺伝子における世代あたりの平均自然発生率を推定し，これに対してマウスでの平均放射線誘発突然変異率がヒトと同じであるとして，第2世代までの遺伝的リスクが計算されている。これによる名目リスク係数は0.2×10^{-2} Sv^{-1}とされている。

LNTモデルについては，低線量・低線量率被ばくについてしきい値があるかどうか今なお議論が続いている。ICRPは，放射線に対して人と環境を防護するために，放射線がもたらす有害な影響として確定的影響と確率的影響を考え，低線量・低線量率被ばくによる確率的影響の領域では，線量と影響の関係の推定には不確実性が伴うので，この価値判断のモデルとしてDDREFを2としたLNTモデルを用いるべきであり，UNESCOの2005年予防原則（Precautionary Principle）【UNESCO, 2005】にふさわしいと勧告している。

予防原則とは，1992年にブラジルのリオ・デ・ジャネイロで開催された環境と開発に関する国際連合会議の宣言の中で述べられているように「環境を防御するため各国はその能力に応じて予防的取組を広く講じなければならない。重大あるいは取り返しのつかない損害の恐れがあるところでは，十分な科学的確実性がないことを，環境悪化を防ぐ費用対効果の高い対策を引き伸ばす理由にしてはならない」という原則である。

この原則は，環境特に地球環境の劣化や遺伝子改変などの問題は，影響が顕在化してからでは遅くて取り返しがつかなくなるかもしれないとの懸念に端を発している。すなわち，人の活動（原因）とその影響の顕在化（結果）の間に時間的な間隔と因果関係の不確実性があり，因果関係を科学的に明らかにしてその原因を規制するという防止（prevention）では地球環境や人間社会を守り切れないのではないかとの懸念である。

危険源がそのまま危害につながることがはっきりしているときの危険に対処しようとするのが防止原則である。これに対して，危害の発生確率と危害の大きさの積としてのリスクの大きさに応じて予防措置をとるべきである，すなわち危害が非常に大きい時は，それに見合うようにその危害の発生確率を十分小さいものとすべく予防すべきであり，発生確率が定量化できないからといって無視するべきではないとするのが予防原則である。予測に不確実性があるとき，その予測の確かさ不確かさをあれこれ際限なく議論してもそこから何らかの意味は生まれてこない。ただ1回のさいころの試行で，1から6の目の何が出るかを言い合っても仕方がない。それならば，その不確かさは不確かさとして認めて，それに付与する価値を考えようというのが予防原則であるといえる。

社会は科学の進歩とともに，原因と結果の関係を単純な1：1対応の決定論的関係とする考え方から，もう少し複雑で様々の因子が絡み合うシステムの応答として見る考え方に変化してきたといえる。医学が，病気やけがの治療から始まり，次に，予防は治療に勝るとして結核，肺炎などの感染症疾患に対する「予防（prevention）」がなされ，さらに，がん，心疾患，脳血管疾患などの成人病に対する「生活習慣病の予防（precaution）」がなされるように進歩してきたことにも似ている。

諸国はこの予防原則の考え方を，程度に応じて法制度に取り入れているが，単純な「疑わしきは罰す」論と区別するため，「予防原則」とは区別して「予防的取組（precautionary approach）」と表現されることも多い。地球環境問題を論ずるために必要となる影響の深刻さ，結果の起こる可能性，因果関係の不確実性，社会的便益と危険等の比較衡量は非常に難しく，人々の間には利害関係が発生する。どのような場合にその影響を「取り返しのつかない破局的影響」と考えるかの議論では，人々は想像による情緒に流される傾向があり，コミュニケーションの不完全性による科学的知識の共有の不備も重なる。このため，予防原則の適用は大変難しいものとなっているが，それでも地球環境を防護して持続的な人間文明を築いていくためには，予防原則を適切に守っていくことが人間社会にとってなによりも大事であるという思いが，この原則の提唱の中には込められている。

予防原則の適用においては，危害の発生確率と危害の大きさの積としてのリスクの大きさに応じて予防措置をとるべきであるという基本に従うべきである。すなわち，危害の発生確率をゼロにしてしまったり，危害の大きさを無限大にしてしまったりするといった短絡を排して，可能な限り発生確率と危害の大きさを評価することが大事になる。近年の安全評価では，一般に何らかの行為により重大な事象が発生する可能性は非常に小さいが絶対に発生しないとは言い切れない場合は，確率が低いから絶対に発生しないという論（いわゆる「安全神話」）に陥ることなく，“what-if”（もしも起こったらどうなる）シナリオ，あるいは稀頻度（unlikely）シナリオ，設計基準外（non-design-basis）シナリオとして，その影響（危害）の大きさが評価され，それにどう対処すべきかが考察される。

低線量・低線量率被ばくの影響について，しきい値があるかないかの議論は，予防原則をどこまで適用すべきかとも関連している。例えば建築用コンクリートの材料として用いる岩石の中には，ウランを含むものがあり，そこから生じるラドンは，表3.1-1に示すように自然放射線からの線量の大きな比率を占めている。換気が十分なされない形でこのような材料で作られた建物の中で過ごすことは好ましくないことから，最近では建築材料あるいは換気に配慮するよう勧告がなされている。ここではLNTモデルによる予防原則が適用されているといえる。一方，例えば東京都とニューヨークを航空機で往復すると，宇宙線を遮る大気の層が薄いため，余分に1往復あたり0.1 mSv程度の被ばくをすることになる。被ばくを低減するために航空機の利用を規制することは，人々の活動を過度に制限することになり好ましいことではないが，乗務員については過度の被ばくを避けるような配慮が必要である。医療被ばくでは，検診や治療の目的に応じて，最適な線量を見出す必要がある。

自然あるいは人工の放射線による被ばくは，少ないほうが好ましいが，これを下げる努力をどこまでするべきかは，それにかかる費用や副作用，便益との兼ね合いで決まる。体内のカリウム濃度を下げれば，^{40}Kによる被ばくは低減されるが，適切な量のカリウムが人体にとって必要なことは言うまでもないし，人々は放射線被ばくによる以外の他の多くの危険とともに生きている。防護のために何を優先すべきかは，それらの比較により決まる。

LNTモデルの考え方に対するよくある誤解は，これが科学的に正しい推定であるとして，ごく微量の個人線量からなる集団の実効線量に基づいてがん死亡数を計算して，その死亡数に「予防原則」の言葉を当てはめて，「疑わしきは罰す」の議論をすることである。

集団実効線量とは，ある集団の構成員に対する個人線量の全ての合計で，人・シーベルトの単位で表される。線量が1年を超える期間にわたって継続する場合，年個人線量も時間積分しなければならない。これは集団または社会に対する影響を評価して最小化するためのツールで，例えば，何らかの作業に携わっている作業者の被ばくを最小化するために，作業者全体の集団線量を求め，作業や作業環境を改善して被ばくを低減していくためなどに用いる概念である。このときの集団線量は，個人の被ばく線量から求められ，作業の改善により管理して低減していくことのできる意味のある値である。

これに対して，大集団に対する微量の被ばくがもたらす集団実効線量に基づくがん死亡数をLNTモデルにより計算して数値を大きくして社会的に影響が大きいという判断をするのは，合理的ではなく，避けるべきである。LNTモデルに基づくそのような計算は，もともと生物学的にも統計学的にも非常に不確かで疫学的に検出できない程度の影響を，分母を大きくして分子をそれに従って大きくし，分母のことを忘れて分子が大きいか小さいかを議論するという誤りを犯している。

LNTモデルによる個人線量リスクの推定に基づいて，何らかの集団あるいは社会に対する影響を推定する際には，不確かな根拠に基づいているということと，どのような集団に対しての影響を考えようとしているのかということ，そしてそのような考察は予防的措置をするかどうかの判断のためであるということを忘れてはならない。影響が非常に深刻な事柄について，不確実な予測に従って予防的措置をとることは意味のあることであるが，不確実な事柄に関する予測の示す意味が，その不確実性を超えて正しいかどうかを論じることはできない。

このことは，放射性物質の環境への放出の影響を考える際に特に重要となる。微量の放射性物質の環境への放出は，それが分散すると考えられる環境に居住する人々に対する非常に低い線量しかもたらさないので，当面は問題にならないかもしれない。しかし，半減期の長い放射性物質の放出が続けば，環境への蓄積が起こり，影響を与え続ける。漠然と長期にわたる人々の影響を考えるのに集団実効線量を用いると，放射性物質の蓄積による何世代にもわたる人々の集団線量は非常に大きい値になる。これはどのような集団に対する影響を考えようとしているのかを忘れているための誤解である。もともと，リスクとは生まれてから死ぬまでの人に対して，不慮の死としてもたらされる危険性であり，無限の寿命を持つ人は仮定されていない。

このような考察から，放射性物質の放出に対する環境影響を評価する際には，ある特定の世代の典型的な生活を営む人々の間で，最も大きな被ばくをする生活パターンを持つ人々の被ばくを考え，それらの人々の被ばくの平均値を被ばくする人を代表的個人（representative person）【ICRP, 2006】として，この代表的個人の被ばく率（mSv/年またはμSv/年）を用いて環境影響を表すものとしている。ある特定の世代の人々の被ばくを考える際には，その時点までに環境に分散し，蓄積され，崩壊，生成する放射性物質による被ばくを考えることとなる。

3.4　規制勧告と防護基準

3.4.1　被ばく状況

放射線および放射性物質の利用は社会に多くの便益をもたらすが，同時に自然放射線被ばくに，人工放射線からの被ばくを付け加える。人は自然からの放射線を被ばくしているとはいえ，これまでの研究によれば，被ばくそのものは悪影響のみをもたらし，よい影響をもたらすかもしれないが，その明確な証拠は得られていない。国際放射線防護委員会（ICRP）は，放射線および放射性物質の利用に関連する人々の活動を過度に制限することなく，放射線被ばくの有害な影響に対して，人と環境を適切なレベルに防護するためになすべき被ばくの管理に関する勧告（ICRP 2007年勧告，Publ. 103【ICRP, 2007】）を刊行しており，国際原子力機関（IAEA）はこれを受けて，原子力における活動に関する安全基準（IAEA，GSR Part 3（BSS）【IAEA, 2014】）を提供している。

ICRPの2007年勧告は，被ばくをもたらす放射線源と被ばくする個人に対して，正当化，最適化，および線量限度の基本原則を適用して被ばくを制御する方法を勧告している。

3つの基本原則は，放射線被ばくをもたらすような行為や活動は，害よりも便益が大となるべきであるという正当化の原則と，何らかの行為や活動により個人にもたらされる実効または等価線量はある限度を超えてはならないという線量限度の原則に限界づけられた範囲内で，経済的および社会的要因を考慮に入れつつ，被ばくの発生確率，被ばくする人の数，個人線量の大きさのいずれをも，合理的に達成できる限り低くするように最適化すべきであるというものである。以前は，この防護の3原則の適用は次のような行為（practice）と介入（intervention）というプロセスに基づいてなされるとされていた。

1）行為：追加的な被ばく源あるいは被ばく経路を導入するか，他の人々にも被ばくを広げるか，既存の線源からの被ばく経路のネットワークを変更することにより，人々の被ばく又は被ばくの可能性あるいは被ばくする人の数を増加させる人の活動。

2）介入：管理された行為の一部ではない線源か，あるいは事故の結果として管理されていない線源による被ばく又は被ばくの可能性を低減あるいは回避することを意図した活動。

新たな2007年勧告では，行為と介入を用いた以前のプロセスに基づく防護のアプローチから進展して，放射線被ばくを，計画被ばく，緊急時被ばく，現存被ばくの3つの状況に区分し，基本原則である正当化と最適化をこれらのすべての状況に適用する。

図3.4-1は，これらの勧告による被ばくの制御の考え方を示したものである。被ばくの制御は，線源又は個人が受ける線量をもたらす経路のいずれかを何らかの合理的な手段で制御することによりなされる。この制御の対象となる被ばくには実効線量，すなわち全ての型の放射線による被ばくを受けた身体の全ての部位に対する等価線量の総和を考える。

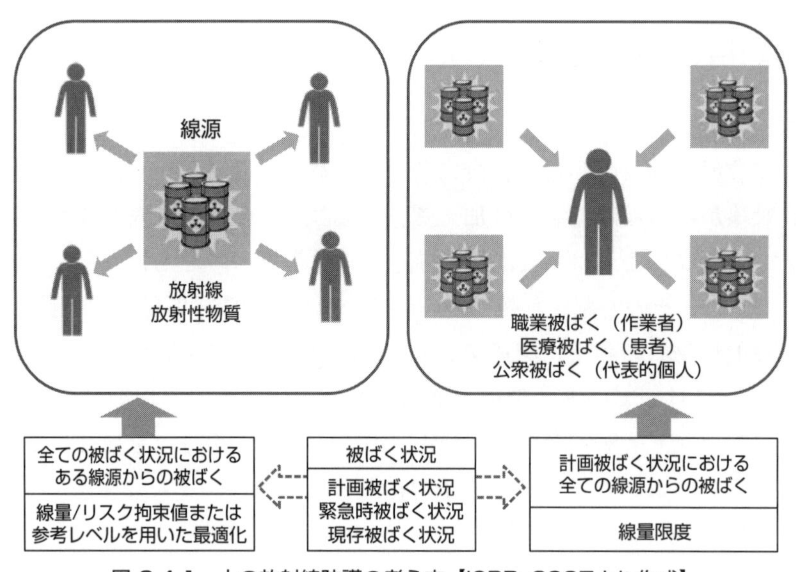

図 3.4-1　人の放射線防護の考え方【ICRP, 2007より作成】

人の被ばくをできる限り低減するためには，被ばくの原因となるプロセスを事象と状況のネットワークとしてとらえ，このネットワークは，線源から始まり，環境や他の経路を通じて個人の被ばくへとつながると考える。

この，線源が被ばくを与えるまでの事象と状況のつながり（ネットワーク）をシナリオと呼び，安全を考える際には，線源と被ばくの間に，どのようなシナリオが想定され，どのくらいありそうか（生起確率），そのシナリオの結果がどのくらいの影響（結果の影響）をもたらすかの積（この積はリスクと呼ばれる）が問題となる。

線源とは，電離放射線の放出又は放射性物質の放出によって被ばくをもたらす原因となる物理的実体または手法を指し，放射性物質やエックス線装置のような単一の放射線源のこともあれば，病院や原子力発電所，放射性廃棄物処分施設などのような施設（の運転）であることもある。もし放射性物質が施設から環境に放出されるならば，その施設全体が1つの線源と見なされる。

個人の被ばくは，環境などの経路を通じて，最終的に外部被ばくあるいはおよび吸入，摂取を通じての内部被ばくとしてもたらされるが，個人は複数の線源からの放射線に被ばくするかもしれない。線量が確定的影響のしきい値より下の場合には，その状況に起因する追加線量と確率的影響の確率の増加との間には比例関係があると考えられるので，様々な原因による被ばくのうち，重要となる原因に対して被ばくを低減する努力をすることができる。

被ばくの低減すなわち安全防護は，線源と被ばくする個人を結びつける経路（シナリオ）に働きかけ，これを変更することによって可能となる。安全の確保は，線源をなくすことによってではなく，線源が被ばくをもたらす経路を断つ，あるいはより影響の小さい経路に変更することによりなされるということは，当たり前ではあるが，忘れてはならないことである。

被ばくの低減の仕方は，誰がどのような状況で被ばくすることになるかによって異なってくる。ICRPの勧告では，被ばくする個人のカテゴリーを，次の3つに区別している。

1）職業被ばく：作業者がその自らの仕事の結果として，放射線防護の管理体制の下で受ける被ばく。
2）公衆被ばく：職業被ばくと患者の医療被ばくを除くすべての被ばく。
3）医療被ばく：診断，画像下治療および治療において生じる被ばく。特有の放射線防護の管理体制の下で受ける被ばく。

また，被ばく状況を，次の3つに分類している。

1）計画被ばく状況：計画に基づく線源の運用や，結果的に線源に被ばくするというような計画に基づく活動が原因の被ばく状況。関連する活動を開始する前に防護と安全のための規定を定めることが可能であるため，関連する被ばく量とその発生の可能性は最初から制限することができる。計画被ばく状況において被ばく量を制御する主たる方法は，設備，機器そして操作手順書を十分良く設計し，訓練することである。計画被ばく状況で，あるレベルの被ばくが発生することは予測されうる。被ばくが発生するとは確信をもって予測されないが，事故や不確実な単発事象や一連の事象により可能性がある場合，その被ばくは「潜在被ばく」と言われる。
2）緊急時被ばく状況：事故，悪質行為，その他予期せぬ事象の結果発生し，悪影響を回避または低減するために迅速な行動を必要とする被ばく状況。防護対策や緩和対策は緊急時被ばく状況が発生する前に考慮すべきである。一旦緊急時被ばく状況が発生すれば，被ばく量は，防護対策をとることによってのみ低減可能である。
3）現存被ばく状況：制御の必要性について判断しなければならないときに既に存在する被ばく状況。現存被ばく状況には，自然バックグラウンド放射線による被ばく，規制管理の対象でなかった過去の行為による残留放射性物質による被ばく，あるいは緊急時被ばく状況が宣言され解除された後で残存している放射性物質による被ばくなどがある。

放射線防護の基本原則は，これらの被ばく状況に応じて，人の活動を過度に縛ることなく，放射線被ばくによる悪影響を最低限に抑制するために，計画被ばく状況／緊急時被ばく状況／現存被ばく状況に適用する防護の基本的考え方で，正当化，最適化，線量限度の3つの原則からなっている。

3.4.2 正当化の原則

放射線被ばくの状況を変化させるようなあらゆる決定は，害よりも便益が大となるべきであるとするのが正当化の原則である。すなわち，放射線，原子力の利用の計画は人工の線源からの被ばくを増加させるが，このような計画においては，それが被ばくする個人または社会に十分な正味の便益を産んで，生じる放射線損害を相殺するのでない限り，計画被ばく状況を導入しないことが必要である。また緊急時被ばく状況や現存被ばく状況では，例えば緊急時の住民の避難，事故や過去の活動の結果生じている汚染地の除染や修復などが，害よりも便益が大となるべきとして社会的に意思決定がなされるべきであるとしている。

この際，社会における費用便益の比較衡量においては，予想される放射線損害と，その利用による社会における便益，他のリスクやその他の活動費用の考慮が必要となるため，正当化は放射線防護の範囲をはるかに超える。例えば住民の避難では，避難により生じる住民の費用便益の評価は，放射線被ばくのリスクのみにより測ることはできない。それにもかかわらず，放射線被ばくの状況を変化させるような決定は，社会的意思決定としてこの正当化の原則のもとになされることになる。計画被ばく状況の導入に際しては，被ばく経路を変更する対策により被ばくが制御でき，被ばくを十分に小さくすることができれば，放射線損害は十分小さく正味の便益がプラスになり正当化されると考えられている。

放射性廃棄物の発生については，発生量に対して便益が大となることはもちろんのこと，その発生量が可能な限り抑制されることが求められる。放射性廃棄物に限らず，廃棄物については一般に，廃棄物の発生をできる限り減らし（reduce），再使用に努め（reuse），再生利用する（recycle）よう努めること，社会におけるエネルギーと物質材料の流通量を抑制することが求められる。原子力発電においては，核分裂生成物の発生量と得られるエネルギーは正比例にあるので，比例関係にある量の高レベル放射性廃棄物の発生は不可避であるが，低レベル放射性廃棄物については，放射化しない材料の利用，汚染範囲の限定，除染，再使用を通じてその発生量を可能な限り抑制する努力がなされていると認められて初めて廃棄物を発生する活動が正当化されると考えられる。

3.4.3 防護の最適化の原則

防護の最適化のプロセスは，正当化された状況への適用が意図されており，個人の線量またはリスクの大きさの制限とともに，防護体系の中心をなし，計画被ばく状況，緊急時被ばく状況，現存被ばく状況の3つ全てに適用される。

最適化の原則は，被ばくの発生確率，被ばくする人の数，および個人線量の大きさのいずれをも，経済的および社会的要因を考慮に入れつつ，合理的に達成できる限り低く保つべきであるとする原則で，図3.4-1の経路を通じて線源側に働き掛けるプロセスに関連している。この原則は，「合理的に達成できる限り低く」の英語“As Low As Reasonably Achievable”の頭文字をとってALARAの原則と呼ばれており，防護のレベルは，一般的な事情の下において最善であるべきであり，害を上回る便益の幅を最大にすべきであるということを意味している。

防護の最適化は線量の最小化ではない。最適化された防護は，被ばくによる損害と個人の防護のために利用できる諸資源とで注意深くバランスをとった評価の結果である。したがって，最善の選択肢は，必ずしも最低の線量をもたらすものとは限らない。個人被ばくの大きさの低減に加え，被ばくする個人の数を減らすこともまた考慮すべきである。

被ばくには，安全と危険を分ける境があるわけではない。特に被ばくによる損害は，被ばくを受けた時点から時間を隔てて現れるかもしれない危険であり，最適化は，予防原則に従い将来に向かって前向きにどこまで備えるべきかという問題である。特に計画被ばく状況をもたらすことにより利益を得る企業と，利益を得ることはなく被ばくを受ける公衆では，「すべての経済的および社会的要因を考慮に入れつつ，合理的に達成できる限り」の解釈に，個別の利害感情が入り込み，くい違いが生じる。企業の利潤追求による被ばく低減努力の怠慢(モラルハザード)を疑う公衆は，線量低減に無限の努力を求めがちである。しかしこれは，「無限の努力をする」あるいは「努力するために無限の資源を投下する」ことにより可能かもしれないが，現実的かつ合理的には達成不可能である。最適化とは，多くのリスクが存在する中でどのリスクの低減に資源を用いるかの選択の問題でもあり，最適化の判断は，それ以上の当該リスクの低減は資源の投下に値しない，あるいはリスクの低減のために最善の努力がなされているという形で判断されることとなる。

そこで，「すべての経済的および社会的要因を考慮に入れつつ，合理的に達成可能な限り」という原則が適用されていることを確かめるために，ALARAの代わりに，ALARP（As Low As Reasonably Practicable：合理的に実行可能な限り低く）が適用されているかどうか，あるいは現状で利用できる最善の技術（BAT：Best Available Techniques）が用いられているかどうかを確かめることにより，「すべての経済的および社会的要因を考慮に入れつつ，合理的に達成可能な限り」の努力がなされていると認めるという考え方が提唱されている。

BATは事実上，影響よりむしろ手法および技術に焦点を合わせた，異なる最適化アプローチである。このアプローチは非放射性汚染物質の管理に広く適用されてきたもので，放射性汚染物質の管理にも適用されるようになっている。BATは以下のように定義されている。

1）最善の手法：環境全体の高い一般防護レベルの達成において最も有効であることを意味する。
2）利用可能な手法：コストおよび利点を考慮に入れて，経済的および技術的に現実味のある条件下で，関連の活動における実行を可能にする規模で開発された手法を意味し，当該活動を行う者にとって合理的に利用可能である限り，それらの手法が当該国内で用いられるかまたは生み出されるか否かを問わない。
3）手法：施設が，設計，建設，管理，維持，操業，使用廃止される際の科学技術（technology）と方法（way）の両方が含まれる。

合理的に達成可能，利用できる最善の技術の意味は少しわかりにくいので，例を考えてみる。空気中の窒素からアンモニアを合成するハーバー・ボッシュ法で知られるドイツの化学者フリッツ・ハーバーは，その愛国心から，第1次世界大戦の敗北による賠償金の支払いに苦しんでいたドイツの国家財政を改善するために，海水から金を回収する計画を始めた。ハーバーは，賠償金の支払いとその後の復興資金を得るためには5万トンの金が必要と見積もり，この金を取りだすために，1920年，極秘の研究室を作り，世界中の海から海水を採取し調査を行った。しかし実験の結果，海水に含まれる金の量は，当時推定されていた値よりはるかに少なく，採算が取れないことが明らかになった。そのためこの計画は1926年に中止された。

このエピソードにおいて，海水から金を得ることは理論的に可能（possible）であるが，問題解決のためには，「経済的に」この技術は役に立たない（not feasible，not viable）。すなわち合理的に達成可能（reasonably achievevable）ではない。もちろん画期的な科学の進歩があり，分離が効率的で安価にできるようになれば，その考え方も成立するかもしれないが，当時の状況下ではそのような技術は入手できず利用可能（available）ではなかった。一般に，分離や濃縮では物質は保存されるので，科学に疎い人には，そのために必要なエネルギーの投下が理解されにくい。太陽からもたらされるエネルギーは無限に近いと考えて，そのエネルギーが空間密度の低い形でもたらされるという制約を忘れてしまうという誤解も同じ類である。

つまりBATやALARAの精神は，経済，社会の制約のもとで実現するために，入手し得る最善の技術を探し出す工学にある。経済，社会の制約も最善の技術も，科学技術の進歩や経済，社会の変化に伴って変化し得るものであるが，その時々の状況の下で最善の選択をすることとなる。

海水からの金の採取の例では，得られる金銭的利益と必要となる資源の比較衡量は容易で，利害得失の最適化を考える主体も固定されていてわかりやすい。一方，防護の最適化では，利益を得る人々，被ばくを受ける人々が，ともに便益と損失を受ける1つの社会に属しており，その比較衡量の中で，将来のリスクに対してなすべき予防的措置の程度の妥当性を判断することになる。このような最適化においては，特定の少数の個人に被ばくを片寄らせて，集団としての被ばくを低くするような手法もあり得る。このような大幅に不公平な結果を回避するために導入されているのが，特定の線源からの個人に対する線量またはリスクの制限で，これらの制限値は線量拘束値またはリスク拘束値，および参考レベルと呼ばれている。

線量拘束値（dose constraint）とは，ある線源からの個人線量に対する予測的な線源関連の制限値である。何らかの被ばくをもたらす計画が社会に導入されようと企図された場合，その計画による線源により個人がどれだけの被ばくを受けるかが評価される。このような評価は，不確実性のある予測に基づくという特有の性質を持っているものであるので，予測的あるいは前向きの線量評価（prospective dose assessment）と呼ばれ，事故などの結果として生じた被ばくの遡及的あるいは後ろ向きの線量評価（retrospective dose assessment）と区別している。予測的線量評価に基づく線量のみが，線量拘束値またはリスク拘束値，および参考レベルと比較でき，計画の変更による予測線量の低減により防護を達成する最適化のツールとして利用することができる。

職業被ばくについては，線量拘束値は最適化のプロセスで考察される複数の選択肢の範囲を制限するために使用される個人線量の値である。公衆被ばくについては，線量拘束値は，管理された線源の計画的操業から公衆構成員が受けるであろう年間線量の上限値である。

一方，何らかの計画による被ばくの中には，確実に起こるとは予想されないが，ある線源における事故や故障，人為ミス等に起因するかもしれない被ばくも起こり得る。放射性物質の環境への放出は，ある量の放射性物質を環境に分散させる行為である。これに対して放射性廃棄物の処分では，処分場は放射性物質の環境への分散が起こらないように計画し設計される。しかし，処分施設又は外部環境に何らかの事象や長期的変化が起こり，遠い将来に環境の汚染を経て被ばくがもたらされることもあり得る。このような被ばくは潜在被ばく（potential exposure）と呼ばれる。このような潜在被ばくに対する拘束値は，リスク拘束値（risk constraint）である。

リスクとは，ある行動に伴って（あるいは行動しないことによって），危険に遭う可能性や損をする可能性のような，望ましくないことが起こる可能性を意味する概念である。一般的には，危険もリスクも，危害または損失の生ずるおそれがあることを意味して使われるが，特にその恐れが生ずる確率のことを気にする場合にリスクという用語が使われる。両者を明確に区別する場合には，潜在的に危険の原因となりうるものを危険性（hazard）または潜在的危険性（hazard potential）と呼び，それが起こって現実の危険（harm），損失（detriment），影響（consequence）となる可能性を組み合わせたものをリスクと呼んでいる。

望ましくないことの判断には，個々人の価値観が反映する。他人からもたらされる危害と自らが何かの代償に受け入れようとする危険では人により価値は異なるし，時には危険そのものをスリルとして楽しむ人さえいる。しかし，リスクという概念を導入する意味は，望ましくないことが起こる可能性を，社会における合意点または妥協点を探るための共通の尺度として定量化することにあるので，リスクを論ずる際には共通の危険性を選ぶことになる。多くの場合この選択は暗黙裡になされるが，本来はこれを共通の尺度とすることについては合意が必要であるということには注意が必要である。

放射線影響を問題とする場合には，受けたとした線量による死亡の生涯確率（受ける線量と単位線量あたりの致死確率の積）を，社会的約束すなわち規制を定める際の人々に共通の価値損失であるとみなし，これと1年間にその線量を受ける確率との積がリスクとして扱われる。

ある事象からの健康リスク（R）＝ 事象の発生確率（P）×影響の大きさ
影響の大きさ＝事象によりもたらされる線量（D）×単位線量当たりの致死確率（0.5/Sv）

この定義によれば，低線量をもたらす頻繁に起こる事象は高線量をもたらす稀な事象と等価である。この積としてのリスクを制限することにすれば，放射線をもたらす計画をするものが，それにより人々が線量を受けることとなる出来事の起こる確率を減らすよう努力することにより防護が達成される。リスク拘束値は線量拘束値に対応するが，潜在被ばくに関連していて，防護は線量を低減するかわりに，そのような線量をもたらす事象の発生の確率を低減することによりなされる。

放射線リスクの概念においては，影響の大きさ（受けたとした線量による死亡の生涯確率）とその線量をもたらす出来事の発生確率は，等価にリスクに寄与するとしている。

このようにリスクを定義すれば，リスクの大きさが定量化でき，自分たちがよく知っている他のリスクと比較することにより，このリスクを理解することができる。

これは，社会における構成員の誰もが，危険を与える側にも，危険を受ける側にもなり得るし，将来起こる出来事の確率が正しく言えると考えれば，社会的約束の尺度としては合理的なものである。このように合理的な共通の尺度で意思決定をしようとする考え方は規範的アプローチ（normative approach）と呼ばれる。しかし，危険を受ける個人としては，影響の大きさは，線量に比例する致死確率ではなく，死亡という重篤度の形で現れ，起こる確率を半分に減らすことと，影響の大きさを半分に減らすことは等価とは体感できない。起こる出来事の影響の大きさや起こる確率は，将来予測に関することなので不確実にしか言えず，不確実な部分に対して想像が働く。人は何度も人生をやり直して，リスクが統計的に実現されるようにすることはできず，ただ一度の意思決定に利害得失を賭けなければならない。この結果，例えば万が一の事故に備えて保険をかけるように，予防的措置をとる際には，リスク忌避の心理が支配的となり，より強く用心する心理が働く。このようにリスクの影響に対して人により付与する価値が異なってくるため意思決定もその影響を受けるという考え方は記述的アプローチ（descriptive approach）と呼ばれる。特に他者が危険をもたらす可能性がある場合や，原子力や放射線に関する事故のように起こる影響を過大に想像する場合には，より程度の大きい予防的措置を要求することとなる。これが最適化の原則の適用の難しさにつながっている。

それでも，社会生活においては様々なリスクが存在しており，このようなリスクと比較した判断が必要となる。

表3.4-1は我が国における死因別個人死亡率を示したものである。この死亡率は過去の統計であるが，将来の確率を考えるリスクと等価であるとみなすことができる。公衆の個人の死亡リスク（全ての死因による死亡率）は1.0×10^{-2}であり，がんで死亡するリスクは2.9×10^{-3}，不慮の事故で死亡するリスクは3.2×10^{-4}となっている。このような生活を営む上で人が避けられない形で受けているリスクの程度を見ながら，ALARAの目標値が，将来目指すべき確率（安全目標）として設定される。

表 3.4-1　我が国における死因別個人死亡率【厚生省, 2013より作成】

全死因	1.0×10^{-2}
悪性新生物（がん）	2.9×10^{-3}
心疾患	1.6×10^{-3}
肺炎	9.8×10^{-4}
脳血管疾患	9.4×10^{-4}
老衰	5.6×10^{-4}
不慮の事故	3.2×10^{-4}
自殺	2.1×10^{-4}
腎不全	2.0×10^{-4}
慢性閉塞性肺疾患（COPD）	1.3×10^{-4}
大動脈瘤及び解離	1.3×10^{-4}

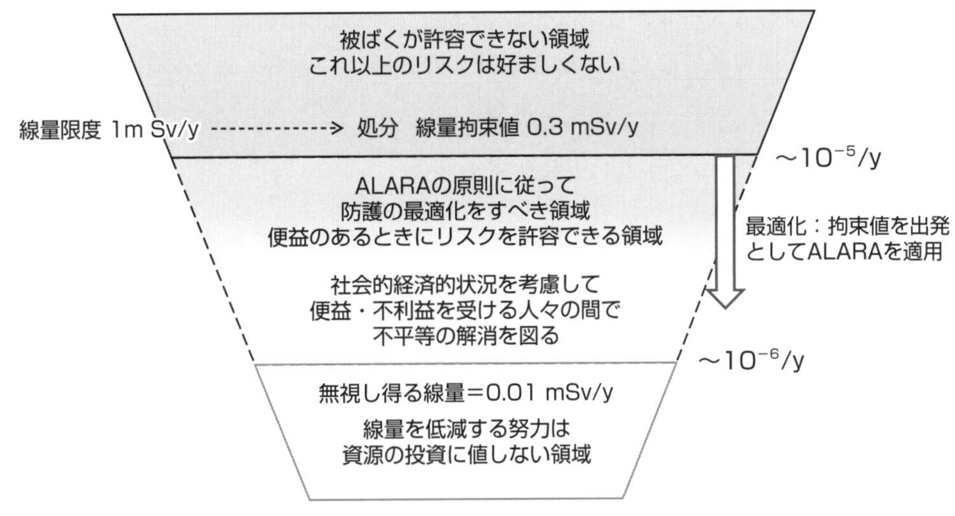

図 3.4-2　リスクに対する許容範囲と防護の最適化

図3.4-2は，社会が一般的に許容するリスクの範囲と防護の最適化の関係を示したものである。社会は，そのリスクの程度に応じて防護の措置を講じる。最適化のためにどこまでリスク低減の努力をすべきか，あるいは資源を投入すべきかという判断は，理屈の上で考えれば，そのリスクの低減のための資源の投資がもたらすリスクの増加との比較によりなされるものである。しかし多くの行為はリスクの形で定量化するのが難しく様々に議論が分かれ，結局，社会的，経済的制約と技術的制約のもとで最善の努力がなされているかどうかを見て判断することとなる。

大雑把には，10^{-4}/年程度を超えるリスクは好ましくないリスクであり，これを超えない範囲で，リスク低減の努力がなされるべきとされる。また10^{-6}/年程度を超えてそれ以下にリスクを低減するための努力あるいは資源の投下では，得られる便益はそれに値しないとさ

れる。これは，放射線被ばくについて言えば

1）既に自然に被ばくしているので，ある線源からの被ばく線量をそれ以下に下げるために資源を投下することは努力に値しない。
2）自然に被ばくしている線量に比べて有意な増加をもたらさないようにするために，特定の線源からの線量をそれ以下に下げるために資源を投下することは努力に値しない。

ということに相当する。得られる結果としての線量やリスクの値は，それによりもたらされる健康影響が無視し得るかどうかという判断根拠で決まっているのではなく，それらの低減のための努力が，資源を投下してそれをするだけの意味があるかどうかという最適化の考え方により導かれている。この最適化の考え方を理解すれば，計画被ばく状況，現存被ばく状況，緊急時被ばく状況という状況と公衆被ばくおよび職業被ばくの違いに応じて，線量限度と線量拘束値および参考レベルがどのように決まっているかが理解できる。

防護方策を計画又は判断するための潜在被ばくの評価は，通常，以下の項目に基づく。

1）線源から被ばくに至る事象のつながりを記述するシナリオの構築
2）それぞれの事象のつながりの発生確率の評価
3）結果として生じる線量の評価
4）その線量に関わる損害の評価
5）評価結果と受容規準との比較
6）以上のステップを繰り返す防護の最適化

一般的にシステムの安全性を評価する，あるいは防護を最適化する際には，このような手順でシナリオを構築しそれを分析する。構築されるシナリオは，将来起こる安全上問題になることを十分代表的に表していて，予防的措置をとる際の根拠となり得るものでなければならないという意味で，上の段階における 1）のシナリオの構築は，潜在被ばくの評価における根幹をなすものである。

放射性廃棄物の処分の場合のように，遠い将来に起こる可能性のある潜在被ばくの推定には，かなり大きな不確実性が伴う。そのため線量推定値は，今後100年程度を超える期間の後の健康障害の尺度と見なすべきではない。むしろそれは，処分システムによって与えられる防護性能の指標を示している。このような見方を強調する場合には，上の手順は，安全評価（safety assessment）と呼ばれる代わりに性能評価（performance assessment）と呼ばれることがある。いずれの呼び方をするにしても，遠い将来の潜在被ばくの評価は，防護という予防的措置の十分性を評価するためのものであって，遠い将来の人の健康影響を評価するものではないことを理解しておく必要がある。

現存被ばく状況，緊急時被ばく状況における最適化については，参考レベルが用いられる。

表 3.4-2　ICRP2007年勧告による防護基準【ICRP, 2007より作成】

被ばくをもたらす状況	制限	公衆被ばく	職業被ばく
計画被ばく	線量限度	1 mSv/年	規定された5年間の平均20 mSv/年
	線量拘束値	≦1 mSv/年 で状況に応じ選択 （リスク拘束値 ≦10^{-5}/年で選択）	≦20 mSv/年 （リスク拘束値≦2×10^{-4}/年）
緊急時被ばく	参考レベル	20 mSv/年～100mSv/年で状況に応じ選択	状況に応じて設定
現存被ばく	参考レベル	1 mSv/年～20 mSv/年の間で状況に応じ選択 ラドンについては 住居内$<$10 mSv/年（$<$600 Bq·m^{-3}） 作業場内$<$10 mSv/年（$<$1,500 Bq·m^{-3}）	

緊急時又は現存の制御可能な被ばく状況において，参考レベルは線量又はリスクのレベルを示しており，これを上回る被ばくの発生を許す計画の策定は不適切であると判断され，したがって，このレベルに対し防護対策が計画され最適化されるべきであるとされる。参考レベルに対して選択される値は，考慮されている被ばく状況の一般的な事情に依存することとなる。

実際の最適化においては，線量またはリスク拘束値，および参考レベルを出発点として，ALARAの原則に従い最適化のプロセスが適用される。表3.4-2はICRP 2007年勧告【ICRP, 2007】において，規制を適用すべき線量または拘束値および参考レベルの推奨値である。

拘束値や参考レベルに選択される値は，被ばくをもたらす状況により異なっている。これを見てわかるように，状況により規制の拘束を受ける線量の値は異なっている。同じ線量でも規制されたりされなかったりすることは矛盾であるように感じるかもしれない。あるいは，ゼロでない被ばくをもたらす活動を許していることの最終的倫理的理由付けはどうなっているかを疑問に思うかもしれない。

社会において規制のなすべきことは，一方では，便益を得ようとする人々の自由な活動を保証し，もう一方では人々を，危害を受けることから保護することである。人々のあらゆる活動には他者に対する何らかのリスクが伴うことを考えれば，拘束値や参考レベルが，それらの間の「最適化」により決まることが理解できる。状況により値やレベルが異なるのは，状況により被ばくの制御しやすさ（controllability）が異なるからで，被ばくを低減するためにより多くの資源を費やす必要のある場合には，最適化のレベルが異なってくる。

このようにここで示されている勧告値は，考慮されている被ばく状況によるものであり，いずれも，「安全」と「危険」の境界を表したり，あるいは個人の健康リスクに関連した段階的変化を反映したりするものではないことを理解しなければならない。

3.4.4　線量限度の適用の原則

線量限度（dose limit）とは，計画被ばく状況における全ての規制された線源から個人が受ける，超えてはならない実効線量又は等価線量の値で，個人関連の制限値である。患者の医療被ばくを除く計画被ばく状況においては，規制された線源からの個人への総線量は，適切な限度を超えるべきではないというのが，この原則である。この原則の適用に当たっては，個人の被ばく線量が遡及的または後ろ向きの線量評価で求められ，この値に対して活動が制限される。

計画被ばく状況における職業被ばくに対しては，その限度は定められた5年間の平均で年間20 mSv（5年で100 mSv）の実効線量として表されるべきであり，かつどの1年においても実効線量は50 mSvを超えるべきではないとされている。情報を知らされた既に被ばくしている個人が，志願して人命救助活動に参加するか，または破滅的な状況を防ぐことを試みている緊急時被ばく状況の場合には，線量限度は適用されない。

また，実効線量の限度に加え，目の水晶体と皮膚の局所的区域については，これらの組織は組織反応に対する実効線量限度，すなわち組織が受ける効果を死に対するリスクとして表した実効線量によっては適切に防護されないと考えられるので，等価線量で表された限度が与えられている。目の水晶体に対する線量限度は，公衆被ばくについて15 mSv，職業被ばくについて150 mSv，皮膚に対する線量限度は，公衆被ばくについて50 mSv，職業被ばくについて500 mSv，手足に対する線量限度は職業被ばくに対して500 mSvとされている。

3.5　参考文献

1. UNSCEAR (2000). UNSCEAR 2000 Report, Sources and Effects of Ionizing Radiation, Vol.I Sources, Annex b Table 31.
2. ICRP (2007). The 2007 Recommendations of the International Commission on Radiological Protection. ICRP Publication 103. Ann. ICRP 37 (2-4).
   ICRP 103 国際放射線防護委員会の2007年勧告，日本アイソトープ協会 (2009).
3. IAEA (2014). Food and Agriculture Organization of the United Nations, International Atomic Energy Agency, International Labour Organization, OECD Nuclear Energy Agency, Pan American Health Organization, World Health Organization, Radiation Protection and Safety of Radiation Sources: International Basic Safety Standards General Safety Requirements Part3, No. GSR Part 3, International Atomic Energy Agency, Vienna.
4. Choppin, G., Liljenzin, O., Rydberg, J., Ekberg, C. (2013). Radiochemistry and Nuclear Chemistry, 4th Edition, Elsevier.
5. ICRP (2010). Conversion Coefficients for Radiological Protection Quantities for External Radiation Exposures. ICRP Publication 116, Ann. ICRP 40(2-5).
   外部被ばくに対する放射線防護量のための換算係数，日本アイソトープ協会 (2015).
6. Preston, D. L., Ron, E., Tokuoka, S., Funamoto, S., Nishi, N., Soda, M., Mabuchi, K., Kodama, K., (2007). Solid cancer incidence in atomic bomb survivors: 1958-98, Radiation Research 168(1): 1-64.
7. 放医研 (2007). 独立行政法人 放射線医学総合研究所編著 低線量放射線と健康影響，医療科学社.
8. UNESCO (2005). The Precautionary Principle, United Nations Educational, Scientific and Cultural Organization, Paris, France.
9. ICRP (2006). Assessing Dose of the Representative Person for the Purpose of Radiation Protection of the Public and The Optimisation of Radiological Protection-Broadening the Process. ICRP Publication 101, Ann. ICRP 36 (3).
   ICRP 101 公衆の防護を目的とした代表的個人の線量評価・放射線防護の最適化：プロセスの拡大，日本アイソトープ協会 (2009).
10. 厚生省 (2013). 平成25年度人口動態統計月報年計(概数)の概況 第6表 性別にみた死因順位別死亡数・死亡率(人口10万対)・構成割合.

4章

放射性廃棄物の発生

第4章

放射性廃棄物の発生

放射性廃棄物は，原子力の利用と放射線の利用から発生する。本章では，どのような廃棄物が，どのような活動から発生するかを概観する。

4.1　放射性廃棄物の発生：概要

図4.1-1は放射性廃棄物の発生源と，その後の処理・処分の流れを示したものである。放射性廃棄物は，主として原子力発電に用いられる核燃料サイクルに関わる多くの活動から生じる。また，放射性廃棄物は，医療あるいは産業での放射性同位元素および密封線源の使用

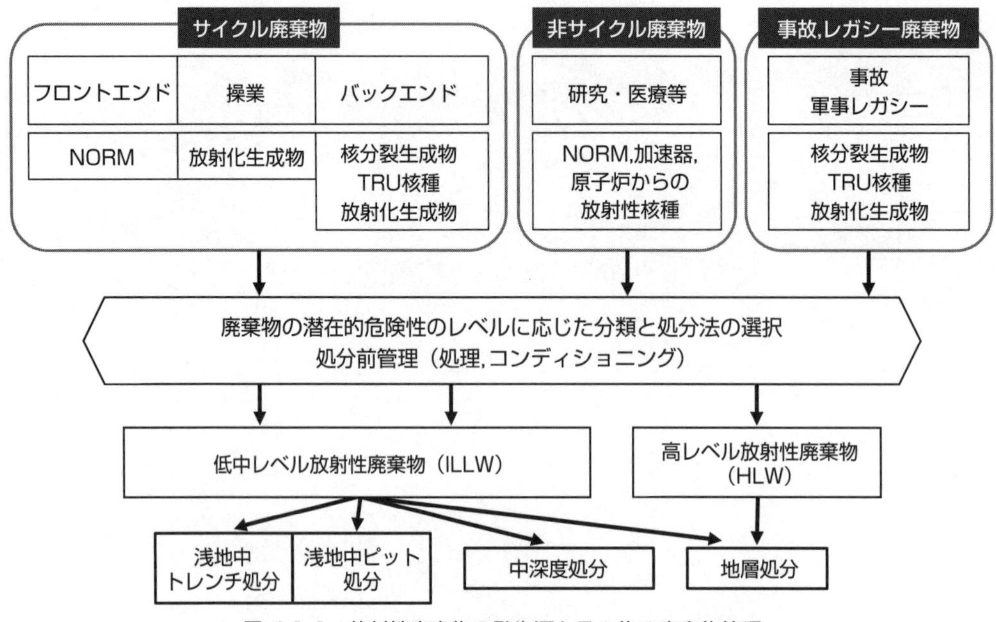

図 4.1-1　放射性廃棄物の発生源とその後の廃棄物管理

のようなその他の活動，軍事利用計画，および自然起源の放射性核種（NORM：naturally occurring radioactive material）を含む鉱石あるいはリン酸塩鉱石および石油または天然ガス等の大量の物質の処理からも発生する。放射性廃棄物はまた，事故後に必要となる，あるいは過去の行為により影響を受けた地域を修復するために必要となる介入活動からも発生する。

発生する放射性廃棄物は，それを発生させる活動が多様であるように，それによる汚染の形態，放射能濃度および種類も多岐にわたっている。放射性廃棄物は固体，液体または気体である場合がある。放射能濃度レベルは，使用済燃料や燃料の再処理から生じる残渣のように極端に高いレベルから，実験施設，病院等で使用される放射性同位元素のように非常に低いレベルまである。同様に，放射性廃棄物に含まれる放射性核種の半減期の長さも広範囲にわたっている。また，規制管理された活動の中で必然的に生み出される廃棄物の他にも，事故廃棄物や，日本では存在しないが，過去の軍事利用における不適切な管理の結果からの負の遺産としての廃棄物（レガシー）も無視し得ない量で存在する。

これらの廃棄物は処分に適した物理化学形態に処理（処分前管理）された後，低レベル，中レベル，高レベル，あるいは低中レベルと高レベル放射性廃棄物（日本の場合，高レベル放射性廃棄物とそれ以外の低レベル放射性廃棄物）と分類され，レベルに応じて浅地中処分，中深度（余裕深度）処分，地層処分に供せられる。

一般に放射性廃棄物の発生に関わる活動の安全規制は，サイクル廃棄物の活動に関わる活動と非サイクル廃棄物に関わる活動，事故，レガシー廃棄物に関わる活動に分けてなされている。日本ではサイクル廃棄物の発生に関わる活動は「核原料物質，核燃料物質および原子炉の規制に関する法律」（通称：原子炉等規制法または炉規法）により規制されており，非サイクル廃棄物の発生に関わる活動は「放射性同位元素等による放射線障害の防止に関する法律」（通称：放射線障害防止法またはRI法）により規制されている）（表4.1-1）。

世界においては，各国は，使用済燃料管理および放射性廃棄物管理の安全性を高い水準で世界的に確保することを目的として，「使用済燃料管理および放射性廃棄物管理の安全に関する条約」を締結している。この条約は，2001年に発効し，日本は2003年11月に加盟した。2013年現在，42か国が条約を締結している。条約締結国は定期的に国別報告書を提出して，条約に規定された廃棄物管理の要件を満足していることを説明し，以下の事項についても記載する。

1）使用済燃料と放射性廃棄物の管理に関する政策と実施状況
2）廃棄物の分類基準
3）使用済燃料と放射性廃棄物の管理施設のリスト
4）使用済燃料と放射性廃棄物の存在量
5）廃止措置される原子力施設のリスト

表 4.1-1　原子炉等規制法と放射線障害防止法

核原料物質、核燃料物質及び原子炉の規制に関する法律（原子炉等規制法、炉規法）
● 目的：核原料物質・核燃料物質・原子炉の、平和利用・計画的利用・災害防止と、核燃料物質の防護（テロリズム等への利用防止） ● 規制対象：製錬、加工、貯蔵、再処理及び廃棄の事業並びに原子炉の設置及び運転等、国際規制物資の使用等 ● 核燃料物質及び核原料物質（原子力基本法、核原料物質、核燃料物質及び原子炉の規制に関する法律施行令で定義） □ 核燃料物質 = ウラン、トリウム等核分裂の過程で高エネルギーを放出する物質 □ 核原料物質 = ウラン鉱、トリウム鉱その他核燃料物質の原料となる物質 ✓ 届出：ウランまたはトリウムの濃度、数量が下記を超える場合 • 濃度：放射能濃度 74 Bq/g（固体状：370 Bq/g） • 数量：ウランの量×3 + トリウムの量　= 900を超える場合 ✓ 許可： • 天然及び劣化ウラン及びその化合物（300 gを超える数量） • トリウムまたはその化合物（900 gを超える数量） • 濃縮ウラン、プルトニウム、U-233またはその化合物
放射性同位元素等による放射線障害の防止に関する法律（放射線障害防止法）
● 放射性同位元素を含む物質で、平成12年科学技術庁告示第5号（放射線を放出する同位元素の数量等を定める件）の別表1に定める量及び濃度を超えるもの。 ● 免除レベル=その使用や処分に伴う全ての被ばく経路を考慮して、その被ばくが年間10 μSvになるように科学的に算出された数値。約300の核種について、規制の対象外となる放射能（Bq）、濃度（Bq/g）の免除レベルを定めている。 ● 但し、ウラン等の核燃料及び原料、医薬品、医療機器に装備されたものは、それぞれ核原料物質、核燃料物質及び原子炉の規制に関する法律、薬事法、医療法で規制されるので除外する。

国別報告書は，IAEAのウェブサイトにおいて公開されている【IAEA, 2016a】。

表4.1-2は，IAEA（国際原子力機関）のNEWMDB（Net-Enabled Waste Management Database）に示されている，各国のデータをもとに集計または推定された廃棄物（2013年）の総インベントリである。この表で，低レベル，中レベル，高レベル放射性廃棄物の分類は次のような基準に従っている。

1）低レベル放射性廃棄物：放射性物質として扱わなくてもよいレベルを超えているが，長寿命放射性核種の量が限られていて，数百年の間隔離して閉じ込めておけば，影響が無視できるレベルになる廃棄物。

2）中レベル放射性廃棄物：特に長寿命放射性核種を含んでいるため，浅地中処分で提供されるよりもより高い程度の閉じ込めと隔離が必要となる廃棄物であるが，崩壊熱の放散に対する措置を必要としないか，軽度の措置で十分な廃棄物。

3）高レベル放射性廃棄物：多量の崩壊熱が発生するほど十分に放射能濃度のレベルが高い，あるいは，そのような考慮の必要があるほど長寿命放射性核種を大量に含む廃棄物。

この表を見ると，世界の放射性廃棄物のうちには，未処理のまま貯蔵されているもの（未

表 4.1-2　世界の放射性廃棄物インベントリ（2013年）【IAEA, 2016bより作成】

廃棄物クラス	未処理貯蔵中 (m3)	処理後貯蔵中 (m3)	未処理放出 (m3)	処理後処分 (m3)
高レベル（HLW）	371,468	2,885	3,960	0
除染修復	564	3	3,960	0
軍用	354,998	2,000	0	0
濃縮・加工	17	0	0	0
放射線利用	66	254	0	0
運転	12,338	30	0	0
再処理	3,486	598	0	0
中レベル（ILW）	324,370	31,043	124,303	89,651
除染修復	65,284	830	117,514	1,070
軍用	82,110	888	6,479	66,918
濃縮・加工	12,740	302	0	108
その他	198	663	164	547
放射線利用	1,527	14,650	79	2,647
運転	48,286	10,444	66	18,244
再処理	114,226	3,266	0	118
低・極低レベル（LLW+VLLW）	3,809,778	440,783	20,823,375	4,987,664
除染修復	2,869,920	31,511	17,297,861	614,152
軍用	5,308	70,922	1,264,356	1,870,823
濃縮・加工	99,324	15,395	104,000	372,246
その他	13,254	4,118	520,018	26,440
放射線利用	136,042	63,548	634,284	568,899
運転	638,429	254,262	586,855	1,263,847
再処理	47,501	1,028	416,000	270,918

処理貯蔵中）や未処理のまま放出されてしまったもの（未処理放出）が多量にあることが目にとまる。これらの大部分は，レガシー廃棄物や事故廃棄物で，不幸にも，核兵器開発時代の初期の頃には，原子力の軍事的利用が優先され，放射性物質の危険性に対する知識も不十分なまま，安全な管理のための配慮が十分なされなかった結果，残された廃棄物である。これらの廃棄物は，性状が十分把握されず，処分のために適切というには程遠い状態で貯蔵された。未処理のまま貯蔵されているとして表に示されている高レベル放射性廃棄物の大部分は，米国のハンフォードにおけるものであるが，他にも，英国のセラフィールド，ロシアのマヤーク等の軍用核兵器製造工場などで，放射性廃棄物を液体やスラリー状でタンクや貯蔵池に貯蔵した結果，漏えい事故等を起こし，現在でも除染と貯蔵の作業が進行中である。軍用からの廃棄物は，他にも低レベル，中レベルの廃棄物としても多量に発生し，そのうちかなりの部分がそのまま放出されてしまった。軍用からの廃棄物については，国によっては十分にデータが開示されていないものもあり，この推定量には不確実性が伴っている。

高レベルで未処理放出とされているのは，ウクライナ（当時ソ連）におけるチェルノブイリ事故で放出されたものである。事故廃棄物は，スリーマイル島，チェルノブイリ，福島第一等の原子力発電所の事故やゴイアニアの使用済密封線源の事故（表4.8-1参照）などの，放射性物質を含む予想外の事故から発生するもので，レガシー廃棄物と同様，性状が十分把握されず，処分のために適するというには程遠い状態で存在しており，現在でも除染と貯蔵の作業が進行中のものも多くある。

規制管理された活動の中で必然的に生み出される廃棄物の中で，最も大量に放射性廃棄物を生み出すのは，原子力発電のための核燃料サイクルにおける活動である。核燃料サイクルは，核エネルギーの生産（原子力発電）に関連する全ての活動で，放射性廃棄物の主たる発生源となり，高レベル放射性廃棄物を含む全ての型の放射性廃棄物を生み出す。

2013年には，世界中で463基の原子力発電所が，全発電電力量の13%の270 GWy(e) = (270 × 10^6 kW) × (365.24 × 24 h) の電力量を供給した。図4.1-2は，同じくIAEAのNEWMDBによるこれまでの使用済燃料の発生推定量で，累積発生量は335,000トンになると推定されている。これらは再処理されて貯蔵されているものを除き，ほとんどが発電所プールや中間貯蔵施設にそのまま保管されている。

図4.1-3は2013年における日本の使用済燃料インベントリである。約14,000トンが使用済燃料集合体のまま発電所内のプールに貯蔵されており，海外で再処理され返還されたガラス固化体等が六ヶ所の貯蔵管理施設に保管されている。

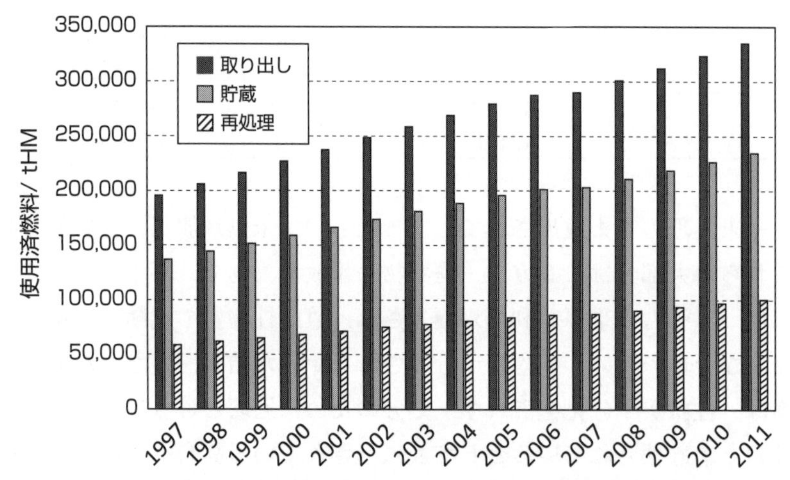

図 4.1-2　世界の使用済核燃料インベントリ【IAEA, 2016bより作成】

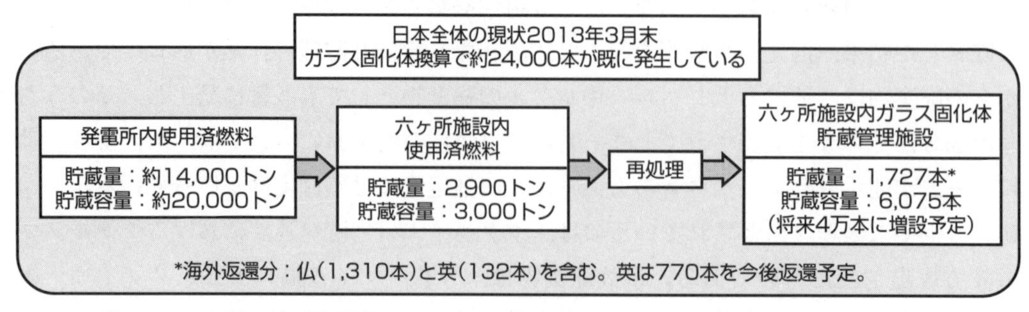

図 4.1-3　日本の使用済燃料インベントリ【総合資源エネルギー調査会, 2013より作成】

表 4.1-3　各国の使用済燃料政策

国	使用済燃料政策	2007年でのインベントリ/tHM
カナダ	直接処分	37,300
フィンランド	直接処分	1,600
フランス	再処理	13,500
ドイツ	直接処分	5,850
日本	再処理	19,000
ロシア	一部再処理	13,000
韓国	貯蔵，処分未定	10,900
スウェーデン	直接処分	5,400
英国	再処理，将来未定	5,850
米国	直接処分	61,000

原子力発電に利用された使用済燃料は，そのまま廃棄物として処分しようとする政策（ワンス・スルーオプションまたは開放型核燃料サイクル：open nuclear fuel cycle）をとる国もあれば，そこに含まれるウランとプルトニウムを廃棄物とはせずに，資源として再利用するために再処理して利用しようとする政策（再処理・リサイクルオプションまたは閉鎖型核燃料サイクル，closed nuclear fuel cycle）をとる国もある（表4.1-3）。前者では使用済燃料が処分すべき廃棄物となり，後者ではウランとプルトニウムを分離した後の高レベル廃液をガラスで固化したガラス固化体が処分すべき廃棄物となる。

核燃料サイクルにおける核燃料の製造（濃縮，加工）や発電所の運転，使用済燃料の再処理等の活動においては，放射性物質で様々な程度に汚染された様々な材料が放射性廃棄物となる。発生エネルギーあたりの中レベル，低レベル放射性廃棄物の発生量は，活動に依存して変わる。例えば発電所の解体に伴って発生する発生エネルギーあたりの廃棄物の種類と量は，何年運転の後に解体するかにより（総発生エネルギーが異なるので）異なってくる。非常に大雑把な割合の見積もりをすれば，高レベル，中レベル，低レベルの体積比は，3%，7%，90%になり，放射能含有量比は95%，4%，1%程度になる。

4.2　原子力によるエネルギー生産

原子力発電においては，核分裂により得られるエネルギーを利用している。中性子を吸収した原子核は二つの断片に分裂し，膨大な量のエネルギーを放出し数個の新しい中性子を産み出す。適当な条件の下で，これらの産み出された中性子は次の^{235}Uと反応することができ，中性子連鎖反応を形成することができる。この連鎖反応は，反応を起こすのに十分な^{235}Uが残っている限り続くことになる。

^{235}Uの原子は様々なやり方で，おおよそ2:3の質量の比で，異なる核分裂生成物の組に核分裂する。今日，発電炉に用いられている熱中性子を用いる核分裂における，^{235}Uの核分裂からの核種の収率（総和は200%になる）を質量数に対して示したものを図4.2-1に示す。

核分裂反応の1次段階においては，^{235}Uは2つの放射性核分裂生成物に分かれると同時に，幾つかの中性子（平均2.4個）とガンマ線を放出する。この中性子のうち1個は核分裂反応を維持するのに用いられる。残りの中性子は，炉から漏洩したり，炉内に存在する元素による捕獲により新たな核種を生成したりする。

図4.2-2は原子力発電で広く用いられている軽水炉において，核燃焼中に起こる主たる反応を示したものである。核分裂性の^{235}Uが核分裂して中性子を放出し，次の核分裂を生み出すのであるが，一部の中性子は^{238}Uに吸収捕獲され，その結果生じる^{239}Puや^{241}Puも核分裂をしてエネルギーを生み出す。核分裂を容易に起こす核種は中性子過剰なので，最初の核分

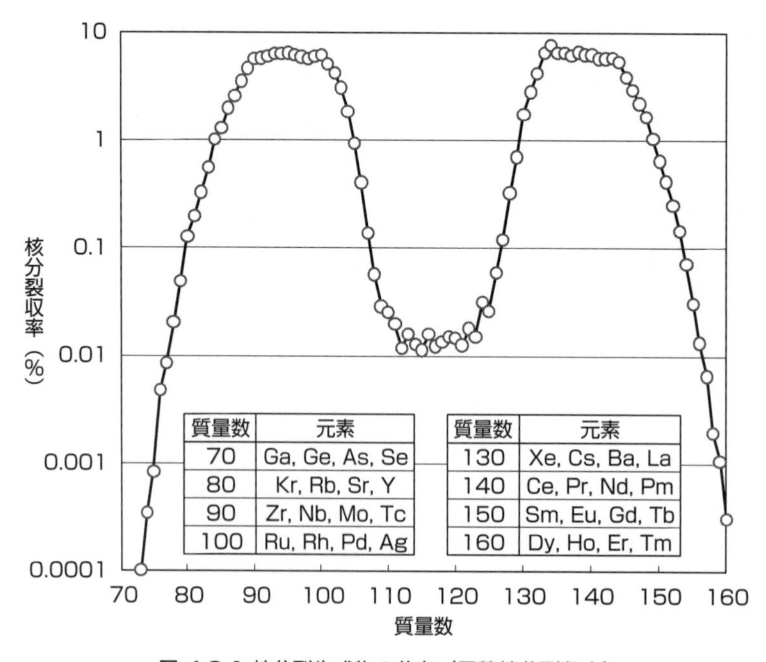

質量数	元素
70	Ga, Ge, As, Se
80	Kr, Rb, Sr, Y
90	Zr, Nb, Mo, Tc
100	Ru, Rh, Pd, Ag

質量数	元素
130	Xe, Cs, Ba, La
140	Ce, Pr, Nd, Pm
150	Sm, Eu, Gd, Tb
160	Dy, Ho, Er, Tm

図 4.2-1 核分裂生成物の分布（累積核分裂収率）

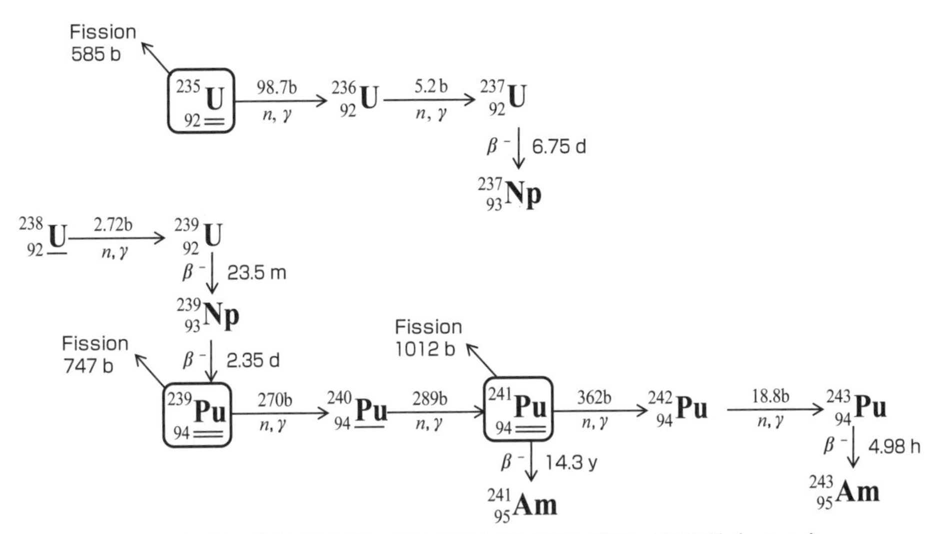

二重下線：核分裂性物質，一重下線:親物質，^{236}U，^{242}Pu：毒物質（poison）
左上向矢印：熱中性子に対する核分裂断積
水平矢印：熱中性子捕獲断面積，下向矢印：β崩壊半減期

図 4.2-2　^{235}Uと ^{238}Uの混合物を原子炉の燃料として用いたときに起こる主な核反応【Benedict他，1981より作成】

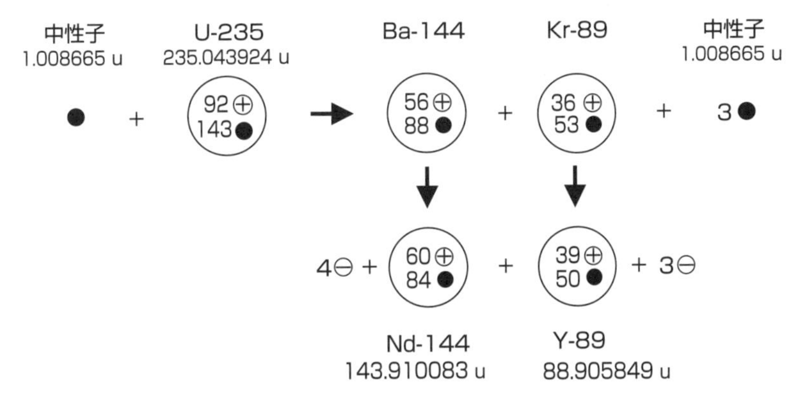

(143.910092+88.90584+3×1.008664)−(235.043930+1.008664)=−0.21067
0.210670 u×931.5(MeV/u)=196 MeV/fission≈200 MeV/fission

図 4.2-3　^{235}Uの核分裂により発生するエネルギー【Benedict他，1981より作成】

裂生成物は中性子過剰でベータ崩壊し，最終的に安定な核分裂生成物となる。

最初のベータ崩壊は速く，高いエネルギーのベータ（β^-）粒子またはガンマ線を放出する。核分裂生成物は安定な核種に近づくにつれ長半減期で放出エネルギーの低いものに変わる。核分裂生成物の半減期は大部分が数十年以下である。核分裂生成物やその他の超ウラン核種（TRU（transuranium）核種あるいはマイナーアクチノイドと呼ばれる）はそれ以上エネルギー生産に寄与しない廃棄物となる。

核分裂によりどのくらいのエネルギーが得られるかを考えてみる。核分裂の一例を図4.2-3

に示す。

92個の陽子と143個の中性子を含む^{235}Uの原子核は，2つの断片といくつかの余分の中性子に分かれるが，その際には反応する中性子と^{235}U原子核中の陽子と中性子の総数と，生成原子核にある陽子と中性子の総数とは等しくなっている。この図の例においては，核分裂片は56個の陽子と88個の中性子を含む^{144}Baと，36個の陽子と53個の中性子を持つ^{89}Krであり，さらに3つの余分の中性子がある。核分裂片は不安定で，引き続き放射性崩壊を起こす。核分裂片は一般に中性子過剰であるので，この放射性崩壊においては，原子核内のいくつかの中性子が，核内に残る陽子と，ベータ放射線として飛び去る電子に転換する。この例においては，^{144}Baの4つの中性子が順に陽子に変化して，最終生成物として^{144}Ndとなり，^{89}Krの3つの中性子が陽子になって最終生成物の^{89}Yとなる。

反応の最終生成物の質量は反応物の質量より0.21067 uだけ小さいので，^{235}U原子の質量の（0.210670/235.043930）× 100 = 0.09％が，この核分裂反応によって消失している。この質量の減少が，この核分裂反応において放出されるエネルギーのめやすとなる。エネルギーと質量の等価性を表すアインシュタインの方程式$\Delta E = c^2 \Delta m$によれば，1 uに相当する質量は931.5 MeVであるので（第2章参照），1原子の^{235}Uが上の反応で核分裂するときに放出されるエネルギーは

$$0.210670\ \mathrm{u} \times 931.5(\mathrm{MeV/u}) = 196\ \mathrm{MeV/fission} \approx 200\ \mathrm{MeV/fission}$$

となる。

発電においてはエネルギーの単位にMWdやkWhが用いられる。典型的な原子力発電所1基が発電する電力である100万kWは1000 MW＝1 GWである。この発電所を1年間フルに運転すると1 GWy＝365000 MWdの電力量（エネルギー）を生産することになる。200 MeV/fissionは核分裂する^{235}Uの1 gあたり0.95 MWdに相当する。

$$\frac{(200\ \mathrm{MeV})\times(96484(\mathrm{J/mol})/\mathrm{eV}\times(1/235\ \mathrm{mol/gU})}{(24\times 60\times 60\ \mathrm{MJ/MWd})} = 0.95\ \mathrm{MWd/gU}$$

$$= 0.95\ \mathrm{GWd/kgU}$$

すなわち1 gのウランまたはプルトニウムが核分裂して1 gの核分裂生成物に変わると0.95 MWdの熱エネルギーが発生する，あるいは1 kgの核分裂で0.95 GWdの熱エネルギーが得られる。

原子力発電では発生する熱エネルギーのおよそ3分の1が電気に変換される。100万kW=1 GW(e)の発電所を1年間稼働させるには3 GWy＝3 GW × 365 dの熱エネルギーの発生が必要となる。すなわち，3 × 365 GWd/(0.95 GWd/kg) = 1150 kgの核燃料が核分裂する必要があり，1150 kgの核分裂生成物が廃棄物として発生することになる。

このように核分裂による生成熱エネルギーは1個の核分裂あたり約200 MeVであるが，これらのうちには，核分裂によってすぐに出てくる即発エネルギーと，分裂破片から，時間を

かけてゆっくり出てくる崩壊による遅発エネルギーがある。原子炉がある期間，定常運転しているときには，この2つを区別する必要はないが，原子炉が停止した後に出てくる熱を問題にするときには，後者は核分裂が止まった後も，じわじわと出てくるので，この2つを区別する必要がある。その熱量は全熱量の7%ぐらいであるが，安全評価上重要となる。

原子力発電が，多大のリスクを伴うにもかかわらず利用されようとしているのは，このようにして得られる核エネルギーが化学エネルギーに比べて非常に大きいことによっている。火力発電で用いられている石炭，石油，天然ガスは，太陽からもたらされるエネルギーが，化学結合の形で生物骨格中に蓄えられ，これが化石化したものである。これらの化石資源の燃焼により得られるエネルギーは，それぞれ1トンが燃焼したときに発生する平均エネルギーを用いて，石油換算トン（TOE：tonne of oil equivalent）や石炭換算トン（TCE：tonne of coal equivalent）などとして定義されている。それぞれ1トンが燃焼して発生するエネルギーは，

1トンの石油の燃焼　1 TOE = 10^7 kcal = 41.87 GJ = 0.48 MWd

1トンの石炭の燃焼　1 TCE = 0.7 × 10^7 kcal = 29.3 GJ = 0.34 MWd

1トンの天然ガスの燃焼　53.6 GJ = 0.62 MWd

である。石油1トンの燃焼は0.48 MWdのエネルギーを生み出し，核燃料1 gの核分裂は0.95 MWdのエネルギーを生み出しているので，質量あたりでは核分裂により発生するエネルギーは石油の燃焼により発生するエネルギーのおよそ200万倍に相当することがわかる。

これまでの議論でわかるように，廃棄物の発生量は火力についても原子力についても，発生するエネルギーに比例している。火力については燃料の炭化水素（C_nH_m）が酸素と化合して，二酸化炭素と水を廃棄物として生み出す。C_nH_mがnCO_2と（$m/2$）H_2Oになるとして，二酸化炭素を廃棄物と考えれば，燃料質量のおよそ（32+12）/12 = 3.7倍の質量の二酸化炭素が発生することになる。

原子力については，核燃料のうち核分裂性物質（^{235}U，^{239}Pu，^{241}Pu）が核分裂して核分裂生成物を廃棄物として生み出し，さらに，図4.2-2に示すように同時にネプツニウム，アメリシウム，キュリウムなどのマイナーアクチノイドをも廃棄物として生み出す。

ただし，火力と原子力の発生エネルギーと発生廃棄物の比較では，燃料から取り出すことのできるエネルギーが異なっていることに注意が必要である。火力の場合，燃料の炭化水素の全てが燃焼するが，原子力の核燃料の場合はそうはいかない。軽水炉原子力発電では，^{235}Uの含有量を約4%まで濃縮したウラン燃料を3～4年間原子炉中で核燃焼させて，もとあったウラン全体の3～5%が核分裂すると，生成した核分裂生成物その他の影響で，それ以上は連鎖反応が維持しにくくなる。すなわち，ウラン燃料1トンのうち，エネルギーを取り出すために核燃焼させることのできる割合は3～5%にすぎない。

核燃料が核分裂して消費された度合い，すなわち発生したエネルギーを燃焼度と呼び，重量あたりの熱出力（MWd/t）で表す。燃焼度45,000 MWd/トンの使用済燃料1トンには

(45000 MWd)/(0.95 MWd/g) = 約47 kgすなわち4.7%の核分裂生成物が含まれている。この使用済燃料にはこの他にもウランが中性子を捕獲して生成するプルトニウムが10 kg (1%) 弱の他，ネプツニウム，アメリシウム，キュリウムなどのマイナーアクチノイドが合計約1 kg (0.1%) 含まれている。

原子力発電では，発生する熱のうちおよそ1/3が電気に変えられる。従って，100万kW = 1 GWの発電所を1年間運転するときには

$$\frac{1000\ \mathrm{MW} \times 365\ \mathrm{d}}{(45000\ \mathrm{MWd/トン})/3} = 24.3\text{トン}$$

のウラン燃料が必要となり使用済燃料となる。この使用済燃料を直接処分する場合は，これが廃棄物となる。

一方，使用済燃料の中には，未反応の^{238}Uが約93%残っている他，核反応しきらなかった^{235}Uや，^{239}Puと^{241}Puが含まれているので，使用済燃料を炉から取り出して，ウランやプルトニウムを核分裂生成物やマイナーアクチノイドから分離すると，さらに核燃料として使うことができる可能性がある。この分離回収プロセスが核燃料再処理である。

再処理では，使用済み核燃料を硝酸に溶解し，ウランとプルトニウムを回収し，残る廃液をガラス原料とともに融解し，ステンレスの容器に流し込んで冷却固化してガラス固化体とする。ガラス固化体1本は500 kg (ガラス400 kg + 容器100 kg) 程度の重さで，この中に約40 kgの核分裂生成物とマイナーアクチノイドを含ませるようにするので，20 ～ 25トンの使用済燃料から約30本のガラス固化体がつくられる。

火力発電では発生する熱のうち，より多くが電気に変えられる。例えば天然ガス火力の熱効率は50%程度であるので，

$$\frac{1000\ \mathrm{MW} \times 365\ \mathrm{d}}{(0.62\ \mathrm{MWd/トン}) \times 0.5} = 120\text{万トン}$$

が燃焼し，炭化水素中の炭素に酸素が化合して330万トンほどの二酸化炭素が発生することになる。

4.3　核燃料サイクル

原子力発電に利用される燃料を核燃料と呼び，現在の核分裂利用の発電炉体系では，核燃料として核分裂性物質（^{235}U，^{239}Pu，^{233}U，(^{241}Pu)）および燃料親物質（^{238}U，^{232}Th，(^{240}Pu，^{234}U)）を使用する。この核燃料の採掘・製錬から再処理・再利用に至る全過程を核燃料サイクルと呼んでいる。国の政策により，ワンス・スルーオプションをとる国もあれば，そこに含まれるウランとプルトニウムを再利用するために，再処理して利用しようとする再処理・リサイクルオプションをとる国もある。

核燃料の原料資源としてはウランおよびトリウムがあり，わが国では，原子力基本法や原子炉等規制法および鉱山保安法等の法律等によって「核原料物質」および「核燃料物質」が規定されている。一般に鉱石やイエローケーキ等の中間製品は前者であり，精製錬等によって濃度を高めた製品を後者としている。

核燃料サイクルの大まかな構成は，図4.3-1に示すようになっており，核燃料が原子炉で用いられるようになるまでの過程と，用いられてから後の過程に分けて，アップストリーム（upstream，上流）とダウンストリーム（downstream，下流）あるいはフロントエンド（front end）とバックエンド（back end）と呼んでいる。核燃料サイクルからの放射性廃棄物は，核燃料の燃焼の過程で生成する核分裂生成物とアクチノイドおよび放射化生成物，および核燃料サイクルの各工程で発生するこれらにより汚染された諸材料である。まず核燃料サイクルの各工程でどのような作業がなされるかを概観する【Benedict他，1981】。

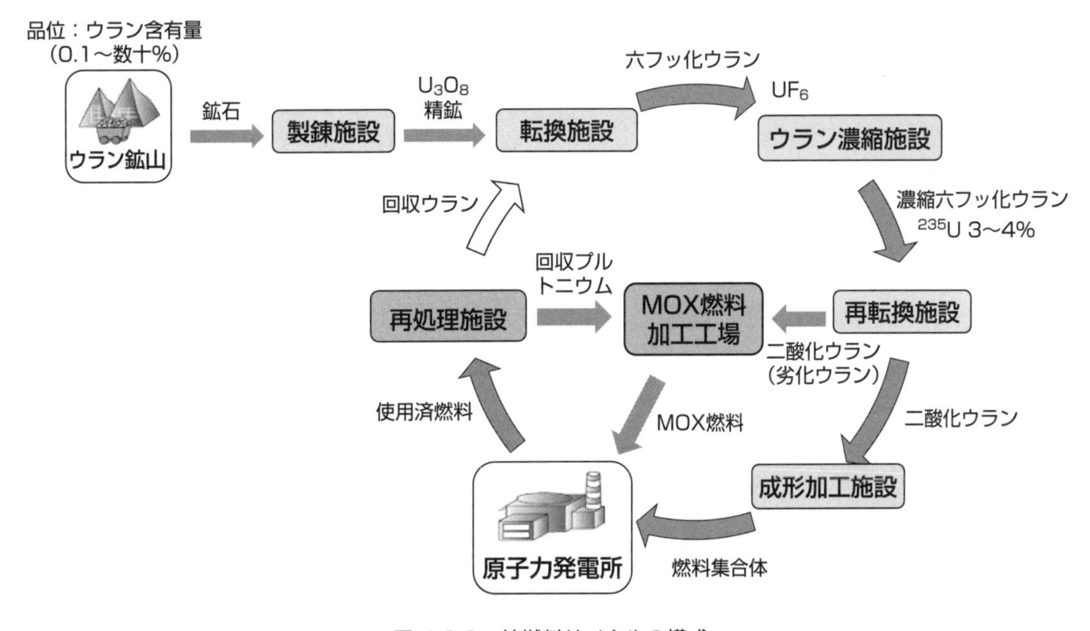

図 4.3-1　核燃料サイクルの構成

4.3.1 採鉱と粗製錬（milling）

ウランは地殻中に鉱石として広く分布している元素である。その主たる利用は原子力発電所の1次燃料としてのものである。ウラン鉱山における鉱石（ore）は0.1％程度かそれより少し多くのウランを含んでいるにすぎない。ウラン鉱石は露天掘りまたは地下採掘法により採鉱され，処理プラントまたは製錬プラントで，化学的方法により粉砕鉱石からウランが抽出される。場合によっては，鉱床に化学溶液を通過させて鉱石から直接ウランを溶解させることができる。このプロセスはその場浸出（in-situ leaching）として知られている。この鉱石は，輸送費を少なくするために，鉱山のすぐそばに設けられた粗製錬工場（mill）で粉末状のイエローケーキとされる。この製錬は粗製錬とか山元製錬とか呼ばれており，ここでの工程には，粉砕，浸出，沈殿，溶媒抽出，イオン交換などが用いられる。ウランは，二ウラン酸ナトリウム（$Na_2U_2O_7$）または二ウラン酸アンモニウム（$(NH_4)_2U_2O_7$）を経てU_3O_8を主成分とする粉末とされる。この製品はウラン精鉱（uranium concentrate）とか，もっと俗にはイエローケーキ（yellow cake）として扱われる。

4.3.2 精製錬（purification，refining），転換（conversion）

粉末状のイエローケーキは，ドラム缶に詰められて精製錬工場（refinery）または転換工場（conversion plant）へ運ばれ，さらに化学的不純物が除かれる。この操作は粗製錬に対して精製錬と呼ばれている。たいていの場合この作業は，ウランを気体にして同位体濃縮するのに適した化学形である六フッ化ウラン（UF_6）に転換するのと一緒に行われる。

4.3.3 濃縮（enrichment）

六フッ化ウランはボンベ（cylinder）に詰められて濃縮工場へ運ばれる。天然ウランは大部分が^{238}U（半減期45億年）からなり，核分裂をしやすい^{235}U（半減期7億年）を0.7％しか含まないので，ウラン濃縮工場で，^{235}Uの割合を3～5％まで濃縮する。^{238}Uと^{235}Uは化学的性質等にほとんど差異は無いが，中性子3個分のわずかな質量差を利用して同位体濃縮が行われる。現在商業化されているウラン濃縮技術には，ガス拡散法および遠心分離法があり，ウランはUF_6の形で用いられる。UF_6は室温で揮発性である唯一の安定なウランの化合物で（黄緑色），64℃で融解し，その温度での蒸気圧は1.5気圧である。UF_6は水や有機物と容易に反応するので，湿気にふれないように厳重な鋼鉄製のガスボンベに入れられて運搬される。

同位体濃縮工程の重要な特徴は，ガス拡散法でも遠心分離法でも1段の分離操作では所要の濃縮度が得られないので，同一の操作を何段も繰り返す必要のあることである。

この工程の供給原料は天然のUF_6であり，製品は濃縮UF_6である。このプロセスの他の出力は天然ウランよりも核分裂性物質含有量が低い減損または劣化ウランである。ある濃度の濃縮UF_6製品を得るのに，どれだけの天然UF_6供給原料が必要かは，分離を繰り返して，どのような濃度の減損ウランを廃品とするかに左右される。例えば^{235}Uの含有量が0.711％

（分率で$x_F = 0.00711$）の天然ウランFトンから，^{235}Uの含有量が3.7％（分率で$x_p = 0.037$）の濃縮ウラン製品Pトンと，^{235}Uの含有量が0.25％（分率で$x_w = 0.0025$）の減損ウラン廃品Wトンとをつくることを考えると，ウラン全体および^{235}Uの収支は次のようになる。

全流量の収支：$F = P + W$

^{235}Uの収支：$Fx_F = Px_P + Wx_W$

この連立方程式を利用すれば，この場合には，$P = 1$トンの3.7％濃縮ウランを得るのに$F = 7.48$トンの天然ウランが必要となることがわかる。

4.3.4　成形加工（fabrication），転換（conversion）

成形加工工場へ運ばれたUF_6はそこで原子炉の型にあった燃料要素に転換され成形加工される。燃料は原子炉で核反応により高温となり運転停止時にはこれが冷却される。このため，核燃料は加熱－冷却という熱サイクルの影響を受けにくい熱的に安定な化学形に転換される。軽水炉についていえば，UF_6は水およびアンモニアと反応させられ二ウラン酸アンモニウム（$(NH_4)_2U_2O_7$）とされ，焙焼・還元によりUO_2粉末とされた後，プレスして高さ約1cm，直径1cm弱のペレット（pellet）とされ，焼結（sinter）によりセラミックスとされた後，ジルカロイと呼ばれるジルコニウムにスズ，鉄，ニッケル，クロムを含ませた厚さが0.6～0.7 mmの合金製の燃料被覆管（fuel cladding）と呼ばれる長さ4 mほどの細い管に詰め込まれ，バネと共に両端が密封される。この状態が燃料棒（fuel rod）である。これらの燃料棒を100本から200本以上集めて間隔を空けて束になるように金属で固定したものが燃料集合体（fuel assembly）であり，原子炉の炉心で使用される（図4.3-2）。

4.3.5　原子炉（reactor）の運転

原子炉自身は核燃料の照射施設である。これは燃料を燃焼しエネルギーと使用済燃料を生産する。現在，世界では7種類の型の原子炉が発電に用いられている（表4.3-1）。

いずれの原子炉においても，中性子が核分裂性の原子核と反応しやすいように，低原子量の元素である水素，重水素，炭素などを含む軽水，重水，グラファイトなどを中性子減速材として用いている。核分裂によるエネルギーは核分裂生成物の運動エネルギーとして冷却材に伝えられ，直接，間接に，水が蒸気に転換され蒸気タービンを動かし，蒸気タービンは発電機を駆動し電気を発生する。

図4.3-3は，沸騰水型炉（BWR）および加圧水型炉（PWR）発電の仕組みを示したものである。燃料集合体は，原子炉圧力容器の中で沸騰水または加圧水に浸され，核燃焼させられる。中性子の減速と熱の冷却（伝達）に使われる水は，沸騰水型の場合はそのまま蒸気の形で，加圧水型の場合は蒸気発生器において発生された蒸気がタービンを回すのに用いられる。

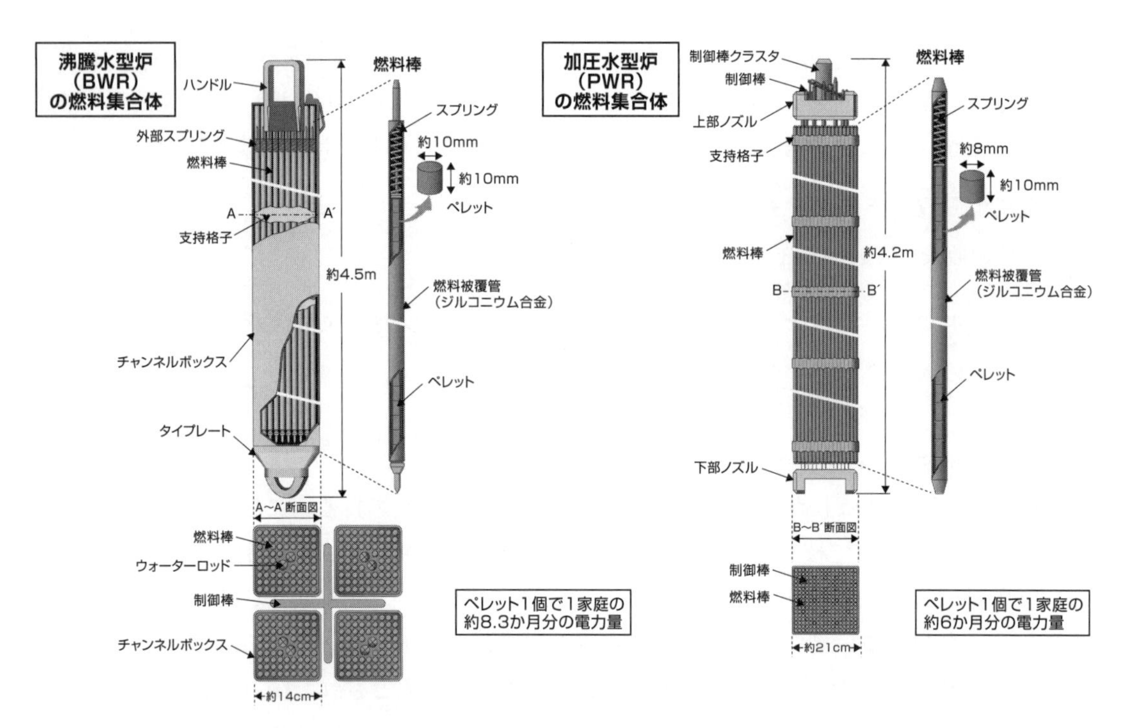

図 4.3-2 燃料集合体の構造【日本原子力文化財団, 2016】

表 4.3-1 商業用発電炉の炉形と減速材，冷却材

減速材	冷却材	燃料	炉型
軽水	加圧軽水	低濃縮ウラン酸化物	PWR（加圧水型炉）
	加圧軽水		ロシア型VVER（加圧水型炉）
	沸騰軽水		BWR（沸騰水型軽水炉）
重水	重水	天然ウラン酸化物	CANDU-PHWR（加圧重水炉）
黒鉛	炭酸ガス	天然ウラン金属	GCR（ガス冷却炉またはマグノックス炉）
	炭酸ガス	低濃縮ウラン酸化物	AGR（改良型ガス冷却炉）
	沸騰軽水	低濃縮ウラン酸化物	RBMK（軽水冷却黒鉛減速炉）

エネルギーの発生は，最初はウランのみの核分裂によっているが，燃焼と共に核分裂性のプルトニウムが生成し，この核種の核分裂もエネルギー生産に寄与するようになり，最終的には発生エネルギーの約1/3がプルトニウムの核分裂によるものとなる。この過程では，核分裂および1次核分裂生成物の崩壊や中性子捕獲により生成する核種，燃料ウランを出発として中性子捕獲とベータ（β^-）崩壊の繰り返しにより生成するTRU核種，放射化により生成する中性子放射化生成物が核燃料および周囲の材料中に蓄積する。

生成する核分裂生成物の質量の分布は図4.2-1に示した通りであるが，その元素としての化学的性質を表4.3-2に示す。中性子を吸収しやすく核分裂連鎖反応の妨げになる元素や，UO_2に固溶しにくく燃料の変形等をもたらす元素などがある。これらの元素の生成の結果，

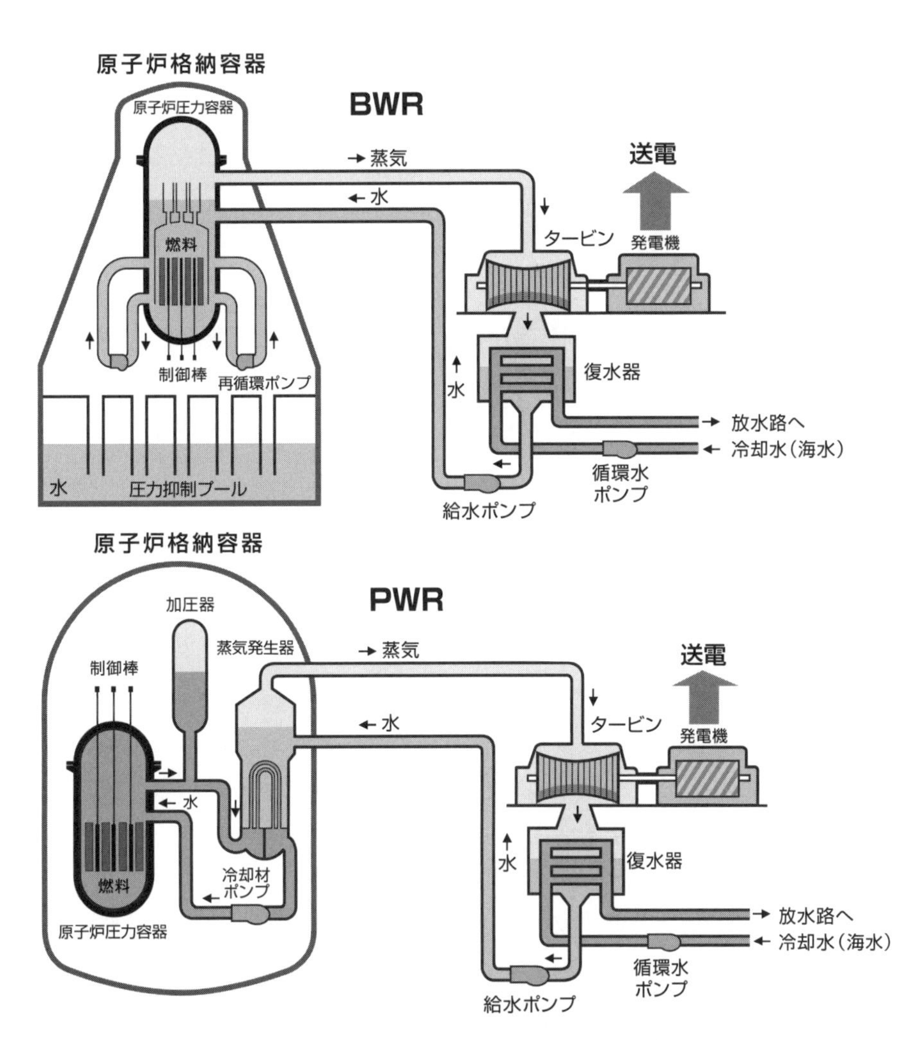

図 4.3-3　沸騰水型炉（BWR）および加圧水型炉（PWR）発電の仕組み
【日本原子力文化財団, 2016】

表 4.3-2　核分裂生成物の燃料中の化学的性質

化学組成	
F Pガス	Kr, Xe
揮発性	Cs, I, Ag
燃料固溶相	Sr, Zr, Y, 希土類, アクチノイド
金属析出相	Mo, Tc, Ru, Rh, Pd, Ag, Cd
酸化物析出相	Ba, Zr, Mo, Cs

中性子毒（吸収断面積，半減期）	
短半減期	^{135}Xe(3×10^6 b, 9.14 h) ^{133}Xe(5000 b, 5.25 d)
安定核種	^{149}Sm(41000 b), ^{143}Nd(325 b), ^{103}Rh(146 b), ^{99}Tc(19 b)

核種の半減期／年	
^{85}Kr	10.7
^{90}Sr	28.8
^{137}Cs	30.1
^{151}Sm	90
^{79}Se	2.95×10^5
^{126}Sn	2.3×10^5
^{99}Tc	2.1×10^5
^{135}Cs	2.3×10^6
^{93}Zr	1.6×10^6
^{107}Pd	6.5×10^6
^{129}I	1.57×10^7

核燃料は，スウェリング，熱応力や腐食による被覆材の劣化や核分裂性物質の減損と中性子を吸収する核分裂生成物の蓄積による反応度の低下を受け，最終的にもとあったウランの3～5%が核分裂したところで燃料を取り出さざるをえなくなるようになる。軽水炉における典型的な燃料の寿命は4年である。

核燃料中では核分裂生成物の他にも，中性子による核反応に起因してTRU核種や放射化生成物がもたらされる。

TRU核種の生成については，核燃料であるウランが中性子を捕獲し，引き続いてベータ崩壊が起こると原子番号が増加するため，これらの反応が繰り返して起こることにより，ウランより原子番号の大きい元素の同位体が生成し，それらがアルファ崩壊を含む連鎖などを形成する。

4.3.6 使用済燃料貯蔵

使用済核燃料には，大量の核分裂性物質，その他のアクチノイドおよび核分裂生成物が含まれている。使用済燃料は，原子炉から取り出した直後に多量の熱を発生させるため，通常は原子炉棟内に設置されている燃料プール（水槽）で保管されるのが一般的である。

使用済燃料は，将来の利用または直接処分のために，あるいは国の政策判断によってはより長期に貯蔵することもでき，プール中（湿式）あるいはサイロ中（乾式）に貯蔵される。現在日本では多くが発電所サイト内（at reactor，通称ARタイプ）のプール等で湿式環境の下での貯蔵が継続されているが，乾式貯蔵は，発電所サイト内においても，サイト外（away-from-reactor，通称AFRタイプ）においても，湿式貯蔵に比べて必要な設備・機器が少なく構造がシンプルであり，貯蔵に伴って発生する廃棄物が少なくて済むことから，より長期間の貯蔵に適した方式として今後利用が拡大するとみられている。暫定貯蔵施設（ARまたはAFRタイプ）の貯蔵期間の後，使用済燃料は再処理のために準備されるか，更なる貯蔵または処分のために整えられる。このプロセスは使用済燃料コンディショニング施設で行われる。

4.3.7 再処理

使用済燃料はまだエネルギー生産に用いることのできる核分裂性物質をかなり含んでいる。原子炉の通常の運転中に生産された^{239}Puのような新しい核分裂性物質があり，かなりの量の^{235}Uが使用済燃料中にまだ含まれている。核燃料サイクルのオプションによっては，使用済燃料から核分裂性物質を取り出して，それを再加工して炉中で燃焼させることを考えている。MOX（混合酸化物：Mixed Oxideの略）燃料は，再処理されたプルトニウムを二酸化プルトニウム（PuO_2）とし，これを二酸化ウラン（UO_2）と混ぜてプルトニウム濃度を4～9%に高めたもので，主として高速増殖炉の燃料に用いようと考えられているが，既存の軽水炉用燃料ペレットと同一の形状に加工し，核設計を行ったうえで適正な位置に配置することにより，軽水炉のウラン燃料の代替として用いることができる。これをプルサーマル利用と呼ぶ。

再処理プロセスは，化学的および物理的プロセスに基づいて，使用済み核燃料から再利用できる可能性のあるウランとプルトニウムを，他の核分裂生成物やマイナーアクチノイドから分離する工程である。このプロセスの供給原料は使用済燃料であり，製品は再利用できる物質と高レベル放射性廃棄物（HLW）である。

使用済核燃料の再処理の時期は，取り出し後の時間が長いほど，崩壊熱が減少して発熱が小さくなってやりやすくなるが，その一方で，時間の経過とともに核分裂性物質である^{241}Puが崩壊して^{241}Amが成長するという損失がある。

$$^{241}_{94}\mathrm{Pu} \xrightarrow[14.29\ \mathrm{y}]{\beta^-} {}^{241}_{95}\mathrm{Am} \xrightarrow[432.6\ \mathrm{y}]{\alpha} {}^{237}_{93}\mathrm{Np} \xrightarrow[2.144\times10^6\ \mathrm{y}]{\alpha}$$

再処理時期が遅くなると核分裂性物質である^{241}Puが失われる。また再処理後のMOX燃料加工時期が遅くなると，^{241}Amの成長によりその崩壊に付随するガンマ線の影響で取り扱いが難しくなる。このような配慮から，再処理までの時間は，使用済燃料取り出し後約4年程度が好ましいとされている。しかし実際には，再処理・リサイクルオプションの社会的および技術的整備には他にも様々な制約があり，再処理時期はそれらの制約によりより遅くなっている。

現在，各国で採用されている核燃料の再処理方法はピューレックス（Purex）法と呼ばれる溶媒抽出分離を基本とする方法である（図4.3-4）。

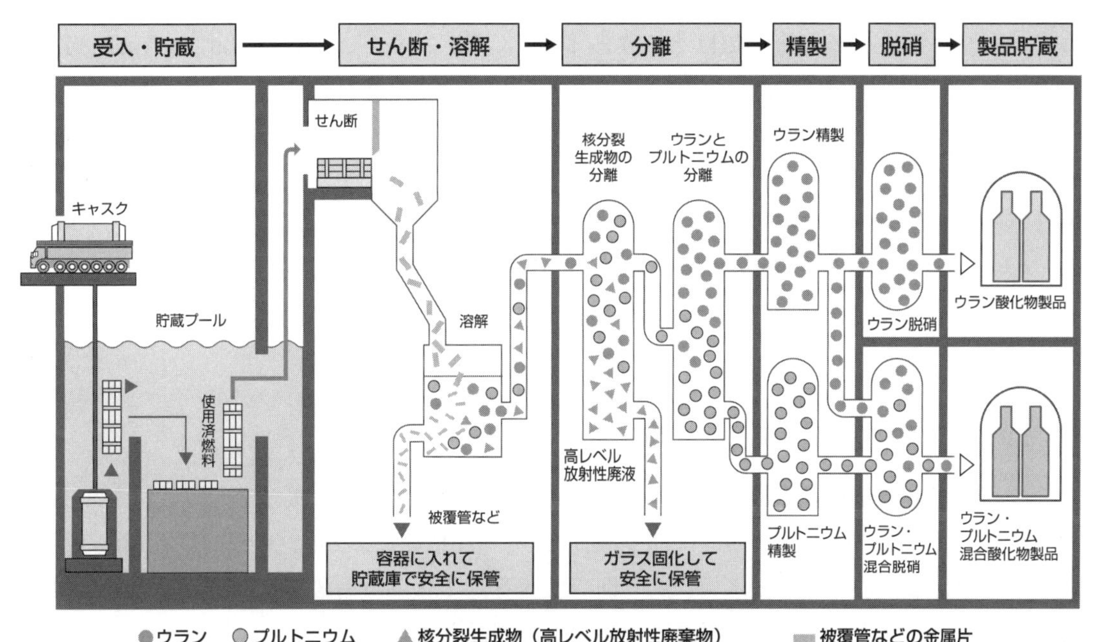

図 4.3-4　核燃料再処理の工程【日本原子力文化財団, 2016】

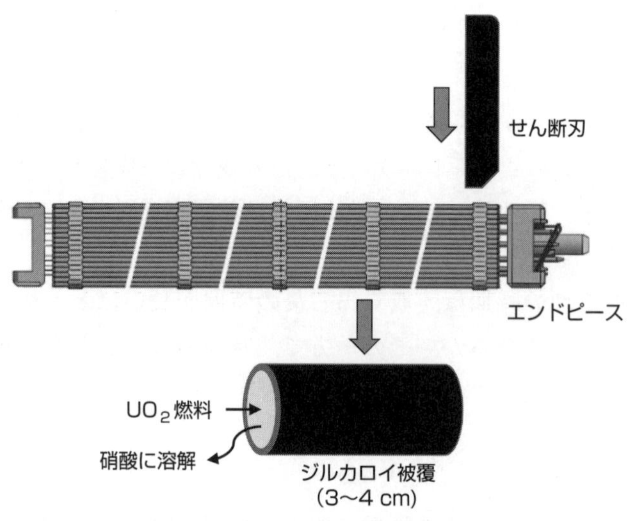

図 4.3-5 再処理におけるせん断溶解工程の概念図

この方法では，まずせん断・溶解工程で図4.3-5に示すように使用済燃料集合体から末端部（エンドピース）を切り離し，残る部分を細かくせん断（押切り）し燃料棒を数cmのせん断片にして，燃料被覆管内の二酸化ウランを硝酸に溶かし，燃料部分と被覆管部分とを分別する。燃料を溶かした硝酸溶液は，清澄機で不溶解残渣（燃料せん断片を溶解槽で溶解した際に溶解せずに残る粒子状のもの）を除去した後，分離工程へ送る。分離された燃料被覆管廃材（ハル）やエンドピースはTRU廃棄物とされる。

硝酸溶液中ではウランは6価（UO_2^{2+}：ウラニルイオン），プルトニウムは4価（Pu^{4+}）として溶解し，活性金属や希土類はその族のイオン（Cs^+，Sr^{2+}，La^{3+}〜Lu^{3+}，Am^{3+}，Zr^{4+}など）として溶解する。酸に溶けないジルコニウム合金製の燃料被覆管の廃材（ハルと呼ばれる）と不溶解残渣（ルテニウム（Ru），ロジウム（Rh），パラジウム（Pd）などの貴金属は不溶性金属として，モリブデン（Mo），テクネチウム（Tc），ジルコニウム（Zr）などは不溶性酸化物として残留する）を除いた溶液の酸性を調節し，リン酸トリブチル（TBP，$(C_4H_9O)_3PO$）のドデカン溶液（有機相）と混合・接触させると，6価のウランと4価のプルトニウムが有機相に移り，核分裂生成物とマイナーアクチノイドは水相に残る。

$$UO_2^{2+} + 2NO_3^- + 2TBP_{(org)} = UO_2(NO_3)_2 \cdot 2TBP_{(org)}$$

$$Pu^{4+} + 4NO_3^- + 2TBP_{(org)} = Pu(NO_3)_4 \cdot 2TBP_{(org)}$$

この有機相を分離して，還元剤を含む新しい硝酸溶液（水相）と接触させると，プルトニウムのみが3価（Pu^{3+}）に還元されて水相に移る。有機相に残ったウランはより薄い硝酸溶液（水相）と接触させると水相に戻り回収できる。これらの硝酸溶液はウランの酸化物あるいはウランとプルトニウムの混合酸化物の形で製品とされる。

ウランとプルトニウムを除いた後の，核分裂生成物とマイナーアクチノイドを溶液または不溶解残渣の形で含む硝酸系廃液（高レベル廃液）は蒸発缶等で濃縮した後，高温でガラス原料と共に溶融したのち，ステンレスの容器（キャニスター）に流し込む。容器内で，核分裂生成物とマイナーアクチノイドはガラス成分と共に均一に冷却されガラス固化体（高レベル放射性廃棄物）とされる。ガラス固化体の大きさは，高さ約1.3 m，外径約40 cm，重さ約500 kg（うちステンレスキャニスター約100 kg）で，固化体1本当たり，核分裂生成物とマイナーアクチノイドが約40kg含まれている。

4.3.8 MOX燃料加工

分離されたプルトニウムは酸化物粉末に転換され，漏れのない容器に充填され，プルトニウム燃料加工施設に輸送され，軽水炉および高速炉のためのMOX燃料に製造される。核分裂性の同位体^{239}Puと^{241}Puは^{235}Uの代替物として用いられる。しかし^{241}Puは14.3年の半減期で崩壊して非核分裂性で放射性の強い^{241}Amになる。このため，MOX燃料としてのプルトニウムの利用は，使用済燃料から分離して後すぐになされることが望ましい。

一般に，MOX燃料ペレットはUO_2とPuO_2粉末からウラン燃料と同じようにして製造される。濃縮ウラン中には核分裂性物質が燃料中にもともと含まれている。MOX燃料では，核分裂性物質のプルトニウムを担体物質ウランに加える必要がある。この2つの核分裂性物質と親物質の混合が，ウラン燃料加工とMOX燃料加工の間の最も大きな違いである。MOX燃料棒と集合体は，ウラン燃料の設計に基づき，これに修正を加えた手順で製造される。

4.4　核燃料サイクルからの廃棄物

図4.4-1は核燃料サイクルからの廃棄物を示したものである。

ウラン鉱山における採鉱の段階では，鉱石からウランが抽出され，これを核燃料として扱う活動から発生する廃棄物が以後の規制管理の対象となる放射性廃棄物である。日本では，放射性廃棄物のうち，原子力発電で使われた燃料（使用済燃料）を再処理した後に残る放射能レベルの高い廃液（高レベル放射性廃液）やこれをガラス固化したものを高レベル放射性廃棄物といい，これ以外の放射性廃棄物は，低レベル放射性廃棄物と呼ばれている。アップストリーム工程で問題となる廃棄物中の放射性核種はウランのみであるので，ウランを含むあるいはウランで汚染された廃棄物はウラン廃棄物と呼ばれている。

発電段階での原子炉の運転では，核分裂性物質（ウランとプルトニウム），核分裂生成物およびマイナーアクチノイドは基本的には燃料固体中に閉じ込められているので，廃棄物となる物質や材料中の放射性核種は，主として放射化生成物である。このような廃棄物は原子炉施設または発電所の，操業（または運転）廃棄物および解体廃棄物と呼ばれている。

ダウンストリーム工程すなわち再処理とMOX加工施設の操業と解体からの廃棄物中の放射性核種は，核分裂生成物，アクチノイドおよび放射化生成物の全てを含む。再処理工場およびMOX燃料加工施設で発生する高レベル放射性廃棄物以外の放射性廃棄物は，原子炉の

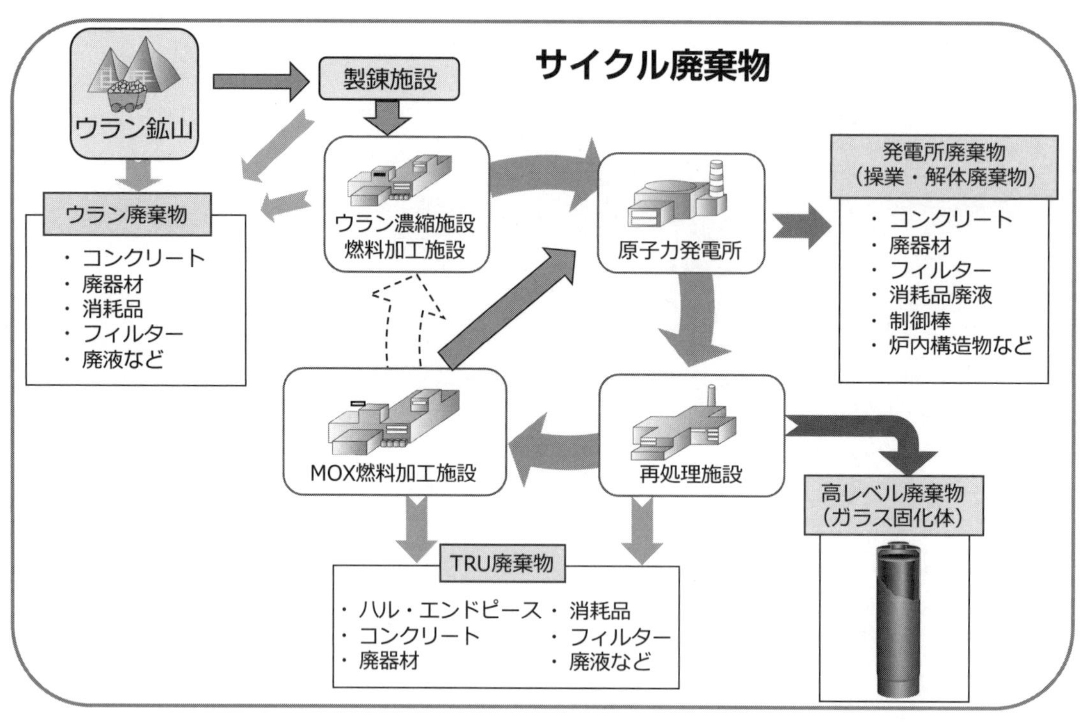

図 4.4-1　核燃料サイクル（再処理・リサイクルオプション）からの廃棄物

表 4.4-1 発生源から見た放射性廃棄物の分類

<table>
<tr><th colspan="3">廃棄物の種類</th><th>発生施設</th><th>廃棄物の形態</th><th>主な放射性核種</th><th>短寿命
核種濃度</th><th>長寿命
核種濃度</th></tr>
<tr><td colspan="3">高レベル放射性廃棄物</td><td>再処理施設</td><td>ガラス固化体</td><td>^{137}Cs, ^{90}Sr, ^{241}Am, ^{243}Am, ^{237}Np, ^{99}Tc, ^{135}Cs</td><td>高</td><td>高</td></tr>
<tr><td rowspan="10">低レベル放射性廃棄物</td><td colspan="2" rowspan="3">TRU廃棄物</td><td rowspan="3">再処理施設、MOX燃料加工施設</td><td>燃料被覆管廃材(ハル)、エンドピース、ヨウ素吸着フィルター、濃縮廃液,金属廃材</td><td rowspan="3">^{3}H, ^{14}C, ^{36}Cl, ^{60}Co, ^{63}Ni, ^{99}Tc, ^{152}Eu, ^{129}I, ^{137}Cs, ^{90}Sr, ^{241}Am</td><td>高</td><td>中</td></tr>
<tr><td>スラッジ,樹脂,フィルター,焼却灰,金属廃材等</td><td>中</td><td>低</td></tr>
<tr><td>施設解体,改造に伴うコンクリート,金属の廃材</td><td>極低</td><td>極低</td></tr>
<tr><td rowspan="3">原子炉施設から発生する廃棄物</td><td>放射能レベルの比較的高い廃棄物</td><td rowspan="3">原子力発電所等の原子炉施設</td><td>運転廃棄物(制御棒、チャンネルボックス,樹脂等)
解体廃棄物(シュラウド等の炉内構造物)</td><td rowspan="3">^{3}H, ^{14}C, ^{36}Cl, ^{60}Co, ^{63}Ni, ^{99}Tc, ^{152}Eu, ^{129}I, ^{137}Cs, ^{90}Sr, ^{241}Am</td><td>中</td><td>低</td></tr>
<tr><td>放射能レベルの比較的低い廃棄物</td><td>スラッジ,樹脂,フィルター,焼却灰,金属廃材等</td><td>低</td><td>極低</td></tr>
<tr><td>放射能レベルの極めて低い廃棄物</td><td>施設解体,改造に伴うコンクリート,金属の廃材</td><td>極低</td><td>極低</td></tr>
<tr><td colspan="2" rowspan="2">ウラン廃棄物</td><td rowspan="2">ウラン濃縮、燃料加工施設</td><td>スラッジ,樹脂,フィルター,焼却灰,金属廃材</td><td rowspan="2">^{238}U,^{235}U
とその娘核種</td><td rowspan="2">娘核種以外なし</td><td rowspan="2">低</td></tr>
<tr><td>施設解体,改造に伴うコンクリート,金属の廃材</td></tr>
<tr><td colspan="2" rowspan="2">研究施設等廃棄物</td><td rowspan="2">放射性物質利用施設,研究所</td><td>使用済み線源</td><td rowspan="2">^{137}Cs, ^{60}Co, ^{153}Gd, ^{192}Ir, ^{90}Sr, ^{226}Ra, ^{125}I, ^{252}Cf, ^{241}Am</td><td>高</td><td>線源に依存</td></tr>
<tr><td>実験、医用廃棄物</td><td>中～極低</td><td>低～極低</td></tr>
<tr><td colspan="3">放射性物質として扱う必要のないもの</td><td>上記全て</td><td>解体廃棄物の大部分</td><td></td><td></td><td></td></tr>
</table>

運転解体からの廃棄物とは異なりアクチノイドを含んでいるので，TRU廃棄物あるいはサイクル施設からの廃棄物と呼ばれている。

それぞれの発生源からの放射性廃棄物は，それが潜在的な危険性を持つ間は人とその生活環境に影響を与えないように隔離し閉じ込めておく必要がある。放射性廃棄物の危険性は，その物質・材料中に含まれている核種が放射能（放射線を出す能力）を持つからであり，放射能はその核種の寿命が短いほど高く，寿命が長いほど長期に残留する。

表4.4-1には，それぞれの発生源からの廃棄物中の短寿命核種濃度と長寿命核種濃度の概略を示している。どの発生源から発生する廃棄物も発生の仕方は多様であるので，これらの核種の組成と濃度分布は広汎に分布している。これらの廃棄物は，後の章で説明するように，その危険性の程度に応じて，地層処分，中深度処分（日本では余裕深度処分と呼ばれていた），浅地中コンクリートピット処分，浅地中トレンチ処分することを想定して，予めの分別がなされている。

4.4.1 高レベル放射性廃棄物（ガラス固化体）

高レベル放射性廃棄物は原子力によるエネルギー生産の正味の廃棄物で，エネルギーを得ようとすれば発生を避けることのできない廃棄物である。エネルギー生産を終えた使用済燃料中の放射性核種は，核分裂生成物とマイナーアクチノイドである。原子炉中で核分裂性物

	Th	Pa	U	Np	Pu	Am	Cm
248							3.48×10^5 y
247							1.56×10^7 y
246							4706 y
245							8423 y
244					8.00×10^7 y	10.1 h→	18.1 y
243					4.96 h→	7364 y	29.1 y
242					3.75×10^5 y	141 y	163 d
241					14.3 y→	432 y	
240			14.1 h→	61.9 m→	6561 y		
239			23.5 m→	2.36 d→	2.41×10^4 y		
238			4.47×10^9 y	2.12 d→	87.7 y		
237			6.75 d→	2.14×10^6 y	←45.6 d		
236			2.34×10^7 y	1.53×10^5 y	2.86 y		
235		24.4 m→	7.04×10^8 y				
234	24.1 d→	6.70 h→	2.46×10^5 y				
233	21.8 m→	27.0 d→	1.59×10^5 y				
232	1.40×10^{10} y	1.32 d→	68.9 y				
231	25.5 h→	3.28×10^4 y					
230	7.54×10^4 y						
229	7880 y						
228	1.91 y						

- 各核種は断面積に応じて(n,γ)反応：中性子捕獲（A → A＋1）で生成
- 灰色矢印なし：α崩壊（Z → Z−2, A → A−4）
- 右向き矢印：β崩壊（Z → Z＋1）
- 左向き矢印：電子捕獲（Z → Z−1）

図 4.4-2 ウラン燃料からのTRU核種の生成と崩壊

質であるウランやプルトニウムが核分裂すると，より多くの中性子が発生し核分裂連鎖反応が起こるが，同時に核燃料であるウランが中性子を捕獲する反応も起こる。ウランが中性子を捕獲し引き続いてベータ崩壊が起こると原子番号が増加するため，これらの反応が繰り返して起こることにより出発燃料物質であるウランより原子番号の大きい元素の同位体が生成し，それらがアルファ崩壊連鎖を形成する。

図4.4-2は原子炉中の主なアクチノイドの生成崩壊系列と各核種の半減期を示したものである。これらの反応による核種の生成量は，各核種の反応断面積，崩壊定数に依存して決まるが，中性子スペクトルが硬いほど（中性子のエネルギーの分布が高い方に偏っているほど），中性子束が高いほど，高次の反応が増加し，より原子番号，質量数の大きい核種が生成する。

実際に45 GWd/tの燃焼度の使用済燃料にどのような核分裂生成物とアクチノイドが含まれているかを計算して，重要な核種について示したのが表4.4-2である。燃焼度45 GWd/tの使用済燃料1トンには約46 kg（表中のアクチニドの重量954 kgを1トンから引いた値）の核分裂生成物が含まれている。この使用済燃料にはこの他にもウランが中性子を捕獲して生成するプルトニウムが10 kg弱の他，ネプツニウム，アメリシウム，キュリウムなどのマイナーアクチノイド（MA）が合計1 kg弱含まれている。

核分裂生成物の発生量は，ウランおよびプルトニウムが核分裂して，発生させたエネル

表 4.4-2 使用済燃料の組成と重要な核種の放射能とその時間変化

アクチノイド	半減期/年	kg/トン	Bq/トン			FP	半減期/年	Bq/トン		
		4年	4年	1000年	1万年			4年	1000年	1万年
U-234	24.6万		5.4E+10	1.1E+11	1.0E+11	Ce-144	0.8	1.4E+15	0.0E+00	0.0E+00
U-235	7.0億	8	6.8E+08	6.9E+08	7.7E+08	Ru-106	1.0	1.5E+15	0.0E+00	0.0E+00
U-236	2,342万	5.8	1.4E+10	1.5E+10	1.8E+10	Cs-134	2.1	2.2E+15	0.0E+00	0.0E+00
U-238	45億	928.7	1.2E+10	1.2E+10	1.2E+10	Pm-147	2.6	1.9E+15	0.0E+00	0.0E+00
Np-237	214万	0.7	1.8E+10	4.8E+10	5.5E+10	Kr-85	10.7	3.7E+14	0.0E+00	0.0E+00
Pu-238	87.7	0.2	1.5E+14	5.9E+10	8.8E-09	Sr-90	28.8	3.5E+15	1.8E+05	0.0E+00
Pu-239	2.4万	4.9	1.1E+13	1.1E+13	8.6E+12	Cs-137	30.1	4.8E+15	4.8E+05	0.0E+00
Pu-240	6,563	2.4	2.0E+13	1.9E+13	7.2E+12	Se-79	30万	2.1E+10	2.0E+10	1.8E+10
Pu-241	14.4	1.1	4.3E+15	9.1E+09	4.4E+09	Sn-126	23万	3.4E+10	3.4E+10	3.2E+10
Pu-242	37.3万	0.6	8.1E+10	8.0E+10	7.9E+10	Tc-99	21万	6.6E+11	6.5E+11	6.3E+11
Am-241	432	0.3	3.5E+13	3.7E+13	4.4E+09	Zr-93	153万	9.4E+10	9.4E+10	9.3E+10
Am-242m	141		2.8E+11	3.0E+09	4.5E-09	Cs-135	230万	2.1E+10	2.1E+10	2.1E+10
Am-243	7,370	0.1	9.1E+11	8.3E+11	3.6E+11	Pd-107	650万	5.0E+09	5.0E+09	5.0E+09
Cm-242	0.4		4.1E+12	2.5E+09	3.7E-09	I-129	1570万	1.5E+09	1.5E+09	1.5E+09
Cm-244	18.1		1.0E+14	2.8E-03	0.0E+00					
合計		954.0	4.6E+15	6.9E+13	1.7E+13	合計		1.6E+16	8.3E+11	8.0E+11

BWR 45000 MWD/トンについてORIGEN-2で計算（5.4E+10は5.4×10^{10}）

ギーに比例しており，1 kgの核分裂生成物あたり0.95 GWdのエネルギーが発生するので，ウラン1トンあたり45 GWdの燃焼度の使用済燃料には，45/0.95 = 47.4 kgの核分裂生成物が含まれていることになる。

原子力発電においては発生する熱エネルギーの約1/3が電気として使えるので，100万kW = 1 GWの電気出力の発電所をフル運転するのには，1 GW × 365 d × 3 / (45 GWd/t) = 24.3 tのウラン燃料が必要となり，これが使用済燃料となる。

この使用済燃料を直接処分する場合は，これが廃棄物となる。一方，再処理してウランとプルトニウムを分離回収する場合には，廃棄物中に分離回収しきれなかったウランとプルトニウム（0.5%以下）と残る核分裂生成物とマイナーアクチノイドが含まれる。

図4.4-3は，高レベル放射性廃液からのガラス固化体の製造の概略を示したものである。使用済燃料は，再処理工程において使用済燃料棒が数cmの長さにせん断され，燃料棒中の二酸化ウランが硝酸に溶解され，溶媒抽出分離を基本とするピューレックス法によりウランとプルトニウムが分離回収される。残る硝酸溶液は濃縮，脱硝を経て，ホウケイ酸ガラス原料とともに溶融炉で約1200℃で混合溶融され，ステンレスの容器に流下され，放冷と共に固化される。溶解に供せられる燃料棒せん断片と二酸化ウラン中には，図4.4-4に示すような形で，核分裂生成物，アクチノイドおよび放射化生成物が分布しており，ジルカロイ被覆管は溶解されずに被覆廃材（ハルと呼ばれる）となるが，放射化生成物の一部は硝酸に溶解される。

使用済燃料中に含まれていた放射性核種の多くは，ガラス中のホウ素やケイ素と同じように，ガラス骨格を形成する元素としてガラス成分となり，骨格を形成しない残りは非常に小さい粒子の形で，ガラス骨格に取り囲まれた状態となる。

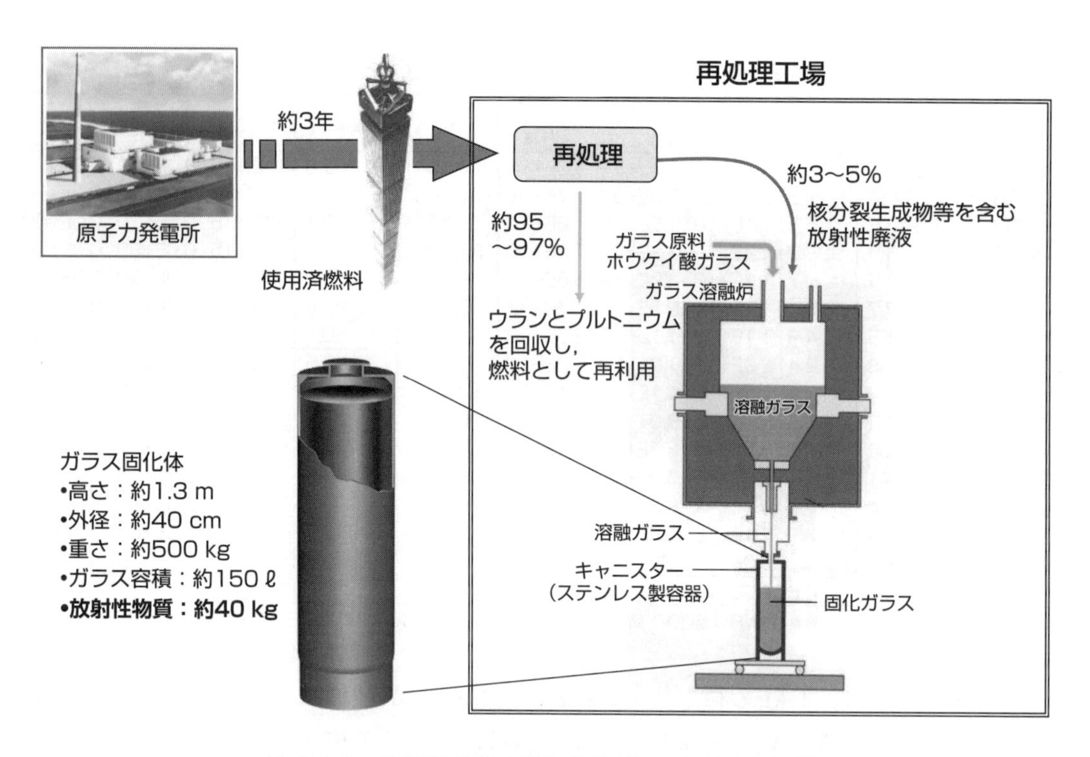

図 4.4-3　ガラス固化体の製造【NUMO, 2002より作成】

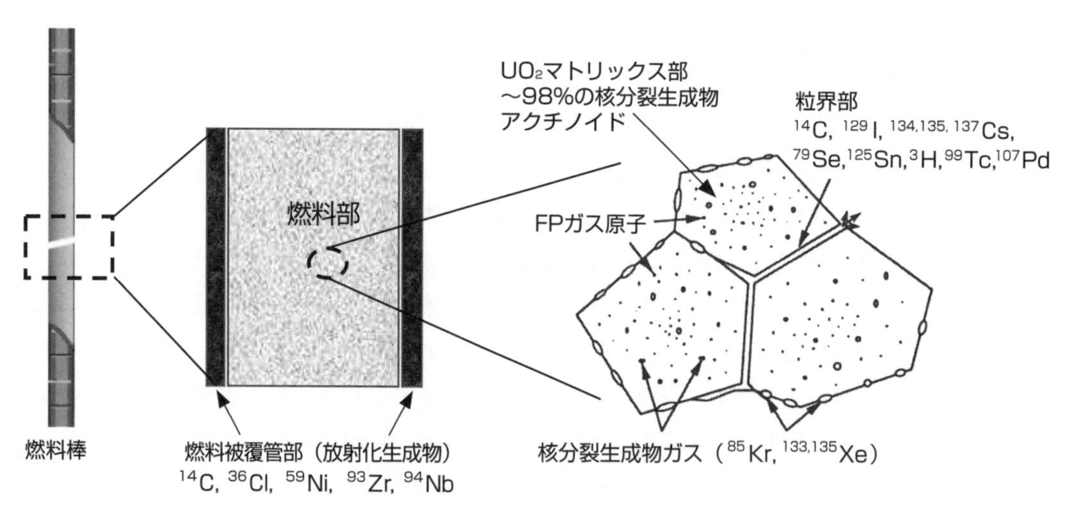

図 4.4-4　使用済燃料および被覆管中の放射性核種の分布

ガラス固化体の規格は，高さ約1.3 m，外径40 cmで，重さはステンレス容器100 kgと合わせて500 kgであり，この中に放射性物質が約40 kg含まれるように調整される。すなわち，45 GWd/tの燃焼度のウラン燃料1トン当たり（45/0.95）/40 ≈1.2本のガラス固化体が作成される。ガラス固化体中には，回収されたウランとプルトニウムを除く核分裂生成物とマイナーアクチノイドが含まれている他，使用済燃料を溶解する際に被覆管から溶出した放射化

表 4.4-3　ガラス固化体中の核種の放射能(取り出し後4年で再処理，冷却50年)

核種	半減期(年)	インベントリ(Bq)	核種	半減期(年)	インベントリ(Bq)	核種	半減期(年)	インベントリ(Bq)
C-14	5.70E+03	1.23E+08	Ra-226	1.60E+03	1.55E+03	Pu-236	2.90E+00	4.03E+04
Cl-36	3.01E+05	4.78E+08	Ra-228	5.75E+00	3.28E+00	Pu-238	8.77E+01	5.40E+11
Ni-59	1.01E+05	8.25E+08	Ac-227	2.18E+01	8.77E+04	Pu-239	2.41E+04	6.84E+10
Se-79	2.95E+05	1.44E+09	Th-228	1.91E+00	5.50E+06	Pu-240	6.56E+03	3.24E+11
Sr-90	2.88E+01	8.36E+14	Th-229	7.34E+03	1.11E+04	Pu-241	1.44E+01	2.31E+12
Zr-93	1.53E+06	7.28E+10	Th-230	7.54E+04	8.57E+04	Pu-242	3.75E+05	4.10E+08
Nb-93m	1.61E+01	6.42E+10	Th-232	1.40E+10	3.30E+00	Pu-244	8.00E+07	1.31E+02
Nb-94	2.03E+04	1.55E+08	Pa-231	3.28E+04	1.09E+05	Am-241	4.32E+02	3.47E+13
Mo-93	4.00E+03	6.98E+07	U-232	6.90E+01	5.35E+06	Am-242m	1.41E+02	1.85E+11
Tc-99	2.11E+05	5.22E+11	U-233	1.59E+05	3.06E+06	Am-243	7.37E+03	8.14E+11
Sn-126	2.30E+05	2.64E+10	U-234	2.46E+05	9.72E+07	Cm-243	2.91E+01	2.00E+11
I-129	1.57E+07	3.81E+07	U-235	7.04E+08	3.05E+06	Cm-244	1.81E+01	1.50E+13
Cs-135	2.30E+06	1.81E+10	U-236	2.34E+07	4.65E+07	Cm-245	8.50E+03	1.67E+10
Cs-137	3.02E+01	1.25E+15	U-238	4.47E+09	3.88E+07	Cm-246	4.76E+03	2.77E+09
Eu-154	8.59E+00	3.60E+12	Np-236	1.50E+05	3.10E+05	Cm-247	1.60E+07	1.08E+04
Pb-210	2.22E+01	7.52E+02	Np-237	2.14E+06	1.43E+10	Cm-248	3.50E+05	3.53E+04

生成物が含まれている。アクチノイドについては非常に多くの核種が生成するが，それぞれ崩壊連鎖を形成する。この連鎖には非常に半減期の長い核種が含まれており，原始放射性核種として地球上に分布するウラン（4n+2）系列，アクチニウム（4n+3）系列，トリウム（4n）系列，あるいは半減期214万年の^{237}Npを親核種とするネプツニウム（4n+1）系列につながる（崩壊系列については表2.2-5，表2.2-6参照）。

図4.4-5にこれらの核種の放射能の時間変化をベイトマンの式を用いて計算した結果を示す。放射能濃度の時間変化を示す図では，出発時間を，核燃料を炉から取り出した時間，再処理後ガラス固化した時間，冷却貯蔵後の処分時のいずれにとるかでその値は異なってくる。この図では50年の貯蔵後としているので，横軸の経過時間が短い部分の変化傾向は大きな意味を持たない（経過時間1年は炉から取り出し後51年を意味し，経過時間10年は取り出し後60年を意味する）。以下種々の廃棄物についてこれと同様の図を示すが，長期にどのような放射性核種が残留するかという観点から見るようにしてほしい。

高い放射能濃度を示すものは，半減期が短い核分裂生成物が多く，取り出し後4年の使用済燃料の総放射能（表4.4-2）の約10^{16}Bq/トンと比べると1000年までに初期の放射能濃度のおよそ1000分の1となり，1000年以降は^{241}Am，^{243}Am，^{238}Puなどが減衰してやがておよそ1万分の1程度になって，初期の危険性の大部分はなくなる。その後の放射能は，数百万年の半減期を持つネプツニウム（4n+1）系列の核種，^{93}Zr，^{135}Csに支配されその減衰には数百万年以上の時間がかかる。

現在，我が国で貯蔵保管されている使用済燃料とガラス固化体の状況は，図4.1-3に示した通りで，ガラス固化体には，原子力機構と日本原燃で試験的に実施された再処理で作られ

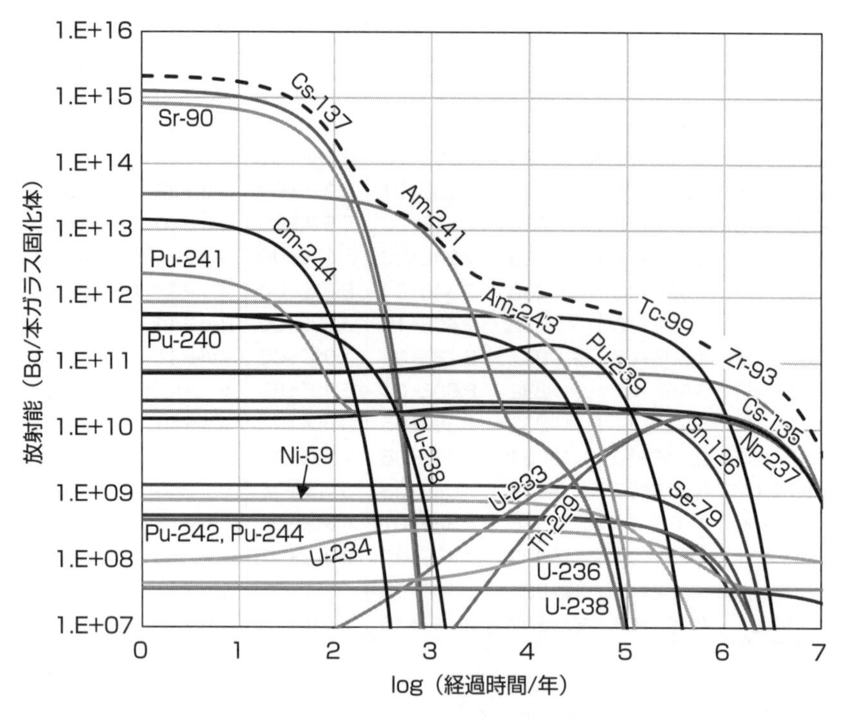

図 4.4-5　ガラス固化体中の主要な核種の放射能量の時間変化

たものの他，英国および仏国の再処理企業と結んでいる再処理委託契約に基づいて返還されたものがある。返還は今後十数年にわたりなされることとなっており，合計約2200本が返還される予定である。

4.4.2　TRU廃棄物

再処理工場およびMOX燃料加工施設で発生する高レベル放射性廃棄物以外の放射性廃棄物をTRU廃棄物あるいは低発熱長半減期放射性廃棄物と呼んでいる。図4.4-6および表4.4-4は再処理工程からのTRU廃棄物の発生の仕方と内容を示したものである。

使用済み核燃料に含まれている核分裂生成物とマイナーアクチノイドを直接ガラスで固めて固化体とするガラス固化体と比べて，これらのTRU廃棄物は，種々の材料が核分裂生成物やアクチノイドで汚染されたもの，あるいは材料が放射化されて汚染したものであり，放射能濃度はガラス固化体に比べて低いものの，それらの材料が使われた場所等に依存して，非常に広い範囲に分布する。このため，TRU廃棄物は，後に述べるようにそのレベルに応じて，地層処分，中深度（余裕深度）処分，浅地中コンクリートピット処分として処分することが考えられている。

図4.4-6に示すように，再処理工場では使用済燃料が硝酸に溶解されて，気体，液体，固体微粉末のような分散しやすい形態となった放射性核種が扱われ，核燃料を内包していた被覆廃材（ハル）やエンドピース，その他の不溶解残渣等が固体廃棄物とされる。液体廃棄物

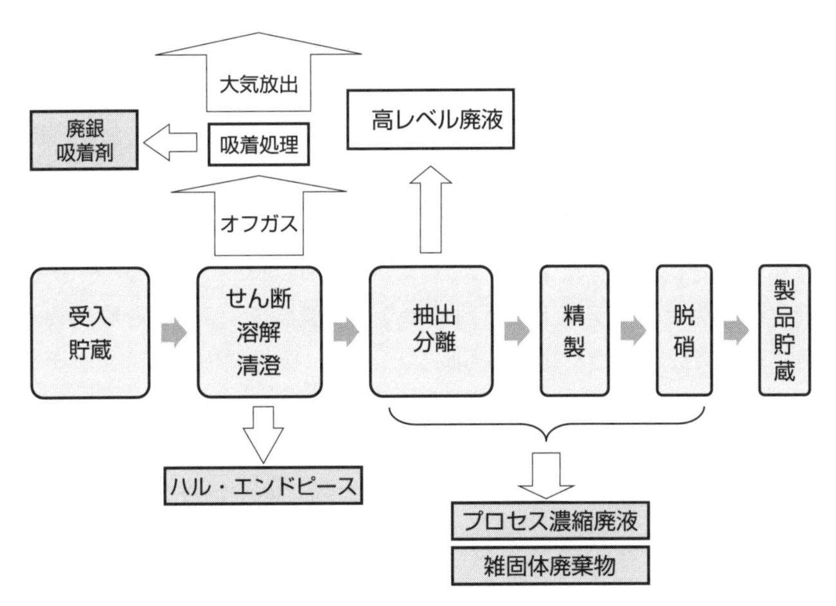

図 4.4-6　再処理工程からのTRU廃棄物の発生

表 4.4-4　再処理工場から発生するTRU廃棄物

グループ	概要		廃棄体
1	廃銀吸着材	使用済燃料のせん断・溶解時に発生するオフガス中の放射性ヨウ素を吸着した使用済フィルター	I-129を含む セメント固化体
2	ハル	数cmにせん断された燃料棒を、溶解槽で溶解させた際に溶け残る燃料被覆管	C-14を含む 圧縮固化体
	エンドピース	使用済燃料集合体の末端部分 集合体のせん断時に、切断除去	
3	プロセス濃縮廃液	酸回収、溶媒再生、除染、分析等により発生し、蒸発濃縮等の処理後、固化	モルタル,アスファルトによる固化体等 (硝酸塩を含む)
4	雑固体廃棄物	再処理工程の各工程で発生する雑多な固体状の廃棄物 可燃性（紙、布等容易に焼却できるもの)、不燃性（金属配管、ガラス等焼却できないもの）に分類（MOX燃料加工施設の操業・解体からも発生)	セメント固化体等

流で主要なものは硝酸溶液で，これには放射能濃度レベルが高い核分裂生成物とマイナーアクチノイドが含まれるが，これは高レベル廃液としてガラス固化される。主な気体廃棄物流はオフガスであり，それには，溶解処理中に使用済燃料から放出された希ガスや揮発性核分裂生成物を含む。気体を浄化するために用いられるヨウ素フィルターや，液体の浄化のために用いられる使用済樹脂や濃縮廃液，ウエスや作業衣の焼却灰，配管，機械等の金属廃材な

どが施設の運転に伴って発生し，さらに施設の解体に伴ってコンクリート廃材や金属廃材が発生する。

ハルやエンドピースは，原子炉の運転中に中性子により放射化されており，それに加えて，燃料のせん断，溶解工程で，核分裂生成物とアクチノイドにより汚染される。原子炉の運転中には燃料中で核分裂が起こる際に，核分裂片が互いに反跳されて燃料から飛び出し，被覆材を汚染する効果もある。ヨウ素フィルターは，半減期の長い^{129}I（1.57×10^{7} y）を吸着するために銀を含浸させたゼオライト吸着剤であり，高濃度で^{129}Iを含む廃棄物となる。その他高レベル廃液を直接扱う樹脂や雑固体も同様に高度に核分裂生成物，アクチノイド，放射化生成物を含む廃棄物となる。

使用済み核燃料に含まれている核分裂生成物とマイナーアクチノイドを直接ガラスで固めて固化体とするガラス固化体と比べて，これらのTRU廃棄物は，種々の材料が核分裂生成物やアクチノイドで汚染されたもの，あるいは材料が放射化されて汚染したものであり，放射能濃度はガラス固化体に比べて低いものの，図4.4-7に示すようにそれらの材料が使われた場所等に依存して，非常に広い範囲に分布する。このため，これらは，後に述べるようにそのレベルに応じて，地層処分，中深度（余裕深度）処分，浅地中ピット処分として処分することが考えられている。それぞれの処分方法を区分するアルファ放射能濃度，ベータ・ガンマ放射能濃度は核種ごとに決まるので，図の破線は概ねの値として示したものである。

表4.4-5は，これらのうち，地層処分が計画されている総量19,000 m^{3}のTRU廃棄物に含まれることになる核種の総量を，廃棄体のグループごとに見積もった値である。グループご

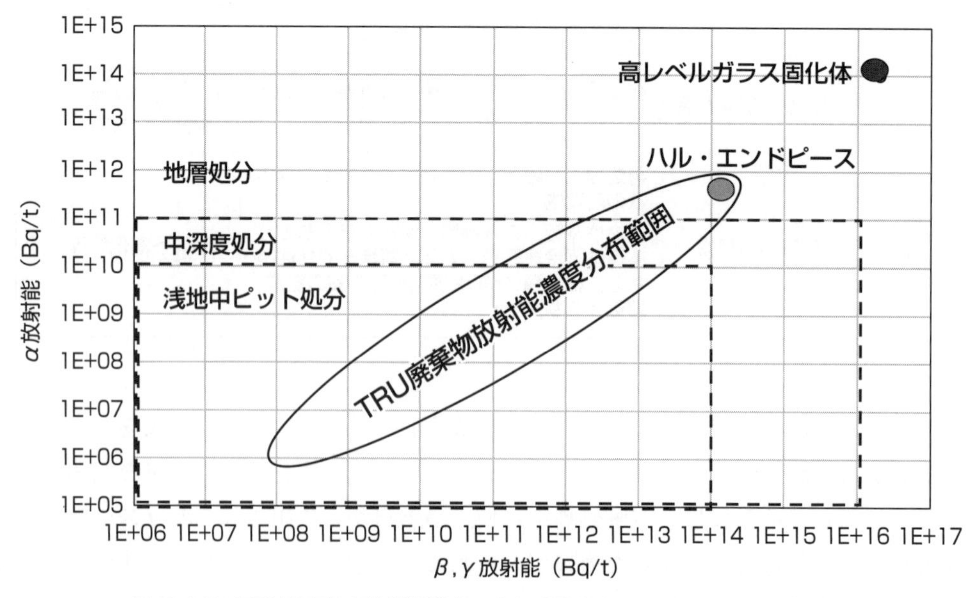

図 4.4-7 TRU廃棄物の放射能濃度の分布【電事連・JNC, 2005より作成】

表 4.4-5 TRU廃棄物廃棄体の放射能量(炉取り出しの25年後)【NUMO, 2011より作成】

グループ		1	2	3	4	総合計
発生本数(本)		1,673	31,332	27,441	30,138	90,584
発生量(m^3)		335	6,083	5,492	7,108	19,018
重量(t)		612	26,625	9,105	24,977	61,319
核種	半減期	炉取り出し後5年(Bq)				
C-14	5.73E+03	0.00E+00	5.90E+14	7.40E+12	2.70E+12	6.00E+14
Cl-36	3.01E+05	0.00E+00	9.20E+12	3.30E+11	5.00E+07	9.50E+12
Co-60	5.27E+00	3.30E+06	1.90E+18	1.20E+13	1.00E+17	2.00E+18
Ni-59	8.00E+04	5.50E+03	7.50E+15	4.80E+08	5.90E+13	7.50E+15
Ni-63	9.20E+01	8.60E+05	1.30E+18	6.60E+10	8.80E+15	1.30E+18
Se-79	6.50E+04	3.90E+05	3.20E+12	6.70E+09	2.20E+12	5.40E+12
Sr-90	2.91E+01	6.60E+10	5.70E+17	1.20E+15	3.60E+17	9.30E+17
Zr-93	1.53E+06	1.80E+06	3.70E+14	3.10E+10	1.70E+13	3.90E+14
Nb-94	2.03E+04	3.30E+06	2.60E+15	1.90E+06	6.80E+08	2.60E+15
Mo-93	3.50E+03	3.80E+01	5.60E+13	8.10E+06	6.80E+08	5.60E+13
Tc-99	2.13E+05	0.00E+00	6.90E+14	3.90E+11	1.10E+14	8.00E+14
Pd-107	6.50E+06	1.10E+05	5.50E+11	2.50E+09	5.50E+11	1.10E+12
Sn-126	1.00E+05	7.40E+05	3.80E+12	1.10E+10	3.90E+12	7.70E+12
I-129	1.57E+07	5.90E+13	2.60E+11	7.20E+11	4.60E+09	6.00E+13
Cs-135	2.30E+06	4.30E+05	3.60E+12	7.00E+09	2.40E+12	6.00E+12
Cs-137	3.00E+01	9.40E+10	7.40E+17	1.50E+15	5.30E+17	1.30E+18
Cm-244	1.81E+01	2.10E+09	1.60E+16	3.40E+12	1.60E+16	3.20E+16
Pu-240	6.54E+03	3.70E+08	2.70E+15	9.00E+13	1.70E+15	4.50E+15
U-236	2.34E+07	2.60E+05	1.00E+12	2.80E+10	3.60E+11	1.40E+12
Th-232	1.41E+10	0.00E+00	0.00E+00	0.00E+00	0.00E+00	0.00E+00
Ra-228	6.70E+00	0.00E+00	0.00E+00	0.00E+00	0.00E+00	0.00E+00
Th-228	1.91E+00	0.00E+00	0.00E+00	0.00E+00	0.00E+00	0.00E+00
Cm-245	8.50E+03	2.20E+05	8.60E+11	2.10E+09	1.70E+12	2.60E+12
Pu-241	1.44E+01	9.80E+10	6.30E+17	1.00E+17	2.50E+17	9.80E+17
Am-241	4.32E+02	7.80E+08	4.70E+15	6.80E+13	8.10E+15	1.30E+16
Np-237	2.14E+06	0.00E+00	2.40E+12	3.50E+10	3.30E+12	5.70E+12
U-233	1.59E+05	0.00E+00	5.30E+09	1.90E+06	2.90E+07	5.30E+09
Th-229	7.34E+03	0.00E+00	0.00E+00	0.00E+00	0.00E+00	0.00E+00
Cm-246	4.73E+03	0.00E+00	0.00E+00	0.00E+00	0.00E+00	0.00E+00
Pu-242	3.87E+05	1.60E+06	1.30E+13	3.70E+11	4.90E+12	1.80E+13
U-238	4.47E+09	2.20E+05	8.60E+11	2.40E+10	3.70E+11	1.30E+12
U-234	2.45E+05	1.90E+06	8.10E+12	3.20E+11	7.70E+12	1.60E+13
Th-230	7.70E+04	0.00E+00	0.00E+00	0.00E+00	0.00E+00	0.00E+00
Ra-226	1.60E+03	0.00E+00	0.00E+00	0.00E+00	0.00E+00	0.00E+00
Pb-210	2.23E+01	0.00E+00	0.00E+00	0.00E+00	0.00E+00	0.00E+00
Am-243	7.38E+03	1.80E+07	1.80E+15	5.50E+11	1.40E+14	1.90E+15
Pu-239	2.41E+04	2.40E+08	1.70E+15	5.70E+13	1.40E+15	3.10E+15
U-235	7.04E+08	1.50E+04	6.10E+10	1.70E+09	5.60E+10	1.20E+11
Pa-231	3.28E+04	0.00E+00	0.00E+00	0.00E+00	0.00E+00	0.00E+00
Ac-227	2.18E+01	0.00E+00	0.00E+00	0.00E+00	0.00E+00	0.00E+00

(注)半減期は報告書のままを表示

とに核種濃度はかなり異なっている。図4.4-8は，総合計についてそれぞれの核種の放射能が時間経過とともにどのように変化するかを示したものである。TRU廃棄物には，再処理工程の汚染により発生する材料とハル・エンドピースのように放射化を受けた材料，さらには再処理工程で分離された^{129}Iを担持した廃銀吸着剤などが含まれる。

この結果，核分裂生成物やアクチノイド核種は，高レベルガラス固化体中の成分と同様のものがより低いレベルで含まれているほか，長半減期の放射化生成物または核分裂生成物として^{14}C，^{36}Cl，^{59}Ni，^{79}Se，^{94}Nb，^{99}Tc，^{129}Iなどが含まれて長期の残留放射能を支配している。

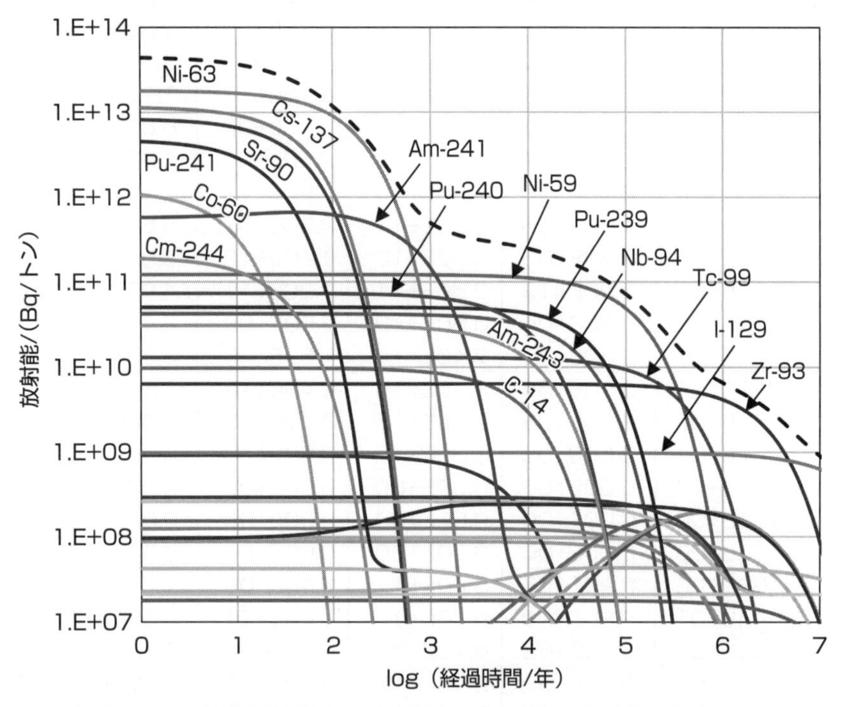

図 4.4-8　地層処分対象TRU廃棄物中の主な核種の放射能の時間変化

4.5　原子炉施設から発生する運転・解体廃棄物

原子力発電所等の原子炉施設からは，その操業（運転）と解体から廃棄物が発生する。

発電段階での原子炉の運転では，基本的には核反応はジルカロイ燃料被覆管内で起こり，核分裂生成物およびアクチノイドはそのほとんどが燃料のUO_2マトリックス中に捉えられたままであるが，^{137}Csや^{134}Cs，^{90}Srなど多量に生成し，かつ固体マトリクスや被覆管中を動きやすい核種が微小な欠陥を通じて，ごくわずかに原子炉1次冷却水中に漏れ出る。

さらに，中性子は材料を透過するので，外に逸失した中性子が，原子炉の構造材料や冷却水の浄化等に用いられるイオン交換樹脂，フィルター等の中に含まれる安定核種を放射化する中性子放射化反応も起こる。このような反応は，核燃料の近くにある炉内構造物や冷却水（炉水）では顕著に起こるが，炉外では程度は限られる。

図4.5-1は廃止措置に伴い発生する廃棄物の概要を例示したものである。炉心に近い部分からより離れた部分に行くにしたがって，放射化の程度は大きく変化し，放射能レベルの比較的高い廃棄物（L1廃棄物）から，放射能レベルの比較的低い廃棄物（L2廃棄物），放射能レベルの極めて低い廃棄物（L3廃棄物）が発生し，ほとんど汚染がないものとして，検

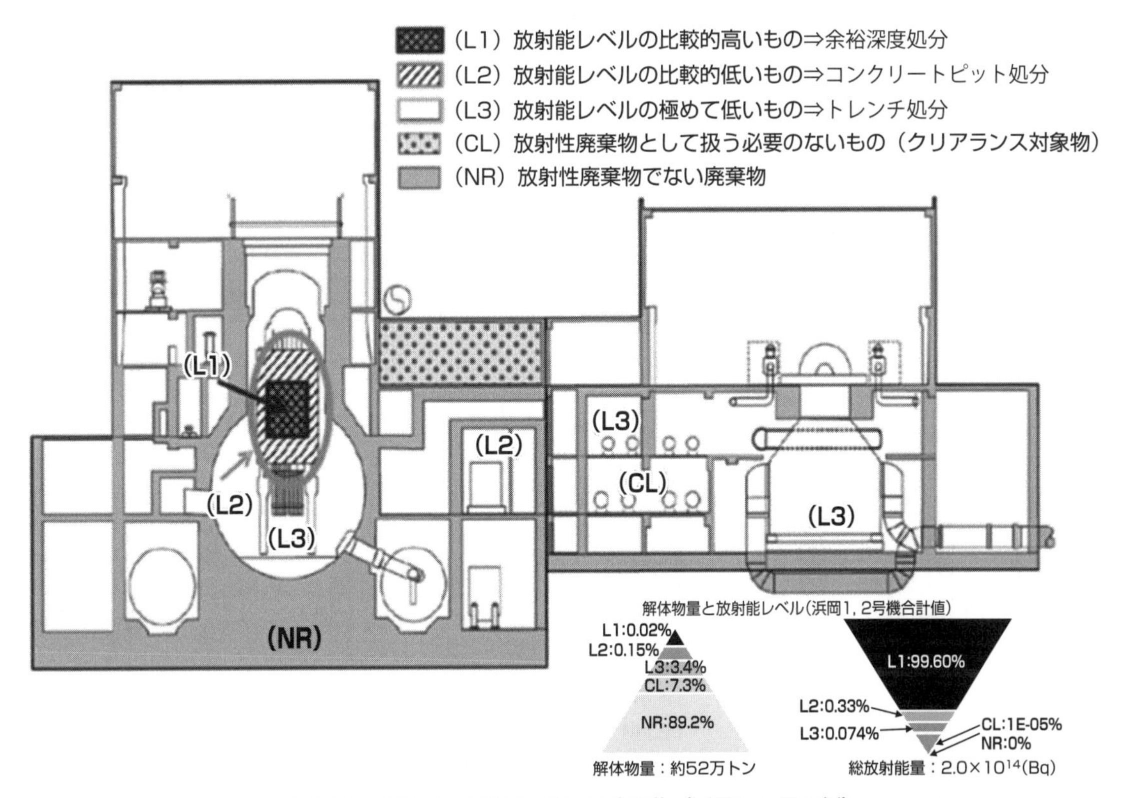

図 4.5-1　廃止措置に伴い発生する廃棄物（浜岡1，2号の例）
【原子力規制委員会，2015a】

認により放射性廃棄物として扱う必要がないと判定されるクリアランス（CL）物，使用履歴から放射性廃棄物でないと判定される非放射性物（NR）が発生する。それらの物量は表4.5-1に示すように試算されている。発電所全体の物量（大規模発電所でおよそ50万トン）に対して，約98％は放射性廃棄物として扱う必要がない，あるいは放射性廃棄物でないものと判定され，残る約2％だけが放射性廃棄物となり，さらにその約2％が放射能レベルの比較的高い廃棄物（L1廃棄物）となる。

4.5.1　放射能レベルの比較的高い原子炉施設廃棄物（L1廃棄物）

直接放射化を受ける炉内構造物は，放射能レベルの比較的高い低レベル放射性廃棄物として分類される。これには，使用済制御棒，チャンネルボックス，バーナブルポイズン，原子炉内構造物や炉水を浄化するのに用いられた使用済イオン交換樹脂などがある（図4.5-2）。これらの材料中に含まれる安定核種が中性子により放射化されて，放射性核種が生成する。

中性子による放射化は，標的となる核種が材料中に多量に含まれ，その核反応断面積が大

表 4.5-1　商業用原子力発電所解体廃棄物量（現行の57基の合計）の試算
【原子力規制委員会, 2015a】

商業用原子力発電所解体廃棄物量試算（57プラントの合計）			
区分		廃棄物量（トン）	割合
処分対象放射性廃棄物	L1	約8,000	約2%
	L2	約63,000	
	L3	約380,000	
非放射性廃棄物	CL	約890,000	約5%
	NR	約18,500,000	約93%
合計		約20,000,000	100%

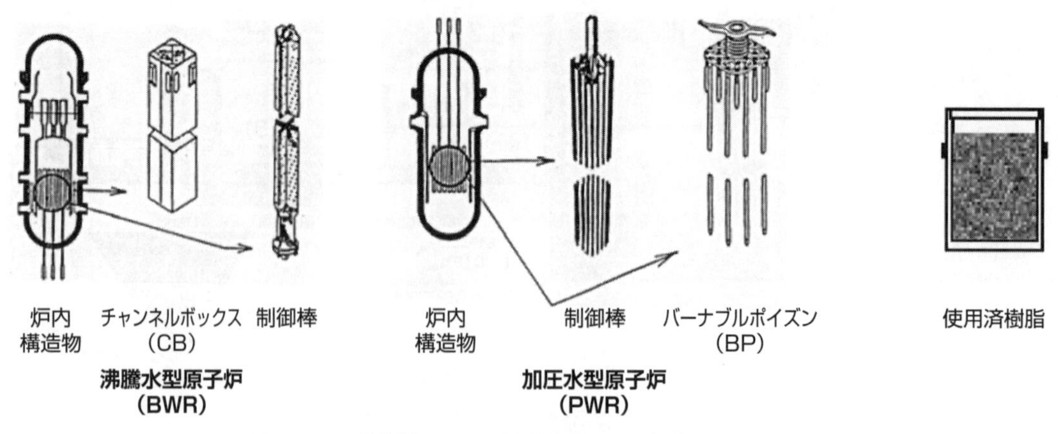

図 4.5-2　放射能レベルの比較的高い原子炉施設廃棄物の例

きい場合に顕著に起こる。運転中には放射化生成物のうち半減期の短いものが，高い放射能を持つので問題となり，廃棄物の管理の観点からは，半減期の長いものが問題となる。

中性子放射化生成物が多量に含まれていて，核分裂生成物やアクチノイドによる汚染を軽度に受けている廃棄物は，再処理施設やMOX燃料加工施設からも発生する。

これらの放射能レベルの比較的高い廃棄物のうち，主成分となる大型機器や制御棒などは切断して図4.5-3に示すような重厚な角型容器（内容の廃棄物の10から20倍の重量）に収納され，処分の対象となる廃棄体とされる。

原子力規制庁に提出された資料によれば，放射能レベルの比較的高い原子炉施設廃棄物の発生量見積もり（60年の運転を仮定）は表4.5-2のようになっている。

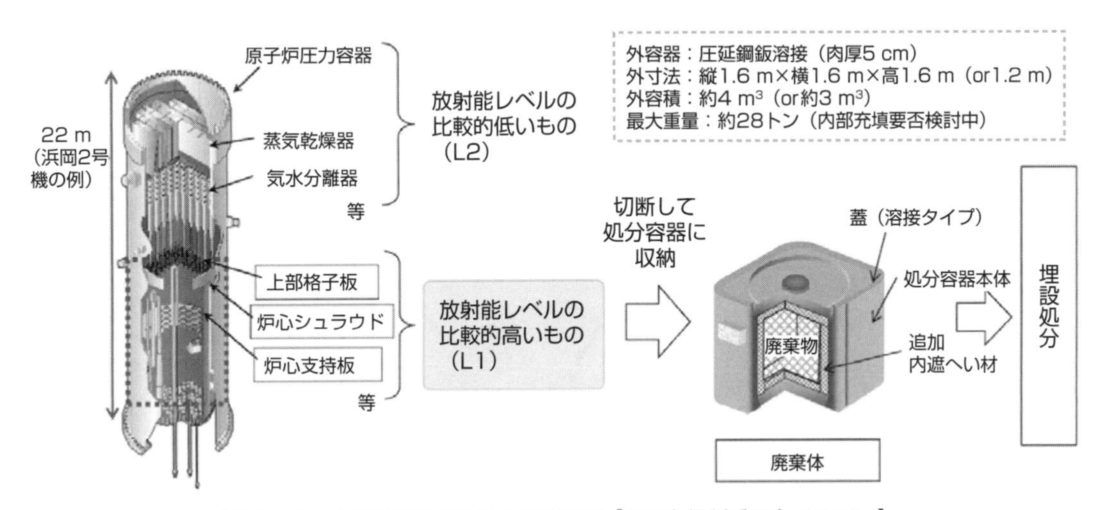

図 4.5-3　大型機器等のための処分容器【原子力規制委員会，2015a】

表 4.5-2　放射能レベルの比較的高い原子炉施設廃棄物の発生量見積もり
【原子力規制庁，2014などより作成】

中深度処分対象廃棄物発生量試算（発電所）						
電気事業連合会（商業用発電所）				日本原子力研究開発機構（研究施設）		
発生箇所	種類	物量		研究拠点	発生施設	廃棄物重量（トン）
		重量（トン）	体積（m³）	原子力科学研究所	原子炉施設	40
BWR	運転廃棄物	6,507	6,227		照射後試験施設	40
	解体廃棄物	2,744	353		廃棄物処理施設	100
PWR	運転廃棄物	2,487	2,055		計	180
	解体廃棄物	4,301	1,065	核燃料サイクル研究所	再処理施設及びプルトニウム燃料施設	4,500
GCR	運転廃棄物	20	3	大洗工学センター	原子炉施設	370
	解体廃棄物	1,544	870		廃棄物処理施設	280
再処理工場	操業廃棄物	9,809	1,785		計	650
	解体廃棄物	7,414	1,883	ふげん	原子炉施設	440
MOX工場	操業廃棄物	156	56	もんじゅ	原子炉施設	470
	解体廃棄物	174	34	むつ	原子炉施設	10
合計		35,156	14,331	合計		6,300

これらの廃棄物中の重要な放射性核種のインベントリの例として，表4.5-3に商業用発電所および再処理・MOX工場から発生する運転廃棄物および解体廃棄物（東京電力福島第一原子力発電所1～3号機の解体廃棄物は除く）について，含まれる放射能インベントリの算定値を示す。またこのインベントリに基づいて計算された含まれる核種の放射能（ここでは，図4.5-3のうち容器の重量を除いた内容物の濃度で表している）の時間変化を図4.5-4に示す。

表では非常に多くの核種が示されており分かりにくいかもしれないが，特徴としては，初期の放射能は^{60}Co，^{55}Fe，^{63}Niに支配されており，このうち^{60}Coと^{55}Feは半減期が短く速やかに減衰が起こり，^{63}Niはベータ崩壊する毒性の小さい核種であるので，全体としては数百年で危険性は1000分の1程度になる。長半減期で問題となる核種についてみると，アクチノイドのインベントリは比較的小さく寄与は小さいが，一方，放射化生成物のインベントリは，^{14}C，^{36}Cl，^{59}Ni，^{93}Zr，^{94}Nb，^{99}Tcなどが相当量含まれており，最終的にはこれらがどの程度残留して影響を及ぼすかが問題となる。

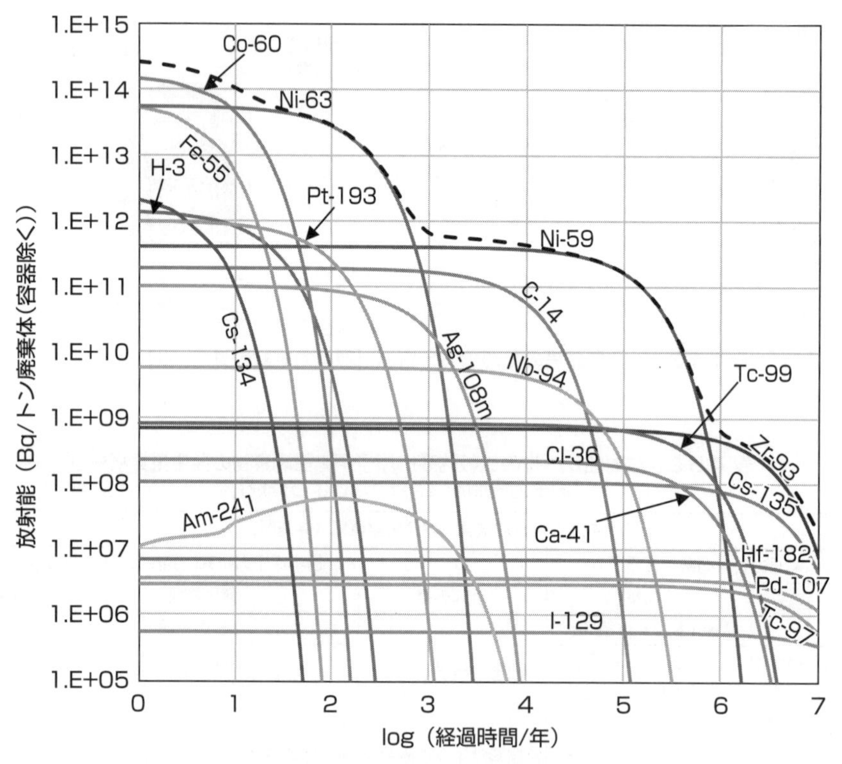

図 4.5-4 放射能レベルの比較的高い原子炉施設廃棄物中の主な核種の放射能の時間変化

表 4.5-3　放射能レベルの比較的高い原子炉施設廃棄物の放射能量見積もり
【原子力規制庁, 2014より作成】

	半減期（年）	放射能量（Bq）						放射能濃度（Bq/トン）	
		BWR運転	BWR解体	PWR運転	PWR解体	GCR運転解体	再処理・MOX	運転解体平均	再処理・MOX
重量		6507	2744	2487	4301	1564	17553	17603	17553
H-3	1.23E+01	3.47E+16	1.14E+16	6.94E+14	3.18E+15	6.52E+13	2.40E+17	2.85E+12	1.37E+13
C-14	5.70E+03	1.46E+15	2.77E+15	2.18E+14	1.98E+15	2.37E+14	5.30E+14	3.78E+11	3.02E+10
Cl-36	3.01E+05	1.98E+12	4.87E+12	3.29E+11	2.67E+11	4.70E+11	2.71E+12	4.50E+08	1.54E+08
Ca-41	1.02E+05	1.36E+12	2.10E+12	7.80E+10	2.84E+12	3.60E+11	9.00E+11	3.83E+08	5.13E+07
Fe-55	2.74E+00	9.98E+17	4.38E+17	3.01E+16	9.34E+17	1.28E+15	2.40E+17	1.36E+14	1.37E+13
Co-60	5.27E+00	2.70E+18	1.22E+18	6.99E+16	1.84E+18	4.67E+15	6.32E+17	3.32E+14	3.60E+13
Ni-59	7.60E+04	3.46E+15	7.49E+15	4.96E+14	2.69E+15	4.68E+13	2.62E+14	8.05E+11	1.49E+10
Ni-63	1.01E+02	4.46E+17	9.65E+17	6.22E+16	4.68E+17	1.11E+16	3.53E+16	1.11E+14	2.01E+12
Se-79	2.95E+05	1.76E+11	2.89E+10	8.13E+10	2.51E+11	0.00E+00	8.55E+11	3.05E+07	4.87E+07
Sr-90	2.88E+01	2.74E+14	2.86E+11	1.98E+13	6.25E+10	0.00E+00	1.15E+16	1.67E+10	6.53E+11
Zr-93	1.61E+06	2.42E+13	4.83E+08	6.49E+08	4.34E+08	0.00E+00	1.71E+14	1.38E+09	9.72E+09
Nb-91	6.80E+02	1.01E+07	4.26E+08	8.00E+12	8.41E+13	0.00E+00	6.30E+12	5.23E+09	3.59E+08
Nb-93m	1.61E+01	7.86E+12	9.08E+13	1.50E+08	2.94E+08	0.00E+00	7.60E+13	5.60E+09	4.33E+09
Nb-94	2.03E+04	6.35E+13	7.89E+13	7.13E+12	5.21E+13	2.50E+11	5.55E+13	1.15E+10	3.16E+09
Mo-93	4.00E+03	3.60E+13	1.50E+14	4.23E+12	4.70E+13	0.00E+00	2.61E+12	1.35E+10	1.49E+08
Tc-99	2.11E+05	8.24E+12	2.20E+13	5.95E+10	4.50E+11	0.00E+00	2.90E+11	1.75E+09	1.65E+07
Ru-106	1.02E+00	9.40E+13	7.48E+08	9.60E+13	1.29E+09	0.00E+00	4.60E+11	1.08E+10	2.62E+07
Pd-107	6.50E+06	6.42E+10	5.86E+10	2.34E+09	1.69E+08	0.00E+00	2.74E+11	7.12E+06	1.56E+07
Ag-108m	4.38E+02	1.86E+13	1.05E+13	3.50E+15	1.58E+13	2.20E+11	1.30E+13	2.01E+11	7.41E+08
Ag-110m	6.84E-01	1.84E+13	2.49E+11	1.51E+14	1.70E+11	0.00E+00	1.40E+13	9.63E+09	7.98E+08
Cd-109	1.26E+00	2.73E+12	2.14E+12	7.50E+14	1.18E+12	0.00E+00	9.00E+11	4.30E+10	5.13E+07
Cd-113m	1.41E+02	2.80E+12	4.43E+13	8.36E+09	1.36E+08	0.00E+00	3.80E+10	2.68E+09	2.16E+06
Sn-119m	8.02E-01	6.54E+13	2.22E+11	1.59E+12	9.18E+12	0.00E+00	1.40E+14	4.34E+09	7.98E+09
Sn-121m	4.39E+01	7.81E+13	6.53E+11	4.41E+11	5.03E+12	0.00E+00	6.50E+14	4.78E+09	3.70E+10
Sb-125	2.76E+00	2.40E+15	1.30E+13	1.91E+13	5.40E+14	0.00E+00	1.30E+17	1.69E+11	7.41E+12
I-129	1.57E+07	1.04E+10	6.60E+09	1.08E+09	8.29E+08	0.00E+00	4.32E+10	1.08E+06	2.46E+06
Cs-134	2.07E+00	7.48E+16	2.23E+16	3.50E+15	5.48E+14	0.00E+00	1.00E+18	5.74E+12	5.70E+13
Cs-135	2.30E+06	2.59E+12	9.66E+11	6.71E+10	1.09E+10	0.00E+00	1.11E+13	2.06E+08	6.31E+08
Cs-137	3.01E+01	2.79E+14	9.69E+11	1.70E+14	2.60E+14	0.00E+00	1.65E+16	4.03E+10	9.43E+11
Ba-133	1.06E+01	9.39E+13	2.30E+14	4.64E+12	2.93E+11	0.00E+00	6.20E+14	1.87E+10	3.53E+10
Ce-144	7.80E-01	2.90E+14	1.11E+08	3.40E+14	6.42E+08	0.00E+00	8.60E+10	3.58E+10	4.90E+06
Pm-145	1.77E+01	9.79E+11	2.46E+12	1.90E+10	2.93E+11	0.00E+00	4.40E+12	2.13E+08	2.51E+08
Pm-147	2.62E+00	4.06E+14	4.31E+14	4.84E+13	9.09E+11	0.00E+00	4.50E+15	5.04E+10	2.56E+11
Sm-151	9.00E+01	1.10E+14	4.67E+13	2.51E+12	8.12E+12	0.00E+00	4.70E+14	9.53E+09	2.68E+10
Eu-152	1.35E+01	3.78E+12	4.38E+12	9.73E+10	1.82E+14	2.20E+12	8.30E+12	1.09E+10	4.73E+08
Eu-154	8.60E+00	2.05E+15	5.99E+14	2.52E+13	9.87E+13	7.30E+11	1.60E+16	1.57E+11	9.12E+11
Eu-155	4.75E+00	5.16E+14	1.87E+14	1.37E+13	5.61E+13	0.00E+00	5.50E+15	4.39E+10	3.13E+11
Tb-157	7.10E+01	3.02E+10	2.24E+09	1.96E+09	5.97E+09	0.00E+00	1.00E+11	2.30E+06	5.70E+06
Ho-163	4.57E+03	2.14E+11	4.19E+08	1.43E+10	5.19E+10	0.00E+00	5.60E+11	1.60E+07	3.19E+07
Ho-166m	1.20E+03	1.23E+13	5.43E+13	8.66E+11	4.54E+11	0.00E+00	4.10E+13	3.86E+09	2.34E+09
Tm-171	1.92E+00	7.49E+15	1.31E+14	3.23E+14	3.91E+12	0.00E+00	1.10E+17	4.52E+11	6.27E+12
Hf-182	8.90E+06	2.40E+11	8.39E+07	1.52E+06	1.32E+06	0.00E+00	6.10E+08	1.36E+07	3.48E+04
Os-194	6.00E+00	3.45E+13	2.40E+11	1.22E+12	1.27E+10	0.00E+00	3.20E+14	2.04E+09	1.82E+10
Ir-192m	2.41E+02	5.05E+13	4.52E+12	9.31E+11	9.26E+10	0.00E+00	2.30E+14	3.19E+09	1.31E+10
Pt-193	5.00E+01	4.82E+15	2.99E+16	8.51E+13	9.22E+12	0.00E+00	1.80E+16	1.98E+12	1.03E+12
Tl-204	3.78E+00	1.56E+16	8.91E+15	5.37E+14	3.50E+12	0.00E+00	1.70E+17	1.42E+12	9.68E+12
Th-228	1.91E+00	3.85E+09	1.83E+08	1.10E+10	1.18E+08	0.00E+00	1.30E+11	8.61E+05	7.41E+06
U-232	6.89E+01	6.67E+09	1.79E+08	1.00E+10	1.17E+08	0.00E+00	1.30E+11	9.65E+05	7.41E+06
U-233	1.59E+05	2.81E+09	9.47E+07	4.01E+09	4.53E+07	0.00E+00	4.20E+10	3.95E+05	2.39E+06
Pu-238	8.77E+01	5.48E+11	2.92E+10	2.38E+11	4.90E+09	0.00E+00	2.57E+13	4.66E+07	1.47E+09
Pu-239	2.41E+04	1.24E+11	2.15E+09	8.73E+10	7.78E+08	0.00E+00	2.25E+12	1.22E+07	1.28E+08
Pu-240	6.56E+03	1.68E+11	6.52E+09	9.91E+10	6.69E+08	0.00E+00	3.78E+12	1.56E+07	2.16E+08
Pu-241	1.43E+01	3.39E+13	3.74E+11	2.37E+13	7.79E+10	0.00E+00	4.47E+15	3.30E+09	2.54E+11
Am-241	4.33E+02	2.77E+11	1.44E+10	7.93E+10	1.43E+09	0.00E+00	1.57E+13	2.12E+07	8.93E+08
Am-242m	1.41E+02	2.77E+09	3.16E+08	8.43E+08	3.62E+07	0.00E+00	3.98E+12	2.25E+05	2.27E+08
Am-243	7.37E+03	7.40E+09	8.17E+08	1.24E+09	8.80E+07	0.00E+00	3.98E+11	5.42E+05	2.27E+07
Cm-242	4.46E-01	4.90E+12	2.63E+08	2.86E+12	3.29E+07	0.00E+00	9.30E+09	4.41E+08	5.30E+05
Cm-243	2.91E+01	5.40E+09	8.32E+07	9.53E+08	3.17E+07	0.00E+00	3.00E+10	3.68E+05	1.71E+06

4.5.2 放射能レベルの比較的低い原子炉施設廃棄物（L2廃棄物）

放射能レベルの比較的低い放射性廃棄物は，原子炉施設の運転および解体から発生する。解体から発生する廃棄物量については，表4.5-1に示したとおりである。

原子炉施設の運転から発生する放射能レベルの比較的低い放射性廃棄物は，冷却水と貯蔵プール水の処理，機器の除染，および日常的な施設の保守などから生じる。含まれる放射性核種の濃度が十分低い気体や液体は，蒸発（蒸留），イオン交換，ろ過あるいは遠心に基づいて処理され，短寿命の核種の減衰を待って，濃度を測定し安全を確認して放出される（認可された放出：authorized discharge）。

加圧水型原子炉からの典型的な処理廃棄物は，1次および2次循環系からのホウ酸水濃縮物，スラッジまたはフィルタカートリッジおよび有機ビーズ樹脂イオン交換体である。沸騰水型からの処理廃棄物は，水の濃縮物および有機粉末樹脂としての種々の型のイオン交換またはフィルター媒体，ケイ藻土，活性炭，セルローズおよび有機ビーズ樹脂である。

保守廃棄物は，主として，修理またはリサイクルできない使用済装置，損傷装置または汚染装置，および，保守作業からの作業衣，段ボール，袋，工具およびプラスチックシート，除染に用いられた油と少量の潤滑剤と有機溶媒などからなる。また，使用済制御棒を含む炉心の内部構造の解体からも廃棄物が発生するが，これは解体から発生する廃棄物として扱われる。

これらの運転廃棄物は，濃縮廃液，使用済樹脂，焼却灰等については，セメント，アスファルト，プラスチックとともにドラム缶に一体固化される（均一・均質固化体：chemical incorporation）。一方，金属類，プラスチック，保温材，フィルター類などの固体状廃棄物は，分別して必要に応じて切断・圧縮・溶融処理等を行いドラム缶に収納した後，セメント系充填材（モルタル）を充填して廃棄物を内包して固型化される（充填固化体：encapsulation）。

再処理施設やMOX燃料加工施設からも，同様の廃棄物が発生する。汚染核種に若干の違

表 4.5-4　事業を行っている廃棄物埋設施設【原子力規制庁委員会，2015bより作成】

	日本原燃(株) 濃縮・埋設事業所		(独)日本原子力研究開発機構 原子力科学研究所
	1号廃棄物埋設施設	2号廃棄物埋設施設	
所在地	青森県上北郡六ヶ所村		茨城県那珂郡東海村
処分方法	浅地中ピット処分 （地下数mのコンクリートピットへの処分）		浅地中トレンチ処分 （素堀トレンチ）
受入廃棄物	原子力発電所で発生する濃縮廃液、使用済樹脂等をセメント、アスファルト等で容器に固型化したもの（均質・均一固化体）	原子力発電所で発生する金属類、保温材、プラスチック等の雑固体をセメント系充填材で容器に固型化したもの（充填固化体）	日本原子力研究所（当時）の動力試験炉（JPDR）の解体に伴って発生した汚染コンクリート等廃棄物で容器に固型化していないもの
埋設能力	約4万 m^3 (200リットルドラム缶20万本相当)	約4万 m^3 (200リットルドラム缶20万本相当)	2,520 m^3 (2,200トン)
事業許可日	1990（平成2）年11月15日	1998（平成10）年10月 8日	1995（平成7）年 6月22日
事業開始日	1992（平成4）年12月 8日	2000（平成12）年10月10日	1995（平成7）年11月27日
埋設量	147,507本(200リットルドラム缶)	113,032本(200リットルドラム缶)	1,670トン（埋設完了）

備考: 日本原子力研究開発機構の埋設施設は覆土が完了し、平成9年10月からは保全段階。 埋設量は平成26年4月末現在。

いはあるがいずれも汚染の程度は軽度であるので，数百年の隔離閉じ込めにより安全が確保できる廃棄物であると考えられている。

こうした廃棄物は，発電所廃棄物のうち，放射能レベルの比較的低い廃棄物と分類され，100万kWの発電所1年間あたり，300 ～ 500 m^{3}発生し，これまで（平成23年度末）の発電所における保管量は200リットルドラム缶換算で約49万本である。また約26万本は日本原燃(株)の埋設施設で既に処分されている。表4.5-4は現在，日本で事業を行っている廃棄物埋設の施設である。

表 4.5-5　六ヶ所低レベル放射性廃棄物埋設センター処分申請放射能量および濃度【日本原燃，2012より作成】

事業許可申請	半減期（年）	1号埋設			2号埋設		
		申請総放射能量 (Bq)	平均放射能濃度 (Bq/トン)	最大放射能濃度 (Bq/トン)	申請総放射能量 (Bq)	平均放射能濃度 (Bq/トン)	最大放射能濃度 (Bq/トン)
H-3	1.23E+01	1.22E+14	2.03E+09	3.07E+11	1.22E+14	2.03E+09	1.22E+12
C-14	5.70E+03	3.37E+12	5.62E+07	8.51E+09	3.37E+12	5.62E+07	3.37E+10
Co-60	5.27E+00	1.11E+15	1.85E+10	2.78E+12	1.11E+15	1.85E+10	1.11E+13
Ni-59	7.60E+04	3.48E+12	5.80E+07	8.88E+09	3.48E+12	5.80E+07	8.88E+09
Ni-63	1.01E+02	4.44E+14	7.40E+09	1.11E+12	4.44E+14	7.40E+09	1.11E+12
Sr-90	2.88E+01	6.66E+12	1.11E+08	1.67E+10	6.66E+12	1.11E+08	6.66E+10
Nb-94	2.03E+04	3.33E+10	5.55E+05	8.51E+07	3.33E+10	5.55E+05	3.33E+08
Tc-99	2.11E+05	7.40E+09	1.23E+05	1.85E+07	7.40E+09	1.23E+05	7.40E+07
I-129	1.57E+07	1.11E+08	1.85E+03	2.78E+05	1.11E+08	1.85E+03	1.11E+06
Cs-137	3.01E+01	4.07E+13	6.78E+08	1.04E+11	4.07E+13	6.78E+08	4.07E+11
全α		2.33E+11	7.77E+06	5.55E+08	2.33E+11	7.77E+06	5.55E+08

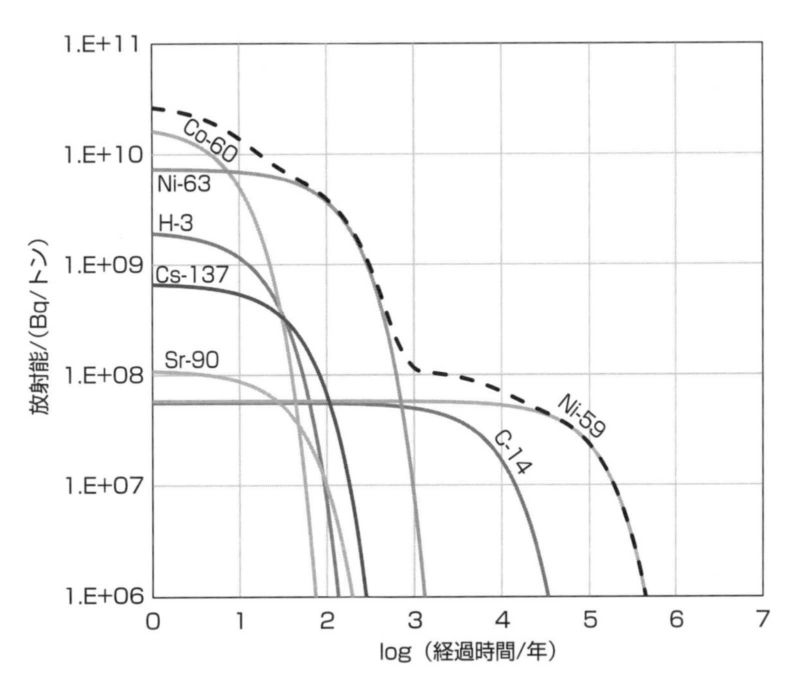

図 4.5-5　放射能レベルの比較的低い原子炉施設廃棄物中の主な核種の放射能の時間変化

表4.5-5は日本原燃による六ヶ所低レベル放射性廃棄物埋設センターのピット処分の申請放射能量および濃度である。また図4.5-5は，これに基づいて計算した廃棄物中の核種の放射能の時間変化である。長半減期の核種の濃度は小さく，ほとんどが比較的速やかに減衰する核種で構成されていることがわかる。

4.6　研究施設等から発生する廃棄物

放射性物質の施設における使用には，研究分野，産業分野および医療分野における活動が含まれる。このような活動，特に研究分野における活動は，非常に多様であるため，さまざまな種類の廃棄物が生じる。放射性廃棄物を発生する活動は，大別して，試験研究用および開発段階にある原子炉施設や核燃料物質の使用施設での活動と，放射性同位体の製造と使用に関連する活動に分けられる。日本の場合は，前者は原子炉等規制法により規制を受け，後者は放射線障害防止法（医療関連について医療法）により規制を受ける。いずれの場合も廃棄物は，核燃料サイクルからの廃棄物と同様に，気体，液体または固体の形態で生成される。ほとんどの施設から生じる廃棄物は固体であり，核燃料サイクルで生じる廃棄物と同等の方法で扱われる。

4.6.1　研究施設からの廃棄物（原子炉等規制法関連）

試験研究用および開発段階にある原子炉施設や核燃料物質の使用施設，特に燃料製造処理や燃料再処理等の開発のため，および照射後試験のための分析・研究施設は，産業用原子炉によって発生する典型的な廃棄物とは異なる種類の廃棄物を生み出すことも多い。このような研究開発施設からの廃棄物は，大部分が放射能レベルの比較的低い原子炉施設廃棄物と同程度の扱いが適切であるが，無視できない量の長寿命アルファ核種が存在するため，状況によっては放射能レベルの比較的高い原子炉施設廃棄物やTRU廃棄物と同程度の扱いが必要となることもある。

研究活動は，研究炉や加速器のような施設で行われ，実験室の活動も含む。研究活動により発生する廃棄物の種類と容量は，実施される研究に依存する。

研究施設等の原子力施設もデコミッショニングの必要性が生じる。発生する廃棄物は原子力施設のデコミッショニングから生じる廃棄物の種類と類似しているが，発生する廃棄物の量は非常に少ない。

4.6.2　放射性同位体の製造と使用から生じる廃棄物（放射線障害防止法関連）

研究，医療，産業における放射線の利用では，放射線発生器を用いる他，放射性核種を含む物質を，多くの場合，酸化物等のセラミックや金属固体の形にしてカプセル等に封入して密封線源として用いる。また非密封の放射性核種をトレーサとして添加し，その放射能を測定することによって，目的とする物質の移動や分布を追跡することもある。このような放射性物質の利用は，広範囲の放射性廃棄物の発生をもたらす。発生する廃棄物の種類と量は，利用される放射性核種の種類とその供給形態によって異なる。一般的に，これらの活動では少量の放射性廃棄物しか発生しないが，放射能濃度のレベルが非常に高いこともある。

研究所や大学のような研究機関は，非密封の放射性核種を用いて，薬品，殺虫剤，肥料，鉱物のように広範な物質の代謝や環境移行に関わることが多い。最もよく用いられる放射性核種は，^{14}C（β^-，5730 y）と^{3}H（β^-，12.3 y）であり，^{36}Cl（β^-，3×10^5 y），^{57}Co（EC, 272 d），^{75}Se（EC，120 d），^{113}Sn（EC+β^+，115 d），^{125}I（EC，59.4 d）などが用いられる。原子力関連の研究を行う機関より発生する放射性廃棄物は，一部，アクチノイドや核分裂生成物などの長寿命の放射性核種を含むこともあるが，大部分は，主として短寿命の放射性核種を含むもので，発生量は非常に少量である。

放射性核種の医学的応用は非常に重要で，拡大し続けている。応用の主たる領域は，放射性医薬品，診断法，放射線治療である。病院で医療診断法や治療に用いられる放射性核種は非常に短半減期のもので，発生する廃棄物は通常，減衰のために貯蔵され，その後非放射性廃棄物として処理される。ポジトロン（陽電子）断層撮影法（PET）は，たとえば，サイクロトロンで作った^{11}C（EC+β^+，20.4 min），^{18}F（EC，109.8 min），^{15}O，（EC+β^+，122 s），または^{13}N（EC+β^+，9.97 min）を患者に静脈注射により投与し，グルコースなどの分子に組み込み，体内を循環する間検出する。医学応用に用いられる放射性核種には，しかし，より長寿命のものもある。

放射性核種の医学的応用は，少量の非密封線源と溶液に限らず，遮蔽されたカプセルなどのアッセンブリ内に収容された非常に放射性の強い密封線源（SRS：Sealed Radiation Source）をも含んでいる。表4.6-1は医療に用いられる典型的な密封線源の例である。小線源治療では線源を患部に接近させて照射し，遠隔治療では放射線の方向を絞って照射する。

放射性核種の産業応用には，非破壊検査と品質管理および放射性トレーサとしての利用などがあり，この分野でも医療分野と同様，密封線源が多様な形で用いられている。表4.6-2にその例を示す。

厚さ計は非常によく用いられる放射線応用計測器であり，中でもベータ線の透過を利用した紙またはプラスチックフィルムの厚さ計，ガンマ線の透過を利用した鋼板厚さ計など，放射線源を使い分けることによって，およそ10～5000 g/m^{2}の重量厚さの計測ができる。測定対象の厚さが一定の時は，厚さ計と同じ原理で，放射線の透過または散乱を利用して見か

表 4.6-1　医療に用いられる密封放射線源

応用		核種（半減期）	放射能
小線源治療	アフターローディング法	^{60}Co (5.27 y) ^{192}Ir (73.8 d)	数十～数百 GBq
	永久挿入	^{125}I (59.4 d) ^{198}Au (2.7 d)	数十 MBq
	一次留置	^{192}Ir (73.8 d)	
遠隔治療（ガンマナイフなど）		^{60}Co (5.27 y) ^{137}Cs (30.1 y)	数十～数百 TBq
輸血用血液照射		^{60}Co (5.27 y) ^{137}Cs (30.1 y)	数十～数百 TBq

けの密度の測定ができる。厚さが大きくなるほど，透過力の大きい高エネルギーのガンマ線が用いられる。パイプ中の流体の密度を，パイプを通して透過型で測定するものなどがその典型例であるが，資源探査，地質検査，地盤調査などでの地下検層では，ガンマ線のコンプトン散乱が利用されている。レベル（液位）計では，容器内にある流体，物体，塊状物などのレベルをガンマ線の透過を利用して測定する。高温，高圧あるいは腐食性等の内容物でも外から計測ができるので，化学工場の反応タンク，鉄鋼鋳造工程の溶融鋼，製紙工場のタンク内のレベルの計測などに利用されている。水分計は，中性子の散乱による減弱が水素の場合に大きいことを利用して，物質中の水素または水分量を測定するものである。

医療や産業で用いられる密封線源は大量の放射性核種を含んでいるので，非常に危険で，火災，盗難や管理されない形での使用廃止は，過去にも，いくつかの深刻な事故の原因となってきた。

表4.6-3は一般的に用いられている放射線源の危険度を分類したもので，その放射能の量と核種の種類により5段階に分類されている。表の右の列には，その線源の用いられる放射

表 4.6-2　産業に用いられる密封放射線源

応用	核種（半減期）
厚さ計	^{85}Kr(4.85 h), ^{147}Pm(2.62 y), ^{90}Sr(28.8 y), ^{241}Am(432 y), ^{60}Co(5.27 y), ^{137}Cs(30.1 y)
密度計	^{60}Co(5.27 y), ^{137}Cs(30.1 y), ^{241}Am(432 y)
レベル（液位）計	^{60}Co(5.27 y), ^{137}Cs(30.1 y)
水分計	^{241}Am/Be, ^{252}Cf

表 4.6-3　一般的に利用されている線源の危険度分類【IAEA, 2014より作成】

カテゴリー	線源	確定的影響を与える放射能(D)*に対する比(A/D)
1	ラジオアイソトープ熱電発電装置 照射装置 遠隔治療装置 固定マルチビーム（ガンマナイフ）照射装置	A/D ≥ 1000
2	工業用ガンマ撮影装置 高/中線量率小線源治療装置	1000 > A/D > 10
3	固定高放射能線源による工業用測定装置 検層ゲージ	10 > A/D > 1
4	小線源治療装置 高放射能線源以外による工業用測定装置 骨密度測定器 静電気除去器	1 > A/D > 0.01
5	小線源治療（眼腫瘍プラーク治療，永久インプラント）線源 エックス線蛍光装置 電子捕獲検出器 メスバウアー分光装置 ポジトロン断層撮影装置	0.01 > A/D > 規制除外

* D = ^{60}Co (0.03 TBq), ^{192}Ir (0.08 TBq), ^{125}I (0.2 TBq), ^{137}Cs (0.1 TBq), ^{241}Am (0.06 TBq)

表 4.6-4　線源の危険度分類で考慮されるシナリオ

	考慮されるシナリオ
ポケット	線源を持ち運び被ばく
室内	線源の近傍にいて被ばく
吸入	火災，爆発により空気により運ばれる放射性物質を吸入被ばく
摂取	線源から漏れた放射性物質を摂取
	線源が公共用水中に入り，汚染した水を飲用して被ばく
汚染	線源から漏れた放射性物質により皮膚が汚染され被ばく
没入	放射性希ガスの充満した室内で被ばく

能の量の，核種の危険量（D値）に対する比を与えている。その核種の危険量（D値）とは，線源が事故時に確定的影響を与える限度の量として定義されており【IAEA, 2006】，表4.6-4のようなシナリオで人に被ばくを与えることを想定して値を決めている。

一般には，これらは半減期が短いものが多いので，減衰に従って配置換えや追加を行いながら利用が続けられている。現在のところ廃棄物の蓄積の問題は起こっていないが，これらは，実効寿命が終了する時点でも有害であるため，適切な管理が必要となる。廃棄物としては，大量かつ高濃度の1種類の核種を含んでいることが特徴となる。線源となる核種が短寿命の場合は，減衰を待てばよいが，中にはより長期に無視しえない放射能が残留するものもある。ある種の使用済密封線源は，既に金属カプセル中にカプセル化されているので，最終的な廃棄物形態（wasteform）として利用できる。しかし，多くの線源は銅や鉛といった耐腐食性のバリアを追加して不動化をより信頼できるものにする必要がある。

4.6.3　研究施設等からの廃棄物の扱い

核燃料の成型加工，原子力発電，核燃料再処理および大型研究施設はいずれも規模が大きく，施設の数も限られているのに対して，放射性同位体を利用する事業所の数は極めて多く，その規模は概して小さい。このため，各事業所に放射性廃棄物処理・処分を期待しにくいのは，世界的に共通した問題であり，集中的に処理・処分を行う機関あるいは業者を指定して，そこに委託させることが多くの国で見られる。日本の場合，放射線障害防止法（および医療法）のもとでの放射性同位体の利用に関しては，その供給と廃棄物の引き取りを(公)日本アイソトープ協会が一手に引き受けている。その結果，研究施設等廃棄物の発生量（現在の保管量）は表4.6-5のようになっており，全体の年次推移は図4.6-1のとおりである。後に述べるように，これらの廃棄物は，日本原子力研究開発機構を実施主体としての処分が考えられている。

表 4.6-5　研究施設等廃棄物を所有する事業者の保管量

事業者		廃棄物量 (200リットルドラム缶換算万本)
原子炉等規制法関連施設 (研究用原子炉，核燃料物質使用施設)	(独)日本原子力研究開発機構	35.3
	その他民間会社等	7.2
放射線障害防止法関連施設 (RI使用施設)	(公)日本アイソトープ協会	9.9
	その他民間会社等	5.9
合計		58.3

(2012.3 現在)

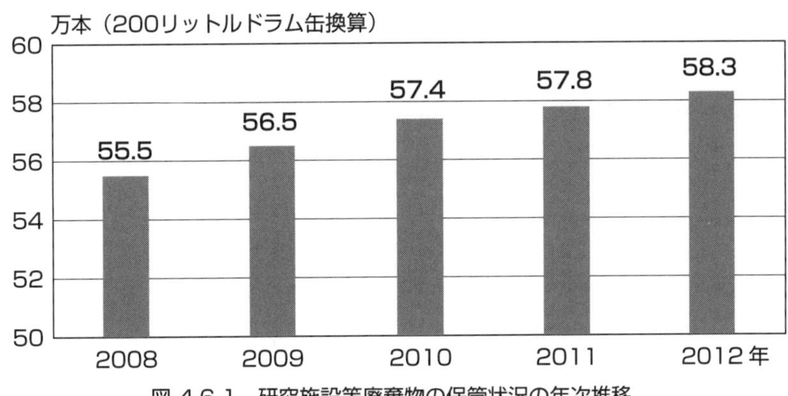

図 4.6-1　研究施設等廃棄物の保管状況の年次推移

4.7　アップストリーム工程からの廃棄物

核燃料サイクルの第一段階はウランまたはトリウム鉱石の採鉱であり，その後これを用いて核燃料を製造する。

採鉱後には，処理するに値する含有量の高い鉱石と，さらに処理することが経済的に見合わないほど少量のウランまたはトリウムしか含まない比較的量の多い物質が生成する。さらなる処理の対象とならない物質は廃石（tailing）となり，一般的には廃棄物または将来の利用のために鉱山の近くに堆積物として山積みされる。

一般的に，ウランおよびトリウム鉱石の採鉱から発生する鉱業廃石には，ウラン系列およびトリウム系列の娘核種が分離されて，高められたレベルで含まれるため，放射線防護目的と安全の理由で放射性廃棄物として管理されることが要求される。

分離されたウランまたはトリウムの含有量の高い鉱石は，粉砕や化学的操作を伴う処理のために製錬施設に送られる。ウランを取り出した後の残りの部分は，採鉱された元素の崩壊連鎖の親核種であるウランやトリウムをほとんど含んでいないが，崩壊生成物の大半を含んでいる。娘核種の中には，元々の鉱石からよりも，廃石からの浸出やエマネーションの影響を受けやすいものもある。さらに，処理からの鉱滓には，銅，ヒ素，モリブデン，バナジウムなどの重金属を含む多量の有害物質が含まれている。

4.7.1　NORMを含む放射性廃棄物

これに類似する種類および量の自然起源の放射性核種を含む放射性廃棄物は，自然起源の放射性物質をたまたま多く含むその他の物質の抽出や処理からも発生する。

地球上には種々の天然放射性核種が存在する。これらの中には，地球の誕生時から地殻中に存在してきた原始放射性核種（primordial radionuclide）と，その他微量ではあるが宇宙線と大気との相互作用によって生じる宇宙線起源核種（cosmogenic nuclide）がある。

自然起源放射性物質はNORM（Naturally Occurring Radioactive Materials）と呼ばれ，これらのうち，放射性物質として扱う必要のないレベル（規制免除レベル）を超えるものは，規制により管理する必要があるという意識が近年高まってきている。しかし，このような廃棄物は，含まれる放射性核種の半減期が非常に長く，放射能レベルは低く，生じる物質が通常は大量である。このため，他の放射性廃棄物とは異なる規制上の考慮が必要となるかもしれない。石油および天然ガス産業で生じるスケールなどのいくつかの廃棄物は，高いレベルの放射能濃度を持つが，このような廃棄物の体積は小さいのが普通である。

表2.2-6には，原始放射性核種のうちで，天然の崩壊連鎖を形成しているウラン系列，アクチニウム系列，トリウム系列の構成と，同様の崩壊系列を示すネプツニウム系列を示した。ネプツニウム系列は，親核種の^{237}Npの半減期が短いため原始起源のものは残存していない。

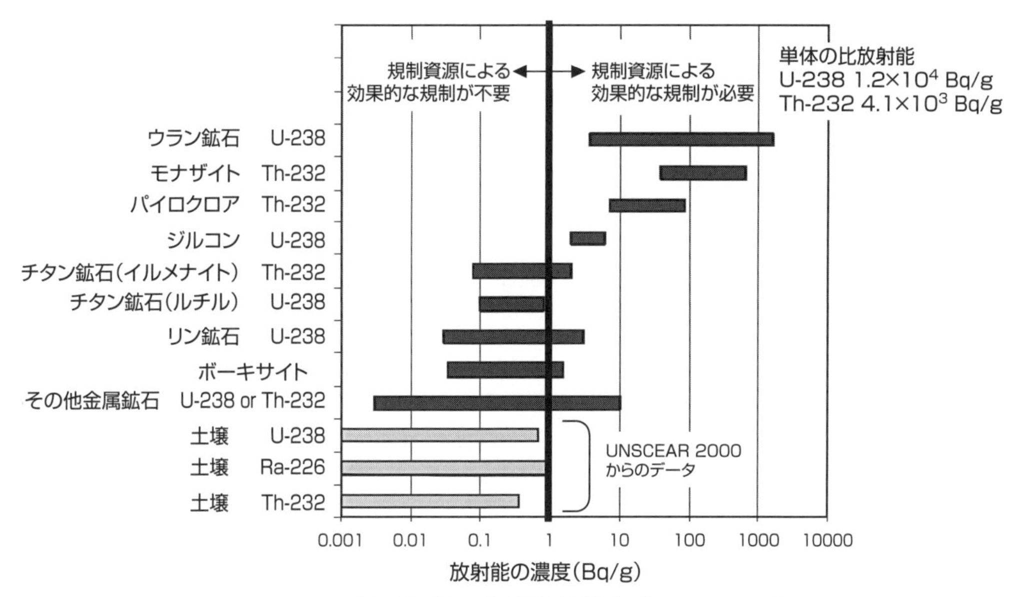

図 4.7-1 天然の物質中の放射性核種濃度【IAEA, 2013】

その他の核種については表2.1-1に示したとおりである。

原始放射性核種のうちで特に放射線被ばくが問題となる主たる放射性核種は，^{238}Uと^{232}Thの崩壊系列からのものと，^{40}Kである。^{238}Uは土壌1 kg中に10～50 Bq程度含まれ，通常の自然放射能地域における年間食品摂取量は約5 Bqと推定されている。^{232}Thは，土壌1 kg中に7～50 Bq程度含まれる。これらの崩壊系列の中には，^{222}Rnや^{220}Rnなど大気中を動きやすい核種が含まれており，人が受ける被ばくは鉱物の分布等により大きく変化し，分布に応じて人の被ばくに寄与している。

通常の岩石や土壌中におけるこれらの放射性核種の濃度は一般に低いが，広汎に分布している（図4.7-1）。また，ある種の物質は，商業的に利用されているものを含め，ウランまたはトリウム系列の放射性核種を有意に高い放射能濃度で含んでいる。地殻から鉱物を抽出し，物理的・化学的プロセスによって分離して生産する場合には，様々な濃度で含まれている放射性核種がプロセスから発生する種々の物質の間に様々に分布する可能性がある。

ウランの採鉱や鉱物処理では，放射性核種そのものを分離するので，当然，放射性核種の濃縮が起こるが，残渣側にも娘核種が濃縮され，水などの媒体中を動きやすい状態になっている。一方，これらの他にも，希土類元素の生産，トリウムとその化合物の生産，ニオブとフェロニオブの生産などの採鉱，石油やガスの生産，石炭の燃焼，水処理などの産業活動においても，分離のために，鉱石の粉砕，物理的分離（重力，磁気，微粒子の遠心分離，静電選別，浮遊選鉱），化学分離（酸・アルカリ等の化学浸出，温浸，溶媒抽出，イオン交換，電解採取），溶融，燃焼などの処理が施される。この結果，もともとは低い濃度で含まれていたウランやトリウム崩壊系列核種を残渣中に濃縮する可能性がある。

4.7.2 ウラン廃棄物

核燃料物質は，ウラン等核分裂の過程において高エネルギーを放出する物質であり，原子炉等規制法では，ウランについては

1）^{235}Uと^{238}Uの比率が天然の混合率と天然の混合率に達しないウランおよびその化合物並びにこれらを含み原子炉で燃料として使用できるもの
2）^{235}Uと^{238}Uの比率が天然の混合率を超えるウランおよびその化合物並びにこれらを含む物質

と定義されている。核燃料物質であるウランやトリウムの原料となる鉱石のことを核原料物質という。核燃料サイクルの粗製錬工程で扱うのは核原料物質であり，採鉱・選鉱を含めここまでの工程は，鉱山保安法により規制を受ける。これらの工程で発生する廃棄物（捨石，鉱滓）は，鉱山保安法の管轄下であり，原子炉等規制法の規制対象外である。

核燃料物質にあたるウランを含む物質を取り扱う製錬，転換，濃縮，再転換，成型加工などの工程では，核燃料物質によって汚染された廃棄物は，「核燃料物質によって汚染されたもので廃棄しようとする物」として放射性廃棄物となり，原子炉等規制法の規制下に置かれる。これをウラン廃棄物と呼んでいる。

ウラン廃棄物は表4.7-1に示すように各工程で行われる化学分離操作に由来するもので，ウランが付着したものや，ウランを含む物質が付着したものなどであり，含まれる放射性核種が実質的にウランとその娘核種に限定されている。

現在，我が国では，このようなウラン廃棄物は，民間のウラン燃料加工施設（再転換施設，成型加工施設），日本原燃(株)の濃縮・埋設事業所，原子力研究開発機構人形峠環境技術センターのウラン濃縮施設などの運転に伴い発生しており，それぞれの廃棄物貯蔵施設内に貯蔵保管されている（表4.7-2）。

将来的には，これらの施設の解体によってもウラン廃棄物が発生する。一方，研究施設等から発生する廃棄物には，もっぱらウランのみを含むものとは限らないが，ウランを含む放射性廃棄物が存在しており，これらについても，ウラン廃棄物の処分方策に準じて基準など

表 4.7-1　ウラン廃棄物の種類と内訳

スラッジ類	廃液からのウラン除去処理によって生じる沈殿物（鉄殿物，ろ過助剤）などの残留物や種々の沈殿物，使用済イオン交換樹脂など
焼却灰	紙，布やフィルター木枠などの可燃物の焼却によって生じる灰などの残留物
フィルター類	排気からのウラン除去処理に用いた使用済HEPAフィルターやプレフィルター
雑固体	運転と操業などに伴って発生する雑多な固体廃棄物であり，その材質に基づき，以下の3種類に大別できる
・プラスチック類	塩化ビニルや合成ゴム製で，回収や更新等に伴って発生する配管，仕切り板，ホースや，使用済みの手袋や長靴など
・金属類	回収や更新等に伴って発生するパイプ，鋼材，使用済機器など
・コンクリート類	回収等に伴って発生するコンクリート，レンガ，耐火物，ガラス，断熱材，土砂など

表 4.7-2　ウラン廃棄物の貯蔵状況(200リットルドラム缶換算, 本) (平成24年度末)

人形峠環境技術センター (濃縮施設)	567
日本原燃(株)濃縮・埋設事業所 (加工施設)	6,471
民間の燃料加工施設 (再転換, 成型加工施設)	43,500
合計	50,538

の整備を順次実施する必要があるとされている。

廃棄体等中のウラン濃度の範囲は, 1万Bq/gを超える廃棄物が僅かに発生するが, 全体の約84%が1 Bq/g以下で, 約9%が1～10 Bq/g, 100 Bq/gを超えるものは約2%になっている。

このため, これらを廃棄物として処分する場合には, 可燃物は焼却, 金属類は圧縮処理による減容又は処理せずにそのままの状態, スラッジは脱水, フィルター類は各パーツに分解して処理を行い, その後, セメント固化や金属容器への収納, フレコンバッグへの収納等の比較的軽度な閉じ込め機能を持つ廃棄物パッケージとして処分することが考えられる。しかしながら, ウラン廃棄物処分の問題は, ウランの半減期が長く時間の経過による放射性物質の低減が期待できないこと, ウラン核種が崩壊して, 鉱石の処理過程で分離除去されていた娘核種が新たに生成し, 累積することで, 減衰を期待できるその他の放射性核種を含む廃棄物と異なる特徴を有していることである。

^{238}Uは次のような崩壊連鎖を形成する。

$$^{238}_{92}\mathrm{U} \xrightarrow[4.468\times10^9\ \mathrm{y}]{\alpha} {}^{234}_{90}\mathrm{Th} \xrightarrow[24.10\ \mathrm{d}]{\beta^-} {}^{234m}_{91}\mathrm{Pa} \xrightarrow[1.159\ \mathrm{min}]{\beta^-} {}^{234}_{92}\mathrm{U} \xrightarrow[2.455\times10^5\ \mathrm{y}]{\alpha} {}^{230}_{90}\mathrm{Th} \xrightarrow[7.54\times10^4\ \mathrm{y}]{\alpha} {}^{226}_{88}\mathrm{Ra} \xrightarrow[1600\ \mathrm{y}]{\alpha}$$

$$^{222}_{86}\mathrm{Rn} \xrightarrow[3.8235\ \mathrm{d}]{\alpha} {}^{218}_{84}\mathrm{Po} \xrightarrow[3.098\ \mathrm{min}]{\alpha} {}^{214}_{82}\mathrm{Pb} \xrightarrow[26.8\ \mathrm{min}]{\beta^-} {}^{214}_{83}\mathrm{Bi} \xrightarrow[19.9\ \mathrm{min}]{\beta^-} {}^{214}_{84}\mathrm{Po} \xrightarrow[164.3\ \mu\mathrm{s}]{\alpha} {}^{210}_{82}\mathrm{Pb} \xrightarrow[22.20\ \mathrm{y}]{\beta^-}$$

$$^{210}_{83}\mathrm{Bi} \xrightarrow[5.012\ \mathrm{d}]{\beta^-} {}^{210}_{84}\mathrm{Po} \xrightarrow[138.376\ \mathrm{d}]{\alpha} {}^{206}_{82}\mathrm{Pb}$$

鉱物の処理過程では, ウランの同位体が抽出され, その他の核種は残渣側へと移る。放射平衡が乱された後の, 放射性核種の崩壊や成長は, 第2章で議論したとおりである。

ウランフラクションには, 崩壊連鎖の^{234}Uまでが含まれており, ^{234}Thや^{234m}Paの放射能はその半減期に従って成長し, 比較的速やかに放射平衡になる。このためウランフラクションには, 放射平衡の天然ウランの放射能の4/14 (系列全部で14回の崩壊過程のうち4回の崩壊過程) の放射能が残ることとなる。ウラン濃縮過程では, ^{235}Uの濃度が, 濃縮ウラン側で高くなり劣化ウラン側で低くなる。このような状態のウランにより汚染された廃棄物中のウランの中での娘核種の成長は, ^{230}Thの半減期75400年を経た時点で, ^{230}Thが放射平衡に至った時の放射能の半分まで成長する。この^{230}Thの半減期に比べ, これ以降の娘核種の半減期は短いので, 全て放射平衡に達しながら成長する。このようにして, 天然ウランの放射能の4/14になっていた分離ウランは, ^{230}Thの半減期に従って14/14に回復することになり, 分離ウランから見れば放射能が14/4倍に成長する。この娘核種の中には^{226}Raと^{222}Rnという易動性で被ばくに寄与する可能性のある核種が含まれている。

このような事情があるため，ウラン廃棄物については，これまで処分の基本的考え方および処分方策が確立されておらず，その処分制度は整備されていない。

4.8　事故廃棄物

これまでの60年間，原子力施設あるいは放射性物質を使用または貯蔵している施設で，数多くの事故が起こっている。表4.8-1はこれまでに発生した最も重要な環境汚染事故や不適切な管理を示したものである。これらの事故は，小さいものから周囲の人々や環境に顕著な影響をもたらす巨大なものまで広い範囲にわたっていて，1957年のマヤーク（キシュティム）の事故（いわゆるウラルの核惨事）や1986年のチェルノブイリ事故，1987年のブラジル・ゴイアニアの放射線源事故のように，国境を越えて影響を与えたものもある。その他にも，大きな事故として1979年のスリーマイル島（TMI-2）事故や2011年の東京電力福島第一発電所事故などがある。

原子力施設における事故や事象の安全上の重要性を伝えるために，IAEAとOECD/NEAにより招集された国際専門家により1990年に国際原子力事象評価尺度（INES：International Nuclear Event Scale）が作られた（表4.8-2）。INESは数値的格付けを用いて，地震のエネルギーの大きさを対数で表すマグニチュードと同様のやり方で，原子力または放射線に関連する事象の重要性を，事象の影響の大きさを対数で表して理解を容易にしようとするものである。INESは，放射線源の商業・医学利用，原子力発電所の運転，放射性物質の輸送に関する事象を対象とする。事象（events）は7つのレベルに分類され，さらに，レベル1から3は異常事象（incidents）として，レベル4から7は事故（accidents）として分類され，安全上重要でない事象は，評価尺度未満／レベル0に分類する。すなわち，レベルの低いものから順に，1：逸脱（anomaly），2：異常事象（incident），3：重大な異常事象（serious incident），4：局所的な影響を伴う事故（accident with local consequences），5：広範囲な影響を伴う事故（accident with wider consequences），6：大事故（serious accident），および7：深刻な事故（major accident）となっている。

評価尺度の策定に際してのねらいは，評価尺度のレベルが上昇するごとに事象の重大性が約1桁上昇するようにすることである。つまり，この評価尺度は対数尺度である。事象は，次の3つの異なった分野に関する影響の観点から検討される。

1）人と環境への影響
2）施設における放射線バリアと管理への影響
3）深層防護への影響

人と環境への影響による等級づけでは，実際の作業者，公衆の成員および環境への影響の放射線学的影響を考慮する。評価は人々への線量あるいは放出された放射性物質の量のいずれかを用いてなされる。線量に基づく場合には，また，線量を受ける人々の数も考慮に入れ

表 4.8-1　これまでに発生した重要な環境汚染事故や不適切な管理【日本学術会議，2003などより作成】

場所	施設名など	国名	発生年月日	種類	事故または行為の概要と放出した放射性物質の量
ウインズケール1号炉	黒鉛減速炭酸ガス冷却炉	英国	1957.10.7	原子炉火災 INES：5	黒鉛に蓄積されたウィグナーエネルギー放出作業中，燃料棒が融解し，黒鉛の燃焼・火災が発生。燃料棒溶融で ^{131}I 約 740 TBq他を環境に放出。
アイダホSL-1	軍用原子炉小型加圧水型原型炉	米国	1961.1.3	臨界事故 出力暴走 INES：4	軍事基地への電源供給用原子炉SL-1が停止中の作業で原子炉が暴走，3名死亡。
スリーマイル島2号機	加圧水型軽水炉	米国	1979.3.28	冷却材喪失 炉心損傷 INES：5	2号機の給水ポンプとタービン停止が起こり，炉は緊急自動停止した。作業員の誤操作により原子炉炉心が一部溶融。放射性希ガス約93 PBq，^{131}I 約 5.6 PBqが環境に放出。
サンローラン2号機	黒鉛減速炭酸ガス冷却炉	フランス	1980.3.13	燃料溶融 INES：3	2号機の燃料カートリッジ交換中，炭酸ガスによる冷却ができなくなり，燃料が破損・溶融。希ガス約 81 GBq を環境中に放出，2年半運転停止。
チェルノブイリ4号機	黒鉛減速軽水冷却炉	旧ソ連（現ウクライナ）	1986.4.26	反応度事故 INES：7	4号機のタービン試験の際，原子炉および燃料を破損。大量の核分裂生成物他を環境に放出。放出量はヨウ素換算で約5200 PBq。破損した炉と燃料は暫定的にコンクリートで固められている状態。
福島第一発電所	沸騰水型軽水冷却炉	日本	2011.3.11	燃料溶融 INES：7	津波により発電炉が非常用電源装置とともに浸水を受け，全交流電源喪失。1～3号機の炉心溶融が起こり，水素爆発により，放射性物質が広範囲に拡散。放出量は放射性ヨウ素換算で約900 PBq（^{131}I:500 PBq，^{137}Cs:10 PBq）。
オークリッジ	再処理施設	米国	1959.11	爆発事故	工場化学爆発，37 GBqのPuが放出。
ウインズケール（現セラフィールド）	原子炉・再処理施設コンプレックス	英国	1973.9.26	溶媒発火事故 INES：5	再処理工場の酸化物燃料前処理施設のセル内で発火，セル内の発火で発生し た Cs，Ru などの放射性エアロゾルが流出し，作業員が被ばく。
セラフィールド	原子炉・再処理施設コンプレックス	英国	1983.11	誤放出事故	ベータ放射能約22 TBqをアイリッシュ海へ放出。
トムスク-7	原子炉・再処理施設コンプレックス	ロシア	1993.4.6	爆発事故	再処理プラントで溶媒抽出作業中，タンクが爆発し，放射能約30 TBqが排気塔から放出。それ以前もその後も複数回の爆発事故を起こしている。また，放射性廃液を地下注入処理している。
クラスノヤルスク	原子炉・再処理施設コンプレックス	ロシア	～1996.1	再処理廃液	再処理工場で発生する各種廃液を，トムスク同様地下注入処理。極低レベル廃液はエニセイ川に放流。
マヤーク	原子炉・再処理施設コンプレックス	旧ソ連	1948～1956	再処理廃液	再処理で生じた高レベル廃液を希釈し，約8年間に累積で100 PBqの放射能をテチャ川へ放流。その後，施設の雑排水，原子炉2次冷却水などの極低レベル廃液のテチャ川への放流は続けられた。
			1957.9.29	爆発事故 INES：6	再処理施設で加熱による化学爆発が起こり，タンク内の高レベル廃液が飛散，74 PBqが25,000 km^2を汚染（キシュティム事故）。
			1967 年春	放射能の飛散	テチャ川流域の汚染のため，1951年以降高レベル廃液の放流をカラチャイ湖に変更した。1967年，乾燥で干上がった湖から竜巻により ^{137}Cs，^{90}Srなど総量 22 TBqが飛散した。
ハンフォード	原子炉・再処理施設コンプレックス	米国	1944～1949	気体廃棄	核兵器用プルトニウム製造時に再処理工場（TおよびBプラント）から 環境へ ^{131}I を放出，総量約25.7 PBq。
			1960 年頃	炉冷却水放出	8基の原子炉炉冷却水を溜池に貯留後コロンビア川に毎日平均540 TBq放流，年間約200 PBq放出。
			1956～1990	廃液地中処分	再処理工場からの低レベル廃液の地中処分として1990年までに総量50～60万m^3（14～170 PBq）を地中に排出。
ゴイアニア	RI 線源	ブラジル	1987.9	線源解体 INES：5	廃院となった放射線治療医院から ^{137}Cs線源（粉末51 TBq）が持ち出され，廃品回収業者の作業場で解体され，広範囲な環境放射能汚染。郊外の土壌，建材なども汚染。

表 4.8-2　国際原子力事象評価尺度【IAEA, 2008より作成】

INESレベル	人と環境	施設における放射線バリアと管理	深層防護
レベル7 深刻な事故	健康および環境への広範な影響を伴う放射性物質の大規模な放出。 計画された広範な対策の実施が必要。		
レベル6 大事故	放射性物質の相当量の放出。 計画された対策の実施を必要とする可能性大。		
レベル5 広範囲な影響を伴う事故	放射性物質の限定的な放出。 放射線による数名の死亡。 計画された対策の一部の実施を必要とする可能性大。	炉心の重大な損傷。 高い確率で公衆が著しい被ばくを受ける可能性のある施設内の放射性物質の大量放出。 大規模臨界事故または火災から生じる可能性。	
レベル4 局所的な影響を伴う事故	軽微な放射性物質の放出。 放射線による少なくとも1名の死亡。 地元で食物管理以外は対策不要。	炉心インベントリーの0.1%を超える放出につながる燃料の溶融または燃料の損傷。 高い確率で公衆が著しい大規模被ばくを受ける可能性のある相当量の放射性物質の放出。	
レベル3 重大な異常事象	放射線による非致命的な確定的健康影響(例えば、やけど)。 法令による年間限度の10倍を超える作業者の被ばく。	運転区域内での1 Sv/時を超える被ばく線量率。 公衆が著しい被ばくを受ける可能性は低いが設計で予想していない区域での重大な汚染。	安全設備が残されていない原子力発電所における事故寸前の状態。 高放射能密封線源の紛失または盗難。 適切な取扱い手順を伴わない高放射能密封線源の誤配。
レベル2 異常事象	法令による年間限度を超える作業者の被ばく。 10 mSvを超える公衆の被ばく。	50 mSv/時を超える運転区域内の放射線レベル。設計で予想していない施設内の区域での相当量の汚染。	実際の影響を伴わない安全設備の重大な欠陥。 安全設備が健全な状態での身元不明の高放射能密封線源、装置、または、輸送パッケージの発見。 高放射能密封線源の不適切な梱包。
レベル1 逸脱			法令による限度を超えた公衆の過大被ばく。 十分な安全防護層が残ったままの状態での安全機器の軽微な問題。 低放射能の線源、装置または輸送パッケージの紛失または盗難。
安全上重要でない（評価尺度未満／レベル0）			

られる。尺度の最も高い4つのレベル（レベル4～7）は，放出された放射能量により，その大きさを^{131}Iの与えられたテラベクレル数に対する等価量により決めて，定義している。この尺度はもともと原子力発電所に対して作られ，^{131}Iが一般的に放出されるより重要な同位体の1つであることからこの同位体が用いられている。表4.8-3は^{131}Iに対する放射線学的等価量への換算係数（ヨウ素換算倍率係数）を与えている。

施設における放射線バリアと管理への影響は，発電用原子炉，再処理施設，大型の研究用原子炉あるいは大型の放射線源発生施設のような，大量の放射性物質を扱う施設にのみ関係する。これは，炉心溶融や放射線学的バリアの破たんによる大量の放射性物質の漏出で，人々と環境の安全が脅かされる場合に適用される。

表 4.8-3　大気への放出に対する各核種の^{131}Iへの放射線学等価量（ヨウ素換算倍率係数）【IAEA, 2008より作成】

核種	増倍係数	核種	増倍係数	核種	増倍係数
Am-241	8,000	Mn-54	4	U-235(S)*	1,000
Co-60	50	Mo-99	0.08	U-235(M)*	600
Cs-134	17	P-32	0.2	U-235(F)*	500
Cs-137	40	Pu-239	10,000	U-238(S)*	900
H-3	0.02	Ru-106	6	U-238(M)*	600
I-131	1	Sr-90	20	U-238(F)*	400
Ir-192	2	Te-132	0.3	U nat	1,000
希ガス	0				

* 肺吸入タイプ：S-遅い，M-中程度，F-速い。
明確でない場合には最も保守的な値を使用する。

これら2つの分野（人と環境および施設における放射線バリアと管理）を用いて評価される事象は，“実際の影響”を伴う事象である。

深層防護の劣化では，原則として実際の影響がないものの，事故を防止したりあるいは事故に対処したりするために用意された手段が，意図したとおりに作動しないような事象をカバーする。この尺度は事象の深刻さがレベル1段階ごとに約10倍大きくなるように設計されている。安全上重要な結果をもたらさない事象はレベル0に分類される。

表4.8-2のリストの主な事象には，INESのレベルを付記している。例えば，スリーマイル島（TMI）の炉心の部分溶融はINES尺度のレベル5で，一方，チェルノブイリと福島第一発電所の事故はレベル7である。TMI事故の適切なマネジメントは過剰に放射線に被ばくした人はおらず，死傷者はいなかったのでレベル5にとどまっている。

事故が起こると，最初に注力すべきは，まずサイトにおける作業者の安全と周辺の住民の安全を確保し環境を防護することである。直近の作業者と公衆の危険がない状態になってから初めて安定化とクリーンアップがなされ，最終的にはデコミッショニングと修復がなされる。

事故廃棄物の性質と型は，多くの場合，よりよく管理された活動から発生する廃棄物とは異なり，汚染される物質材料と事故の大きさに依存した量と組成の放射性廃棄物を発生する。特にINESのレベル5を超えるような事故の場合には，事故の影響は深刻で，汚染の影響を緩和して，最終的なデコミッショニングとクリーンアップに至るには，様々な障害があるのがふつうである。その過程で人々の安全と環境を防護しつつ，慎重で実現性のある目標を段階的に満足する形で，処分前管理を経て最終的な処分に至る計画の立案が必要とされる。

4.9 参考文献

1. IAEA (2016a). International Atomic Energy Agency homepage, http://www-ns.iaea.org/conventions/waste-jointconvention.asp, 閲覧日2016年4月.
2. IAEA (2016b). International Atomic Energy Agency homepage, http://newmdb.iaea.org/, 閲覧日2016年4月.
3. 総合資源エネルギー調査会 (2013). 総合資源エネルギー調査会電気事業分科会原子力部会放射性廃棄物小委員会第1回資料2 (平成25年5月).
4. Benedict, M., Pigford, T. H., Levi, H. W. (1981). Nuclear Chemical Engineering, 2nd edition, Mcgraw-Hill Book Company.
5. 日本原子力文化財団 (2016), 原子力・エネルギー図面集2016.
   http://www.ene100.jp/tag/原子力・エネルギー図面集 閲覧日2016年4月.
6. NUMO (2002). 原子力発電環境整備機構, 高レベル放射性廃棄物の最終処分場の設置可能性を調査する区域の公募関係資料-2 処分場の概要.
7. 電事連・JNC (2005). 電気事業連合会・核燃料サイクル開発機構, TRU廃棄物処分技術検討書－第2次TRU廃棄物処分研究開発取りまとめ－, JNC TY1400 2005-013, FEPC TRU-TR2-2005-02.
8. NUMO (2011). 原子力発電環境整備機構. 地層処分低レベル放射性廃棄物に関わる処分の技術と安全性「処分場の概要」の説明資料および付録資料, NUMO TR 10-03, 10-04.
9. 原子力規制委員会 (2015a). 廃炉等に伴う放射性廃棄物の規制に関する検討チーム会合第2回資料2-1電気事業連合会提出資料, 平成27年2月12日.
   http://www.nsr.go.jp/disclosure/committee/yuushikisya/hairo_kisei/閲覧日2016年4月.
10. 原子力規制庁 (2014). 余裕深度処分対象廃棄物に関する電気事業連合会との情報交換 (平成26年12月25日), 電気事業連合会提出:余裕深度処分対象廃棄物に関する基本データ集. https://www.nsr.go.jp/data/000090254.pdf 閲覧日2016年4月.
11. 原子力規制委員会 (2015b), 廃炉等に伴う放射性廃棄物の規制に関する検討チーム会合第1回資料1-2, 平成27年1月26日.
12. 日本原燃 (2012). 東京電力株式会社福島第一原子力発電所における事故を踏まえた六ヶ所低レベル放射性廃棄物埋設センターの安全性に関する総合的評価に係る報告書, 日本原燃株式会社 (2012年4月27日).
   http://www.meti.go.jp/press/2012/04/20120427011/20120427011-13.pdf 閲覧日2016年4月.
13. IAEA (2014). Radiation Protection and Safety of Radiation Sources: International Basic Safety Standards. General Safety Requirements Part 3, No. GSR Part 3, International Atomic Energy Agency, Vienna.

14. IAEA (2006). Dangerous quantities of radioactive material (D-value) IAEA EPR-D-VALUES, International Atomic Energy Agency, Vienna.
15. IAEA (2013). Management of NORM Residues TECDOC-1712, International Atomic Energy Agency, Vienna.
16. 日本学術会議 (2003). 荒廃した生活環境の先端技術による回復研究連絡委員会報告 放射性物質による環境汚染の予防と環境の回復.
17. IAEA (2008). INES, The International Nuclear and Radiological Event Scale User' s Manual, 2008 Edition, International Atomic Energy Agency, Vienna.

5章

放射性廃棄物処分の基本戦略

第5章 放射性廃棄物処分の基本戦略

放射性廃棄物の危険性は，廃棄物としての物質や材料中に含まれる放射性核種が崩壊に伴って放出する放射線を人が被ばくして，そのエネルギーが生体組織に吸収され，これが原因となって確定的影響または確率的影響として顕在化する。人との接触あるいは人による摂取や吸入により，人の健康あるいは様々な生物種に悪影響を及ぼすという点では，放射性物質も化学物質と全く同様である。放射性廃棄物に限らず，有害な廃棄物はそれが潜在的な危険性を持っている間は，その危険性の程度に応じて，人の生活環境から隔離した場所に定置して閉じ込めておき，環境に分散して人と接触することのないようにしておく必要がある。

廃棄物とは，それ以上の使用が見込まれていない物質であるので，放射性廃棄物の存在は，それ以上の便益を生み出さずリスク（被ばくという望ましくないことが起こる可能性）のみをもたらす。このような放射性廃棄物の発生をもたらすのは，放射線または原子力の利用である。従って放射性廃棄物の発生の正当化は，放射性廃棄物の発生を伴う放射線または原子力の利用を社会で行ってよいかどうかの問題となる。放射線または原子力の利用においては放射性廃棄物や放射線による被ばくが発生する可能性があるので，その際の便益とリスクの比較衡量により，このような行為を社会が受容するかどうかを考えなければならない。

この章では，放射性廃棄物の処分に関する基本的な戦略として，国際的に認められている隔離と閉じ込めの考え方をIAEAの国際基準を中心に概観し，放射性廃棄物として規制するかどうかを分かつ規制免除とクリアランスの考え方，および放射性廃棄物の処分オプションとしての浅地中処分施設，中深度（余裕深度）処分施設，地層処分施設について説明する。

5.1 放射性廃棄物処分の安全原則

5.1.1 原子力，放射線の利用における安全基準

表5.1-1は，原子力と放射線の利用を人類にもたらし，その利用の仕方に影響を与えた原子力と放射線の利用の黎明期における歴史上の主な出来事である。放射線被ばくによる健康影響があることは，19世紀末の放射線，放射能，放射性物質の発見の後，ほどなく知られるようになり，放射線または放射性物質の利用に伴う放射線障害に対する系統的な放射線防護について調査・研究が進められてきた。

この事情は，1938年の核分裂の発見とその後の原子爆弾の開発により，原子力の利用に伴うより大規模な潜在的危険性の問題を含むものとして大きく変化した。アメリカによる広島と長崎への原子爆弾の投下と第2次世界大戦終結の後，アメリカとソ連を軸とする東西冷戦の中で，核兵器の拡散に対する懸念が強まった。

1953年1月にアメリカ大統領に就任したアイゼンハワーは，こうした東西冷戦の中での核開発競争が急速に進むことで核戦争の危険性が現実化しつつあるとの危機感を抱き，国際連合（以下，国連という）総会において，原子力は平和のために利用すべきであり，軍事利用が抑制されるように国際的に管理すべきであるとする「平和のための原子力（Atoms for Peace）」と呼ばれる演説を行った。これを直接の契機として，国連においてIAEA（国際原子力機関，International Atomic Energy Agency）憲章草案のための協議が開始され，1956年，IAEA憲章草案が採択され，1957年，原子力の平和的利用を促進するとともに，原子力が平和的利用から軍事的利用に転用されることを防止することを目的とするIAEAが発足した。2015年3月現在，加盟国は164か国である。

核兵器の軍事利用に対する懸念は，主としてその破壊力の大きさについてであり，敵味方の双方においてこのような兵器を利用すれば，人類全体あるいは地球環境が回復できないほ

表 5.1-1 原子力と放射線の発見と利用に関する主な出来事

<table>
<tr><td>1895</td><td>放射線（X線）の発見（レントゲン）</td><td rowspan="3">自然界の放射性物質</td></tr>
<tr><td>1896</td><td>放射能の発見（ベクレル）</td></tr>
<tr><td>1898</td><td>放射性元素（ポロニウム、ラジウム）の発見（キュリー夫人）</td></tr>
<tr><td>1938</td><td>核分裂の発見（ハーン、シュトラスマン）</td><td rowspan="2">第2次世界大戦</td></tr>
<tr><td>1945</td><td>原子爆弾の製造（米国マンハッタン計画）</td></tr>
<tr><td></td><td>核実験 1949.9 ソ連
1952.10 イギリス
1960.2 フランス
1964.10 中国
1974.5 インド
1998.5 パキスタン
2006.10 北朝鮮</td><td rowspan="5">冷戦、原子力の平和利用</td></tr>
<tr><td>1953</td><td>“Atoms for Peace”国連演説（アイゼンハワー米大統領）</td></tr>
<tr><td></td><td>（日本：1955.12 原子力基本法，1956.1 原子力委員会）</td></tr>
<tr><td>1957</td><td>IAEA（国際原子力機関）発足</td></tr>
<tr><td>1970</td><td>核拡散防止条約（発効）</td></tr>
</table>

どの影響を受けて破局に至るのではないかという恐れである。これに加えて，広島や長崎の被爆者に見られた放射線熱傷，脱毛等の確定的影響や遺伝影響の可能性等に対する恐れが混在して，人々の間に原子力や放射線の利用に対する強い警戒の感情を生み出し続けている。

放射線，原子力の平和利用においても，放射線による被ばくリスクは避けられない。IAEAは，人および環境を電離放射線の有害な影響から防護するための高い安全レベルとみなされるものに関する国際的なコンセンサスとして安全基準（Safety Standards）を定めている。

この安全基準では，人のみならず環境をも防護することを目的としている。環境とは，その下で，人，動物，植物が生存し，成長し，それにより全ての生命とその進化が支えられる条件であるとされ，環境の防護には

1）人以外の動物，植物種とその生物多様性
2）食品と飼料の生産などの環境財やサービス
3）農業，林業，漁業，観光に利用される資源
4）精神的，文化的な豊かさを提供する資源
5）土壌，水，空気等の環境媒体
6）炭素循環，窒素循環，水循環などの自然のプロセス

などの防護が含まれるとされている。すなわち環境とは，生命活動と社会活動を営む人を取り巻く自然であり，地球の構成物質が生物の進化とともに相互作用して変遷してきた生態系であり，環境の防護とはこの生態系を損ねないよう配慮することである。

このIAEA安全基準の策定においては，原子放射線の影響に関する国連科学委員会（UNSCEAR）の所見および国際専門家機関，特に国際放射線防護委員会（ICRP）の勧告が考慮されており，いくつかの安全基準は，国連食糧農業機関，国連環境計画，国際労働機関，OECD原子力機関，全米保健機構や世界保健機関など，国連組織体系内の他の機関もしくはその他の専門機関と協力して策定されている。

国際安全基準は，環境の防護に関するものなど，国際法の一般原則に基づくその義務の遂行において各国に支援を提供するもので，安全に対する信頼を促進し保証するとともに，国際商取引も容易にする。この安全基準は加盟各国に順守を義務づけるものではないが，国際的な合意として，加盟各国の活動や判断によって，それぞれの国内法に反映されている。また，これに基づいて締結されている原子力の安全に関する主な国際条約には，原子力の安全に関する条約（原子力安全条約，1996年10月発効，1996年10月加入）【IAEA，1994】および使用済燃料管理および放射性廃棄物管理の安全に関する条約（廃棄物安全条約，2001年6月発効，2003年11月加入）【IAEA, 1997】がある。廃棄物安全条約は，使用済燃料および放射性廃棄物の管理の安全性を高い水準で世界的に確保することを目的として，締約国がとるべき政策上，行政上等の義務を定めた条約で，2013年現在，42か国が条約を締結している。

IAEAの安全基準は，原子力施設，放射線および放射性線源の利用，放射性物質の輸送や放射性廃棄物の管理など，放射線リスクを生じさせる施設および活動に適用されており，最新の知見を反映し絶えず改善する形で，安全原則，安全要件，安全指針の3つの階層的カテゴリーを有するIAEA安全基準シリーズを発行している（図5.1-1）。

安全原則（Safety Fundamentals）は，防護と安全の目的，概念および原則を示したものであり，ただ1つの文書，基本安全原則（Fundamental Safety Principles, SF-1）【IAEA, 2006】において安全要件の倫理的および概念的基礎を与えている。

安全要件（Safety Requirements）は，「shall（しなければならない）」文を用いて書かれたいくつかの要件，すなわち，現在と将来の両方において人および環境の防護を保証するために満たされなければならない要件を定めたもので，安全原則の目的および原則によって決定されている。図のように全ての活動に共通な7巻（Part）の一般安全要件（General Safety Requirements, GSR Part 1～Part 7）と個別の活動に求められる6つの個別安全要件（Specific Safety Requirements, SSR-1～6）からなる。安全要件が満たされていない場合，要求される安全水準を達成または回復するための措置を講じなければならない。

安全指針（Safety Guides）は，安全要件に従う方法に関する勧告およびガイダンスを提供するものであり「should（すべきである）」文として表現される措置（または同等の代替措置）を講じるべきであるという国際的なコンセンサスとしての勧告を示している。安全指針は国際的な良好事例を示したものであるが，高い安全レベルの達成に取り組むユーザーを助けるために最善事例をますます反映するようになっている。安全要件に従って，一般安全指針（General Safety Guides, GSG-#）と個別安全指針（Specific Safety Guides, SSG-#）か

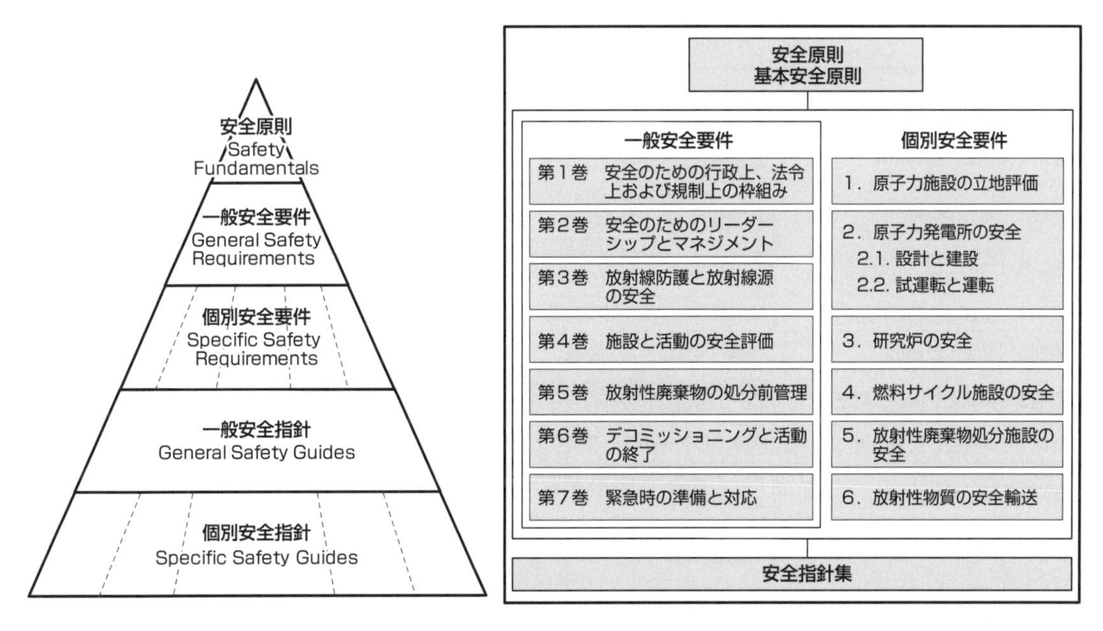

図 5.1-1　IAEA安全基準シリーズの体系

らなっている。

5.1.2 基本安全原則

全ての放射性廃棄物管理の活動に適用される安全原則は，IAEAの旧体系のもとに策定された安全基準シリーズNo. 111-F【IAEA, 1995】と，新体系の安全原則（Fundamental Safety Principles, SF-1）【IAEA, 2006】に定められている（No. 111-Fの内容は新体系のもとに策定されたSF-1に包含されている）。これらの原則もまた，使用済燃料管理および放射性廃棄物管理の安全に関する条約（廃棄物安全条約）【IAEA, 1997】の倫理的および概念的基盤をなしている。放射線防護の要件は，放射線防護と放射線源の安全：国際基本安全基準（GSR Part 3，International Basic Safety Standards, BSS）【IAEA, 2014】に定められている。

これらの基準や廃棄物安全条約で採用された安全要件および防護概念の多くは，国際放射線防護委員会（ICRP）の勧告【ICRP, 1991；ICRP, 1997；ICRP, 1998；ICRP, 2007a】に由来するものである。

また，経済協力開発機構原子力機関（OECD Nuclear Energy Agency，OECD/NEA または単にNEA）は，原子力発電を，安全で環境に調和した経済的なエネルギー源として開発利用することを，加盟諸国政府間の協力によって促進する経済協力開発機構（OECD）傘下の国際機関であり，放射性廃棄物の処分（放射性廃棄物管理委員会：RWMC）を含む原子力に関する活動について，国際的な集約意見等を刊行するとともに，各国の活動のレビューなどを行っており，これらも，様々な形でIAEAの安全基準の参考とされている。

IAEAの基本安全原則【IAEA, 2006】は，人および環境を電離放射線の有害な影響から防

表 5.1-2 IAEAの基本安全原則（SF-1）

基本安全目的は、人及び環境を電離放射線の有害な影響から防護することである		
原則1	安全に対する責任	安全のための一義的な責任は、放射線リスクを生じる施設と活動に責任を負う個人または組織が負わなければならない。
原則2	政府の役割	独立した規制機関を含む安全のための効果的な法令上及び行政上の枠組みが定められ、維持されなければならない。
原則3	安全に対するリーダーシップとマネジメント	放射線リスクに関係する組織並びに放射線リスクを生じる施設と活動では、安全に対する効果的なリーダーシップとマネジメントが確立され、維持されなければならない。
原則4	施設と活動の正当化	放射線リスクを生じる施設と活動は、正味の便益をもたらすものでなければならない。
原則5	防護の最適化	合理的に達成できる最高レベルの安全を実現するよう防護を最適化しなければならない。
原則6	個人のリスクの制限	放射線リスクを制御するための対策は、いかなる個人も害の許容できないリスクを負わないことを保証しなければならない。
原則7	現在及び将来の世代の防護	現在及び将来の人と環境を放射線リスクから防護しなければならない。
原則8	事故の防止	原子力または放射線の事故を防止及び緩和するために実行可能な全ての努力を行わなければならない。
原則9	緊急時の準備と対応	原子力または放射線の異常事象に対する緊急時の準備と対応のための取り決めを行わなければならない。
原則10	現存又は規制されていない放射線リスクの低減のための防護対策	現存又は規制されていない放射線リスクの低減のための防護措置は、正当化され、最適化されなければならない。

護するという基本安全目的（fundamental safety objectives）を達成するためにとるべき安全対策の原則を定めたもので，表5.1-2に示す10の原則（principles）で成り立っている。基本安全目的は，つまるところは

1）確定的影響を防止すること
2）確率的影響に対し防護を最適化すること

と要約することができる。

基本安全原則は，人とその環境の電離放射線と放射線源からの一般的な防護について述べているが，放射性廃棄物は，電離放射線の有害な影響を与える可能性（放射線リスクを与える潜在的危険性，hazard potential）を持つ物質（放射線源）であるので，この節では，それぞれの原則の放射性廃棄物管理に対する意味合いについて考える。

原則1，2，3では，廃棄物を発生する施設と活動に対して，国，規制機関，事業者が負わなくてはならない責任の在り方が書かれており，原則4，5ではそのような施設と活動については，正当化，防護の最適化がなされなければならないとされ，原則6，7では個人のリスクの制限と現在および将来の世代の防護について述べており，人が自らの利益を得るための活動で，不利益を不当に他者に分配してはならないとされている。すなわち，放射線リスクは国境を越える可能性があり，現在の社会の継続する時間範囲を超えるほどの長期間にわたって持続することがあるので，その地域の住民ばかりでなく，施設と活動から地理的に離れた住民にも配慮し，影響が複数の世代に及ぶ場合には，将来世代が重大な防護措置をとる必要がないように，適切に防護されなければならない。

原則8，9，10は，予測は万全では有り得ないので，そのような事態に対しても，事故の防止，緊急時の準備と対応を行い，現存または規制されていないリスクの低減のための防護対策をすべきことを述べている。

5.1.3　放射線リスクを生じる施設と活動に対する責任

基本安全原則の原則1では，「安全のための一義的な責任は，放射線リスクを生じる施設と活動に責任を負う個人または組織が責任を負わなければならない」と述べている。

放射性廃棄物はその放射能の存在により潜在的危険性を有しているので，放射性廃棄物を発生する活動には，社会に対する責任が伴う。ではいつ放射性廃棄物が発生し，誰がそれによって便益を受けるのか。放射性廃棄物は，原子力エネルギーまたは放射線を利用すること，すなわち，これに関連する財（価値あるもの，物財やサービス）を消費することにより発生する。しかし，この原則では，誰が便益を受けるにせよ，それに伴って発生するリスクについては，その財を生産して供給しようとするものが負わなければならないと述べている。

分業化社会においては，財を生産する者が売り手となり，これを消費する者が買い手となって財を取引することにより，社会全体として消費が進み，廃棄物が発生する。社会における

構成員は，財の生産者および消費者として，社会において協力し合うとともに競争し合う経済活動を行っている。

一般に物財やサービスは，対価を支払った者に限り便益を受けることができる。これを財の排除性という。しかし，財の取引という経済活動においては，市場を通さずに便益を享受したり損失を被ったりする効果が生じることがある。これを正または負の外部性（externality）（外部経済または外部不経済）と呼ぶ。

たとえば公共財である消火活動や治安・国防などは，対象になる利用者を限定することが難しい（非排除性）。誰かが費用を負担してサービスを供給すれば，負担していない人も便益を受けられる。結果として，供給のための費用を負担する誘因は働かず，皆がただ乗りをしようとするようになり，公共財の供給は過小となる。

一方，ここで扱う廃棄物による環境負荷あるいはリスクの発生という社会にとっての損失は，原子力や放射線の利用に関する供給のための費用に対する対価の支払いという自由になされる経済取引における当事者の損得の中には含まれないので，そのままでは，供給が過剰に進められ，公共財である環境負荷が増大するままとなる。

多数者が利用できる共有資源が乱獲されることによって，資源の枯渇を招いてしまうという経済学における法則は「共有地の悲劇」として広く知られている。例えば，共有地である牧草地に複数の農民が牛を放牧する。農民は利益の最大化を求めてより多くの牛を放牧する。自身の所有地であれば，牛が牧草を食べ尽くさないように数を調整するが，共有地では，自身が牛を増やさないと他の農民が牛を増やしてしまい，自身の取り分が減ってしまうので，牛を無尽蔵に増やし続ける結果になる。こうして農民が共有地を無制限に自由に利用する限り，資源である牧草地は荒れ果て，結果としてすべての農民が被害を受けることになる。

廃棄物を適切な管理のないまま投棄し地球環境（生活環境）という万人の共有地を悪化させる行為も同様である。この場合には，取引に関係のない第三者は，自らの意思とは無関係に他者から負担を負わせられることになる。地球環境を，現世代と将来世代を含む万人が共有して持続的に利用していくには，それぞれが自らの所有権を主張するばかりではなく，他者の所有権も認めて譲り合う精神が必要となる。譲り合いの精神は社会問題解決の必須の条件である。

産業革命以降の技術の進歩と経済成長の追求から，環境問題をはじめとする外部不経済は大きな被害を及ぼすようになった。これらの被害に対して，財の生産者としての企業への非難が集まり，外部不経済を積極的に内部化しようとする試みが行われるようになった。

外部不経済の内部化とは，環境汚染等のリスクに対する対策の責任を，生産者に負わせ，そのために必要な費用を財の価格に転嫁させることにより，リスクの抑制と消費の抑制を最適化することを目指したものである。廃棄物による汚染からの環境の防護では，汚染者支払いの原則（Polluter-Pays-Principle）がこの仕組みにあたる。

これは，まず消費の出発点である生産の場で財やサービスの流通量をコントロールするのが最も効果的であるということからも，生産者が，技術的知識や社会における需要等，その財やサービスの情報を最も多く有しているということからも妥当な考え方である。しかし，生産者がリスクに対する対策を怠って不当な差益を得ては困るので，リスクの抑制の程度は，国または政府が環境基準等を通じることによったり，あるいは被害が生じた場合には補償の責任を課することによったりして，社会における経済活動の自由と，リスクの抑制という社会的義務の間で最適化された妥協点を定めることになる。

外部不経済の問題は，取引の当事者における便益と損失と，社会における便益と損失の間の関係としてとらえられている。取引は，同じ社会の中の構成員の行う行為であり，その当事者もそれ以外の者も，同じ社会の一員として公共財を共有しているとみなされている。環境や安全は，競争社会における取引の当事者の私有財でもなければ当事者以外の人の私有財でもなく，協働社会における共有財なのであって，環境問題や安全の問題は，社会の構成員として共有するあるいは譲り合う，さらに突き詰めれば共生するという発想が解決のために必要とされる問題である。

注意すべきは，これは環境を防護するための仕組みであって，廃棄物に対する環境倫理的責任を特定するものではないということである。廃棄物は消費により発生するものであるという点で，分業により生産と消費が分かれていても，廃棄物は社会の活動から発生している。しかし，人々，特に消費者は，分業が高度化された社会においては生産ひいては廃棄物の発生の現場から遊離し，廃棄物発生者としての自覚を持たず，自分は廃棄物発生には何の関係もなく，廃棄物発生者とは財の生産者であり売り手であり，彼らが全面的な環境倫理的責任を負うべきであると考える傾向にある。このような誤解は，原子力発電による電力の供給のような公共財やサービスの提供では，便益が正の外部性の特徴を持ち，安全や環境はその社会に生まれてきたものの生来の権利であるという風に受け取られるため，特に著しくなる。

このような感情のもとでは，人々は個人的視点に立って，何の便益も受けていないのだからリスクもゼロでなければならないとして，リスクゼロを要求することになる。特にリスクや廃棄物に対処する責任は財の生産者が負うとする内部化の考え方は，消費者は，リスクや廃棄物の発生に対して何の便益も受けず受動的に消費したのみであり，純粋に損失あるいはリスクのみを負わされるものであるという誤解を生むことにもなる。

また，リスクに対する対処は，取引の財の価格に反映されるが，財そのものの生産に要した費用ではないため，生産者が得る差益と区別がつかず，消費者はその情報を知ることができない。すなわち，市場取引における売り手と買い手という利害関係の対立する者の間に情報の質と量の不均衡（情報の非対称性）が存在する。このため，消費者は，生産者が不当に差益を得ているのではないか，不当にリスク対策を怠っているのではないかとの感情を持ち，これらが，廃棄物やリスクをもたらす生産者に対する不信感や嫌悪，怒りといった感情に結びつき，冷静で合理的な対処をとることを難しくしている。

5.1.4　放射性廃棄物の発生の正当化とその管理の正当化

基本安全原則の原則4の正当化の原則では，施設と活動が正当であると考えられるためには，それらが生み出す便益が，それらが生み出す放射線リスクを上回っていて，正味の便益をもたらすものでなければならないと述べている。すなわち，個々人の活動は，常に不確実な将来に対する意思決定の結果としてなされるが，その行為が他者あるいは社会に対して重大な影響を与える可能性があるときには，その行為によりもたらされる正の影響と負の影響を定量的に予測して評価し，社会にとって正味の便益があるかどうかを確認しなければならないとしている。これは，本来，人は自分の利益のために自由に活動してよいが，社会を構成している限り，他者に不当な損害を与えてはならないという倫理的原則である。安全原則では，どの程度まで自由が許されて，どの程度まで制限されるかは，国と政府が定めて規制を行うことにより判断され，さらにその正当性は，社会としての正味の便益により決まるとしている。

正味の便益をもたらすものでなければならないということを言い換えれば，その行為をする場合と，しない場合の両者を将来に対する選択肢としてとらえ，どちらがより優れているかを予測により比較しなければならないことになる。

このような比較評価は，広い意味のコスト－便益分析（cost-benefit analysis）と呼ばれる。この場合のコストや便益は，個人にとってのものに限らず，社会にとってのコストや便益でもあることはいうまでもない。放射性廃棄物の発生に対してその安全のための措置に係る手間暇や，被ばくによる致死リスクは，コスト－便益解析におけるコストに含まれるものであり，安全のための措置には，単に，社会全体が受けるリスクを最小化することに限らず，リスクが個々人に不当あるいは不公平に分配されないようにすることも含まれる。廃棄物を発生させる行為（原子力や放射線の利用）により得られる便益がこのコストを上回らなければならない。

ここで注意すべき点は，得られる便益と生じるリスクに関係するコストが比較されている点である。すなわち，リスクに対処するためのコストや便益の解析は予測に基づいて行わざるを得ず，絶対確実な将来予測（将来を言い当てること）はあり得ない上に，便益のみが得られ，コストすなわちリスクや廃棄物を発生しない「完全な」施設と活動はあり得ないことである。また正当化では便益がコストを上回るべきといっているだけであるので，コストが小さいとは言っていない。上回るだけでなく，コストを最小にすると同時に，リスクの分配の不公平性を避けるために最大の努力をすべきことは，次の最適化の原則として示されており，ここでは暗黙の了解となっている。

将来に対する意思決定は将来に対する予測に基づいて行うしかなく，絶対確実な将来予測（将来を言い当てること）はあり得ないことは，不確実性の存在下での意思決定の不可避の属性であり，さらに複数の関係者が関与する社会的意思決定においては，関係者間における情報の非対称性による不確実性が加わり，社会に影響を与える活動の実践において多くの問題を引き起こす要因となっている。

放射性廃棄物を発生させる活動については，その活動により社会が便益を得る時点と，発生した放射性廃棄物を安全に管理するために社会にコストが発生する時点には，時間的にずれがあり，放射性廃棄物に関するコストの発生は常に便益を得てしまった後に起こる。

また，前項で述べたように，外部経済の内部化のため，廃棄物の適切な管理（management）は，生産者がその具体的管理にあたり，それに必要となる経費は，財の価格に含ませて消費者から集めるようにする。

また，ここでいうコストがどのような形と大きさで発生するかは，その後の廃棄物管理の活動あるいはその成否にかかっていてまだ確定していない。すなわち廃棄物の処分前管理や処分のために必要となる文字通りの人的金銭的コストもあれば，社会の中の限られた個人が被ばくすることによりもたらされる余命損失の形で発生するコストもある。これをどの程度最小化できるかは廃棄物が発生してしまった後の活動に依存するため，活動の正当化の時点では見通しのみによって便益とコストが比較される。

このような状況下では，往々にして，放射性廃棄物の発生の時点では，その発生のもとになる原子力や放射線の利用に伴う便益に関心が置かれ，放射性廃棄物の管理に要する費用は楽観的に過小評価され，放射性廃棄物の管理の活動が必要となる時点では，得られた便益のことは忘れ去られ，放射性廃棄物に伴うリスクのみに関心が置かれる。

また基本安全原則の原則1と原則2に示されるように，廃棄物を発生させる活動を行った事業者とその活動を許可した政府が安全に責任を有するとすれば，その活動による生産物の消費をする者は，コストは事業者が支払うものと解釈して無限のコストを支払ってでも，消費者にコストの一部としてのリスクを付け回すことを避ける努力をすべきであると考える。実際には，正当化においては，コストは消費者をも含めた社会に対して発生していると予測されていて，社会を代表して国がこの正当化の是非を判断している。廃棄物発生者はこれを社会的経済的制約のもとで最小化（最適化）する責任は有しているが，制約を超えてゼロにする責任を有しているわけではない。

しかし，前に述べたように，一般に消費者は，事業者や政府を，放射性廃棄物を発生させた側におき，自分は社会の一員であるという意識を持たないし，多くの場合，意思決定から疎外されているとして不満を抱いているので，廃棄物からのリスクを極小にすべきであると考えて非常に厳しい要求をしたり，あるいはこれをゼロにできない限り，原子力の利用はやめるべきだという風に短絡して考えたりする。原子力の利用における便益の発生とその結果としての廃棄物の管理のコストの発生の時間的ずれが，廃棄物管理のコストにのみ注意が集中して，廃棄物のもたらすリスクを異常に大きいもの，あるいはたとえ小さくともそのリスクは廃棄物の直接の発生者が全面的に引き受けるべきものとの認識をもたらしていると考えることができる。

このように，廃棄物発生により得られる便益と廃棄物管理のコストの発生の時期のずれおよび廃棄物発生の場とその原因となる消費の場とのずれは，将来に対する社会の意思決定，すなわち放射性廃棄物の管理に関する正当化の原則の適用と，放射性廃棄物の発生に関する正当化の原則の適用についての過去の判断の是非の議論を混乱させている。すなわち，正当化の原則の適用の際には，コストと便益の推定における将来予測の不確実さと，生産者と消費者の間における情報の非対称性に由来するコストと便益の推定の不確実さが問題となる。

放射性廃棄物の発生に対して正当化の原則を適用する際には，原子力の利用による費用と便益が評価されなければならず，廃棄物の発生によりもたらされるリスクは，原子力の利用に伴う費用またはリスクの一部として，全体の費用が原子力によりもたらされる便益と比較されなければならない。この時には原子力の利用により得られる便益が非常に大きいので，それに比べてゼロにはできないがある大きさを持つコストの発生は社会にとって許されるものとなる。ところが，放射性廃棄物の管理に関する議論がなされる時点では，過去に得られた便益のことは過小評価され，結果として存在する放射性廃棄物の存在のみに注目が集まり，その負の影響と過去の意思決定の不完全性が1：1の因果として論理的に短絡されている。

これは，人は生来，目につきやすく想起しやすい（availableな）物事は，より起こりやすく重要と考える利用可能性ヒューリスティクス（availability heuristics）と呼ばれる心理学的傾向を持っているためである【カーネマン，2012】。この傾向は，不具合な結果が生じたときに，結果からその原因を目につきやすい物事に限定して，それにより因果関係が支配されたと考え，その事象が予測可能だったと考える後知恵バイアス（hindsight bias）と呼ばれる心理学的傾向にもつながっている。

環境汚染問題などでは，目につくリスクにのみ意識が集中して，非常に厳しい規制を要求するのも，同じ理由によっている。結局のところ，人が何らかのリスクを回避するための予防をしようとする際には，気づいたことに対して予防するしかないため，このような認識のバイアスが生じるのであるが，リスクの大きさに応じた適切な予防行動をとるためには，直観的な感覚で判断するのではなく，予防行動あるいはその行動をしないときのコストと便益を比較衡量して最善の選択をするという基本に戻ることが重要となる【Sunstein, 2002；サンスティーン，2015】。

放射性廃棄物の管理が必要となる時点では，放射線リスクを与える潜在的危険性を持つ物質として既に放射性物質が存在していて，この危険性が顕在化しないように最善の努力をする必要がある。例えば，核兵器を開発してきたあるいは現在もしている国々では，軍事から発生する放射性廃棄物も存在する。核兵器を開発するという社会の意思決定は，様々な価値判断が交錯して，その時々の情勢のもとに最善と思われて判断がなされている。結果としては，放射性廃棄物のもたらすリスクよりも，戦争に負けてより多くの人が殺されることを避けるために兵器を開発するというその国にとっての便益が優先されている。その結果，理由の是非如何にかかわらず，放射性廃棄物は発生して，安全のために何らかの措置を必要としている。

基本安全原則の原則4では，放射線リスクを発生する施設と活動は正味の便益をもたらすものとして正当化されなければならないとしているが，廃棄物の管理の時点から見ると，廃棄物を発生する活動の正当化がされていても，後から見てその正当化に不備があったとしても，正当化の是非と関係なく廃棄物は発生するので，廃棄物からのリスクを低減する活動が必要となる。廃棄物発生に関する活動の正当化と，廃棄物管理に関する活動の正当化は，原則1（安全に対する責任），原則2（政府の役割），原則3（安全に対するリーダーシップとマネジメント）が正しく適用されるという条件の下で，区別して行わなければならない。

廃棄物管理に関する活動は，廃棄物発生の正当化の際に，安全に対する責任は廃棄物発生者にあるという形で義務付けられているが，廃棄物発生者が行うリスク最小化のための活動の程度については，それにより得られる便益，すなわち廃棄物からもたらされるリスク（現世代あるいは将来世代の人々が被ばくにより受ける被害の可能性）の低減が，管理の活動にかかるコスト（処理処分にかかるコストや作業者の被ばく）を十分上回るかどうかで判断される。

この際には，将来世代の人々に対するコストと便益が問題となる。地層処分が長寿命の放射性廃棄物の管理（management）の方法として最も好ましい方法であるとの考え方が確立された頃の1982年にOECD/NEAで出された国際的意見集約報告書（委員長の名をとってCoady レポートと呼ばれている）【OECD/NEA, 1982】では，「放射性廃棄物の処分：原則のオーバービュー」と題して，地層処分の選択の倫理的，社会的な正当性について論じており，そこでは，放射性廃棄物のもたらす被ばくのリスクはある程度定量化できるが，原子力を含め人々のあらゆる活動が，将来世代の人々にとってどれだけの便益あるいはリスクを与えるかは評価が難しいこと，現代社会は高度に一体化しているので，ある措置により利益を受ける人と受けない人を区別しようとすることは非常に難しく，原子力を利用するとか放射性廃棄物を処分するという措置があったときに，それで誰が得をして誰が損をするか区別することは非常に難しいことが指摘されている。その意味で，放射性廃棄物は「社会」が生み出した廃棄物と考えなければならず，この問題は「社会」が解決しなければならないということが述べられている。

このような認識は，第1章で述べたような国際連合における国際的コンセンサスである将来世代の開発の可能性を保証すべき，すなわち，不可逆に劣化させた環境や，不当な負荷を将来世代に残すべきではないとする考え方と軌を一にするものである。使用済燃料管理および放射性廃棄物管理の安全に関する条約【IAEA, 1997】の前文（xv）には，「1992年にリオ・デ・ジャネイロにおける国際連合環境開発会議で採択されたアジェンダ21第22章において放射性廃棄物の安全な，かつ環境上適正な管理が最も重要であることが再確認されたことを想起し」とされ，第2章使用済燃料管理の安全第4条安全に関する一般的な要件には，「（vi）現在の世代に許容されている影響よりも大きな影響であって合理的に予見可能なものを将来の世代に及ぼす行動をとらないよう努力すること。（vii）将来の世代に不当な負担を課することを避けることを目標とすること」と書かれている。放射線リスクに関しては，原則7で示されたように，現在および将来の人と環境を放射線リスクから防護しなければならないとするのが，現世代が将来世代に対して守るべき倫理的原則となる。

5.1.5 防護の最適化

基本安全原則の原則5は，合理的に達成できる最高レベルの安全を実現するよう防護を最適化しなければならないと述べている。正当化の項で述べたように，その行為の是非は，行為に付随するコストあるいはリスクがゼロかどうかではなく，社会に正味の便益をもたらすものかどうかで判断される。どのような行為でも何らかのリスクの付随が避けられないので，極端な場合，便益が非常に大きければコストが大きくても正当化される。

これに対して，防護の最適化は，ALARA（as low as reasonably achievable, taking into account economic and societal factors）の原則として知られているものである。すなわち，何らかの行為を計画するときに，必然的に付随すると予測されるリスクに対して適用される原則で，この不可避的に付随するリスクに対して，被ばくの発生確率，被ばくする人の数，および個人線量の大きさのいずれをも，経済的および社会的要因を考慮に入れつつ，合理的に達成できる限り低く保つべきであるとする原則である。最適化の意味は，防護のための措置は，そのリスクの大小に応じたレベルにすべき，すなわち一般的な事情の下において最善であるべきということを意味している。

例えば，放射性廃棄物の処分の深度について考えてみよう。放射性廃棄物の処分では，廃棄物に含まれる放射性核種の量と濃度，および長寿命核種の量と濃度に応じて，浅地中のトレンチまたはピット処分，中深度処分，地層処分がなされる。リスクゼロを目指すのであれば，全ての放射性廃棄物を地層処分すべきということになるかもしれないが，それは資源の過剰投下となる。リスクの大きさ（等級）に応じて防護を施す技術対策のレベルを選択するというアプローチは，等級別アプローチ（graded approach）と呼ばれている。経済的および社会的要因を，与えられた制約として，その条件下で，最も有効で進歩した防護技術を探して適用するという考え方における最善の技術はBAT（Best Available Technique）と呼ばれている。

最適化のプロセスにおいては，経済的制約や社会的制約は，資源の投下や社会への働きかけによって解決できる可変のものであるのか，その克服が非常に困難な制約であるのか，適用される措置により達成される防護の程度がどの程度のものか，その実現可能性は容易なものか困難なものか，などを予測により評価しなければならない。すなわち最適化の妥当性の判断においても，正当化の議論の場合と同様，不確実性の存在の下での社会の意思決定としての特性が重要となってくる。

5.1.6　個人のリスクの制限と現在および将来の世代の防護

基本安全原則の原則6と7は，防護の最適化の対象となる社会における人と人の間の便益と費用の分配が，過度に不公平であってはならないとする原則である。原則6は，費用あるいはリスクが，社会の中のある個人に不平等に分配されてはならないとして，個人のリスクの制限を設けている（世代内の公平性）。

一方，廃棄物によってもたらされるリスクが顕在化する時期とそのリスクを受ける人とが，便益を受ける人とその時期とは異なる場合には，年齢の異なる世代や生存していない過去・未来の世代の間での義務や権利，倫理はどのようなものであるのかが問題となる。

この問題は特に環境倫理の問題としてとらえられ，第1章で紹介した1992年のリオ・デ・ジャネイロの「環境と開発に関する国際連合会議（地球サミット）」では，持続可能な開発のための原則として，生態系の維持（自然の能力の不可避な劣化の回避），世代内の公平（絶対的貧困，貧富の格差の解消）とともに，世代間の衡平として将来世代の開発の可能性の保証が挙げられている。すなわち，現在を生きている世代は，未来を生きる世代の生存可能性に対して責任があり，次世代に不当な負荷（undue burden）を与えてはならないとする考え方である。

基本安全原則では，原則7に関連して，放射性廃棄物について次のように言及している。

> 3.29．放射性廃棄物は，将来世代に過度の負担を強いることを避けるような方法で管理されなければならない。すなわち，廃棄物を生み出す世代は，その長期的な管理のための安全で実際的かつ環境的に許容できる解決策を探求し，適用しなければならない。放射性廃棄物の発生は，物質の再利用と再使用のような適切な設計上の対策と手順によって実現可能な最小限のレベルに維持されなければならない。

すなわち，現在および将来の人と環境を放射線リスクから防護しなければならず，放射性廃棄物の発生により便益を受けた現世代は，放射性廃棄物の管理のための不当な負荷を次世代に与えないように，最善の形で次世代に引き渡さなければならない。

ここで注意すべきは，基本安全原則の原則6における世代内の公平性の確保では，「いかなる個人」も害の許容できないリスクを負わないこととされており，基本安全原則の原則7では「現在および将来の人と環境」を放射線リスクから防護しなければならないとされている点である。公平かどうかの判断は，世代内においては，個々人のリスクの公平性が評価されるが，世代間においては，現世代と将来世代の間の衡平性が評価される。廃棄物管理のための負荷は，世代内であれば廃棄物発生者が担うことにより，社会の中の個々人の公平を確保するが，世代間の場合には，廃棄物発生に関与しない将来世代に管理の負荷を先送りすることは世代間の衡平を欠くものとなる。世代間の衡平性を考える際には，どのような形で廃棄物を将来世代に引き渡すのが最も好ましいのかを考慮することになる。

5.1.7 事故の防止と緊急時の準備と対応

正当化の項では，便益のみが得られリスクや廃棄物を発生しない活動はあり得ないことと，絶対確実な将来予測はあり得ないことを述べた。正当化においては選択肢の評価に関して最善が尽くされ，避けられないリスクについては最適化による最小化について最善が尽くされるが，それでもそれらの予測を超えた想定外の事象が発生する可能性がある。

放射線の有害な影響からの防護については，確実に起こるとは予想されないが，ある線源における事故に起因するかもしれない被ばく，あるいは，機器の故障および操作ミスを含めた確率的な性質の事象又は事象シーケンスによる被ばくは，潜在被ばく（potential exposure）と呼ばれ，最適化の対象として扱われる「起こることが予想される通常被ばく（normal exposure）」とは区別して扱われる。処分場の健全性に影響を及ぼす事故又は将来的な事象もこれに含まれると考えられている。

このような不測の事態に備えた準備をするための原則が，原則の8と9である。ここでも廃棄物によってもたらされるリスクが顕在化する時期とそのリスクを受ける人とが，遠い将来の世代となる可能性が問題となる。

処分における最大の問題は，将来，不測の事態が起こる時期には，便益を受けた世代が既に存在せずその対応をとることはできないことである。処分施設は可能な限りの将来予測の範囲内で安全が確保されるように設計がなされるが，予測の範囲（人間の知識の範囲）を超えて起こるのが不測の事態である。例えば地層処分では，火山によるマグマの貫入や活断層の活動の可能性は，サイトの選定により避けられるが，これは過去および現在の火山や活断層の分布等の観測からの外挿的予測であるので，稀頻度であっても，絶対に回避できるとは言えない。また自然過程についてはある程度の予測が可能であるが，人為過程については，将来そこに放射性廃棄物があるという情報が途絶え，人が偶発的に処分施設を破壊して，その結果，生活環境が汚染し人が被ばくするという人間侵入の可能性を合理的に否定することはできない。これは，廃棄物をできる限り減容（濃縮）して，隔離して閉じ込めておくという戦略を採用した結果の避けられない可能性である。

こうした事柄については，「想定外の事態の想定（what-if scenarios）」に基づき最悪の結果を考えて，その処分オプションをそれでも受け入れるかどうか，そのオプションを採用することが現世代及び将来世代を含めて望ましいことであるかどうかの判断がなされる。言い換えれば，予防原則に従って，その影響が重大あるいは取り返しのつかないものかどうかを判断することになる。すなわち処分の場合は，その影響が，何らかの介入措置を必要とするようなレベル（以前は介入レベルと呼ばれ現在は現存被ばく状況の参考レベルと呼ばれるレベル）を超えるようなものであるかどうかが判断される。

人間侵入については，現世代の継続として社会制度が継続して制度的管理（立ち入り制限や掘削制限）が継続することが期待される最長の期間（数十～数百年程度）を考え，その時点で，人間侵入が起こったとしても，その影響が許容範囲に収まるようなインベントリと寿命の廃棄物を受け入れる。また地層処分では，地下資源のある所を回避するなどして将来の人の侵入の動機を低減する。人間侵入は，浅地中においてはトンネル，地下道，上下水道その他の地下構造物の工事等の一般的な地下利用が考えられ，ある程度以上の深度では利用に先立ってボーリング等の調査が行われると考えて，その影響の評価を行う。

中深度処分や地層処分では，一般的な地下利用による人間侵入を回避することができるので，人間侵入の起こる可能性とその影響は大きく低減されるが，それでも処分施設の存在に気付かないで起こる偶発的な人間侵入（inadvertent human intrusion）の可能性は否定できない（意図的な侵入は侵入者の側の責任の問題と考える）。

この場合には，深度に従って浅地中処分および地層処分の人間侵入の影響の起こり方を考え，被ばくを評価し深度とインベントリの妥当性を考える。その際には侵入者個人の被ばくは事故的で短期的なものと考え，周辺住民の被ばくは，処分施設の破壊により起こる，継続して起こる被ばくと考えて評価する。

将来世代における侵入者個人の被ばくは，そのオプション全体との間の比較衡量となるので，事故により少数の人が被害を受ける可能性と，その活動全体の社会への受け入れの是非の問題となる。例えば交通事故を受ける人がいることと，交通機関を社会が受け入れるかどうか，予防注射の副作用による被害を受ける人がいることと予防注射の実施の是非などを考えることに対応している。

地層処分では，十分な深度の確保と地下資源のある場所の回避などにより人間侵入は起こりにくくなるとして，たとえ人間侵入という事故的事象の危険性はあっても，地層処分が将来世代にとっても最良の選択であるとするのが現在の世界的コンセンサスである。

もちろん，できる限り制度的管理（掘削制限）を継続する努力は，早期の人間侵入の可能性を低減するために好ましいものである。制度的管理のように将来の人が将来の人の行為を縛ることによってもその可能性を低減することは可能であるが，これがどのくらい継続するかは全く予想できないし，将来の人が制度的管理をするように現世代が強制することも好ましいとは言いにくい。その意味で制度的管理の存在を仮定して安全システムを設計することはできない。

これに対して，記録の保存，マーカー，モニュメントなどは，将来の人の行為を縛るというよりは，将来の人がよりよく挙動することを期待して，処分施設の受動的特質に付属させるものであるとして期待されており，その可能性について研究開発がなされている。

5.2 放射性廃棄物の処分に関連するIAEA安全基準の要件と指針

前節（図5.1-1）で説明した通り，IAEAの安全基準体系には，安全原則を実現するために満たされなければならない要件を定めた安全要件，および安全要件に従う方法に関する勧告およびガイダンスを提示する安全指針が整備されている。

放射性廃棄物処分に関連するIAEAの要件と指針を表5.2-1に示す。これらはIAEAのホームページhttp://www-ns.iaea.org/standards/より入手できる。また，これらの安全基準の重要な基礎を与えるICRPの勧告を表5.2-2に示す。これらは放射性廃棄物の処分の国際的

表 5.2-1　放射性廃棄物の処分に関連するIAEA安全基準の要件と指針

安全基準の種別	文献番号	参照している安全基準	発行年
一般安全要件	GSR Part 3	放射線防護と放射線源の安全（BSS：国際基本安全基準）	2014
一般安全要件	GSR Part 5	放射性廃棄物の処分前管理	2009
個別安全要件	SSR-5	放射性廃棄物の処分	2011
一般安全指針	GSG-1	放射性廃棄物の分類	2009
一般安全指針	GSG-3	放射性廃棄物の処分前管理のセーフティケースと安全評価	2013
個別安全指針	SSG-1	放射性廃棄物のボアホール処分施設	2009
個別安全指針	SSG-14	放射性廃棄物の地層処分施設	2011
個別安全指針	SSG-23	放射性廃棄物処分施設のセーフティケースと安全評価	2012
個別安全指針	SSG-29	放射性廃棄物の浅地中処分施設	2014
個別安全指針	SSG-31	放射性廃棄物処分施設のモニタリングとサーベイランス	2014
安全指針	GS-G-3,4	放射性廃棄物処分のためのマネジメントシステム	2008
一般安全指針	DS442(Draft)	環境への放射性物質放出の規制管理（WS-G-2.3の改訂）	
個別安全指針	DS427(Draft)	予測的環境影響評価と一般公衆の防護のための一般的枠組み（NS-G-3.2の改訂）	
一般安全指針	RS-G-1,7	規制除外、規制免除およびクリアランスの概念の適用	2004
一般安全指針	RS-G-1,8	放射線防護の目的のための環境および線源モニタリング	2005

表 5.2-2　放射性廃棄物の処分に関連するICRPの重要な刊行物

文献番号	刊行物	発行年
Publ. 103	国際放射線防護委員会の2007年勧告	2007
Publ. 81	長寿命放射性固体廃棄物の処分に適用する放射線防護勧告	1998
Publ. 122	長寿命固体放射性廃棄物の地層処分における放射線防護	2013
Publ. 104	放射線防護の管理方策の適用範囲	2007
Publ. 101	公衆の防護を目的とした代表的個人の線量評価／放射線防護の最適化：プロセスの拡大	2006

コンセンサスを与えるとともに，規制の拠り所ともなっている文書である。

5.2.1 処分の基本戦略としての閉じ込め・隔離とクリアランス・管理放出

IAEAの個別安全要件SSR-5「放射性廃棄物の処分」【IAEA, 2011a】では，国際的に合意されている放射性廃棄物の管理に関する好ましい戦略は，放射性廃棄物の発生を，放射能量および体積の両面について，適切な設計上の対策と操業実践により実行可能な限り最小化したうえで，廃棄物を閉じ込め（すなわち，廃棄物マトリクス，パッケージおよび処分施設の中に放射性核種を封じ込め），接近可能な生物圏から隔離することであり，隔離と閉じ込めの十分性を安全評価によって確かめることであるとしている。

> 1.6. 全ての放射性廃棄物の管理のための好ましい戦略は，廃棄物を閉じ込め（すなわち，廃棄物マトリクス，パッケージおよび処分施設の中に放射性核種を封じ込めること），接近可能な生物圏から隔離することである。この戦略は，廃棄物管理活動から生じる，残留量の放射性核種を含む排出物の放出（すなわち，管理放出（controlled release）），あるいは関連する規準を満たす物質のクリアランスを排除しない。国際安全基準は，これらの状況の双方を包含して規定されている。
>
> 1.7. 放射性廃棄物は当初，さまざまな気体，液体および固体の形態で発生するかもしれない。廃棄物管理活動において，廃棄物は一般に安定した固体の形態にするために加工され，それらの貯蔵，輸送および処分を容易にするため可能な限り減容され，固定される。この安全要件出版物は，放射性廃棄物管理のプロセスにおける最終段階である固体または固化された物質の処分段階に関係する。

第1章でみたように，有害な廃棄物を希釈・分散により処分して，時間とともに進行する生態系の浄化作用による無害化に期待するという過去の歴史において用いられた素朴なアプローチは，人口が増大して地球上のいたるところに人が進出した今日では，もはや有効ではないと考えられている。自分からは遠ざけて隔離したつもりでも，それが廃棄された場所で他者が生活している可能性があり，廃棄物は，その特性によっては無害化するまでに長期間を要するか，あるいは無害化が期待できないため，その有害性が残っている間に，生活環境において人と接触する可能性があるためである。廃棄物について採られている一般的なアプローチは，3Rすなわち，まず廃棄物の発生を減らし（reduce），出てくる廃棄物は再使用（reuse）または再生利用（recycle）し，それでも出てくる廃棄物は，それがそれ以上反応することがなくなる（安定化による無害化）まで，人の生活環境から隔離して閉じ込めておくべきであるとされている。

希釈・分散については，安全評価において希釈・分散の効果を考えることと，処分の際に意図的に希釈・分散をして処分しようとすることの違いに混乱がある。自然界で希釈・分散が起こり，一部の化学物質や短半減期の核種のように，時間とともに有害性が減衰するものについては，希釈・分散も有効である。しかし，たいていの場合，廃棄物として廃棄したい対象物は体積も大きく，半減期もそれなりに長いのがふつうである。このようなものに対して環境の受け入れ希釈容量が無限にあるという仮定の下に廃棄物を処分するのは，地球環境における有害物質の蓄積ひいては環境の劣化につながるというのが，予防原則である。このため，有害廃棄物については可能な限り固体として濃縮し，危険性の持続する間の隔離閉じ込めを目指すというのがこの基本戦略で，環境に放出するのは，環境とプロセスにおける希釈・分散効果を十分慎重に評価した上で，許可された量のみを認めるのがこの方針である。

放射性廃棄物についても考え方は同じで，使用済の放射性物質については，それ以上の使用を見込まれない廃棄物とするかどうかでその扱いが異なることとなる。

1）廃棄物とする
- 規制管理からのクリアランス（clearance）：通常の廃棄物（無価値物質，放出物）として扱う
- 認可された排出（authorized discharge）
- 規制管理を受ける処分：特定の処分場への処分

2）有用物質とする
- 規制管理からのクリアランス：無制限の再使用，再生利用
- 認可された再使用
- 規制管理を受ける再使用（転用）

有害性をもたらす放射能は，核種の崩壊とともに減衰するが，原子核内で起こる事象であるため，温度や圧力あるいは化学反応の条件の変化等によりその速度（半減期）を変えてすぐに無害化することはできない。このため，当初，様々な気体，液体および固体の形態で発生するかもしれない放射性廃棄物は，一般にその後の貯蔵，輸送および処分を容易にするため可能な限り減容され，固定され，この後処分される。ただしこの戦略は，廃棄物管理活動から生じる残留量の放射性核種を含む排出物の認可排出（authorized discharge）すなわち管理放出（controlled release），あるいは関連する規準を満たす物質のクリアランス（clearance）を排除しないとされている。

図5.2-1は，放射性廃棄物の管理における隔離・閉じ込めと管理放出・クリアランスの関係を示したものである。放射性物質を含む液体や気体は，可能な限り固体に転換されるが，残留する液体や気体については，そのまま放出すると生活環境中に分散することとなるので，生活環境中に分散したとしてもその影響が無視できる濃度と量のみの放出が規制当局により許可される。より厳密に最適化の考え方で言えば，人々は既に自然に被ばくしているので，放出される線源からの被ばく線量をそれ以下に下げるために資源を投下することは，努力に

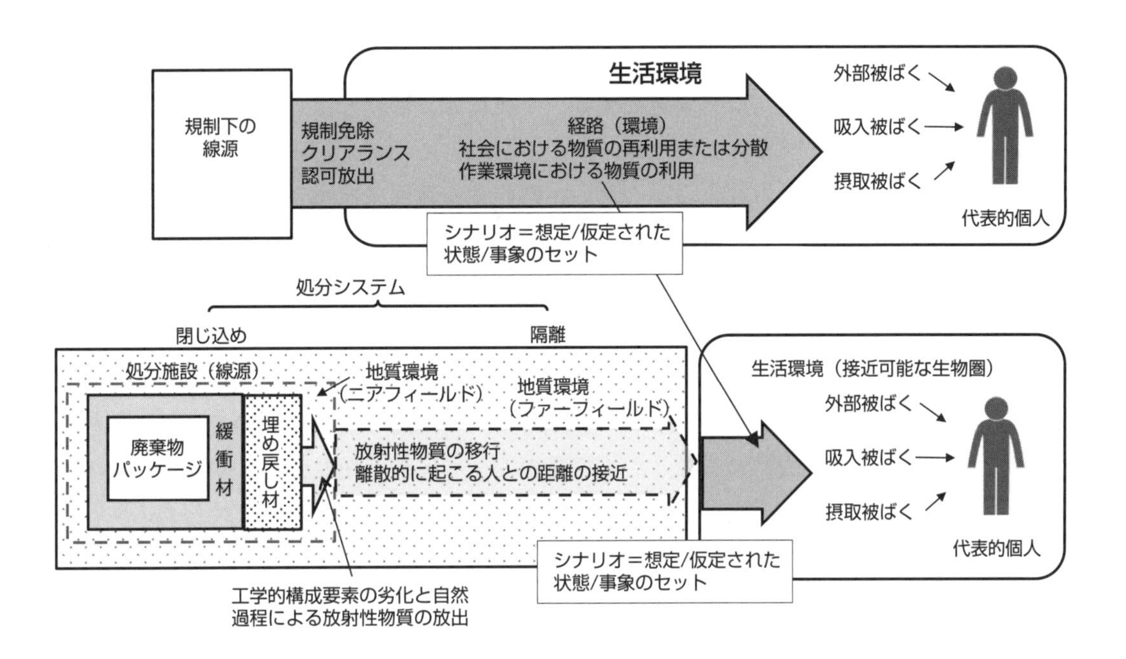

図 5.2-1　隔離・閉じ込めと管理放出・クリアランス

値しないような濃度と量の放出のみが許可される。固体の場合は，それが再使用されるか，あるいは非放射性廃棄物として処分されるが，その場合も，その際の影響が無視できる濃度と量のみが許可されクリアランスされる（図5.2-1の上図）。

運転中の原子力施設から，放射性物質を含む液体や気体を環境中に放出する場合には，その放出する放射性物質の影響が無視できる程度となるように，放出量を制御（control）しなければならない。そのまま環境中に再循環されると，その影響が無視できないような濃度と量の固体物質は，その危険性の大きさと持続時間に応じて，適切に処分される。

固体放射性廃棄物を隔離し閉じ込めておくための措置を処分（disposal）とよぶが，この用語が，廃棄物の管理を放棄して生活環境へ投棄すること（dumping）と混同されて受け取られることがあるため，SSR-5【IAEA, 2011a】では，処分という用語を次のように定義している。

> 1.8.「処分（disposal)」という用語は，放射性廃棄物の回収を意図せずにある施設または場所に廃棄物を定置（emplacement）することを意味する。処分オプションは，関連する危険性によって必要とされる程度に，受動的な人工および天然の特質（passive engineered and natural features）を用いて廃棄物を閉じ込め，接近可能な生物圏から隔離するために設計される。処分という用語は，回収が意図されていないということを示すもので，回収が可能ではないということを意味するものではない。

元来，処分という用語は事柄に決まりをつけることを意味しており，廃棄物を管理（control）から解放することを意味している。ところが，一般には，管理とは，そのままでは対象の振る舞いが期待する範囲に収まらないため，人が手を加えて制御・抑制することを意味しているため，管理からの解放は，対象の振る舞いが期待する範囲に収まらなくなることを意味していると解釈され，管理の解放に対して強い反発がある。

これに対して，廃棄物管理における処分とは，回収（再取出し）を意図することなしに，廃棄物を適切な施設に定置することを意味している。しかし，重要なことは，管理を解くことが目標とされているように見えるが，処分では，将来管理のない状態，すなわち人が見張っていて手を加えることができない状態がいずれ来ることが避けられないので，その状態を想定して，人による管理に依存することなく将来の安全（隔離と閉じ込め）が確保される状態にすることが目標となり，一般に「放射性廃棄物処分」というときも，この努力のすべてを含む放射性廃棄物管理のことを言っている。

放射性廃棄物の処分においては，廃棄物が固体とされ生活環境から隔離され，自然に起こる物質の動きと変化が極めて緩慢で，物質がその場から動きにくいような特性を備えた人工および天然の安定な施設と場所に定置されていれば，自然過程や人為過程による外部からの擾乱から隔離され，廃棄物が定置された地質環境に閉じ込められて，定置された場所にとどまり続ける。

図5.2-1の下図には，一般的な処分システムを示している。処分システムは，廃棄物を含む廃棄物パッケージと緩衝材と埋め戻し材を含む人工の構成成分（人工バリア）とこれを内包するすぐ近傍の地質環境（ニアフィールド地質環境，天然バリア）からなる処分施設および，地層処分の場合は処分施設の生活環境（特に人の行為）からの隔離をもたらす数百メートル程度の厚い岩石層（ファーフィールド地質環境，天然バリア）からなっており，処分においては，この処分施設が立地，設計，建設，操業および閉鎖（覆土または埋戻し）される。浅地中処分では，生活環境からの処分施設の離隔は数十m以下で，隔離は処分施設の位置と設計と制度的管理によりもたらされる。

固体はその本来的な性質として，自ら飛散・分散することはなく，処分施設から外へ動くことはない。処分施設が置かれた母岩は，廃棄物が生活環境に接近するのを防ぐとともに，地表の擾乱事象から処分施設が隔離されることを保証する。この状態においては，廃棄物はその場に閉じ込められたままとなり，放射性物質はその場で時間とともに減衰し，その危険性を失っていく。

重要な点は，固体とされ閉じ込められた廃棄物の側から勝手に動いて外に出てくる力はないという点である。例えば，自動車を運転しているときには人はハンドルを回したり，アクセルやブレーキを踏んだりして能動的に働きかけないと安全は確保できないが，止めてある車は，動き出さないように傾きの無い場所に，ブレーキがひかれた状態で置かれていれば，外的擾乱がもたらされない限りその状態を確認するだけで安全は確保できる。放射性廃棄物の処分では，廃棄物の定置された地質環境を，様々な外的擾乱から隔離しておけば，廃棄物はその地質環境に閉じ込められたままになる。

すなわち，廃棄物の処分とは，人が能動的に手を加えること（管理）がなくても，それとは無関係に人工バリアと地質環境の閉じ込め機能が自然の法則に従って働く（自然による管理（control）の機能が働く）ことにより廃棄物が隔離され，閉じ込められた状態になるように，施設又は場所に廃棄物を定置することである。しつこく言えば，処分とは，廃棄物を人が隔離し閉じ込めるのではなく，廃棄物が自然の中で自然の法則により，隔離され閉じ込められている状態に，人が定置することであり，その定置が無事終了し，その後廃棄物が，その危険性を持続する期間，隔離され閉じ込められるということが安全評価を中心とするセーフティケースで確認されれば，以後は人によって手を加えること（管理）は必要ではなくなる。廃棄物に対する安全規制で，規制が人の行為を管理する場合には，事業者が，このような受動的安全系（passive safety system）が成立するように廃棄物を正しく定置するようにその行為を規制管理（regulatory control）する。

SSR-5【IAEA, 2011a】の要件では，このような受動的安全系としての処分施設の閉鎖の確認について次のように述べている。

> 要件5：処分施設の安全のための受動的手法
> 操業者は，最大限に可能な範囲で受動的手法により安全が確保され，施設の閉鎖後に採られる活動の必要性が最小化される様に，処分施設のサイトの評価を行わなければならず，設計，建設，操業および閉鎖しなければならない。
>
> 3.24. 受動的特質によって，閉鎖後の処分施設の安全性をもたらすためには，施設を適切に閉鎖し，その能動的な管理の必要性を無くすことを要する。管理の停止は，放射線学的危険性を伴う処分施設が，もはや能動的管理下にないということを意味する。天然バリアと人工バリアの性能が，浅地中処分施設に対する制度的管理とともに，閉鎖後の安全をもたらす。

受動的とは，廃棄物が生活環境から隔離された安定な場所に定置されていれば，廃棄物は自発的に処分施設（廃棄物が定置された場所）に閉じ込められた状態となることを意味している。安定とは，ものの動きと化学変化が極めて緩やかであることを意味しており，人間の直接的働きかけ（能動的管理）がなくても，廃棄物は固体中に閉じ込められ，これを運ぶ地下水の動きが緩やかであれば，定置場所から移動することはない。またこのような状態に対して擾乱を与える地震や火山等の離散的な活動や人間活動などから，隔離されていることもこの安定性に寄与することになる。

定置された場所から移動することがないということは，望むならば回収することもできることを意味している。その物質を廃棄物と判断せずに，ある時期に何らかの目的で回収することを意図して定置する場合には，貯蔵（storage）という用語が用いられる。処分も同様に，必要な範囲で，物質を閉じ込め，接近可能な生物圏から隔離するために設計された場所に廃棄物を定置するので，回収しようと思えば可能であるが，廃棄物はもはや利用することはなく回収する意図がないという点で貯蔵とは異なっている。

クリアランスや管理放出が許される濃度と量の評価，あるいは処分システムが隔離し閉じ込めておくことのできる濃度と量の評価は，放出されると考えられる濃度と量の放射性物質がもたらす人の被ばくを評価することによりなされる。クリアランスまたは管理放出の場合は，図5.2-1の上図に示すように，放射性物質が直接生活環境中で再使用されたり分散したりして，ある経路をたどって人の被ばくをもたらすと想定される。処分の場合には，図5.2-1の下図に示すように，処分施設と天然バリアが生活環境中に流入する放射性物質の量を制限し，その結果として起こる被ばくを考える。

このような評価は，一般的に安全評価（safety assessment）と呼ばれている。ここでは，線源と被ばくは，起こると予測または想定される事象とプロセスの連鎖により結び付けられる。予測または想定される事象とプロセスの連鎖はシナリオ（scenario）と呼ばれる。

ここで注意すべきは，このようなシナリオを用いる評価によって，ある線源とそれによりもたらされる人の被ばくが決定論的に1:1で対応することになるわけではないということである。廃棄物中の放射性物質が，どのような経路または環境中を移行して，どのような生活をしている人にどのような形で被ばくを与えるかを予言して将来を言い当てることはできない。安全評価では，起こる可能性の高そうな事象を想定（postulate）して，このシナリオに基づいて計算される被ばくを指標として評価を行うことにより，処分システムの隔離と閉じ込めの機能の頑健性すなわちシステムの閉じ込めと隔離の性能を評価している。

このため，この評価においては，用いるシナリオの妥当性や評価に伴う不確実性についての考慮と議論が必須となる。こうした考慮を加えた安全評価の体系をセーフティケース（safety case）と呼んでいる。放射性廃棄物の管理における安全の考慮は，すべてこの予測または想定したシナリオを用いる安全評価を中心とするセーフティケースにかかっている。

5.2.2 処分による現世代と将来世代の防護

放射性廃棄物管理の安全目的は，クリアランス，管理排出により直接に，あるいは閉鎖後の処分施設から移行経路を経て間接に生活環境にもたらされる放射性物質の公衆の構成員に対する影響が，第3章の表3.4-2で示した防護基準を満たす形で最適化されることである。

すなわち，公衆の構成員に対する全ての計画被ばく状況からの線量限度は，実効線量で年間1 mSvであり，これ，およびこれと同等のリスク当量は，将来超えない規準として考えられ，この制限のもとに，被ばくの発生確率，被ばくする人の数，および個人線量の大きさのいずれをも，経済的および社会的要因を考慮に入れつつ，合理的に達成できる限り低く保つ（最適化する）ことが要求される。

クリアランス，管理放出については，次節で述べるが，これにより線源が生活環境に直接再循環されるので，対象となる物質について，公衆が被ると予想される実効線量が年間10 μSvのオーダー以下または確率の低いシナリオによる実効線量が1年で1 mSvを超えないという規準が採用される。年間10 μSvのオーダー以下という実効線量は，それ以下の線量の低減の努力は資源の投資に値しない線量として設定されている。

これに対して，放射性廃棄物の処分システムの安全評価においては，人の被ばくについての様々な可能性を考察する必要がある。評価では，人の被ばくに至りうる過程，すなわちシナリオを想定して，通常被ばくと潜在被ばくを扱わなければならない。通常被ばくは，実際起こることが確かで，いくらかの不確実性はあるものの予測できる大きさを持つ被ばくであり，潜在被ばくは，被ばくの可能性はあるが，それが起こることは確実でない状況，すなわち，放射性廃棄物処分施設の閉鎖に続く長い期間に関係する状況をいう。

ある種の自然過程は，放射性核種の生活環境へのゆっくりとした放出をもたらすことがある。典型的な例は，腐食による廃棄物パッケージの徐々の劣化と，その結果として起こる放射性核種の放出である。人の被ばくをもたらしうるような引き続く過程には，地下水による放射性核種の運搬と，そこで起こる収着，拡散および分散が含まれる。より起こりそうもない自然過程には，マグマの処分施設への貫入や隆起と侵食による処分施設の地表への接近などが考えられる。

一方，将来，処分施設に対して人が意図的あるいは偶発的に処分施設（すなわち，廃棄物，人工バリアまたは汚染されたニアフィールド）に直接的な擾乱を与え，その健全性に影響を及ぼし，放射線影響を与える人間侵入の可能性も考えられる。人間侵入のうち，意図的な侵入者は，施設の性質を承知しており，それにより自らは被ばくを受け，周辺住民に被ばくをもたらすことを承知で侵入しているので，それによる影響を防護することは現在世代の責任の範囲外であるとみなされる。一方，そこに有害な廃棄物があるという情報が失われた後のある時点で，人が施設の存在に気付かずに偶発的に侵入することに対しては，施設の設計および立地は，このような偶発的な人間侵入の可能性を低減するための特性を含まなければならないことになる。処分施設およびその近接領域の範囲外にある立地環境の擾乱に帰着する人の行為は，人間侵入には分類されず，人の振る舞い（human behavior）として扱われる。人間侵入は，特に地上又は浅地中における処分施設の場合に関連している。廃棄物処分施設への偶発的な人間侵入につながり得るほとんどの人間活動（例えば，建設作業や農作業など）は，数十mという限られた深度（一般的に，地表下30～50 mまで）において行われる。長い時間枠では，そのような施設への人間侵入は，極めて起こりそうなことと考えられる。これを超える深度に達する人間活動が行われる見込みははるかに低いが，これには，試錐（例えば，水，石油又はガスの），探査および採鉱活動，地熱抽出や，石油，ガス，又は二酸化炭素の貯留が含まれる。

放射性廃棄物の処分の目的は，予防原則と持続的発展の観点から，IAEAの基本安全原則

SF-1【IAEA, 2006】の原則7に述べられているように，現在および将来の人と環境を放射線リスクから防護することである。その一方，処分施設による閉じ込めと隔離には，SSR-5【IAEA, 2011a】に下記のように示されているように，限界がある。

> 1.12．処分施設が廃棄物の完全な閉じ込めや隔離を永久に実現することは期待されない。これは実現可能でもなければ，時間とともに減少する廃棄物に伴う危険性により必要とされることでもない。

一般に閉じ込めと隔離は，放射性核種の放出と移行を遅延させるため，長半減期の核種が含まれている場合，潜在的に数百年か数千年以後の将来に被ばくを引き起こしうる。そのような長い時間軸における個人と集団の線量は推定できるだけであり，かつ，将来に向けて時間が増加するとともに，これらの推定値の信頼性は減少する。遠い将来の社会がどのような価値観を持ち，どのような生活を営み，放射線の影響が人にどのようなリスクをもたらしうるのかは分からない。現世代が次世代を通じて将来世代に受け渡す遺産が，将来世代にとって便益となるのか不利益になるのかもよくわからない。

それにもかかわらず，現世代が生み出した廃棄物の危険性は将来にわたって減衰はするが持続し，将来予測の不確実性から考えて，現世代は，将来の社会がこのようなリスクに対して十分な措置を施し得ると期待することはできない。とすれば，放射性廃棄物処分からの将来世代の防護は，受動的安全系としての処分施設によって達成されるべきであって，将来とられる能動的措置に不当に頼るべきではない。閉鎖後の処分施設について，制度的管理が，特に人間侵入の可能性を減らすことで安全に対する信頼を高めることがあり，これは特に浅地中処分施設の安全に重要な貢献をする。しかし，このような制度的管理が持続し続けるという保証はなく，時間の経過により起こる社会の変遷とともに時間とともに，制度的管理の断絶の可能性は大きくなる。

このため，現世代は，放射性廃棄物の管理にあたり，代替となる受動的安全系となるオプションについて，その防護性能のレベルを見積もり，比較して，選択された戦略が，今日受け入れられている防護のレベルに照らして容認可能かどうかを判断することが，将来世代に対して果たし得る倫理的義務と考えられる。ICRPのPubl. 81【ICRP, 1998】では，将来における個人と集団が，今日とられた行動から現在の世代が与えられているのと少なくとも同じレベルの防護を供与されるべきであると勧告している。これは，現在の世代内の構成員に対する防護の最適化のための指標として用いられている線量とリスクの拘束値を，同じように用いて，受動的安全系としての処分システムの防護性能を見積もり，オプションを比較衡量することを意味している。しかし，現世代内で線量とリスクを用いて防護を最適化する際には，世代内の個々人の受ける被ばくを比較しているのに対して，将来世代に対して見積もられる線量とリスクは，将来世代の個々人の健康損害の予言を与えているのではなく，処分システムがどれだけの防護性能のレベル（頑健性）を有しているかを表しているに過ぎない。世代内の線量とリスクを用いた最適化では，世代内の個々人の間のリスクの分配の公平性に着目しているのに比べて，将来の人の線量とリスクを用いた最適化では，現世代と将来世代を含めたすべての世代の人々の間での最適化を考えており，世代間のリスクの分配の衡平性に着目している。

処分システムの隔離と閉じ込めの機能の頑健性の評価では，将来世代の人の線量とリスクが，起こる可能性の高そうな事象を想定（postulate）して，このシナリオを利用して計算され，その推定とシナリオ設定に付随する不確実性を合わせて評価がなされる。しかしながら，予測の対象となる将来の事象または状況のうち自然過程は，何らかの程度の信頼性で予測可能であるが，将来の人の行為については極めて予測が困難である。これに対して，最適化は，現在および将来世代に対して，現在の世代がなすべき倫理的努力を問題とするものであるので，被ばくを受ける将来の人の生活形態については，現世代と同様であると仮定して，その中で最も高い被ばくを受ける生活パターンを持つ人々の被ばくを考え，それらの人々の被ばくの平均値を被ばくする人を代表的個人（representative person）として，この代表的個人の被ばく率（mSv/年またはμSv/年）を用いて環境影響を表すものとして，この代表的個人の被ばくを最適化する。

このようにして，将来世代に対しても，現世代と同様の最適化の努力をする。このように仮定することを，将来の人の振る舞い（human behavior）の様式化（stylization）と呼んでいる。これは，結局，様式化された代表的個人の被ばくを評価することによって，将来の人々の生活環境に，どれだけの汚染物質の濃度とフラックスがもたらされるかを見積もって，環境防護のレベルを評価していることに他ならない。

5.2.3 処分施設のライフタイムと監視のレベル

処分施設のライフタイムにおけるさまざまな段階の間の防護体系の適用に影響を及ぼす決定的な因子の1つは，被ばくの起こる状況における監視（oversight）の有無である。ICRP

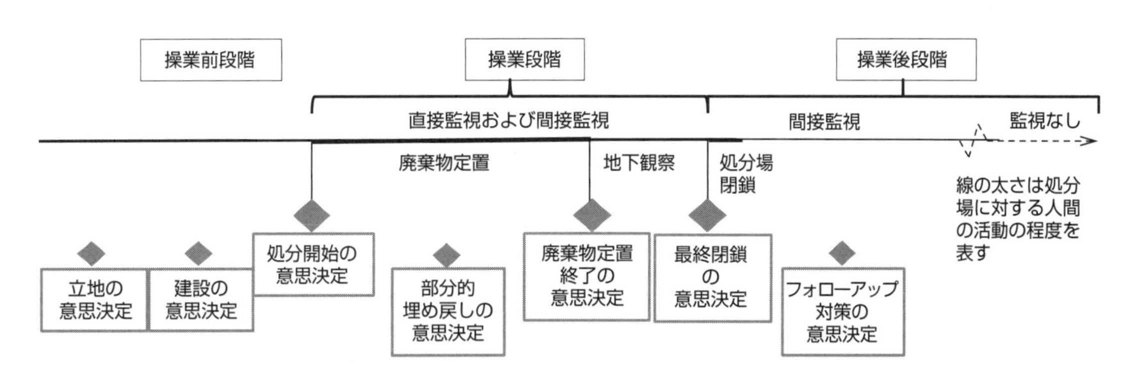

図 5.2-2　処分施設のライフタイムの各段階と監視の存在【ICRP, 2013より作成】

publ. 122【ICRP, 2013】では，特に地層処分施設のライフタイムにおけるさまざまな段階について整理し，各段階において遭遇しうる被ばく状況に依存した放射線防護原則の適用を扱っており，防護の目的からは，監視の程度に応じた3つの主たる時間枠を考慮しなければならないとしている。

すなわち，放射性廃棄物の処分は，図5.2-2に示すように，処分施設の建設，操業，閉鎖，閉鎖後の段階を通じて実現されるが，この処分施設が存続する期間のそれぞれの段階で，施設に対してなされる監視の程度と内容は異なっており，被ばくを低減もしくは回避する能力に影響を及ぼす。処分施設のライフタイムの各段階は次のようなものである。

(1) 操業前段階：この段階においては，処分施設が設計され，サイトが選定され特性評価が行われ，人工材料が試験され工学が実証され，操業および操業後段階に関するセーフティケースが作成され，建設および操業に係る許認可が申請され受領され，建設が始まる。環境条件のベースライン測定も実施される。

(2) 操業段階：この段階においては，廃棄物の定置が実施され，閉鎖に先立つ監視期間がこれに続く。この段階のある時点においては，一部の横坑が埋められ密閉され，したがってその最終的な定置の状態にされている一方，なお開削されることになる横坑もある。この段階は，以下の3つの期間に分けられる。

- 定置期間：安全当局の直接監視下に置かれることになり，パッケージの移送や定置ごとの許認可が与えられ，モニタリング，定期検査が実施され，セーフティケースが準備，更新される。
- 監視期間：定置後の回収可能性を維持し，監視と追加的性能確認が行われる。
- 閉鎖期間：埋め戻しと閉鎖および地上施設の解体，アーカイブの長期保存の準備が行われる。

(3) 操業後段階：この段階においては，施設を直接管理するために人の存在はもはや必要とされない。この段階は最も長い段階であり，以下の2つの関連期間に分けられる。

- 間接監視期間：閉鎖後，安全は完全に，処分施設の設計に内在的に組み込まれている設備によって保証される。それでもなお，何らかの遠隔モニタリングを含めて，ベースライン環境状態のモニタリングを継続することが見込まれる。技術データならびに廃棄物パッケージおよび処分施設の構成に関するアーカイブは，来たる世代にその存在を気づかせるための標識と同様に維持されることになる。関連する国際保障措置管理は引き続き適用される。処分施設への偶発的な人間侵入の可能性は排除することができる。
- 無監視期間：間接監視の終了は予見されていないとはいえ，遠い将来におけるサイトの記憶と同様に，それが維持されることになるという保証はないため，無監視期間が到来するということは，設計および計画段階において考慮しなければならないことである。いつかは，徐々にもしくは戦争や記録の紛失などの予測できない重大事象の結果として，監視および記憶の喪失が生じるかもしれない。したがって，処分施設への偶発的な人間侵入の可能性は，この期間においては排除することができない。廃棄物の内在的危険性は時間とともに低下することになるが，それは重大な危険をかなりの期間にわたって引き起こし続けるかもしれない。監視の喪失は，処分施設の防護能力の変化に帰着するものではない。

この処分施設のライフタイムと監視の存在の有無は，地層処分施設について考えられているものであるが，浅地中処分施設についても，閉鎖（覆土）までの操業段階，閉鎖後の制度的管理段階，管理期間終了後段階が，それぞれ直接監視期間，直接または間接監視期間，無監視期間に該当する。

閉鎖までの操業段階では，廃棄物に対して能動的に手を加える能動的管理（active control）が行われ，廃棄物は直接監視のもとにある。処分施設の定置が終了し，受動的安全系としての確認がなされ処分施設が閉鎖した後は，もはや廃棄物に能動的に手を加える管理は必要なくなるが，受動的安全系の確立の確認のためのモニタリングや，あるいは立ち入りや土地利用の制限，記録やモニュメントによる記憶の保存などの制度的管理（institutional control）がなされる。浅地中処分においては，この制度的管理は人間侵入に対する隔離を提供するものとして重要となる。このような穏やかな管理は，受動的管理（passive control）と呼ばれるが，廃棄物に対して手を加えるものではないという意味で管理（control）という用語にそぐわないので，ICRP publication 122【ICRP, 2013】では能動的管理と受動的管理を合わせた管理を監視（oversight）と呼び，監視は，直接監視（direct oversight）および間接監視（indirect oversight）からなるとしている。受動的な形でなされる監視は，能動的に状態を変えるように働きかけるのではなく，ちょうど看護師が患者を看護したり，保育士が園児を保育したりするように，適切な環境のもとで自発的な変化により安全で安定な形で施設が維持されるように世話をする（watchful care）ことを意味している。

表 5.2-3　処分施設の変遷に応じた放射線被ばく状況と監視の存在と種類【ICRP, 2013】

処分施設の状況	監視の種類		
	直接監視	間接監視	無監視
設計基準変遷	計画（通常および潜在）被ばく状況	計画（潜在）被ばく状況	計画（潜在）被ばく状況
設計基準外の変遷	被ばく時に緊急時被ばく状況で、その後に現存被ばく状況	被ばく時に緊急時被ばく状況で、その後に現存被ばく状況	緊急時および／または、被ばくが認識され次第、現存被ばく状況
偶発的人間侵入	該当無し	該当無し	緊急時および／または、被ばくが認識され次第、現存被ばく状況

ICRP Publication 122【ICRP, 2013】では，処分施設のライフタイムにおいて起こる設計基準変遷（design basis evolution），設計基準外変遷（non-design basis evolution）および偶発的人間侵入が，直接監視，間接監視，無監視の状態で起こると想定される場合には，それが防護の観点からはどの被ばく状況（計画，緊急時および現存）と考えて最適化すべきかを表5.2-3のように整理している。この表では，脚注として各段階において適用すべき安全基準を次のように示している。

設計基準変遷は，施設の計画立案で用いられる予期される変遷（通常被ばくをもたらす変遷）と，あまり起こりそうにない変遷（潜在被ばくをもたらす変遷）の双方を包絡するものである。すなわち，設計時には，処分施設について全ての可能性のある将来の変遷と離散的に起こる擾乱事象を考えて，起こる可能性のある（likely and less likely）すべての被ばくを考える。このような被ばく対しては，計画被ばく状況のリスク規準が適用されるべきで，作業者に対する線量限度20 mSv/年と事業者により規定される線量拘束値，全線源から公衆被ばくに対する1 mSv/年の線量限度が，廃棄物処分に対しては0.3 mSv/年の線量拘束値あるいは1×10^{-5}/年のリスク拘束値を用いた最適化がなされなければならない。

間接監視あるいは無監視期間中には作業者の被ばくは起こらない。この期間すなわち遠い将来における放出は潜在被ばくを上昇させることになり，線量あるいはリスク拘束値との比較は，さらに将来の時点での順守目的には次第に有用でなくなる。

一方，設計基準外変遷とは，人と環境に顕著な被ばくをもたらす，起こる可能性の低い（unlikely）あるいは過酷な事象を含むものである。このような過酷な擾乱事象あるいは偶発的な人間侵入が起こり，これが大きな線量をもたらすならば，その時の管轄当局は，それが緊急時被ばく状況，現存被ばく状況，あるいはその時代における被ばく状況のいずれにあてはまるかを評価することになろう。もし，ICRPのPublication 103【ICRP, 2007a】がその時まで失われずに残っているとしたら，緊急時あるいは現存被ばく状況に対する参考レベルが適宜適用されることになるものと思われる。何らかの直接または間接の監視が存在しているときにこのような事象が起こるならば，管轄当局は何らかの措置をとることになるが，そのような監視がもはや存在しないときに起こるならば，管轄当局は何が被ばく源であるのかを理解できるという確実性は存在せず，線源を管理するための関連対策の実施がなされるという保証はない。処分の安全評価においては，このような場合についても，そのような被ばく状況がどのように変遷するかの評価を行っておく必要がある。

ICRPより与えられている緊急時被ばく状況に対する参考レベルは20～100 mSv/年であり，現存被ばく状況に対する参考レベルは1～20 mSv/年であるので，何らかの事象が起こり，この初期の被ばくが緊急時被ばく状況に対する参考レベルを超えたり，それに引き続く状況が現存被ばく状況に対する参考レベルを超えたりするようなことがあれば，無監視の時期においては，人々は適切な情報を持たないため好ましくない被ばくを受け続ける可能性がある。

ICRPの防護の規準は，代表的個人の年あたりの実効線量に対して与えられている。この意味は，放射性物質が生活環境を汚染し，その環境で生活を営む複数の人々が長期にわたって受ける被ばくが問題とならないように環境の汚染を防止することが防護の目的であることを意味している。これに対して設計基準外の過酷事象は，起こりにくいあるいは極端な事象であり，持続的というより突発的あるいは事故的に起こるようなものが多いと考えられる。従って評価においては，そのような突発的で不具合な状況がどのような形で継続するかあるいは収束するかを評価しておくことが重要となる。

人間侵入や過酷な擾乱事象に対しては，このような可能性を低減するために，設計やサイト選定においてできる限りの配慮をするとともに，人間侵入の可能性に対しては監視ができる限り継続するようにする努力が必要である。さらにそのような事象の可能性が否定できない場合は，当該処分オプションの規準順守の是非ではなく，その処分オプションの選択の妥当性，すなわちよりよいオプションが選択できるのか，あるいは放射性物質の濃縮閉じ込めというオプションを選択した結果の不可避の問題であるのかを考える必要がある。

最も典型的には，浅地中処分においては，人間侵入に対する隔離のための制度的管理の継続の限度を数十から数百年に限定して，その期間内に人間侵入に対する被ばくが問題とならなくなるようなインベントリの廃棄物のみを許容する。また，浅地中処分や中深度処分において，廃棄物の放射能インベントリが高く，人間侵入による評価の結果が，緊急時被ばく状況あるいは現存被ばく状況の参考レベルを超えるような場合には，より深い深度への処分という代替オプションを考えることになる。SSR-5【IAEA, 2011a】では，監視の有効性と処分施設のめざすべき受動的安全性の関係について次のように述べている。

5.6. 放射性廃棄物の処分施設の長期安全性は，能動的制度的管理に依存してはならない。たとえ受動的安全特質が損なわれたとしても，その結果が介入の規準*を超えることがあってはならない。さらに，処分施設の安全は，専ら制度的管理に依存してはならない。制度的管理は，浅地中処分に対する安全の唯一または主要な構成要素であることができない。（以下略）

＊注：介入の規準は，現存被ばく状況の参考レベルに相当する。

5.9. 浅地中処分施設は一般に，制度的管理が一定の期間にわたって有効であり続けなければならないという仮定に基づいて設計される。短寿命廃棄物の場合，この期間は閉鎖後の数十年程度から数百年程度（several tens to hundreds of years）とされなければならない。（以下略）

5.11. 浅地中処分施設に対しては，サイトの管理（control over site）が失われていても，人間侵入のいかなる影響も指定された規準内になるように，廃棄物受入れ規準を制限することになる。公衆の構成員の線量に適用される線量拘束値が，制度的管理期間の後にサイトの予期される通常の変化に対して適用される。

5.2.4　処分施設の安全基準

安全要件SSR-5【IAEA, 2011a】では，このように，処分システムに影響する可能性のある自然過程と人為過程を考えて，安全規準を次のように与えている。

(a) 公衆の構成員に対する全ての計画被ばく状況からの線量限度は，実効線量で年間1 mSvである。これ，およびこれと同等のリスク当量は，将来超えない規準として考えられる。
(b) この線量限度を順守するために，処分施設（単一の線源とみなされる）は，処分施設に影響する可能性のある自然過程の結果として，予測計算により求められる，将来被ばくするかも知れない代表的個人への線量またはリスクが年あたり0.3 mSvの線量拘束値を超えないか，年あたり10^{-5}オーダーのリスク拘束値を超えないように設計される。
(c) 閉鎖後の偶発的な人間侵入の影響に関係して，このような侵入がサイトの周辺住民に年間1 mSv未満の線量をもたらすと予想される場合には，人間侵入の確率を減らすことも，その影響を限定するための取り組みも正当とはみなされない。
(d) 人間侵入がサイトの周辺住民に20 mSvを上回る可能性のある年線量を導くと予想される場合には，例えば，地表下への廃棄物の処分または，含まれる放射性核種のうちより高い線量を与えるものを分離するといった，代替となる処分のオプションが考慮されるべきである。
(e) 1～20 mSvの範囲の年線量が示される場合には，施設の開発段階で侵入確率を低減するまたは，施設設計の最適化によって，その影響を限定する合理的取り組みが正当とみなされる。
(f) 臓器への決定論的影響の当該しきい値を超過する可能性がある場合，同様の考察が適用される。

これらの規準においては，いずれも代表的個人への年あたりの線量が与えられている。すなわち，処分施設からもたらされる放射性物質が生活環境を汚染し，その環境で生活を営む複数の人々が長期にわたって被ばくを受けることが想定されている。計算される代表的個人の被ばく線量は，その環境の汚染の程度を表す尺度となっている。このとき，特に，遠い将来の人に対する線量については，人の振る舞いを様式化して推定できるにすぎず，予測には大きな不確実性が伴っている。その意味で，代表的個人に対する線量またはリスクの拘束値として与えられる規準は，生活環境の汚染を，それを超えない範囲で防止するためのめやすとなっている。線量限度は，現世代において，放射性物質を利用する者が，他者に不当なリスクを与えないようにして世代内公平性を担保するためのめやすであるが，ここでは，現世代が将来世代に不当なリスクを与えず世代間衡平性を担保するためのめやすとなっている。

一方，将来的に処分施設に対して起こる擾乱事象は，1回限りのものもあれば繰り返し起こるものもあり，その影響も将来的に継続する場合もそうでない場合もある。

特に人間侵入においては，侵入者個人は少なくとも短期間，放射線に直接さらされることを意味しているとともに，その侵入が，放射性物質の放出の増加や，処分施設周辺の個人や集団の長期被ばく量の増加をもたらすかもしれない。人間侵入に対する（c）～（e）の規準については，IAEAの安全指針SSG-23「放射性廃棄物処分施設のセーフティケースと安全評価」【IAEA, 2012】においてより詳しく述べられており，そこに住む人々の通常の振る舞いと，少数の人々に影響を及ぼす持続時間が短く確率が低い事象（道路建設活動など）とは，区別すべきであるとされ，後者を「産業事故」とみなすならば，代表的個人に適用されるものと同じ線量規準の適用を，これらのケースにおける侵入者に適用することは要求されないだろうとされている。

放射性廃棄物処分施設への人間侵入の確率を減らし，あるいは影響を緩和させるための防護の最適化のための措置としては，能動的な制度的管理，耐久性のある物理的バリアシステム，定置される廃棄物の分割化などがあり，最も有効な線量の低減は，廃棄物をより深く定置することや鉱物資源の存在するサイトの回避によって達成されると考えられる。そのような措置によって人間侵入による被ばくリスクを完全になくせる可能性は低いが，人間侵入の確率あるいは影響を低減できる。

その一方で，将来の人の行動様式については予測ができないので，どの程度侵入の確率を低減できているかを定量的に推し量ることはできない。そのため，人間侵入の評価は，現世代の人々を防護するために採用した放射性物質の隔離と閉じ込めの戦略（現世代の人々にとって有効な戦略）が，将来世代に対して不当な負担を強いるものではないことを確かめるためであると考えて，将来の人の振る舞いや人間侵入の起こり方を，現世代の人々と同様であると仮定して様式化（stylization）して，その結果が，人が介入しなければならないような基準（現存被ばく状況に対する参考レベル）を超えるようなものかを判断のめやすとしている。人間侵入に対しては，線量またはリスク拘束値を用いた最適化（より頑健なシステムの構築）の考え方は適用できないためである。

5.3　規制免除，クリアランスと認可排出

放射線防護においては，いつどのような状況では活動に対する管理が正当化され，どのような状況では正当化されないかが重要で難しい問題となる。ICRPのPublication 104【ICRP, 2007b】では，正当化と最適化の原則を用いて，規制における放射線防護の管理方策の適用範囲をどのように規定するかに関する基本的考え方を，除外，免除，クリアランスの概念の解説とともに示している。

放射能は自然現象であり，自然放射線源は環境に備えられた特性である。放射線および放射性核種はまた人工起源に由来することもある。放射線の被ばくは人および環境に有害な影響をもたらし得るので，有意な影響を与える可能性のある放射線源や放射線は適切に管理されなければならない。

しかし，人間の体内にある^{40}Kや自然起源の放射性核種からの被ばくや宇宙線の被ばくなどは，線源をコントロールしようとする人間の関与の範囲を超えており，規制管理になじまない（not amenable, 規制管理により制御することが難しい)。ある特定のカテゴリーの被ばくを，問題とする規制手段での管理ができないと考えられることを理由に，その手段の適用範囲から意図的に除外することを規制除外（exclusion）と呼んでいる。規制除外の対象は，規制しきれない線源からの被ばくであり，このような被ばくは除外された被ばく（excluded exposure）と呼ばれる（図5.3-1)。

その他の全ての線源または行為からの被ばくは，線源または行為を管理することによってコントロールできるので，規制の土俵で考慮される。線源あるいは行為による被ばく（潜在被ばくを含む）があまりにも小さくて，規制上の管理の側面の適用を正当化しないか，あるいは実際の線量又はリスクのレベルに関係なく，これが防護のための最適な選択肢である場合には，その線源または行為は規制から免除（exemption）される。

例えば，原子力発電所におけるコンクリート構造物は，炉心に近いものは放射化を受ける

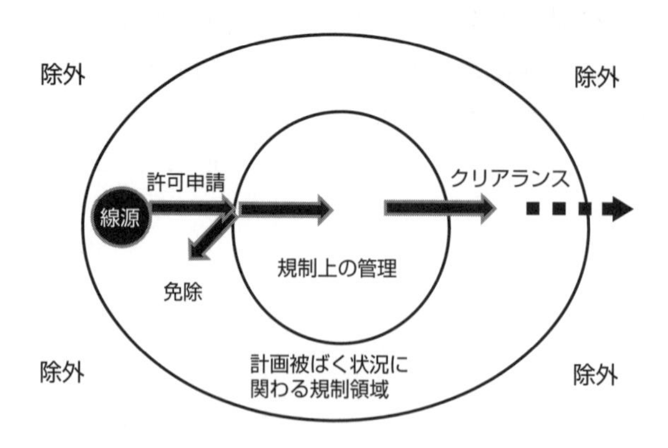

図 5.3-1　被ばく状況の規制【ICRP, 2007b】

可能性があるので規制管理を受けるが，このように規制管理のもとにおかれる線源のうち，それらが有意なリスクを与えないことが確認される場合には規制から解放（release）される。クリアランス（clearance）は，認可された行為内の放射性線源を，規制機関によるそれ以上の規制上の管理から外すことである。廃棄物管理の観点から言えば，クリアランスにより規制管理から解放された物質は，社会において再使用，再生利用されるかまたは放射性廃棄物でない廃棄物とされ，廃棄物発生量の低減に寄与する。表4.5-1および図4.5-1に示されているように，一般の原子力発電所の解体からの放射性廃棄物は，放射性廃棄物でない廃棄物（NR）が約93%，クリアランス物（CL）が約5%，放射性廃棄物（L1，L2，L3）が約2%と見積もられており，すべてを放射性廃棄物として処分することを考えれば約50倍の廃棄物発生量の低減がある。

固体状放射線源が規制免除やクリアランスの対象となる場合は，免除またはクリアランスされた線源を原因としてもたらされるであろう被ばくから逆算して，線源の濃度や量に関する免除レベルやクリアランスレベルが定められる。一方，認可された行為から放出（discharge）される放射性液体や放射性気体排出物，または環境中の放射性残留物については，排出物の濃度と放出の継続時間によりもたらされる総量が行為ごとに異なるので，場合に応じて規制の要不要が判断される。排出物のもたらすであろう被ばくがあまりにも小さくて規制上の管理の適用を正当化しない場合には，その排出は規制の対象とならず，届出（notification）のみが要求される。これを超える被ばくが予測される場合には，ある期間にわたって排出される放射性核種の濃度と量について，環境に対する影響が線量拘束値の制限の下で最小になるように最大の努力がなされている（最適化が行われている）ことが確認されて初めて，排出が認可される（authorized discharge）【IAEA, 2000】。

5.3.1 規制免除とクリアランスの規準

政府または規制機関は，規制免除やクリアランスの規準と免除レベル，クリアランスレベルを定めて，どの行為又は行為内の線源が，規制上の管理を受けなければならないかを定めなければならない。これらの値は本来国が定めるものであるが，免除あるいはクリアランスされた物品や材料は，国際的に商取引される対象ともなるので，IAEAは，ICRPの勧告と原則に従って，一般安全要件GSR Part 3「放射線防護と放射線源の安全（国際基本安全基準，BSS）」【IAEA, 2014】において，これらの規準とレベルを示している。これらの値は，もともと一般安全指針RS-G-1.7「規制除外，規制免除およびクリアランスの概念の適用」【IAEA, 2004】に与えられていたものを安全要件に表として移したものである。

規制免除（exemption）では，これから何らかの行為がなされようとする際に，その行為又は行為の範囲内にある線源から受ける被ばくが問題となり，クリアランス（clearance）では，クリアランスされ社会環境中に解放される線源からの被ばくが問題となる。規制免除またはクリアランスの規準は以下のようなものである。

1）行為または行為の範囲内にある線源またはクリアランスされる線源による個人の放射線リスクが，規制管理が正当化されないほど十分に低く，この基準に合致しなくなるようなシナリオが発生するほどの見込みもなく，本質的に安全である。

2）行為や線源を規制管理しても，個人線量やリスクを低下させる上で価値ある利益を達成させる合理的な管理対策はないという点で，正味の便益が出ないと考えられる。

このような規準に従えば，対象となる物質（線源）について，全ての合理的に予測可能な状況下において，免除またはクリアランスされた物質によって公衆が被ると予想される実効線量が年間10 μSvのオーダー以下であるならば，追加の検討なしに免除できる。上記基準に合致しない確率の低いシナリオを考慮に入れる目的では，追加の基準，すなわちその低い確率のシナリオによる実効線量が1年で1 mSvを超えないという基準を採用することができる。

ここで注意すべきは，年間10 μSvのオーダーという値は，線量が無視し得るほど小さいということを根拠としているのではなく，上記2番目の理由，すなわちどんな合理的規模の規制も，ほとんどあるいはまったく改善をもたらさないという理由に基づいて，すなわち最適化の考慮の結果として，判断のめやすとされているという点である。様々な場面に現れる「基準」はこの例のように最適化の結果として用いられているのであり，その絶対値がゼロに近似できるかとか，それを超えると危険と判断されるとかいう，有無の判断に近似されてなされているわけではないことを理解しておくことが大事である。

表5.3-1は，一般安全要件GSR Part 3【IAEA, 2014】において与えられている表から抜粋したいくつかの放射性核種の免除とクリアランスのレベルである。

規制免除が問題となる場合には，これからの行為内に含まれる物質が大量（bulk amount）か中規模量（moderate amount）かに左右される。クリアランスの場合には，クリアランスされる物質が追加され続ける可能性があるので，大規模であるとして考える必要がある。このため，表では，規制免除のレベルについては，対象物質量が中規模量（およそ1トン）以下の場合の放射能濃度と総放射能量，および大規模な場合の放射能濃度が与えられている。クリアランスレベルは，大規模量に対する規制免除レベルと同じになる。

複数の放射性核種を含む放射性核種の免除またはクリアランスに関しては，個々の核種に対するレベルに基づき，個々の放射性物質の放射能または放射能濃度の，免除またはクリアランスレベルに対する寄与の総和が1を超えないことが条件となる。

$$\sum_i \frac{\text{放射性核種 } i \text{ の物質中の濃度または放射能量}}{\text{免除またはクリアランスレベル（濃度または放射能量）}} < 1$$

行為において扱う物質が自然起源の放射性核種を含むものであるときは，人工放射性核種を含む物質を扱うときとは異なる配慮が必要となる。自然起源の放射性物質による被ばくの状況は，関係する放射性核種の放射能濃度にかかわらず，現存被ばく状況として扱われる。

表5.3-1　いくつかの放射性核種の免除レベルとクリアランスレベル【IAEA, 2014より作成】

核種	半減期（年）	中程度以下の量（免除）		大規模量（免除，クリアランス）
		放射能濃度（Bq/g）	放射能量（MBq）	放射能濃度（Bq/g）
H-3	1.23E+01	1,000,000	1000	100
Be-7	1.46E-01	1,000	10	10
C-14	5.70E+03	10,000	10	1
Cl-36	3.01E+05	10,000	1	1
K-40	1.25E+09	100	1	*
Fe-55	2.74E+00	10,000	1	1000
Fe-59	1.22E-01	10	1	1
Co-58	1.94E-01	10	1	1
Co-60	5.27E+00	10	0.1	0.1
Ni-59	7.60E+04	10,000	100	100
Ni-63	1.01E+02	100,000	100	100
Sr-90	2.88E+01	100	0.01	1
Zr-93	1.61E+06	1,000	10	10
Nb-94	2.03E+04	10	1	0.1
Mo-93	4.00E+03	1,000	100	10
Tc-99	2.11E+05	10,000	10	1
Ru-106	1.02E+00	100	0.1	0.1
I-129	1.57E+07	100	0.1	0.01
Cs-134	2.07E+00	10	0.01	0.1
Cs-135	2.30E+06	10,000	10	100
Cs-137	3.01E+01	10	0.01	0.1
Ce-144	7.80E-01	100	0.1	10
Eu-152	1.35E+01	10	1	0.1
Eu-154	8.60E+00	10	1	0.1
U-234	2.46E+05	10	0.01	*
U-235	7.04E+08	10	0.01	*
U-238	4.47E+09	10	0.01	*
Am-241	4.33E+02	1	0.01	0.1
Am-243	7.37E+03	1	0.001	0.1
Cm-242	4.46E-01	100	0.1	10
Cm-243	2.91E+01	1	0.01	1
Cm-244	1.81E+01	10	0.01	1
Cm-245	8.42E+03	1	0.001	0.1

* 天然起源放射性核種のクリアランスレベル（Bq/g）	
K-40	10
ウランまたはトリウム崩壊連鎖中の各々の核種	1

しかし，この物理化学性状を人為的に変化させ，放射能濃度を変化させる行為は，新たなリスクを追加する可能性があるので，規制の対象としなければならない。ところが，規制免除またはクリアランスレベルを人工放射性核種の場合と同じにするために規制管理しても，天然に分布している濃度がこれより高い場合があるので，個人線量やリスクを低下させる上で価値ある利益を得ることができないし，そのような値を設定すると天然に分布している放

射性物質を規制管理しなければならなくなる。すなわち，規制免除やクリアランスの規準で述べた2番目の理由により，自然起源の放射性物質については，そのレベルを年間10 μSvのオーダー以下の実効線量を与える線源濃度にするのではなく，天然の分布から定めることが妥当となる。すなわち天然に分布している放射性物質による被ばくを現存被ばく状況と考えて，それらに対して何らかの措置をとる（介入する）かどうかという考察から，介入免除レベルとしてこのレベルを設定することになる。

表5.3-1の下部に与えられた^{40}Kおよびウランまたはトリウム崩壊連鎖中の核種に対する免除またはクリアランスレベルは，このようにして天然の分布から定められており，このレベルを超えないものは計画被ばく状況の範囲外とする。したがって免除の概念はこれらの物質には適用しない。建材としてリサイクルされるかもしれない，あるいはその処分が飲料用給水の汚染を引き起こしそうな放射性残留物における自然起源の放射性核種の場合は，その放射能濃度が自然バックグラウンド放射線レベルによる典型的な線量と釣り合う年に1 mSvのオーダーの線量基準を満たすように導き出された特定の値を超えないことが，クリアランスあるいは計画被ばく状況適用の判断基準となる。

5.3.2 免除またはクリアランスレベルの決定

免除またはクリアランスでは，対象となる物質（線源）について，全ての合理的に予測可能な状況下において，公衆が被ると予想される実効線量が年間10 μSvのオーダー以下または確率の低いシナリオによる実効線量が1年で1 mSvを超えないという基準が採用される。すなわち，線源により人が被ばくするという状況を予測し，想定して，線源の濃度または量と，被ばくによる実効線量を結びつける。

一般に，線源および行為に付随する危険ならびに関連する防護と安全の対策を体系的に解析し評価するプロセスおよびその結果を評価（assessment）と呼び，評価すべき対象に従って，影響（impact）評価，性能（performance）評価，線量（dose）評価，被ばく（exposure）評価などのように用いられる。安全評価（safety assessment）は，危険の大きさの評価，安全対策の性能の評価および安全対策の適切性の判断や，施設又は活動の全体的な放射線学的影響又は安全性の定量化である。評価という用語は解析（analysis）という用語と互換的に用いられることが多いが，評価は，規準との比較のために達成度の尺度を定量化することを目的とし，ある事物が十分であるか否かに関する決定の基礎となる情報を提供することを目的とする。これを行う際には，さまざまな種類の解析がツールとして利用される場合がある。したがって，ある評価にはいくつかの解析が含まれる。

ある線源からもたらされる被ばく線量を求めるには，線源がどのような経路をたどり被ばくをもたらすことになるかを予測または想定しなければならない（図5.2-1上図）。経路とは，放射性物質が，被ばくをもたらすに至るまでの経路であり，ある環境条件（環境の特質：feature）のもとで，廃棄物にどのような事象（event）が発端事象として起こり，どのようなプロセス（process）を経て被ばくをもたらすに至るかを想定した一連の特質－事象－プロセス（Feature-Event-Process，FEP）のつながりであり，これをシナリオ（scenario）と呼んでいる。

すなわちシナリオとは，ソースターム（source term）または線源としての放射性物質の，被ばく環境（クリアランスでは一般の社会環境，免除では作業環境）への導入から始まり，エンドポイント（endpoint）である，外部被ばく，およびあるいは摂取，吸入による内部被ばくを通じての被ばくに至る経路環境：特質（Feature）－事象（Event）－プロセス（Process）のつながりである。エンドポイントとなる個人は，もっとも大きな被ばくを受けるような生活をしている集団（決定集団）の中の平均的個人であり，これを代表的個人（representative person）と呼んでいる。このようなプロセスにおいて放射性物質がどのような移行挙動をとるかを予測し，ソースタームのうち，被ばくに寄与する割合を推定し，被ばく量を定量的に求めるのが被ばく線量解析または被ばく線量評価である。

このような評価は，過去に起こったことをできる限り正確に記述して人が受けた線量を評価する後ろ向きの評価または遡及的評価（retrospective assessment）ではなく，ある線源から与えられる被ばく線量がどうなるかを予測する前向きの評価，又は予測的評価（prospective assessment）である【Till, 2008】。予測的評価の信頼性は，安全上問題になる将来の出来事を網羅的に記述できているかどうか，すなわちシナリオの説得性にかかっており，将来を完全に予測することはできないので，用心あるいは予防のために考えるべき事柄が保守的に，すなわちこれ以上ひどいことは起こらないという形で，包絡されているかどうかにかかっている。

表5.3-2は，IAEAの一般安全要件GSR Part 3（BSS）に示されている免除およびクリアランスレベル設定のために用いられた評価シナリオで，IAEAの安全レポートシリーズNo.44「除外，免除およびクリアランスのための濃度値の導出」【IAEA, 2005a】に述べられている。

クリアランスされた物質は，金属材料として，あるいは建設材料として再利用されたり，埋立処分されたりすると考えられるが，その過程において，その材料を用いて作業（運搬を含む）する者と通常の生活において被ばくする者がいる。再利用シナリオにおいては，放射性核種を含む物質を直接扱う者が最も高い被ばくをする。埋め立て処分や地下水利用シナリオでは，放射性核種がどれだけ移行するかが最終的な被ばく線量への寄与を決める。

それぞれの場合について，放射性核種の移行割合（希釈係数，空中粉塵濃度，濃縮係数，根や生物への移行係数，水への分配係数，浸透速度等）と被ばく者への取り込み割合（呼吸量，年摂取量，空間配置からの線量率係数等）や被ばく時間（被ばく時間，シナリオ開始までとシナリオ進行中の崩壊時間等）が，最終的な被ばく線量を左右するパラメータとして保守的に（より危険側になるように）設定され，摂取量や吸入量，空間線量率から線量への変換係数を用いた解析がなされる。このようにして例えば1 Bq/gの線源から被ばく線量が計

表 5.3-2　IAEAの免除およびクリアランスレベル設定のための評価シナリオ【IAEA, 2005aより作成】

シナリオ	被ばく者		被ばく経路
埋め立て処分	ごみ埋立地または他の施設の付近の住民	子供（1～2歳）	ごみ埋立地または他の施設の近くでの吸入
			汚染された土地で栽培された汚染食物の摂取
		成人（>17歳）	ごみ埋立地または他の施設の近くでの吸入
			汚染された土地で栽培された汚染食物の摂取
	ごみ埋立地または他の施設（鋳造工場以外）の作業者	作業者	ごみ埋立地での外部被ばく
			ごみ埋立地での吸入
			汚染物質の直接摂取
建設居住（跡地利用）	汚染物質を用いて建設された家屋の住民	成人（>17歳）	家屋での外部被ばく
	汚染物質を用いて建設された公共建造物の付近の住民	子供（1～2歳）	外部被ばく
			汚染粉塵の吸入
			汚染物質の直接摂取
井戸水利用	井戸水を使用するかまたは汚染された川からの魚を食べる住民	子供（1～2歳）	汚染された飲料水，魚，および他の食料品の摂取
		成人（>17歳）	
金属再利用	鋳造工場での作業者	作業者	設備または大量のスクラップによる鋳造工場での外部被ばく
			鋳造工場での吸入
			汚染物質の直接摂取
	鋳造工場近くの住民	子供（1～2歳）	鋳造工場付近での吸入
運搬	他の作業者（トラック運転手など）	作業者	トラック上の機材または荷物からの外部被ばく

算できるので，その比例関係から10 μSv/年のオーダーの被ばくに相当する線源（Bq）を求めることができる。

このように，放射線被ばくに対してとるべき防護措置を具体化するには，放射線源に対してとるべき措置に翻訳しなければならず，この翻訳は予測的線量評価（解析）を通じて行うことになる。将来もたらされるかもしれない危険に対して，最適化してどこまで予防措置をとるかは，将来の危険の可能性の大きさに応じて定めなければならないので，予測的安全評価は，最適化のツールであるとともに社会的意思決定のためのコミュニケーションのツールともなる。

5.3.3　気体，液体の排出の認可

発電所や再処理施設のような大規模な施設や医療や研究施設のような小規模施設の運転からは，液体または気体が排出される。施設の通常運転中に，気体や液体中に含まれやすい核種や物質としては，^{3}H，^{14}Cや^{85}Krなどの希ガス，^{131}Iやサイズの小さい粒子状物質，^{90}Sr，^{137}Csなどがある。気体や液体の放射性排出物中の核種は，その含有量が最小になるように表5.3-3に示すような様々な技術が用いられるが，ある程度の排出は避けられない。また，事故時にはその他の核種も排出の可能性がある。

表 5.3-3　液体，気体中の放射性核種含有量の低減【IAEA, 2010より作成】

液体中の核種の低減	気体中の核種の低減
化学的沈殿	電気集塵
イオン交換	サイクロンスクラビング
逆浸透	化学吸着
限外濾過	HEPA濾過
蒸発	極低温分離
液体サイクロン遠心分離	減衰タンク
クロスフロー濾過	

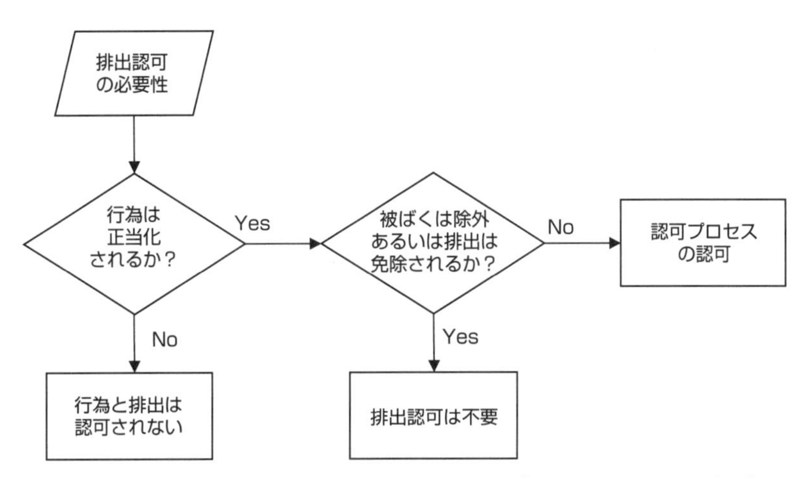

図 5.3-2　排出の認可の必要性の判断プロセス【IAEA, 2015aより作成】

排出の認可は，排出される核種，濃度，排出継続時間の規模が施設ごとに異なるため，一般に施設ごとになされる。排出のための認可の基準と認可のためのプロセスは，国と規制が定めなければならない【IAEA, 2015a】。このプロセスは，一般に図5.3-2のフローに従ってなされる。評価される被ばくが低く，規制が免除の判断を必要としない場合にのみ届出が用いられる。届出により規制は排出が行われていることを認知し，規制管理を行うことができる。免除の場合には，排出レベルに基づく簡単な見積もりにより免除が適用される。

排出が免除されるかどうか，あるいはそのレベル以上の時に，そのレベルが最適化されていて認可されるかどうかは，図5.3-3のプロセスに従って事業者と規制のやり取りによって決定される。

認可のレベルは，10 μSv/年のオーダー以上で，線量拘束値を超えない範囲で，最適化された値となる。図5.3-4は，最適化のために用いられる値の関係を示したものである。

線量拘束値は，公衆の線量限度（全ての線源からの被ばく実効線量の総和）である1 mSv/年を超えないように規制によって定められる値であり，0.1～1 mSv/年の値となると考えられる。最適化はこれを超えない範囲で，ALARAあるいはBATに従って，予測的線量評価に基づく代表的個人の被ばく線量が最小になるように，排出が低減される。排出限度線量は，

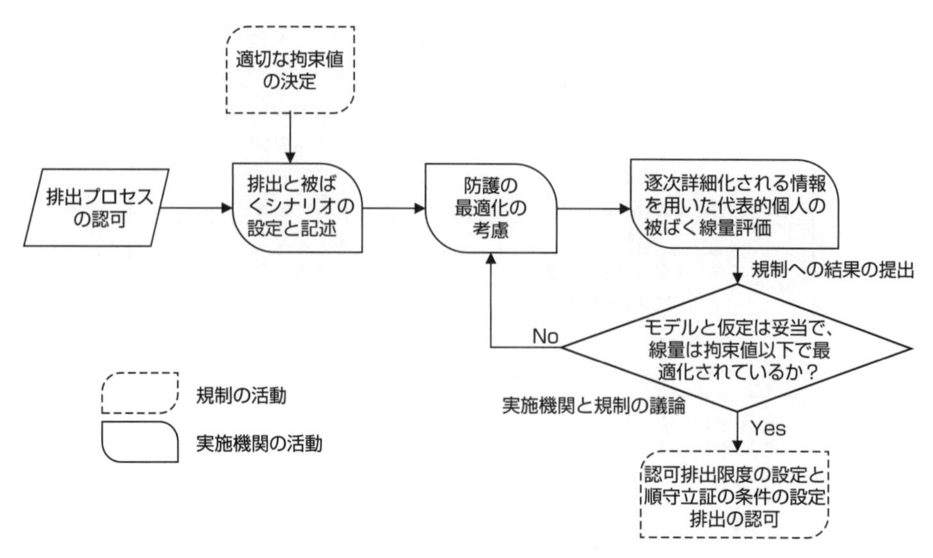

図 5.3-3　放射性排出物の排出限度を定める認可プロセス【IAEA, 2015aより作成】

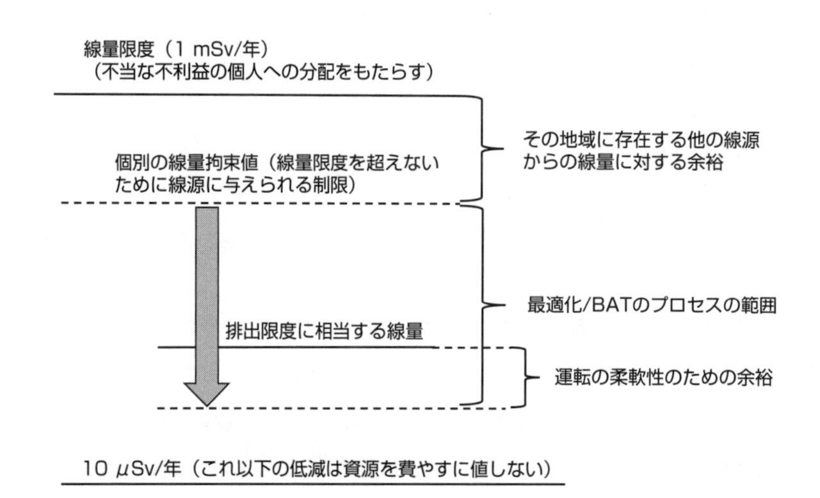

図 5.3-4　排出限度を設定するために用いられる線量【IAEA, 2015aより作成】

運転の変動などの余裕を見て最適化された値よりも大きい値に設定され，規制への順守が変動のたびに破られることにならないようにされる。ロンドン条約などの廃棄物投棄に関する国際条約は，有害廃棄物については，環境への放出量は，その健康影響の有無で判断するよりも，地球環境への長期の累積等を考慮して可能な限り低減すべきとの方向であるので，最適化の結果としての排出の限度は年あたり10 μSvのオーダーから100 μSvを超えない値となると考えられる。

5.3.4　排出限度の決定：放射線環境影響評価

排出限度の決定も，クリアランスの場合と同様，予測的線量評価（prospective dose

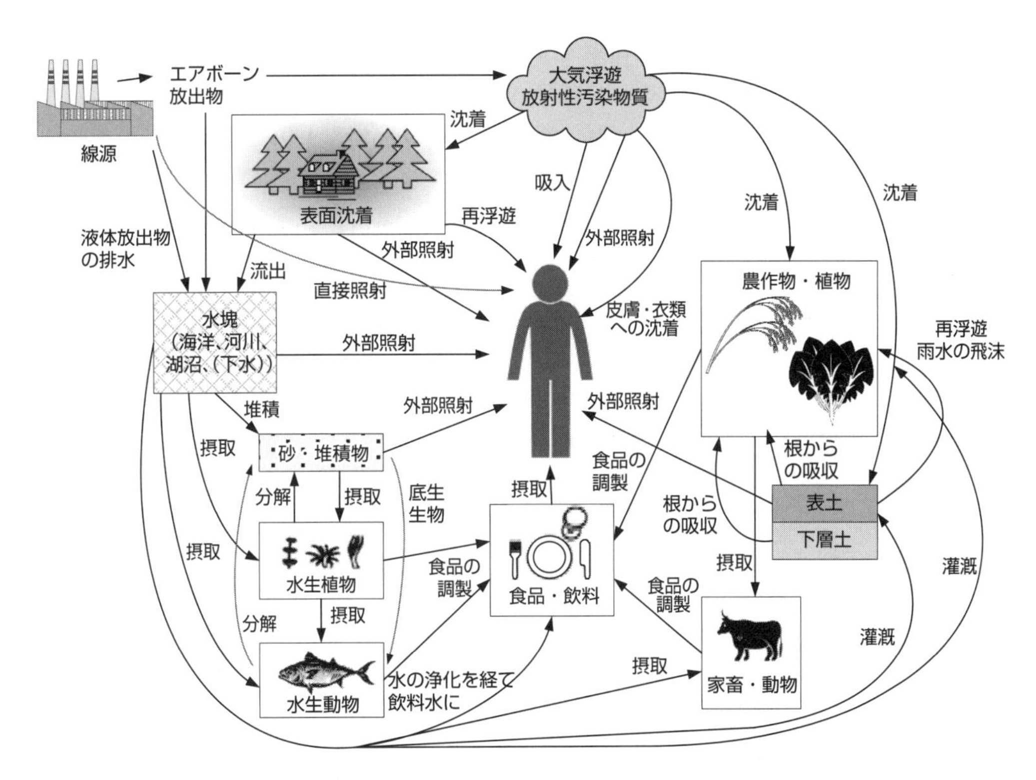

図 5.3-5　大気および水中環境における排出に対する潜在被ばく経路【IAEA, 2005bより作成】

assessment）を通じて行われる。

図5.3-5は，気体，液体として生活環境に排出された放射性物質が，被ばく者（代表的個人）にまで至る可能性のある経路を示したものである。排出の場合には，放射性物質は，クリアランスの場合のように材料として社会に再流通するのではなく，気体状または液体状の排出物として環境中に放出される。このため，放射性物質の環境中での移行挙動が問題となり，人は環境を通じて被ばくすることになる。環境を通じての人の放射線被ばくの評価は，特に放射線環境影響評価（radiological environmental impact assessment）と呼ばれている【IAEA, 2015b】。この影響評価の結果の信頼性は，排出する気体，液体中の放射性核種濃度のモニタリング記録と，環境モニタリングにより確認される。

ソースタームとなる排出物質は，空気中では気体または微粒子の状態で空中浮遊物として，水中ではイオンや分子として水に溶けるか微粒子やコロイドとして水に浮遊する形で運ばれる。これらは自身が熱運動しているので，より濃度の低い側に拡散または分散する。拡散（diffusion）は，自身の熱運動のみによる拡がりの運動であり，分散（dispersion）は他の物質との衝突による効果も加えた拡がりの運動である。

空中浮遊物は，大気の運動によって運ばれ，やがて降水などの影響により地表に析出し，地表水中に取り込まれ，水中で分散しながら運ばれて，その途上で堆積物中に蓄積する。蓄積された放射性物質は，動植物の食物連鎖に取り込まれる。人の被ばくは，図に示すように，これらの移行経路の途上で，大気からの吸入，水または食物の摂取，外部被ばくを通じて起こる。放射性核種が移行経路のそれぞれの部分（コンパートメントと呼ばれる）にどれだけ移行し滞留するかは，放射性核種と，経路を構成する水や空気，土壌，生物との化学的相互

表 5.3-4　環境に排出される重要な放射性核種に対する被ばく経路の例【IAEA, 2010より作成】

放射性核種	大気圏への放出	放射性核種	水中環境への放出
H-3	食品の経口摂取およびプルームの吸入摂取	H-3	経口摂取
C-14	食料品の経口摂取	C-14	経口摂取
P-32	食料品の経口摂取	P-32	経口摂取
Ar-41	プルームからの外部照射	Co-60	経口摂取および沈着放射能からの外部照射
Co-57/Co-60	沈着放射能からの外部照射および食品の経口摂取	Sr-90	経口摂取
Kr-89	プルームからの外部照射	Ru-106	経口摂取および沈着放射能からの外部照射
I-131	食料品（牛乳）の経口摂取	I-131	経口摂取
Cs-137	食料品経口摂取および沈着放射能からの外部照射	Cs-137	経口摂取および沈着放射能からの外部照射
U-238	プルームの吸入摂取		
Pu-238/Pu-241	プルームの吸入摂取	Pu-239	経口摂取
U-238+	プルームの吸入摂取	U-238+	水の経口摂取
U-235+	プルームの吸入摂取	U-235+	水の経口摂取
Th-228+	プルームの吸入摂取	Th-228+	外部照射
Ra-228+	プルームの吸入摂取および食料品の経口摂取	Ra-228+	水および魚の経口摂取
Ra-226+	プルームの吸入摂取および外部照射	Ra-226+	水および魚の経口摂取
Pb-210+	食料品の経口摂取	Pb-210+	魚の経口摂取
Po-210	プルームの吸入摂取および食料品の経口摂取	Po-210	水および魚の経口摂取

表 5.3-5　放射線環境影響評価に要求される詳細度に影響を与える因子の例【IAEA, 2015bより作成】

因子		要素
施設または活動の特性	ソースターム	放射性核種
		量（放射能，質量/体積）
		形態（化学的／物理的構成）
		形状（サイズ，形，放出の高さ）
		放出の可能性(通常運転，事故)
	通常運転からの予測線量と潜在的放出からの仮想線量	予備的評価または類似施設の評価
	施設と活動の安全特性	安全バリアと工学設計による特性
		過酷事故シナリオの可能性
立地特性		環境中の放射性核種の分散に関係する施設の特性（地質,水理,天候,地形,生物物理学的環境など）
		被ばく者の特性（人口，生活習慣と状態，動植物など）
		被ばく経路
		土地利用その他の活動の形態（農業，食品加工，他の産業など）
		近傍のその他の施設の特性と自然または人為起源の外部事象の可能性（地震，洪水，産業事故，交通事故など）
個々の施設と活動の特性と認可プロセス		規制の要件（許認可の要求）
		認可プロセスの段階

作用と，媒体としての空気や水の移流速度に依存して決まる。

表5.3-4は環境に放出される重要な放射性核種に対する被ばく経路の例を示したもので，これに基づき被ばくシナリオが設定され，表5.3-5のようなそれぞれに関するパラメータが設定されて，クリアランスの項で示したのと同様の予測的線量評価が行われ，排出限度が設定される。

5.4　放射性廃棄物の分類と処分オプション

5.4.1　廃棄物の分類：危険性の持続時間

IAEAの個別安全要件SSR-5【IAEA, 2011 a】の記述では，処分オプションは，関連する危険性によって必要とされる程度に，廃棄物を閉じ込め，接近可能な生物圏から隔離するために設計されるとされている。廃棄物中の放射性核種は，それが危険な間（有意な放射能を有する間），主として処分施設（disposal facility）中に閉じ込められておかれるように工学施設の設計と施設の深度を含む位置の選定がなされる。

IAEAの一般安全指針GSG-1「放射性廃棄物の分類」【IAEA, 2009】では，放射性廃棄物に付随する潜在的危険性の程度と持続時間とそれに応じた処分オプションの関係を図5.4-1のようにまとめている。

図の横軸の半減期，縦軸の放射能のいずれにも目盛が刻まれていないことからもわかるように，これはあくまでも特徴を表すための図である。

これらのうち極短寿命廃棄物（VSLW, Very Short-Lived Waste）は，医療廃棄物のように非常に半減期が短く，有意な期間にその放射能が減衰するもので，これに対しては，放射能が失われるまで貯蔵（減衰貯蔵）して排出する処分オプションが適用できる。

その他の廃棄物については，含まれる核種の放射能が低いものから高いものまで，またその長半減期核種の含有量が小さいものから大きいものまで様々であり，一般に放射能レベル

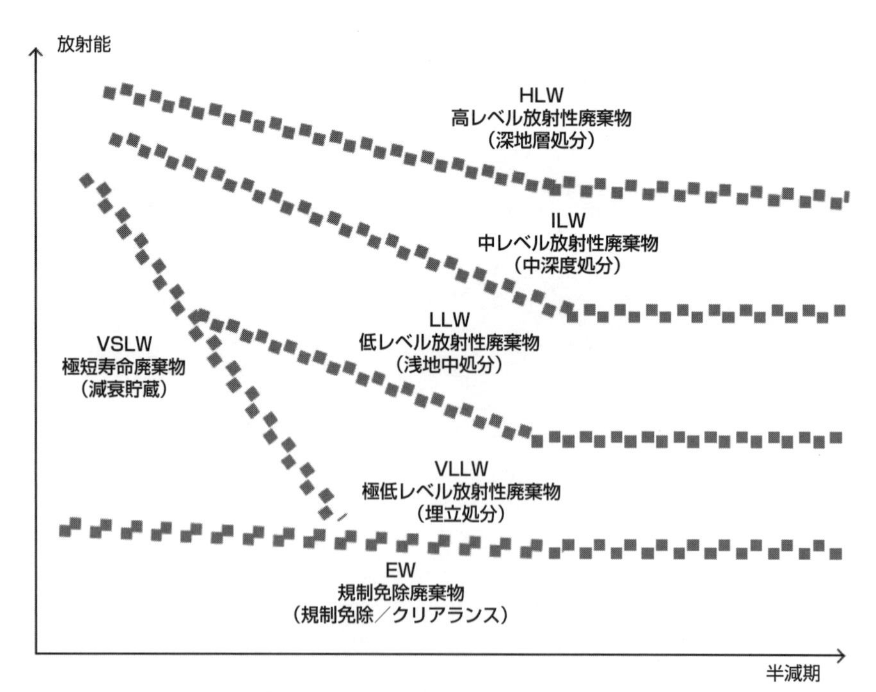

図 5.4-1　様々な放射性廃棄物に含まれる放射能の時間変化の特徴【IAEA, 2009より作成】

の高いものほど，長寿命の核種を多く含んでいる場合が多い。

国内において発生する様々な廃棄物の放射能インベントリの変化と含まれる放射性核種の種類と濃度は，第4章に示したとおりである。第4章では，様々な原子力や放射線の利用に伴って発生する放射性廃棄物中に含まれる放射能インベントリ，すなわち含まれる放射性核種とその放射能（1秒間あたりの崩壊数（Bq）として表される放射線を出す能力）を表として示し，この表の値に対して，ベイトマンの式を用いて計算した放射能の時間変化を図として表した。

しかし，放射性廃棄物の潜在的危険性は，放射能インベントリに比例はするが，これが結果としての影響に結びつくためには，この放射能に比例して放出される放射線を人が被ばくしなければならない。放射性核種が人の活動している場所にまで移動して人が被ばくするようになるまでの経路を別に考えるとしても，人が受ける被ばく影響は，放射能に比例して放出される放射線の数と性質に依存し，これは核種ごとに異なっているし，人の被ばく経路も，放射性核種を経口摂取して内部被ばく，呼吸器を通じて吸入して内部被ばくするか，あるいは物理的接近により外部被ばくするかによって異なる。

この潜在的危険性を表すのに，被ばく経路を経口摂取に限定して，廃棄物に含まれる放射能を，規制で定められている飲料水中の放射能濃度限度（Bq/m^3）で除すことにより規格化し，濃度限度以下になるまで希釈するために必要な水の量として表した指数（摂取毒性指数（ingestion hazard index）または換算水量と呼ばれる）を用いることがある。

$$\text{摂取毒性指数}[m^3] = \frac{\text{廃棄物中の放射能インベントリ}[Bq]}{\text{飲料水中の放射能濃度限度}[Bq]}$$

規制で定める飲料水中の放射能濃度限度は，飲料水中に含まれる核種を摂取したときに，年間の預託線量が1 mSvとなるような核種の濃度であり，表3.2-4の経口摂取の線量換算係数と人の年間摂取飲用水量から求められる。

$$\text{飲料水中濃度限度}[Bq/cm^3] = \frac{1\,[mSv]}{\text{経口摂取線量換算係数}[Sv/Bq]\times 10^3[mSv/Sv]\times \text{年間飲料水量}[m^3]\times 10^6[cm^3/m^3]}$$

しかし，人が被ばくする様式は，外部被ばくや吸入被ばくの可能性もあるため，被ばく経路は必ずしも経口摂取には限られない。また，経口摂取に限っても，水に溶けにくい核種は，そもそも水により運ばれて人の摂取に至る量は限られるため，その分危険性は小さい。その意味で，一義的に潜在的危険性を定義することはできない。

廃棄物の危険性を表す指標の１つとして，原子力規制委員会では，廃炉等に伴う放射性廃棄物の規制に関する検討チーム会合【原子力規制委員会，2015a】で，廃棄物に含まれる核種の放射能濃度を，クリアランスレベルで除すことによって規格化し相対影響度として表すことを試みている。クリアランスレベルは，規制機関によって定められ，その濃度を下回る放射線源は規制上の管理から解放してよいとされる放射能濃度で，その放射性核種を含む大量（1トンを超える量）の物質または材料が人の生活環境で再利用または一般廃棄物として処分されたとしても，そこからもたらされる線量が10 μSv/年のオーダーを下回るとされる濃度である。この場合には，被ばく経路は，摂取，吸入，外部被ばくのうちの最も厳しくなる経路が選択されるので，これにより，各核種を単に放射能濃度（Bq/t）ではなく，核種ごとに決まる影響の程度も加味して考えることができる。ただし，クリアランスレベル設定の根拠となる被ばくシナリオは，主に，その固体物質が何の希釈も受けずに再利用される場合に関連するものであるので，このような極端なシナリオは，処分された廃棄物が生活環境にもたらされる場合には起こり得ない。また，表5.3-2のうちのどのシナリオが最も厳しい被ばくを与えるシナリオ，すなわちクリアランスレベルを決めるシナリオとなるかは核種ごとに異なっている。その意味で，クリアランスレベルで規格化した相対影響度は，あくまでも危険性を相対的に表すための暫定的指標である。

図5.4-2～図5.4-5は，第4章の表に示した処分時の様々な放射性廃棄物中に含まれる放射性核種の濃度をもとに，相対影響度を計算した値である。

いずれの廃棄物も，相対影響度は時間とともに減衰し，相対影響度を支配する核種も変化する。核種の相対影響度を決める放射能は半減期ごとに半分に減衰するので，10半減期で$(1/2)^{10} = 1/1024 \approx 1/1000$，20半減期で約$(1/1000)^2 = 1/10^6$になるので，一応のめやすとしてその核種に危険性の持続時間は，半減期の10～20倍程度と考えることができる。

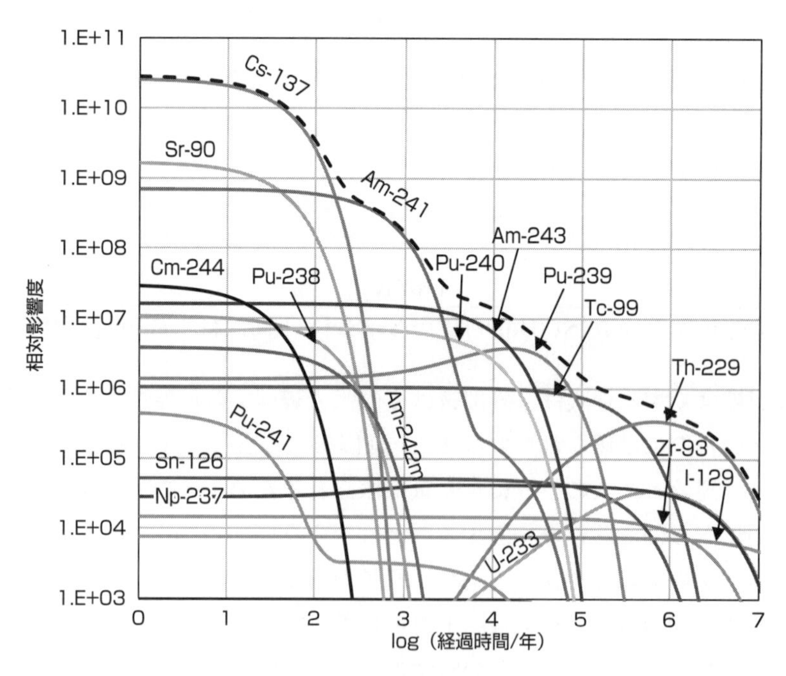

図 5.4-2　高レベル廃棄物ガラス固化体に含まれる放射能の相対影響度
（＝放射能／クリアランスレベル）

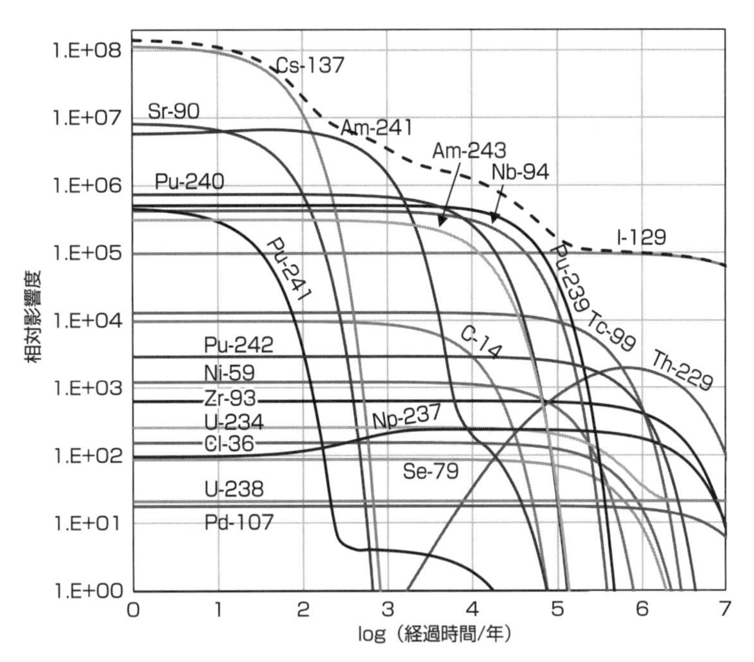

図 5.4-3　地層処分対象TRU廃棄物に含まれる放射能の相対影響度
（＝放射能／クリアランスレベル）

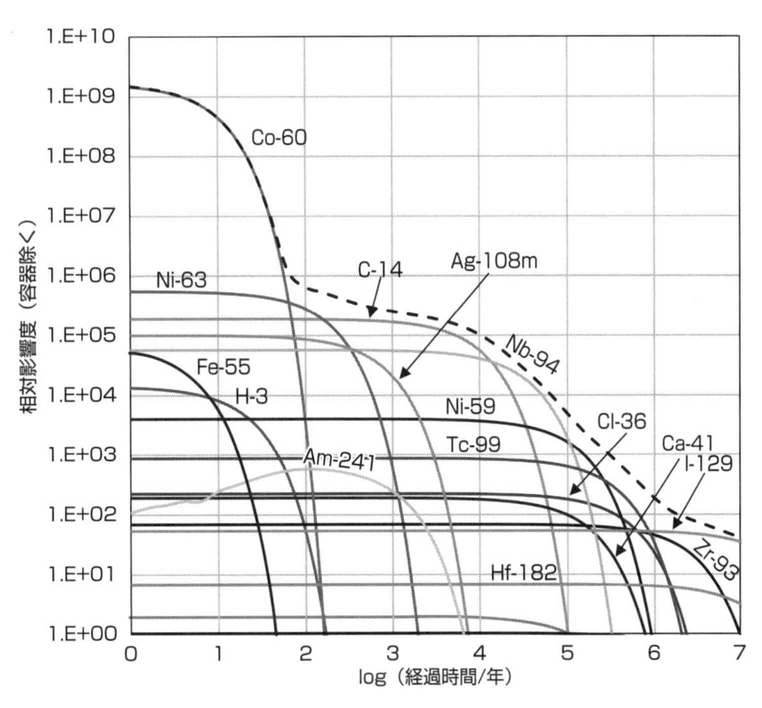

図 5.4-4　比較的放射能レベルの高い運転・解体廃棄物（容器含まず）に
含まれる放射能の相対影響度（＝放射能／クリアランスレベル）

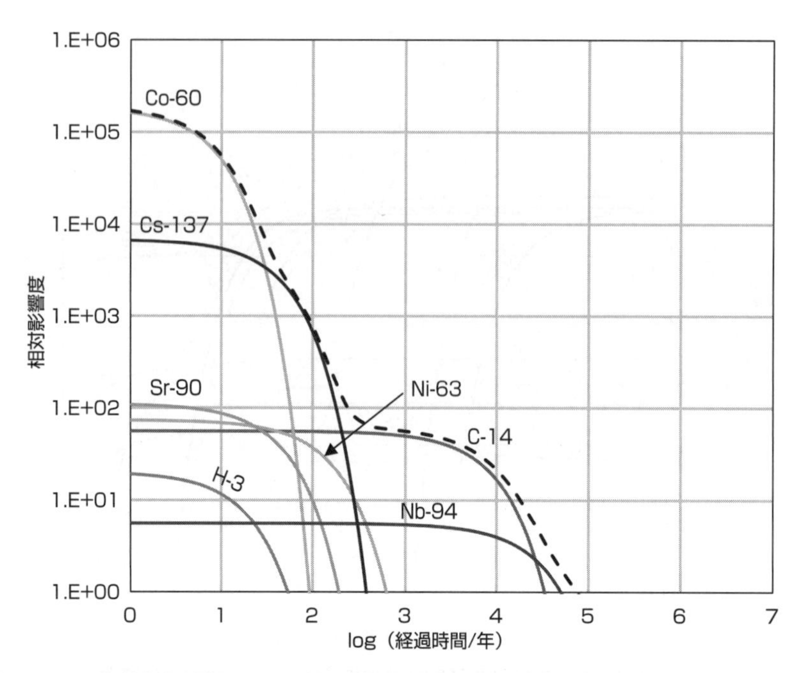

図 5.4-5　比較的放射能レベルの低い運転・解体廃棄物に含まれる放射能の相対影響度
（＝放射能／クリアランスレベル）

図5.4-2および図5.4-3の再処理由来の廃棄物についてみてみると，初期の危険性は半減期が約30年の^{137}Csと^{90}Srに支配され，これらは廃棄物の当初の危険性の約97％を占めている。従って約300年の閉じ込めを達成すれば，これらの危険性から人と環境を防護することができる。その後の危険性は半減期430年の^{241}Amに支配されるので，約4300年の閉じ込めで，廃棄物の危険性は初期の0.5％以下にまで減少する。その後の危険性は^{243}Am（半減期7400年）や^{240}Pu（6600年）に支配され，さらに後は半減期が数万年以上のTRU核種や^{99}Tcや^{129}Iなどの核分裂生成物が残留する。数十万年以降に残留する危険性は，初期の危険性の数万分の1（0.01％，ガラス固化体の場合相対影響度10^6）以下となる。このように放射性廃棄物の危険性は時間とともに小さくなり，必要とされる閉じ込めの程度もそれに応じて減少するが，危険性は減少しながらも，ゼロにはならないという意味で残留する。

図5.4-4および図5.4-5の運転・解体廃棄物では，主として放射化生成物が含まれ，それに核分裂生成物やTRU核種が汚染物として少量含まれている。初期の危険性は半減期が5.3年の^{60}Coに支配され，これは廃棄物の当初の危険性の約99.9％を占めている。従って約50年の閉じ込めを達成すれば廃棄物の危険性は当初の1/1000（0.1％）以下となる。数百年の閉じ込めの後には相対影響度が$1/10^6$～$1/10^5$以下の^{63}Ni（101年）や^{14}C（5700年）などのエネルギーの低いベータ線のみを放出する危険性の低い核種（表2.2-3および表3.2-4参照）が支配的となり，さらに長期には半減期が1万年以上の^{94}Nb（2.0万年），^{99}Tc（21万年），^{36}Cl（30万年）などが残留するが，相対影響度は10^3～10^2以下であまり問題にならない程度

となる。

これらの再処理由来の廃棄物および放射化由来の廃棄物の危険性の持続時間と，様々な時点に残留している廃棄物の危険性の大きさ，およびその危険性を支配する核種の特徴をまとめると表5.4-1および図5.4-6のようになる。図5.4-6には，各種の廃棄物の放射能濃度とそれに対応する相対影響度を示している。短半減期の放射化生成物核種を主成分とする運転・解体廃棄物は，地層処分対象TRU廃棄物と比べると，放射能濃度は同等であるが，含まれている核種の危険性を考慮すると（ここではクリアランスレベルと比べている）数百年で危険性は大きく減少する。処分施設にはこのような危険性の程度と特性に応じて廃棄物を隔離して閉じ込めておけるように深度を選び，立地し，設計することが求められる。

図5.2-1は，処分システムの安全確保（隔離・閉じ込め）の考え方をクリアランスレベル設定のための安全評価と比べて示したものである。規制免除やクリアランスあるいは排出（図5.2-1上図）では，放射性物質が直接生活環境に循環されることになるのに対して，処分では，廃棄物は，固体とされ，パッケージおよび緩衝材，母岩により取り囲まれて閉じ込められ，廃棄物中に残留する放射性核種がたとえ地下水に溶解して運ばれるとしても，さらに母岩による隔離バリアが存在し，これらを通過しなければ放射性核種は生活環境に到達しえないし，その間に減衰とともに大きな希釈と分散が起こる。

処分システムでは，対象となる廃棄物の危険性の大きさと持続時間に対して，十分な期間と程度の閉じ込めが達成できるシステムを構築することにより安全を確保しようとしている。すなわち図中のリスクのうち，被ばくをもたらすシナリオの発生確率を減らす，言い換えれば被ばくをもたらす経路を限定して，リスクを低減することにより安全が確保される。

表 5.4-1　ガラス固化体，地層処分対象TRU廃棄物，運転・解体廃棄物中で重要な寄与をする放射性核種

核分裂生成物とTRU核種				放射化生成物			
半減期(年)	核種	半減期(年)	相対影響度が全体に占める割合(%)	半減期(年)	核種	半減期(年)	相対影響度が全体に占める割合(%)
$\lesssim 30$	Cs-137 Sr-90	30.1 28.8	~97	< 30	Co-60	5.3	~99.9
$<10^3$	Am-241	432.6	2.6	$<10^3$	Ni-63	101.2	~0.1
$<10^4$	Pu-240 Am-243	6561 7370	<0.1	$<10^4$	C-14	5700	
$>10^4$	Pu-239 U-233 Np-237 Tc-99 Sn-126 Se-79 Zr-93 Cs-135 Pd-107 I-129	2.4E+04 1.6E+05 2.1E+06 2.1E+05 2.3E+05 3.0E+05 1.6E+06 2.3E+06 6.5E+06 1.6E+07	<0.01	$>10^4$	Ni-59 Nb-94 Ca-41 Tc-99 Cl-36 Hf-182	7.6E+04 2.0E+04 1.0E+05 2.1E+05 3.0E+05 8.9E+06	<0.01

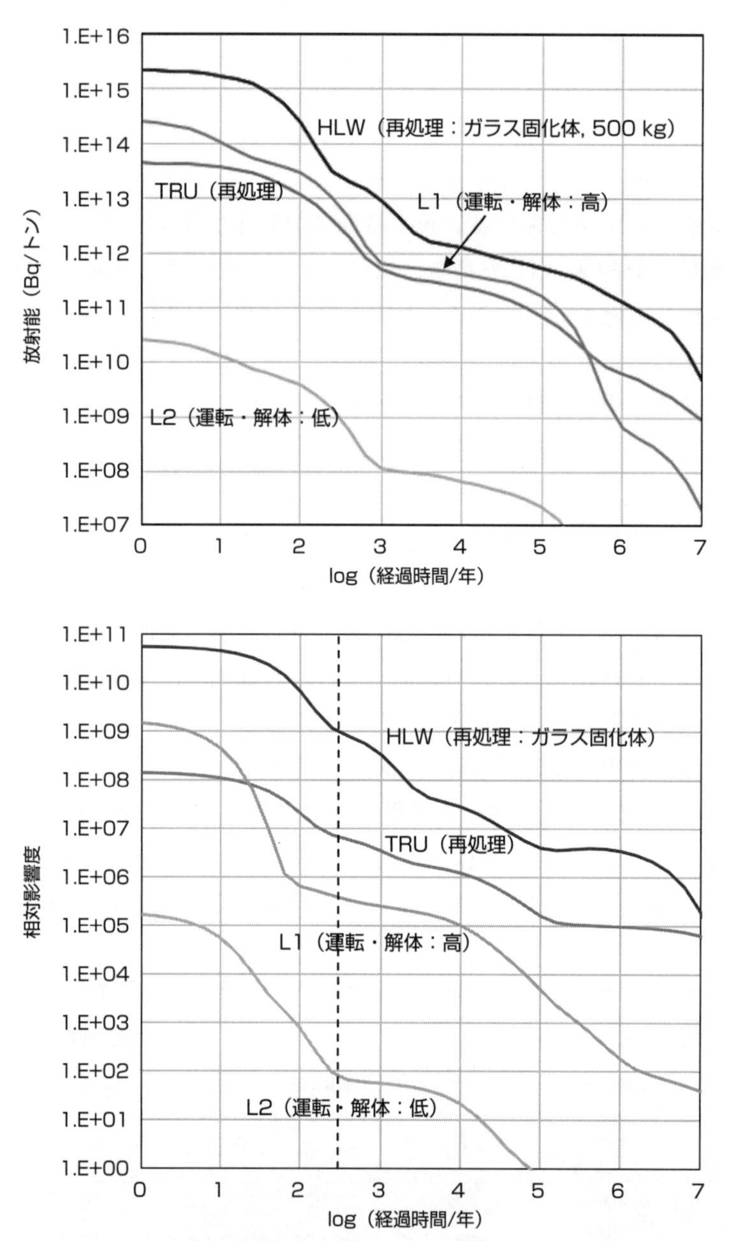

図 5.4-6　各種の放射性廃棄物に含まれる放射能濃度(上)とその相対影響度(下)
(相対影響度＝放射能／クリアランスレベル)

5.4.2　廃棄物の閉じ込め：処分施設の構成と放射性廃棄物の処分前管理

放射性廃棄物が処分のために設計した処分施設中に閉じ込められたままであれば，生活環境とは隔離されているので，人や他の生物種が放射性廃棄物の出す放射線によって被ばくの影響を受けることはない。しかし，永遠の閉じ込めを保証する人工物を構築することは不可能である。IAEAの安全要件SSR-5【IAEA, 2011a】では，閉じ込めのために必要とされる期間とそのための処分施設の立地，設計について次のように述べている。

要件8：放射性廃棄物の閉じ込め

廃棄物に付随する放射性核種の閉じ込めを備えるように，廃棄物形態やパッケージングを含む人工バリアが設計されなければならず，立地環境が選定されなければならない。閉じ込めは，放射能の減衰が廃棄物によって引き起こされる危険を十分に減じるまで，備えられなければならない。さらに，熱を生じる廃棄物の場合において，廃棄物が処分システムの性能に対して悪影響を与え得る量の熱エネルギーを生じている間，閉じ込めが備えられなければならない。

3.40．放射性核種を定められた期間にわたり廃棄物形態およびパッケージングへの閉じ込め，比較的短寿命の放射性核種の大部分が原位置で減衰することを確保しなければならない。低レベル廃棄物の場合，そのような期間は数百年程度（several hundred years），高レベル廃棄物の場合は数千年程度（several thousands of years）になるだろう。高レベル廃棄物の場合は，処分システムの外部への放射性核種のいかなる移行も，放射性崩壊により発生した熱が実質的に減少した後にのみ生じるということも確保されなければならない。

必要な閉じ込めを保証するためには，下記のような形で多重バリアにより閉じ込めと隔離の機能がもたらされる必要がある。SSR-5では次のように述べられている。

要件7：多重安全機能

安全が多重安全機能によってもたらされることを確保するように，立地環境は選定されなければならず，処分施設の人工バリアが設計されなければならず，施設が操業されなければならない。廃棄物の閉じ込めと隔離は，処分システムの多数の物理的バリアによって備えられなければならない。これらの物理的バリアの性能は，様々な操業上の管理（control）とともに種々の物理的，化学的プロセスによって達成されなければならない。個々のバリアと管理（control）の能力（capability）は，処分システム全体の能力とともに，セーフティケースで想定された通りに機能することを立証されなければならない。処分システムの全体的な性能は，単一の安全機能に過度に依存してはならない。

3.35．処分システムをなす工学的および物理的バリアは，廃棄物形態，パッケージング，埋め戻し材および立地環境や地層などの物理的な実体（entities）である。安全機能は，水の不浸透性，腐食の抑制，溶解，浸出率および溶解度，放射性核種の保持，および放射性核種の移行の遅延のような，閉じ込めおよび隔離に寄与する物理的または化学的特性またはプロセスによってもたらされることができる。

低レベル放射性廃棄物では数百年程度，高レベル放射性廃棄物では数千年程度の期間，廃棄物が廃棄物形態（wasteform）およびパッケージング中に閉じ込められるように人工バリアを設計し，その間に，外的擾乱を受けないような場所，つまり廃棄物と人および生活環境が隔離されていて，両者の近接により閉じ込め状態が損なわれることのないように，廃棄物を定置する。

表5.4-1および図5.4-6よりわかるように，数百年の閉じ込めでは^{60}Coや^{137}Cs，^{90}Srが減衰し，数千年の閉じ込めではさらに^{241}Amが減衰する。すなわち，低レベル放射性廃棄物に対しては数百年程度，高レベル放射性廃棄物に対しては数千年程度の期間の閉じ込めにより，廃棄物中の放射能の99.9%は減衰により失われる。

こうした閉じ込めをもたらすのは，上に書かれたように，廃棄物形態，パッケージング，埋め戻し材および立地環境や地層などであり，それらの場において，水の不浸透性，腐食の抑制，溶解，浸出率および溶解度，放射性核種の保持，および放射性核種の移行の遅延のような，閉じ込めおよび隔離に寄与する物理的または化学的特性またはプロセスが安全機能として働くことによってもたらされる。閉じ込めは，人工バリアと天然バリア（地質環境）のそれぞれが健全であれば，別個に達成されるが，それぞれのバリアの安定性は互いに補完的に働いているので，多重バリアの各バリアは完全に独立してはいない。

高レベル放射性廃棄物に対するオーバーパックは，放射性崩壊により発生した熱が実質的に減少するまでの間，廃棄物形態（ガラス固化体または使用済燃料）と地下水の接触を防ぎ，熱や放射線の影響がある場で核種の溶出や移行が起こることのないようにしている。

残る0.1%以下の放射能はより長半減期の核種に由来するもので，これらに対しては，その減衰に必要な長期にわたって完全な閉じ込めを達成することはできない。こうした長期に残留する放射性核種については，人工バリアの劣化の後に起こる処分システムの外部への放射性核種の移行が，地質環境を介して生活環境への侵入をもたらしたとしても，その移行過程における減衰と希釈により，その影響が無視し得る程度であることが保証されるように，処分施設の位置が選ばれる。生活環境に移行する核種のフラックス（単位時間あたりの核種の量）は，核種の地下水中への溶解度が制限されることにより限られたものとなり，廃棄物の周囲を移動する地下水のフラックスによっても限られたものとなる。さらに地下の岩石圏を移行している間にも，地下水中の溶存核種は岩石表面と間隙に収着されその移行の速度と量が限定される。結局，運搬される放射性核種は，生活環境に至るまでに大量の地下水または地表水により希釈されることになり，人と環境に有意な影響をもたらすことはない。

5.4.3 放射性廃棄物の処分前管理

放射性廃棄物の閉じ込めのための最も基本的で効果的なバリア機能は，バルク（塊状）の固体としての廃棄物形態（wasteform）と廃棄物パッケージにより与えられる。放射性廃棄物をこのような処分に適した廃棄体に処理する工程全体は，処分前管理（predisposal management）と呼ばれている。

すなわち，様々な施設で，様々な形態で発生する廃棄物は，図5.4-7に示すような流れで，処分に適した廃棄体とされ処分に供せられる。放射性廃棄物の管理（management）全体は，処分前管理と処分（disposal）とからなっている。

処分施設（disposal facility）は一般に図5.4-8のような形で構成され，廃棄物の危険性とその持続時間に応じて放射性核種の閉じ込めが達成されるように設計される。

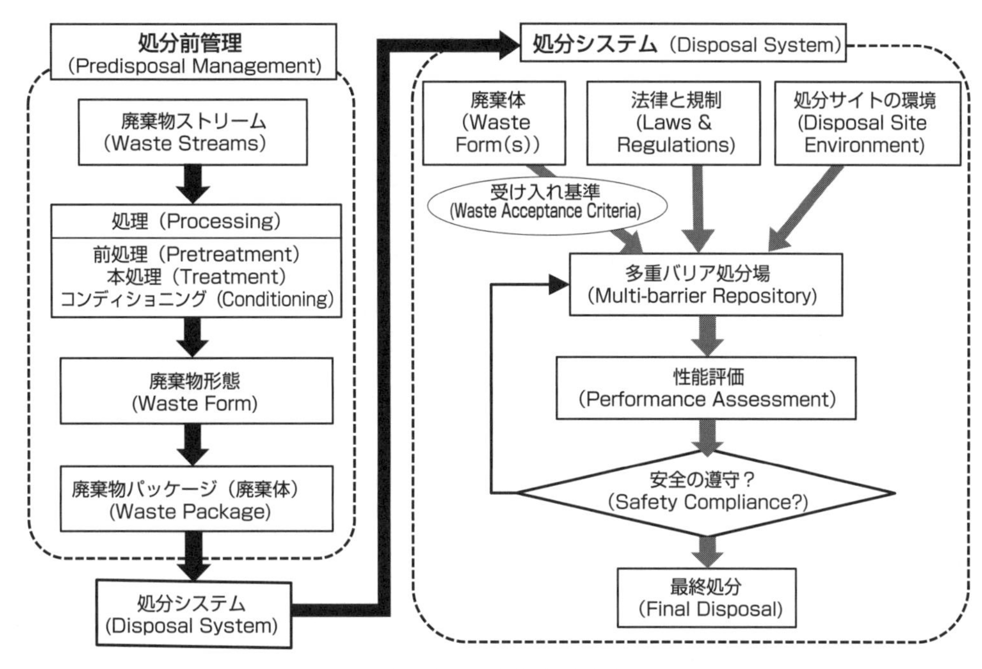

図 5.4-7　放射性廃棄物の管理【NAS, 2011より作成】

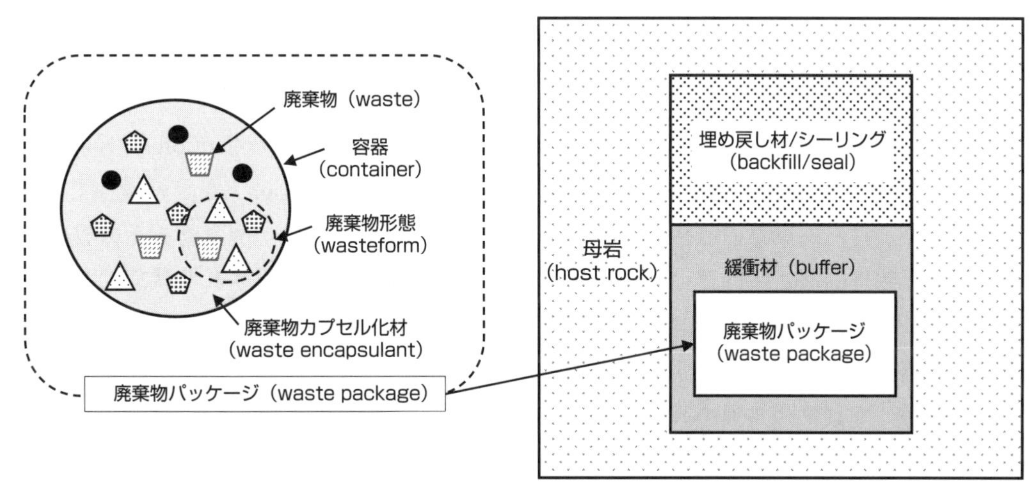

図 5.4-8　処分施設の構成

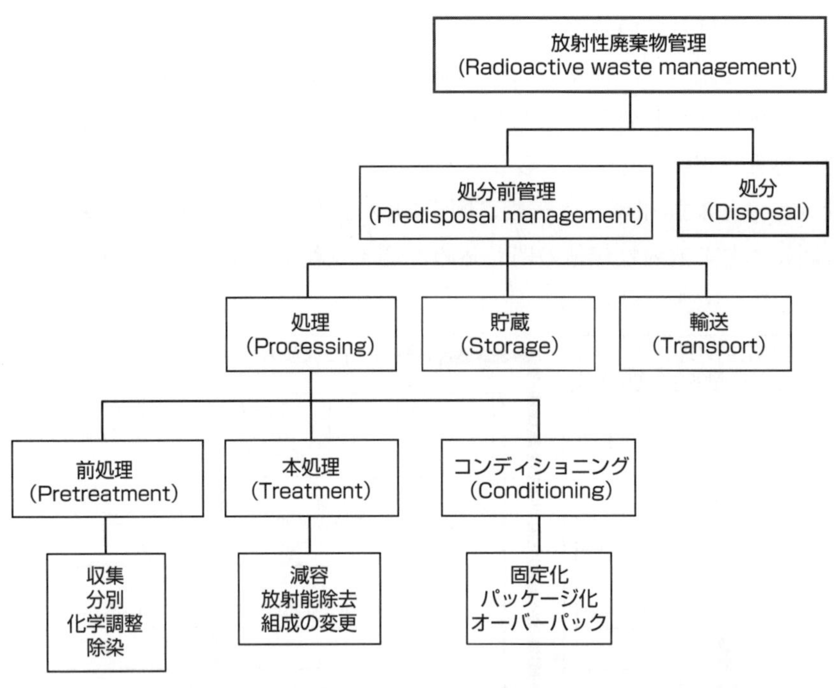

図 5.4-9　放射性廃棄物の処分前管理の諸要素【IAEA, 2007より作成】

処分前管理は，処分に先立って実施される廃棄物管理の様々な活動で，図5.4-9に示すように，廃棄物を処分に適した形態にして廃棄物パッケージにする処理（processing）および貯蔵（storage），輸送（transport）からなっている。

処分前管理のうちの処理（processing）は，その後の貯蔵，輸送，処分に適合するように，廃棄物を固体の物理化学的形態にして廃棄物パッケージとするプロセスであるが，具体的には，前処理（pretreatment），本処理（treatment）およびコンディショニング（conditioning）の工程を含んでいる。

(1) 前処理（pretreatment）

前処理は，廃棄物の発生後に，廃棄物処理に先立ち行われる収集（collection），分別（segregation），化学調整（chemical adjustment），除染（decontamination）などの操作である。収集および分別は，廃棄物の取扱いや処理手順を容易にするために，廃棄物をその放射線学的，化学的，物理的あるいはその他の特性に基づいて分離するか分離された状態にしておく活動で，規制管理から免除される廃棄物の選択や，あるいはその後どのような処理を行い，どのような処分オプションに供するかの選択ができるようにする工程である。化学調整は中間貯蔵や輸送，廃棄物の処理を容易にするために行われる操作であり，除染は処理される廃棄物を減容する操作である。

(2) 本処理（treatment）

放射性廃棄物の本処理（treatment）は，放射性廃棄物の特性を変化させて，安全性と経済性を高めるための全ての操作を含む工程である。主となる操作は，減容，放射能除去，物理的化学的組成の変更である。具体例としては，可燃性廃棄物の焼却，乾燥固形廃棄物の締固め（減容），液体廃棄物流の蒸発，ろ過，イオン交換（放射性核種の除去），あるいは含有化学種の中和，沈殿，凝集（組成の変更）などが挙げられる。これらのプロセスは，液体廃棄物流を効率的に除染するために，いくつか複合して用いることもある。これらの処理では，汚染されたフィルターやイオン交換体，スラッジなどの，放射性廃棄物として扱わなければならない2次廃棄物が発生することもある。処理によっては，締固めのようにそのまま処分に適した廃棄物形態（wasteform）になるものもあるが，多くの場合，その後のコンディショニングが必要となる。

(3) コンディショニング（conditioning）

コンディショニングは，取扱い，輸送，貯蔵および処分に適するような形に転換する工程で，放射性核種を固体中に固定化（immobilization）して廃棄物形態（wasteform）とし，これを容器に封入した廃棄物パッケージ（waste package）とし，必要なら廃棄物パッケージの2次的な外部容器であるオーバーパック（overpack）を追加するプロセスである。

放射性核種の固定化では，固化（solidification），埋め込み（embedding），カプセル化（encapsulation）により廃棄物を廃棄物形態とする。よく用いられる固定化法には，低レベルや中レベルの放射性廃液の，セメント，ビチューメン（アスファルト），ガラスへの固化や高レベル放射性廃液のガラス母材へのガラス化や金属母材への埋め込みなどがある。生成される廃棄物形態は，放射能のレベルと特性に応じて，一般的な200リットルドラム缶から非常に厚い壁を持つ容器にわたるパッケージに封入され廃棄物パッケージ（廃棄体）とされる。

(4) 廃棄物の特性把握（キャラクタリゼーション）

放射性廃棄物の処分前管理における各段階においては，例えば，放射性核種の内容量または放射能濃度，それらの熱出力および廃棄物形態と放射線学的，機械的，物理的，化学的および生物学的特性などが変化する。各段階の活動は，処分前管理から処分に至る全体としての措置の各部分であると考えられ，各段階の措置は他の段階の措置と適合するように選択されなければならず，全体としての措置は，廃棄物の処分の受入れ規準あるいは最も可能性の高い処分オプションの予想される規準に適合するようになされなければならない。このため，それぞれの工程では，図5.4-10に示すような特性が，どのように変化して，どのような内容の製品流が次の工程に受け渡されるかがプロセス管理され，品質保証に耐えるようにキャラクタリゼーションが保証される。

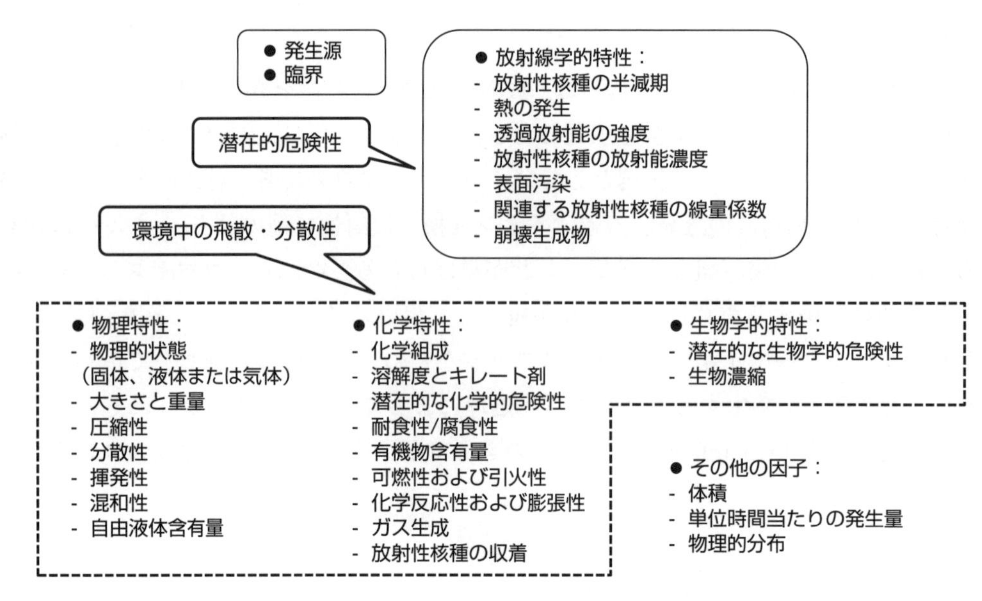

図 5.4-10　処分前管理と処分において重要となる廃棄物の特性【IAEA, 2009より作成】

5.4.4　放射性廃棄物の処分

処分前管理によってもたらされる廃棄物パッケージは，図5.4-7に示すように，廃棄物マトリックスのキャラクタリゼーション情報とともに処分に供され，図5.4-8に示す形で地質環境中に定置される。定置の際には，廃棄物の危険性に応じて，閉じ込めをより確実にするように，廃棄物を粘土のような緩衝材で取り囲むなどして人工バリア要素をつけ加え，最終的に処分孔を掘削ずりあるいは珪砂と粘土の混合物などで埋め戻す。

図5.4-8に示すように，廃棄物と人工バリアの周囲は母岩（host rock）の領域であり，母岩は廃棄物から放出されるかもしれない核種を閉じ込めておく機能を持つ地質環境（geological environment）となる。この場合の「環境」という用語は，処分施設または廃棄物を取り囲む環境を指しており，「環境の防護」などが指す人の生活環境とは意味が異なるので注意が必要である。廃棄物に接するニアフィールド地質環境を形成する母岩は，より外側のファーフィールドの岩体と連続的につながっており，それが置かれているより広域の地層，さらには地殻，プレートにつながっている。閉じ込めの機能の観点からその特性を問題とするニアフィールド地質環境は，その物理的境界は明確ではないが，一般に廃棄物の周囲数十mを超えない領域であり，この領域までの廃棄物を取り囲んでいる人工および天然のパッケージング諸要素を含めたものを単位として，これが複数個配置されたものが，処分施設（disposal facility）あるいは処分場（repository）となる。放射性核種が生活環境に到達するためには地下水によって運ばれるしか道はないので，そもそも水中に溶解しにくい核種がたとえ地下水中にわずかに溶解したとしても，地下水がこの領域を通過するために要する時間が長ければ（地下水の流速が小さければ），その間に放射性核種は崩壊するため，廃棄

物に含まれる放射性核種のほぼ全てはこの領域に閉じ込められ，放射性崩壊によりその運命を終える。また減衰の期待できない長半減期の核種についても，地下水の流速が小さく，通過し移動する地下水の量（流束）が限られていれば，生活環境に到達する際に大きく希釈されることとなる。

5.4.5　廃棄物の隔離：埋設深度の選択

処分施設は，必要な期間の閉じ込めを達成するように設計されるが，徐々に進行する自然の変化や，突発的に起こる自然事象あるいは人間侵入は，外的擾乱と廃棄物の間の隔離（isolation）状態を壊し，処分施設の閉じこめ機能を損ねる可能性がある。以下はSSR-5における隔離の要件に対する記述である。

> 要件９：放射性廃棄物の隔離
>
> 処分施設は，人と接近可能な生物圏から，放射性廃棄物の隔離を図る特質をもたらすように，立地され，設計され，操業されなければならない。特質は，短寿命廃棄物に対して数百年程度（several hundreds of years），中レベルおよび高レベル廃棄物に対しては少なくとも数千年程度（several thousand years）の隔離をもたらすことを目指さなければならない。その様にすることによって，処分システムの自然の変化と施設の擾乱を引き起こす事象の双方に考慮が払われなければならない。
>
> 3.43．浅地中施設の隔離は，処分施設の位置と設計によって，および操業上の管理と制度的管理によってもたらされなければならない。放射性廃棄物の地層処分に対して，隔離は，処分の深度の結果として主に母岩となる地層によってもたらされることになる。
>
> 3.44．隔離は，接近可能な生物圏から廃棄物とそれに伴う危険性を遠ざけておくように設計することを意味する。それはまた，処分施設の完全性を低減しうる因子の影響を最小化するように設計することを意味している。高い透水係数を持つサイトや場所は，避けられなければならない。廃棄物への接近は，例えば，浅地中処分施設に対して，制度的管理の違反無しに達することが困難なようにしなければならない。隔離はまた，処分施設からの移動を遅らせるため，放射性核種の極めて遅い移動をもたらすことを意味する。

地表環境は自然過程も人間活動も活発で，様々な擾乱に満ちている。処分施設又は地質環境に擾乱をもたらす事象としては次のようなものがある。

1）自然過程：地震，火山，断層，台風，地滑り，津波，冠水，隕石，動物による穴掘り，植物の根の侵入等

2）人間侵入（一般的な地下利用）:建設や居住，井戸掘削，地下鉄，上下水道工事，公害，事故等

3）人間侵入：ボーリング掘削等

このうち，自然過程に起因する擾乱事象は，処分施設の位置と設計によって，その事象の影響から隔離される数mから十数m程度の深度を選ぶことにより回避することができる。一方，人の活動に起因する擾乱事象は，現在の人間活動から考えても数十m（おおむね50 m以下）に及ぶ可能性があり，これを回避するには，操業上の管理と制度的管理によってしか方法はない。

放射性廃棄物に対して閉じ込めと隔離が求められる期間は，表5.4-1および図5.4-6で示したように低レベル放射性廃棄物については数百年，高レベル放射性廃棄物については数千年である。従ってこのような期間に対して制度的管理が有効であり続けるかどうかを考えなければならない。制度的管理が有効であり続けるためには国あるいは社会が継続する必要がある。

図5.4-11および図5.4-12は，制度的管理を続けるために社会制度がどの程度安定に継続するかを考えるために，日本史の時代区分および人の進化と文明の進展を時間軸に対して示したものである。日本史の時代区分では，区切りごとに大きな戦いがあり，制度に対する大きな変化があった。将来このような変化が廃棄物の処分施設に対する制度的管理，あるいは危険性のある放射性廃棄物がそこに処分されているという記憶を継続させるか断続させるかは予測が困難な問題である。図5.4-12のように期間がさらに長期となると，この継続性に対して期待することは困難となり，社会は，いずれは放射性廃棄物に関する記憶を失うであろうと考えざるを得ない。

歴史から考えて制度的管理の有効な継続期間は，国ごとに事情は異なるが，数百年が限度であるとするのが一般的である。このため数百年の間に危険性が十分に減衰する短寿命の低レベル放射性廃棄物のみが浅地中処分することを許され，それ以上の期間危険性が継続する

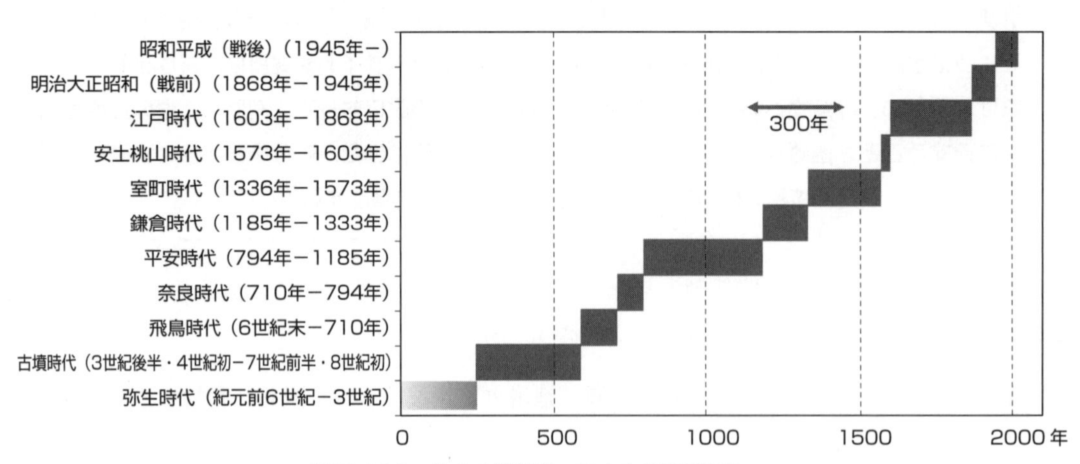

図 5.4-11　社会の継続性：日本史の時代区分

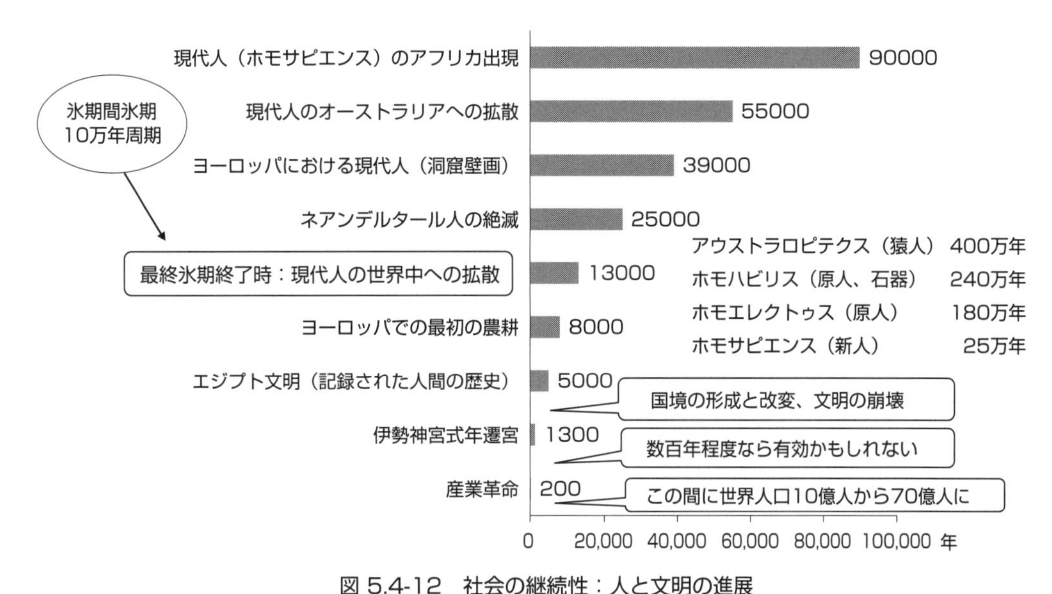

図 5.4-12　社会の継続性：人と文明の進展

表 5.4-2　放射性廃棄物処分のオプション【IAEA, 2011aより作成】

放出、規制免除またはクリアランス	生活環境への再循環（再利用、処分）	生活環境に放出、循環利用されても影響が無視できること。
減衰貯蔵	減衰するまで貯蔵してその後放出	
埋め立て処分	工学的な表層埋め立て方式の施設への処分	✓減衰するまで生活環境から制度的管理により隔離して閉じ込める。 ✓閉じ込めから漏出するものは、生活環境に入っても影響が無視できること。 ✓減衰後は、生活環境に入る際に希釈され、影響が無視できること。 ✓制度的管理期間は、社会制度の存続する数百年が限度（この期間で安全なレベルに減衰しないものは地層処分）。
浅地中処分	トレンチ、ボールト（ピット）あるいは浅いボアホールなど、表層あるいは数十メートル程度の深さの工学的施設への処分	
中深度処分 ボアホール処分	数十メートル程度から数百メートル程度の中深度の工学的施設への処分（既存の空洞を含む）および小径のボアホールへの処分	
地層処分	深度数百メートル程度またはそれ以深の安定な深地層に設置された工学施設への処分	✓ほぼすべてを永遠に（減衰するまで）隔離して閉じ込める。 ✓閉じ込めから漏出するものは、生活環境に入っても影響が無視できること。

廃棄物については，たとえ社会の継続性が失われ制度的管理が途絶えたとしても，人間侵入の起こりにくい深地下に処分施設を設けることにより隔離が確保される。放射性廃棄物の処分は，ここまで述べたように，含まれる危険性の程度と持続時間に応じて，求められる隔離と閉じ込めの程度が決まり，それに応じて処分オプションが選択される。

表5.4-2は，放射性廃棄物の処分に用いられている処分施設の設計と深度を組み合わせた処分オプションであり，図5.4-13は，GSG-1に示された処分オプションの選択の手順である。

図5.4-13を見るとわかるように，危険性に応じてまず深度が選択される。深度は地表の擾乱事象と廃棄物または処分施設との隔離の確保のためのパラメータである。隔離を損ねる最も起こりやすいと思われるシナリオは，1.3節に示したラブ・カナル事件（化学廃棄物の処

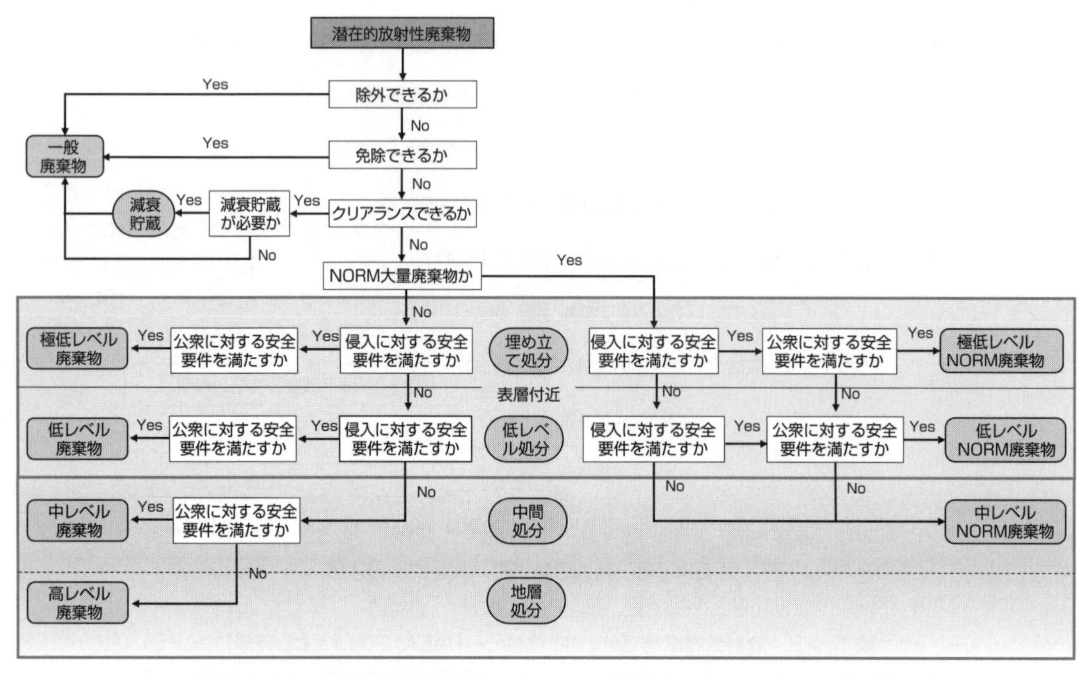

図 5.4-13　放射性廃棄物処分オプションの選択【IAEA, 2009より作成】

分場に対する人間による破壊）の例でもわかるように，人間による処分施設への侵入である。人間侵入の起こりやすさと程度は，通常の人の生活における一般的な地下利用として起こる場合と，より深部の地下を利用する際のボーリング掘削により大きく異なっており，一般的な地下利用の深さは，現在の社会においてはおおむね50 mを超えることはない。人間社会の変化は数百年を超えて全く予想できないものであるが，将来においても数百mを超える深度の地下利用の際には，調査のためのボーリングが先行するであろうと考えられる。人が故意ではなく偶発的に侵入して処分施設を破壊して環境を汚染し，周辺公衆に被ばくをもたらす人間侵入については，一般的地下利用による人間侵入とボーリング等の調査が先行する人間侵入では，発生確率ともたらされる影響の双方で大きな違いがある。

このことが表5.4-2に示す中レベル放射性廃棄物に対する中深度や高レベル放射性廃棄物に対する地層という処分深度の選択につながっている。ただし，ボーリングによる人間侵入の可能性は，処分深度を深くするほど小さくすることができると考えられるが，いくら処分深度を深くしても，完全には否定できない可能性である。これは廃棄物をできる限り濃縮された形で閉じ込めておこうとする安全戦略の選択の不可避の結果であり，それ以上の好ましい実現可能な選択肢のない中で避けることのできないリスクである。

これに対しては，そのような処分オプションをとることと代替となるオプション（中深度ではより深い深度への処分，地層処分では処分しないこと）がもたらす現世代および将来世代への便益と損害を考慮して，なお地層処分が最善の選択であると考えるとともに，そのような人間侵入が可能な限り長期にわたって起こらないように，処分場の場所を鉱物等の資源の存在する場所を避けて選び，廃棄物が定置されているという事実を，たとえばマーカーや記録保存等により，将来にまで伝える努力をするしかないと考えられている。

以上，図5.4-13を要約すると，処分施設の深度が決定された後に，その位置と深度を定置環境として処分施設が設計され，その条件（地質環境）のもとに閉じ込めが達成されるかどうかが検討され，処分オプションの選択がなされる。すなわち，深度および位置の選択により廃棄物あるいは廃棄物を取り囲む地質環境が様々な擾乱事象の影響を受けないように隔離されていれば，処分施設を構成する諸要素は，その要素間あるいは要素と地質環境との相互作用を通じて徐々に閉じ込め機能を劣化させることとなるが，その劣化の範囲内で放射性核種を，必要とされる期間，処分施設内に閉じ込めておけるよう，処分施設が設計される。

5.4.6　浅地中，余裕深度処分施設の概要

埋設深度の選択という意味では，同じ浅地中処分でも，埋め立て処分，トレンチ処分，コンクリートピット処分では処分深度が異なっている。

図5.4-14は，日本の放射性廃棄物廃棄事業における濃度区分値と濃度上限値である。日本の廃棄物埋設の規制においては，地層処分は第一種廃棄物埋設，それ以外は第二種廃棄物埋

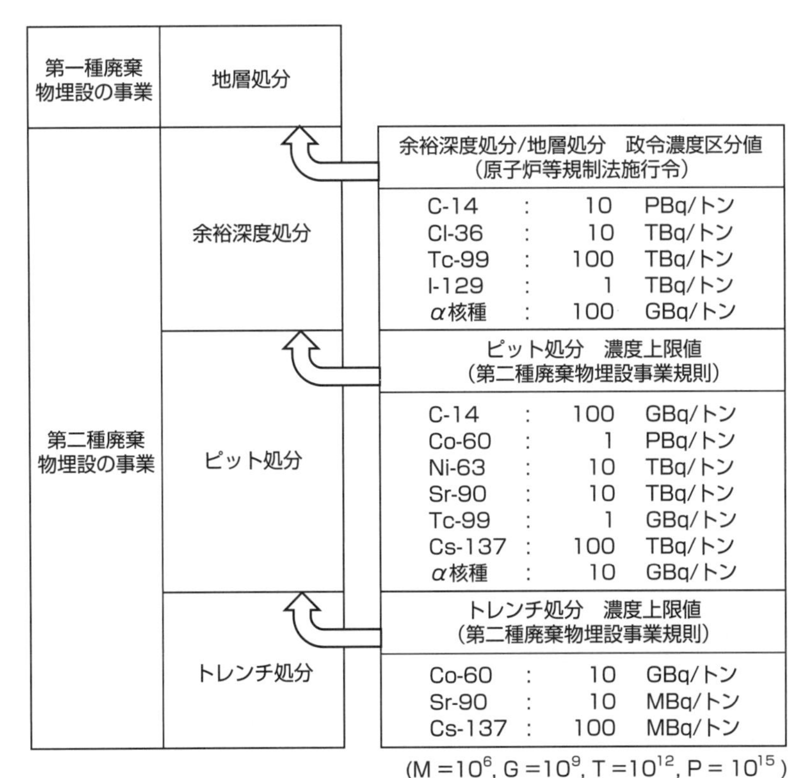

図 5.4-14　日本の放射性廃棄物廃棄事業における濃度区分値と濃度上昇値

設とされており，各処分で受け入れ可能な廃棄物の放射能濃度の上限値または区分値が定められている。これらの値は，それぞれの処分システムの概括的安全評価から求められたもので（これについては第7章で述べる），これを超える濃度の廃棄物はその処分システムでは受け入れられないが，それ以下の濃度の廃棄物については，安全評価により順守が確認されれば処分が許される。

(1) 浅地中処分施設

極めて放射能レベルの低い廃棄物（L3廃棄物）に対するトレンチ処分については，我が国では，日本原子力研究開発機構（JAEA）東海研究開発センター原子力科学研究所の廃棄物埋設施設が挙げられる。ここでは，動力試験炉（JPDR）の解体にともなって発生した放射能レベルの極めて低い廃棄物（放射線遮へいコンクリートや，床等の汚染部分のコンクリート）が埋設されている。この例では図5.4-15に示すように，表層のトレンチにフレキシブルコンテナに梱包した廃棄体が定置され，2～3 mの覆土がなされている。トレンチ処分の対象とする廃棄物はおよそ50年程度で有害性（放射能レベル）が問題とならないレベルにまで低減するとされているので，人工バリアや廃棄体（廃棄物形態，廃棄物パッケージ）も，それに応じて簡素なものとなっている。

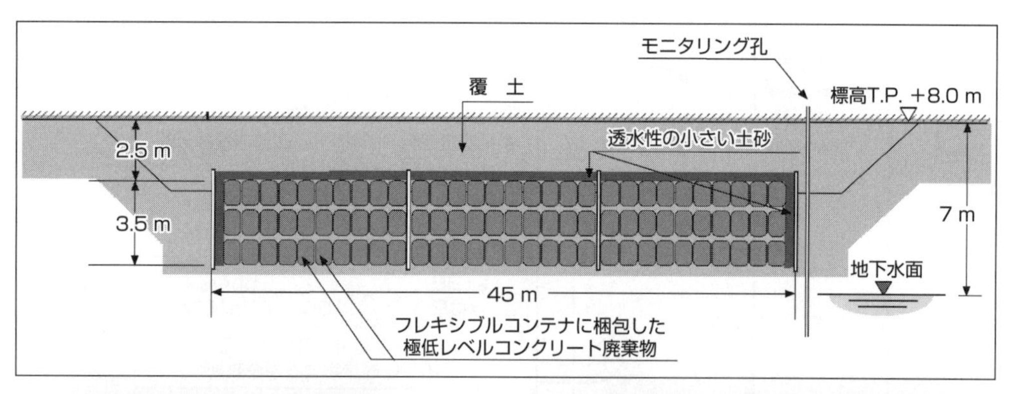

フレキシブルコンテナ（ポリエステル製）に収納したコンクリート廃棄物

廃棄物埋設用トレンチ外観および雨水侵入防止用テント（定置開始前）

図 5.4-15　JAEAにおけるJPDR解体廃棄物のトレンチ処分【JAEA, 2016】

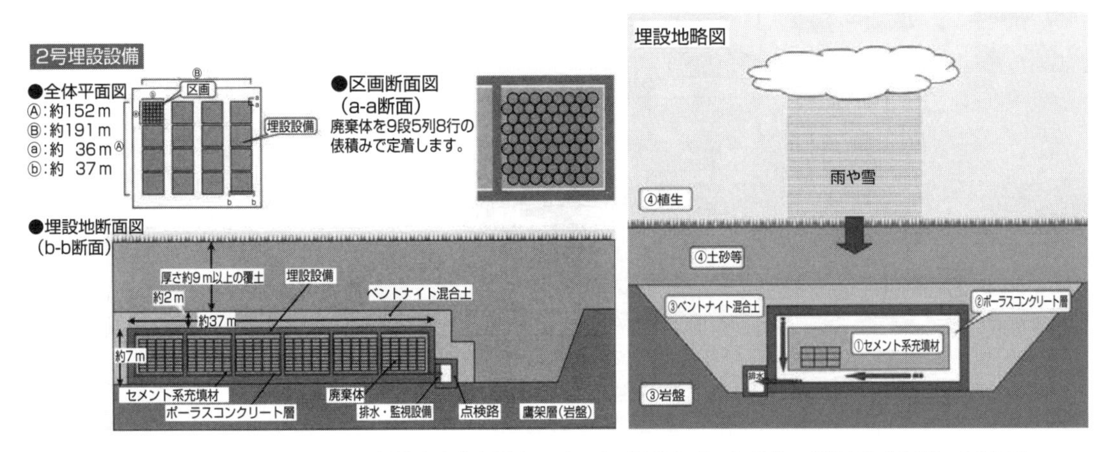

図 5.4-16　六ヶ所低レベル放射性廃棄物埋設センターにおけるピット処分の概要図【JNFL, 2016】

放射能レベルの低い発電所運転廃棄物廃棄物（L2廃棄物）については，我が国では日本原燃によりピット処分が六ヶ所埋設センターにおいて行われている。図5.4-16はその埋設地の断面図である。

ここでは，ドラム缶中でセメントにより固体とされた廃棄物が，地下数mのコンクリートピットに定置される。この施設では埋設後管理中に漏洩がないことを確認するための点検路が設けられている。ピットは約2 mの粘土緩衝材で覆うことにより地下水の侵入が抑制され，その上部に4～9 mの覆土がなされる。ピット処分の対象とする廃棄物はおよそ300年程度で放射能レベルが問題とならないレベルにまで低減するとされているので，人工バリアや廃棄体（廃棄物形態，廃棄物パッケージ）も，それに応じてセメント，モルタル充填でバルク固体とされ，ポーラスコンクリート層によるピット中に定置され，ベントナイト混合土による覆土がなされる。放射能が十分低いレベルにまで低減するまでの300年程度の期間は，立ち入り制限がなされるとともに，初期のうちはモニタリングやサーベイランス等の管理が行われる。

埋め立て処分や浅地中処分では，処分施設が生活環境中に設けられることになるため，制度的管理が期待できない将来においては，自然過程あるいは人間侵入を通じて，廃棄物あるいは含まれる放射性核種が生活環境中に侵入する可能性がある。ただしその侵入の仕方は，浅地中といえどもその深度により異なってくるので，侵入の際にどれだけ希釈や分散が起こるかに依存して，その深度において処分し得る放射能のインベントリまたは濃度が異なってくる。

(2) 中深度または余裕深度処分施設

図5.4-17は，さらに放射能レベルの高い発電所廃棄物（L1廃棄物）に対して計画されている埋設処分で，現在の一般的な地下利用に対して十分な余裕を持った深度として地下50～

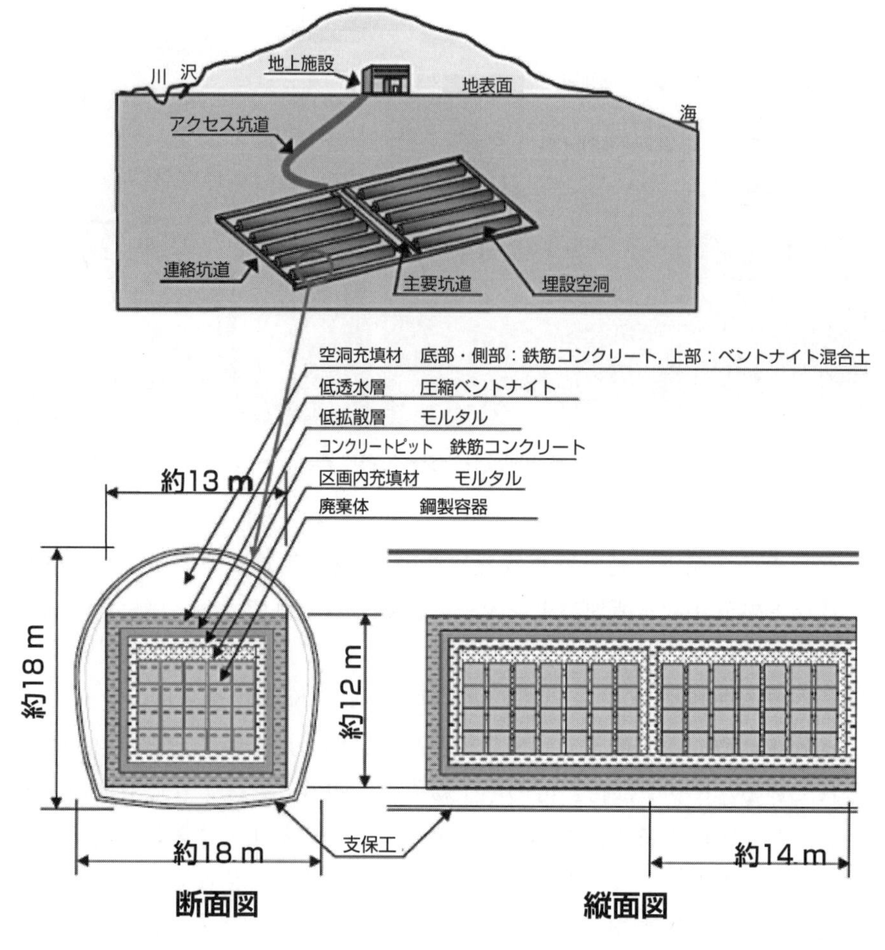

図 5.4-17　放射能レベルの比較的高い発電所廃棄物に対する埋設
【原子力規制委員会，2015b】

100 mにトンネル型やサイロ型の空洞を作り，図のような多重の人工バリアからなる施設を建設することが考えられている。同様の概念は海外でも適用されている。

表5.4-3は世界の低レベル放射性廃棄物処分施設の例であるが，このうちスウェーデンやフィンランドの処分施設は日本で計画中の中深度処分の概念に類似したもので，50から100 m程度の深度の岩盤中に中低レベル放射性廃棄物を処分している。例えばスウェーデンのSFRと呼ばれる低中レベル放射性廃棄物処分場は，フォルスマルク原子力発電所の沖合3 kmの沿岸海底下50 mの深さに処分場を設置して，1988年より操業している。このような深度の埋設の妥当性は，処分場の設置される地理的条件，地質的条件，地下水流動条件と埋設される廃棄物の特性を，人間侵入その他のシナリオに照らして個々に評価して判断される。

このようにして決まる処分方法ごとの受け入れ可能な上限を放射能濃度上限値と呼んでいる。処分の実施においては，この濃度上限値を超えない範囲の廃棄物について，処分をするときの条件に基づいて安全評価を行って処分の可否が判断される。これらすべての濃度上限値を上回る範囲の廃棄物については，十分な深度に設置する地層処分が選ばれる。

表 5.4-3　世界の低レベル放射性廃棄物処分場（浅地中，中深度処分）

国	処分場	所有者／操業者	種類	操業開始	備考
フランス	ラマンシュ処分場	ANDRA	コンクリートピット	1969	1994年に操業終了し、制度的管理期間中
	オーブ処分場	ANDRA	コンクリートピット	1992	
	モルヴィリエ処分場	ANDRA	トレンチ	2003	原子力基本施設ではなく、環境保護指定施設に分類されている
英国	ドリッグ処分場	NDA	トレンチおよびコンクリートピット	1959	海面上昇により、将来的には海水による処分場の侵食が起こることが想定されている
	ドーンレイサイト	NDA	岩盤サイロ型	1958	処分されていた低中レベル放射性廃棄物が回収され、低レベル放射性廃棄物は2014年に新たに完成した低レベル放射性廃棄物処分場に処分される予定
米国	バーンウェル処分場	エナジーソリューション社	トレンチ	1971	
	リッチランド処分場	U.S.エコロジー社	トレンチ	1965	
	クライブ処分場	エナジーソリューション社	処分セル	1988	
	WCSテキサス処分場	WCS社	トレンチ	2011	
ドイツ	アッセII研究鉱山	BfS	岩盤空洞	1967	廃棄物の回収に向けた検討が進められている
スペイン	エルカブリル処分場	ENRESA	コンクリートピット	1993	
チェコ	リチャード処分場	SÚRAO	岩盤空洞	1964	石灰岩鉱山であった場所をコンクリート等で部分的に補強し、処分場として操業
	ブラツィリトビ処分場	SÚRAO	岩盤空洞	1974	天然起源の放射性物質の処分施設
	ドコバニ処分場	SÚRAO	コンクリートピット	1994	ドコバニ原子力発電所のサイト内にある
	ホスティム処分場	SÚRAO	岩盤空洞	1964	1997年に閉鎖し、モニタリングを継続中
ノルウェー	ヒムダーレン処分場	IFE	岩盤空洞内コンクリートピット	1999	
韓国	月城原子力環境管理センター	KORAD	岩盤サイロ型	2015（予定）	許認可手続き中
ハンガリー	バタアパチ処分場	PURAM	坑道型	2012	
	プスポクスズィラギ処分場	PURAM	コンクリートピット	1976	
スロバキア	モホフチェ処分場	スロバキア電力会社	コンクリートピット	2001	モホフチェ原子力発電所サイトから北へ2 kmの地点にある
フィンランド	オルキルオト処分場	TVO社	岩盤サイロ型	1992	オルキルオト原子力発電所のサイト内にあり、60 mから95 mの深さにあるトーナル岩層に2つのサイロで構成されている
	ロヴィーサ処分場	FPH社	坑道型	1999	ロヴィーサ原子力発電所のサイト内にあり、110 mの深さにある花崗岩層に3つの坑道で構成されている
スウェーデン	SFR 1	SKB社	岩盤空洞内コンクリートピット,岩盤サイロ型、等	1988	フォルスマルク原子力発電所の沖合約3 kmの海底下約50 mの岩盤内処分。拡張計画があり、2023年には完成する予定

5.4.7　地層処分施設の概要

(1) 地層処分施設

高レベル放射性廃棄物やTRU放射性廃棄物のように長寿命の放射性核種を多量に含む放射性廃棄物については，アクセス可能な生活環境からの長期間の隔離を達成するために，廃棄物を地下深部に定置して，廃棄物がその位置に閉じ込められているようにする地層処分が最も有力な最終処分の方法であるとされている。

地層処分が成立するためには，定置された廃棄物を取り囲む地下深部の地質環境の動きと変化が緩慢であることと，その地質環境が火山や断層活動等の擾乱事象から隔離されて影響を受けないことが求められる。地表近傍の地殻を構成する岩石や地層の種類や構造，およびそれらの長期変遷を左右する地殻構造は，各国において違いがあるが，長期の隔離と閉じ込めを達成する上での機能という点からみると，それらの違いによらず，いずれの場合にも地層処分を実現するのに十分な能力を持つと考えられている。この結果，地層処分システムの構成としては，各国の条件の違いを反映して少しずつ異なっているが，基本的な概念は多重バリアシステムを構築することによる，というのが国際的に共通している点である。

日本については，1999年に核燃料サイクル開発機構が取りまとめ，国に報告した第2次取りまとめ報告書【JNC, 1999】において，日本の地層処分システムの概念（H12概念）として，図5.4-18のような構成が示された。

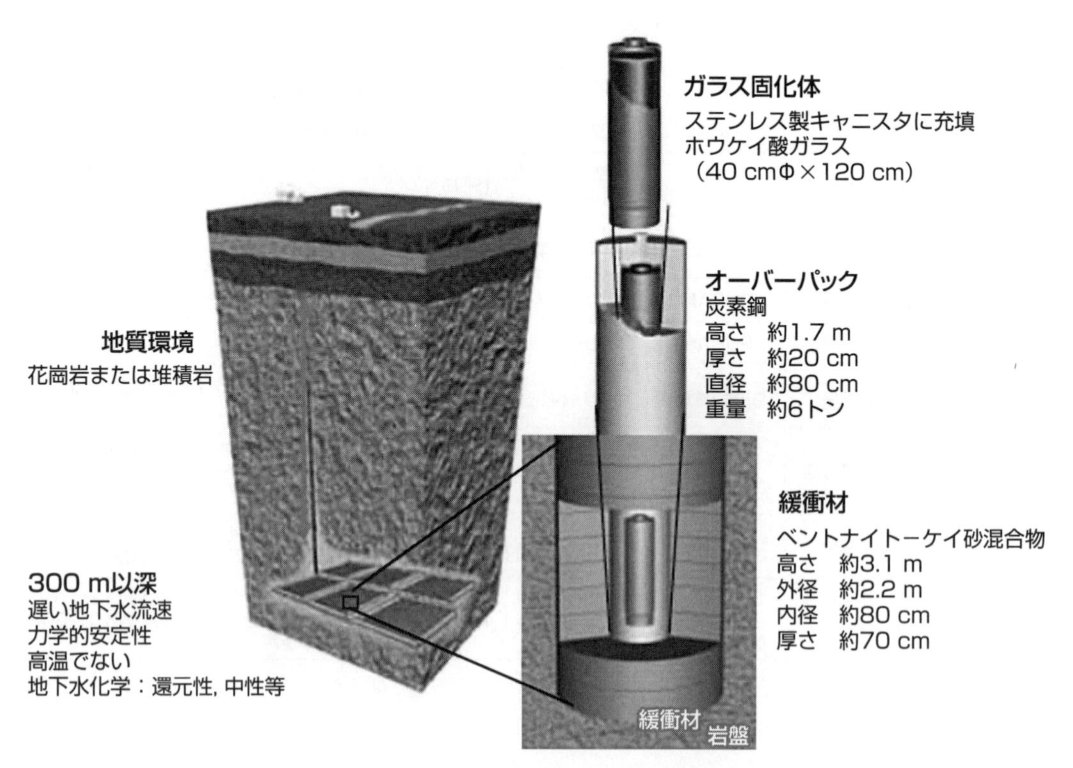

図 5.4-18　H12処分概念による多重バリアシステムの構成【NUMO, 2009】

地層処分に適した地質環境の条件は火山活動の影響がない，活断層が存在しない，著しい隆起・侵食が生じない，気候変動によって著しい影響を受けない，資源が存在しない等である。また，深部の地下水と岩石は人工バリアの設置環境として，好ましい地下水化学（還元性，中性等），小さな地下水流速，力学的安定性，人間環境からの物理的障壁という特性を本来的に有しており，地層処分における隔離と閉じ込めを成立させる条件を備えている。これらの条件を備えた場所を確認して選び出し，廃棄物を定置すれば廃棄物は長期に隔離され，閉じ込められた状態になると考えられるが，地質環境の分布の不均質性や長期変動の不確かさを考慮して，そうした特性を有する地質環境に性能に余裕をもたせた人工バリアを組み合わせて，より確かな隔離と閉じ込めを確保しようとするのが，地層処分の多重バリアシステムの概念である。

多重バリアシステムは人工的に設けられる多層の安全防護系（人工バリア）と，種々の安全防護機能を本来的に備えている地層（天然バリア）との多重の組み合わせによって構成される。多重バリアと言うときは，物理バリアの多重性を言うときと，機能バリアの多重性を言うときがある。

5.4節の5.4.2で説明したが，SSR-5の3.35に示されているように，処分システムをなす工学的および物理的バリアは，廃棄物形態，パッケージング，埋め戻し材および立地環境や地層などの物理的な実体であり，安全機能としてのバリアは，水の不浸透性，腐食の抑制，溶解，浸出率および溶解度，放射性核種の保持，および放射性核種の移行の遅延のような，閉じ込めおよび隔離に寄与する物理的または化学的特性またはプロセスによってもたらされる。

日本の概念では，高レベル放射性廃棄物はガラス母材とともに溶融され金属容器に封入されて固化された状態（ガラス固化体）に処理されており，これが放射性核種を長期間にわたって安定的に閉じ込める第1のバリアである。ガラスは放射性核種を均一かつ安定的に固定し，高い化学的耐久性により地下水への放射性核種の溶出を抑制する。また，熱や放射線に対する安定性にも優れている。ガラス固化体はオーバーパックと呼ばれる容器に封入して埋設される。オーバーパックは，ガラス固化体の発熱や放射能が高い期間，地下水とガラス固化体の接触を阻止するとともに，地下水との反応によりガラス固化体近傍の還元性を維持する。また，鉄が腐食することに伴い生成する腐食生成物へ放射性核種を収着させる効果もあると考えられている。地下深部の岩盤中に掘削される処分孔の周りの岩盤とオーバーパックの空隙には，ベントナイトという粘土質の緩衝材が充填される。緩衝材には，オーバーパックと地下水の接触を抑制する低透水性，小さな物質移動速度，放射性核種の収着，膨潤性と可塑性，化学的緩衝性，間隙水中での低い溶解度，コロイド，微生物，有機物の移動に対するフィルター効果等が期待される。

このように，H12概念では，人工バリアは，ガラス固化体，オーバーパックおよび緩衝材という3つの層によって構成される。また，天然バリアは，溶出した放射性物質を鉱物の収着作用などによって地層中に長期間にわたって保持するとともに，地下水中の放射性物質を分散させ希釈する効果があるものとして位置づけられている。

地層処分施設の基本的な構成については，2000年に「特定放射性廃棄物の最終処分に関する法律」が制定され，同年に実施主体として原子力発電環境整備機構（NUMO）が設立されており，このNUMOにより基本設計が示されている。当初は高レベル放射性廃棄物の地層処分についての基本設計が示されていた【NUMO, 2004】が，その後，2007年最終処分法の改正に伴い，新たに地層処分対象のTRU廃棄物が特定放射性廃棄物に含まれることになり，高レベル放射性廃棄物は第一種特定放射性廃棄物として，地層処分対象のTRU廃棄物は第二種特定放射性廃棄物として区別されるようになった。これを受けNUMOは，この地層処分対象のTRU廃棄物（地層処分低レベル放射性廃棄物）を地層処分事業の対象に加えた基本設計を示している【NUMO, 2011; NUMO, 2009】。これらの設計では，対象とする岩盤（結晶質岩，堆積岩），立地（内陸部，沿岸部）等の条件に合わせた設計例が示されているが，図5.4-19は，そのうちの一例を示したものである。

地上施設は，ガラス固化体を受け入れ，地下に搬送し処分するための所要の準備と地下施設で行われる作業を支援する一群の施設である。具体的には，冷却のための貯蔵が終了したガラス固化体を再処理工場あるいは貯蔵施設から受け入れて検査し，オーバーパックに封入して廃棄体に調製した後，それを地下深部に搬送するために必要な施設や，緩衝材の成型，

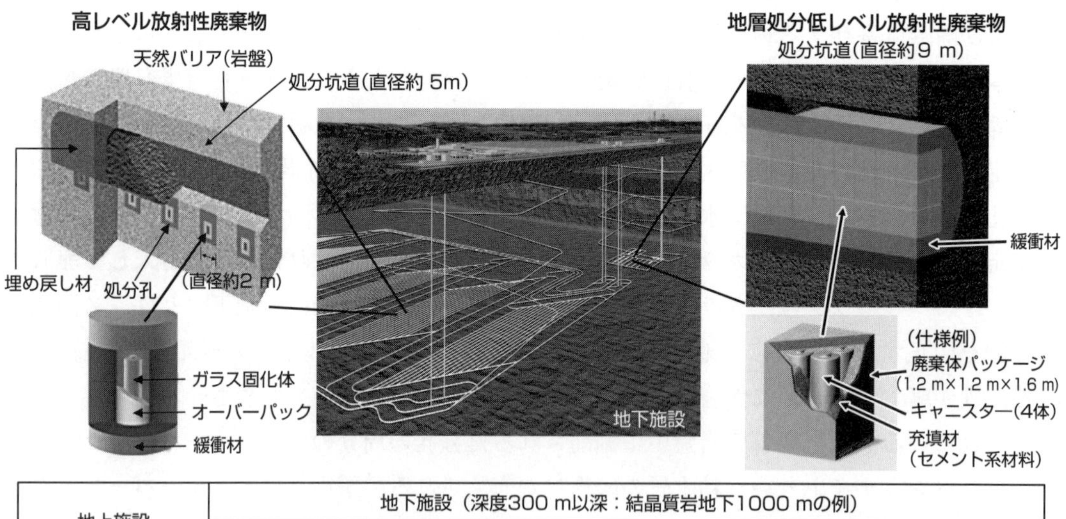

地上施設	地下施設（深度300 m以深：結晶質岩地下1000 mの例）	
	高レベル放射性廃棄物	地層処分低レベル放射性廃棄物
敷地面積：約1 km^2	・廃棄体本数：4万本 ・大きさ（平面）：約3 km×約2 km ・立坑：6本（建設・操業・埋め戻し用） ・斜坑：1本（操業用） ・坑道断面径：約5～7 m（立坑，斜坑，処分坑道） ・坑道延長：約270 km（立坑，斜坑） ・総掘削量：約690万 m^3	・廃棄体総体積：19,000 m^3 ・大きさ（平面）：約0.5 km×約0.3 km ・立坑：2本（建設・操業・埋め戻し用） ・斜坑：1本（操業用） ・坑道断面径：約5～12 m（立坑，斜坑，処分坑道） ・坑道延長：約130 km（立坑，斜坑） ・総掘削量：約80万 m^3

図 5.4-19　地層処分場の設計例【NUMO, 2009などより作成】

加工に必要な施設に加え，排気・排水処理や環境モニタリングなど地下施設の建設，操業に必要となる一連の施設で構成される。また地下施設の建設で発生した岩や土砂（掘削土）を再び埋め戻し材として利用する場合には，利用までの間保管しておくための置き場所が必要となる。さらにサイトの環境条件によっては，ガラス固化体を受け入れるための港湾施設や専用道路も処分場の敷地内に設置する場合がある。

地上施設は，地下施設の建設に先立ってその多くを建設する必要があるとともに，処分場の閉鎖に伴い最終的には撤去されることになる。

なお地上施設の建設や操業には，通常の原子力施設や一般の産業施設で確立されている技術を基本的に適用することができる。

地下施設としては，地下300 m（図5.4-19の例では結晶質岩で地下1000 m）より深い安定した岩盤中に建設し，4万本の高レベル放射性廃棄物と19,000 m^3の地層処分対象TRU廃棄物を人工バリアとともに埋設できる規模とする設計が示されている。処分する廃棄物の物量は，原子力発電の規模によって変化するが，例えば六ヶ所の再処理工場がフルに稼働すれば年間800トンの使用済燃料が再処理され，約1000本のガラス固化体が製造されることから，約40年分のガラス固化体を受け入れることのできる容量に対応している。

地下には，地上施設から廃棄体や建設資材などを搬送するためのアクセス坑道や連絡坑道，廃棄体を定置するための処分坑道や処分孔などが建設される。アクセス坑道は地上施設と地下の連絡坑道や処分坑道とを結ぶものであり，地上施設との位置関係に応じて柔軟に配置することが可能である。アクセス坑道は廃棄体の搬送だけでなく，緩衝材の搬入，作業員の出入り，掘削土の搬出，換気，排水，エネルギー供給など多様な目的に使用される。搬送手段に応じ，エレベータなどの昇降設備を用いる立坑と，車両・レール方式を用いる斜坑に大別することができる。廃棄体の定置方式には，処分坑道に廃棄体を直接定置する処分坑道横置き方式と，処分坑道から処分孔を一定間隔で掘削し，そこに定置する処分孔竪置き方式が基本的なものとして考えられている。

(2) 世界の地層処分計画

表5.4-4は世界の地層処分計画である。国により使用済燃料をそのまま処分する計画の国と再処理後のガラス固化体を処分する計画の国があり，処分場の規模やサイトおよび岩種は異なっているが，いずれも数百mの地下に廃棄物を人工のバリアで保護して天然のバリアとともに多重バリアシステムを構築して埋設する計画であり，地層処分以外の計画を持っている国はない。

表 5.4-4　世界の地層処分計画

国名	実施主体	対象廃棄物	処分量	処分場の候補サイト および岩種	処分深度	操業開始 予定時期
フランス	放射性廃棄物管理機関 （ANDRA）	高レベル・ガラス固化体	6,690 m^3 （全量再処理の場合）	ビュール地下研究所の近傍 岩種：粘土層	約500 m	2025年頃
日本	原子力発電環境整備機構 （NUMO）	高レベル・ガラス固化体	ガラス固化体 40,000本以上	サイトは未定 岩種：未定	300m 以上	2030年代 後半
ベルギー	ベルギー放射性廃棄物・ 濃縮核分裂性物質管理機関 （INDRAF/NIRAS）	高レベル・ガラス固化体 と使用済燃料	11,700 m^3 （再処理ケース）	サイトは未定 岩種：粘土層	未定	2080年
スイス	放射性廃棄物管理共同組合 （NAGRA）	高レベル・ガラス固化体 と使用済燃料	7,325 m^3	3か所の候補サイト区域を 連邦政府が承認 岩種：オパリナス粘土	約400 m～ 900m	2050年頃
アメリカ	連邦エネルギー省 （DOE）	使用済燃料（商業用が 主）と高レベル・ガラス 固化体（国防用が主）	70,000トン （重金属換算）	ネバダ州ユッカマウンテン （中止の方針） 岩種：凝灰岩	200 m～ 500 m	2048年
ドイツ	連邦放射線防護庁 （BfS）	高レベル・ガラス固化体 と使用済燃料	29,030 m^3 （2022年までに全ての 原子炉を閉鎖する場合）	ニーダーザクセン州ゴアレーベン （サイト選定方法を再検討中） 岩種：岩塩ドーム	840 m～ 1,200 m	2035年頃
フィンランド	ポシヴァ社 (Posiva)	使用済燃料	9,000トン （ウラン換算）	エウラヨキ自治体オルキルオト 岩種：結晶質岩	約400 m～ 450 m	2022年頃
スウェーデン	スウェーデン核燃料・ 廃 棄物管理会社（SHB）	使用済燃料	12,000トン （ウラン換算）	エストハンマル自治体フォルス マルク(建設許可申請書を提出) 岩種：結晶質岩	約500 m	2029年頃

5.5 参考文献

1. IAEA (1994). Joint Convention on Nuclear Safety, INFCIRC/449, IAEA, Vienna.
   原子力の安全に関する条約.
   www.mofa.go.jp/mofaj/gaiko/treaty/pdfs/B-H8-1571.pdf　閲覧日2016年6月.
2. IAEA (1997). Joint Convention on the Safety of Spent Fuel Management and on the Safety of Radioactive Waste Management, INFCIRC/546, IAEA, Vienna.
   使用済燃料管理および放射性廃棄物管理の安全に関する条約,
   http://www.mofa.go.jp/mofaj/gaiko/treaty/treaty156_8.html.　閲覧日2016年4月.
3. IAEA (2006). European Atomic Energy Community, Food and Agriculture Organization of the United Nations, International Atomic Energy Agency, International Labour Organization, International Maritime Organization, OECD Nuclear Energy Agency, Pan American Health Organization, United Nations Environmental Programme, World Health Organization, Fundamental Safety Principles, IAEA Safety Standards Series No. SF-1, IAEA, Vienna.
4. IAEA (1995). Radioactive Waste Management Safety Fundamentals, IAEA Safety Series No.111-F, STI/PUB/989, IAEA, Vienna.
5. IAEA (2014). Food and Agriculture Organization of the United Nations, International Atomic Energy Agency, International Labour Organization, OECD Nuclear Energy Agency, Pan American Health Organization, World Health Organization, Radiation Protection and Safety of Radiation Sources: International Basic Safety Standards General Safety Requirements Part3, No. GSR Part 3, International Atomic Energy Agency, Vienna.
6. ICRP (1991). 1990 Recommendations of the International Commission on Radiological Protection, Publication 60, Pergamon Press, Oxford and New York.
   国際放射線防護委員会の1990年勧告, 日本アイソトープ協会 (1991).
7. ICRP (1997). Radiological Protection Policy for the Disposal of Radioactive Waste, Publication 77, Pergamon Press, Oxford and New York.
   ICRP 77 放射性廃棄物の処分に対する放射線防護の方策, 日本アイソトープ協会 (1998).
8. ICRP (1998). Radiation Protection Recommendations as Applied to the Disposal of Long-lived Solid Radioactive Waste, Publication 81, Pergamon Press, Oxford and New York.
   ICRP 81 長寿命放射性固体廃棄物の処分に適用する放射線防護勧告, 日本アイソトープ協会(2000).
9. ICRP (2007a). The 2007 Recommendations of the International Commission on Radiological Protection. ICRP Publication 103. Ann. ICRP 37 (2-4).
   ICRP 103 国際放射線防護委員会の2007年勧告, 日本アイソトープ協会 (2009).
10. ダニエル・カーネマン(2012). ファスト＆スロー(上, 下) あなたの意思はどのように決まるか？

（村井章子訳），早川書房．

11．Sunstein, C. R. (2002). Risk and Reason − Safety, Law, and Environment, Cambridge University Press.

12．キャス・サンスティーン（2015）．恐怖の法則 予防原則を超えて（角松生史，内野美穂監訳，神戸大学ELSプログラム訳），勁草書房．

13．OECD/NEA (1982). Disposal of Radioactive Waste − An Overview of the Principles Involved −, OECD/NEA.

14．IAEA (2011a). Safety Standard Series, Specific Safety Requirement, No. SSR-5, Disposal of Radioactive Waste, IAEA, Vienna.
邦訳：放射性廃棄物の処分（原子力安全研究協会）
http://www.nsra.or.jp/rwdsrc/iaea/index.html 閲覧日2016年4月．

15．ICRP (2013). Radiological protection in geological disposal of long-lived solid radioactive waste. ICRP Publication 122. Ann. ICRP 42(3).

16．IAEA (2012). IAEA Safety Standard Series, Specific Safety Guide, No. SSG-23, The Safety Case and Safety Assessment for the Disposal of Radioactive Waste, IAEA, Vienna.

17．ICRP (2007b). Scope of Radiological Protection Control Measures. ICRP Publication 104. Ann. ICRP 37 (5).
ICRP 104 放射線防護の管理方策の適用範囲，日本アイソトープ協会（2013）．

18．IAEA (2000). IAEA Safety Standard Series, Specific Safety Guide, No. WS-G-2.3, Regulatory Control of Radioactive Discharges to the Environment, IAEA, Vienna.

19．IAEA (2004). Safety Guide, No. RS-G-1.7, Application of the Concepts of Exclusion, Exemption and Clearance, IAEA, Vienna.
邦訳：規制除外，規制免除及びクリアランスの概念の適用（原子力安全研究協会）
http://www.nsra.or.jp/rwdsrc/iaea/index.html 閲覧日2016年4月．

20．Till1, J. A., Glogan, H. eds. (2008). Radiological Risk Assessment and Environmental Analysis, Oxford University Press.

21．IAEA (2005a). Derivation of Activity Concentration Values for Exclusion, Exemption and Clearance, Safety Reports Series, No. 44, IAEA, Vienna.

22．IAEA (2015a). Regulatory Control of Radioactive Discharges to the Environment, Draft Safety Guide DS442（メンバー国のレビューとコメントのための安全基準改訂案），IAEA.
http://www-ns.iaea.org/downloads/standards/drafts/ds442.pdf 閲覧日2016年6月．

23．IAEA (2005b). Safety Standards Series RS-G-1.8: Environmental and Source Monitoring for Purposes of Radiation Protection, IAEA, Vienna.

24．IAEA (2015b). A general framework for prospective radiological environmental impact assessment and protection of the public, Draft Safety Guide DS427（メンバー国のレビューと

コメントのための安全基準改訂案), IAEA.
http://www-ns.iaea.org/downloads/standards/drafts/ds427.pdf 閲覧日　2016年6月.

25. IAEA (2010). Setting Authorized Limits for Radioactive Discharges Practical Issues to Consider, TECDOC-1638, IAEA, Vienna.
26. IAEA (2009). Safety Standard Series, General Safety Guide, No. GSG-1, Classification of Radioactive Waste, IAEA, Vienna.
邦訳 放射性廃棄物の分類（原子力安全研究協会）
http://www.nsra.or.jp/rwdsrc/iaea/index.html　閲覧日2016年4月.
27. 原子力規制委員会（2015a），廃炉等に伴う放射性廃棄物の規制に関する検討チーム会合第3回資料3-1，平成27年3月18日.
28. NAS (2011). Waste Forms Technology and Performance – Final Report, National Academy of Science.
29. IAEA (2007). IAEA Safety Glossary – Terminology Used in Nuclear Safety and Radiation Protection 2007 Edition, IAEA, Vienna.
30. JAEA (2016). JAEA Webサイト,
http://www.jaea.go.jp/04/ntokai/backend/backend_01_04_01.html,　閲覧日2016年4月.
31. JNFL (2016). 日本原燃(株) Webサイト
http://www.jnfl.co.jp/business-cycle/llw/structure.html,　閲覧日2016年4月.
32. 原子力規制委員会（2015b），廃炉等に伴う放射性廃棄物の規制に関する検討チーム会合第2回資料2-1，平成27年3月12日.
33. JNC（1999）. わが国における高レベル放射性廃棄物地層処分の技術的信頼性－地層処分研究開発第2次取りまとめ－総論レポート，核燃料サイクル開発機構 TN1410 99-020.
34. NUMO（2009）. 処分場の概要（分冊－1），原子力発電環境整備機構（2009）.
35. NUMO（2004）. 技術報告書「高レベル放射性廃棄物地層処分の技術と安全性」，原子力発電環境整備機構 NUMO-TR-04-01.
36. NUMO（2011）. 技術報告書「地層処分事業の安全確保（2010年度版）－確かな技術による安全な地層処分の実現のために－，原子力発電環境整備機構 NUMO-TR-11-01.

6章

放射性廃棄物の隔離と閉じ込めの達成

第6章 放射性廃棄物の隔離と閉じ込めの達成

放射性廃棄物を含め有害廃棄物を人々が忌避するのは，これらに含まれる有害物質または元素が，廃棄された場所から移動して，環境を経由して，摂取または吸入による内部被ばくあるいは外部被ばくを経由して，何らかの形で人に危害を加える危険性があるからである。

したがって，廃棄物が廃棄された場所から移動せず，廃棄された場所が，人が生命活動及び社会活動を行っている生活環境から隔離されていれば何の問題もない。しかし，環境を形成している物質は，化学的に物質の形を様々に変化させ，物理的に様々な形で移動しており，問題となる物質または元素もこれらとともに移動する。環境中の物質の変化と移動（変遷：evolution）は，移動の場と移動物質の化学的および物理的性質（特質：Feature），それらの間に起こる相互作用（事象：Event）およびその事象の進行（プロセス：Process）に支配されて，様々な空間と時間の範囲で進行している。

廃棄物の隔離と閉じ込めがどの程度の時間と空間の範囲で達成されるかを理解し納得するためには，生活環境さらには地球環境を構成している物質や元素が，どの程度の空間的および時間的規模で移動しているかを知っておく必要がある。ここでは，地球環境および生活環境中での物質または元素の循環の概略を見て，そのうえで，放射性核種の移行挙動の特徴を述べる。

6.1　地球環境における物質の循環

6.1.1　地球の構造

太陽系の形成と進化は，巨大な分子雲の一部の重力による収縮が起こった約46億年前に始まったと推定されている。収縮した質量の大部分は集まって太陽を形成し，残りは扁平な原始惑星系円盤を形成して，ここから惑星，衛星，小惑星やその他の太陽系小天体等ができた。地球型惑星（水星，金星，地球，火星）は，小天体の互いの重力による衝突と合体により形成されたと考えられている。

初期の地球では，衝突のエネルギーと，ウラン，トリウム，カリウムなどの放射性崩壊に伴う熱エネルギーにより熱せられ地球は溶融した状態となっていた。もともと図2.1-5で示したような比で存在する元素が，現在に至るまでに重さに従って分化し，鉄やニッケルのように密度の高い物質は約5500℃の温度の中心に沈み込み，固体として存在する内核および液体として存在する外核を形成し，磁場を生み出すもととなり，一方，ケイ素，アルミニウム，ナトリウムおよびカリウムなどの軽い元素は地表に向かって上昇し，3000℃から1500℃で固体の酸化物等の岩石として存在するマントル（密度（3.3～5.6）$\times 10^3$ kg/m^3）を形成し，地表部ではこれを薄皮のような地殻が覆うこととなった。この過程で解放される揮発性物質は，ガスとなって抜けていく。ガスの主成分は水蒸気が主であるが，地球大気を構成してい

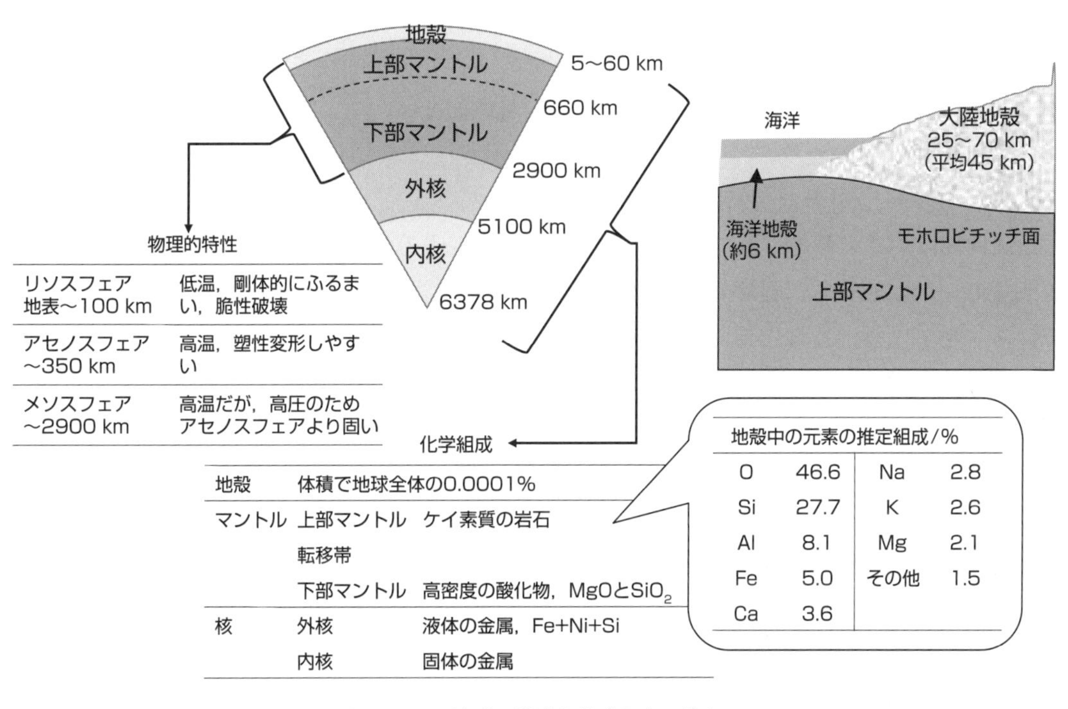

図 6.1-1　地球の構造と構成元素の分布
【Drever, 1997；Andrews他, 2013などより作成】

る炭素，窒素，イオウも微量であるが含まれており，地球の海洋の水を形成している（図6.1-1）。

地殻は，モホロビチッチ不連続面より上部の地震波の伝わり方が遅い層であるが，均質ではなく，厚さも，場所によっておよそ10倍程度異なっている。海洋の下の海洋地殻（密度3.0×10^3 kg/m^3）は，厚さ5 km程度まで薄い場合もあり，平均の厚さは約6 kmである。大陸地殻と比べ，FeO，MgOを多く含みSiO_2が少ない。一方，大陸地殻（密度（2.7～3.0）$\times 10^3$ kg/m^3）の平均的な厚さは45 kmであり，厚さの範囲は25～70 kmほどである。多数の岩石の分析結果より推定された大陸性地殻の平均化学組成は，SiO_2 59.8%，Al_2O_3 15.5%，CaO 6.4%，FeO 5.1%，MgO 4.1%である。

化学組成の変化に加えて，地球内部では深度によりその他の変化も生じている。最も重要なのは，岩石強度や固体か液体かの状態といった物理的特性の変化である。物理的特性は，岩石の組成とともに，温度や圧力に影響され，マントルと地殻は3つの強度の異なる区域に分けられる。核－マントル境界（深さ2900 km）から深さ350 kmまでの下部マントルは，メソスフェアと呼ばれ，ここでは岩石が圧縮されているために，高温下であっても岩石強度はその上部に位置するアセノスフェアより固い。上部マントルの，深さ300 kmから100～200 kmの領域はアセノスフェアと呼ばれ，そこでは，温度，圧力の影響により岩石の強度が低い。強度のあるメソスフェアの岩石と違い，アセノスフェアの岩石は流動性を持ち容易に変形する。

地球の最も表面側のアセノスフェアの上位には，上部マントルと地殻を含む低温のためアセノスフェアよりも固い岩石区域があり，リソスフェアと呼ばれている。地殻と上部マントルは，組成は異なるが，強度的には必ずしも区別できない。

6.1.2　マントル対流とプレートテクトニクス

地球内部は現在も熱せられている。地球内部で発生する熱の大半は，天然放射性元素が崩壊する時の熱に由来し，地熱の45から85%は地殻に含まれる元素の放射性崩壊から発生している。地熱は常に地球内部の発生源から地表に向かって流れている。この熱はマントルを通って地表に達するが，熱の伝達にはマントルの対流が大きく寄与している。マントルは固体の岩石であるが，数万年単位で見れば流体として振る舞っている。すなわち，図6.1-2の左図に示すように，マントルの最深部で核の外側と接する部分が，核の熱で暖められて3000℃まで温度が上昇し熱膨張により比重が低下する。軽くなったマントルは上昇を始め，地表近くに達し，そこで地殻に熱を与え冷えて重くなり沈んでゆく。温度の高いマントルの上昇してくる場所は一定であり，地表では海嶺となっている部分に相当する。またマントルの沈み込む場所は海溝やトラフに相当する。このマントルの流れの上に乗った地殻と地殻に接して冷えて固まったマントルの最上部の厚さ100 kmほどの部分は，両方を合わせてプレートと呼ばれており，地球表面は図6.1-2の右図に示したような何枚かのプレートで構成され

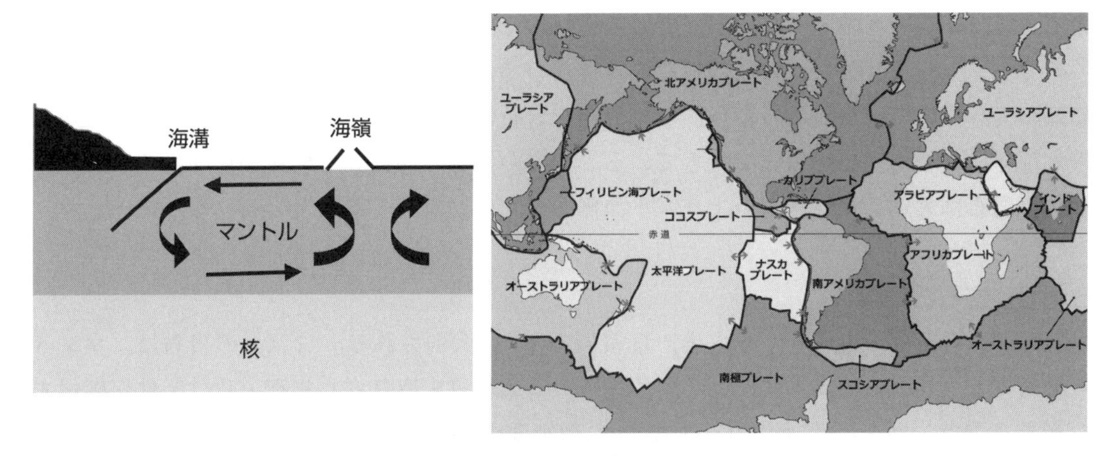

図 6.1-2　マントル対流と大陸や海洋の下に潜む地球のプレート群
（プレート群の図はUnited States Geological Surveyより）

ている。これらのプレートが動いたりぶつかったりして，大陸が移動し，山脈，海盆が形成されることを説明したのがプレートテクトニクスである。

プレートの動きは超低速（最大で12 cm/年）で，例えば10 cm/年で1000年動き続けると100 m移動し，1000万年動き続けると1000 km移動することになる。これが数十億年にわたって継続され，数億年から5億年位ごとに超大陸が形成され，分裂されて，地球環境を形成する土台の変化をもたらしてきたと考えられている。ヒマラヤ山脈は，約5000万年前にインド大陸がアジア大陸に衝突したときに形成されたもので，地質学的には若い山脈である。また紅海は，3000万年前に形成を始めた若い大洋で，アラビア半島とアフリカ大陸が動き出して，その割れ目が拡がったものである。

日本列島は，地球を覆っている十数枚のプレートのうちの4枚のプレートの衝突部にあって，世界的にも活発な沈み込み帯のフロントに位置している。この列島は北米プレートとユーラシアプレートの2つの大陸地殻にまたがり，さらに太平洋プレートあるいはフィリピン海プレートの沈み込みによって2方向から強く圧縮されている。

日本列島の形成もこのプレートの運動によっている。日本列島ができる以前は，今の日本列島に当たる部分は大陸の縁辺部にあり，そこでは，現在の日本列島と同じように，プレートの沈み込み帯に平行に列をなすようにして活発な火山が分布していた。およそ2500万年前頃になると，大陸の縁辺部が裂け始め，陥没部が形成され，そこに海が入ってくることによって日本列島となる部分が大陸から引き離されて，約1500万年前頃に日本海の拡大が終了し，現在の形になったと考えられている。

日本列島の地盤を作っている岩石については，火山に関係する岩石の他は，ほとんどが海の沖合から運ばれてきたものでできている。海の沖合でたまった泥や大陸近くの海底にたまる砂，暖かい海でできるサンゴ礁でできた石灰岩などが，プレートに載ったまま大陸へと運ばれてくる。そのプレートが，大陸のプレートに衝突したところで大陸の下に潜り込もうとするとき，プレートの上に載っかっている泥，砂や石灰岩などの堆積物と堆積岩は，より軽いので，プレートとともに大陸の下に沈み込むのではなく，大陸の縁にあたったまま，大陸の端へくっついていく。このようにしてできた岩石帯を，付加体と呼ぶが，日本列島の地盤の大部分はこのような付加体でできている。大陸の外側の海側へと岩石が付加するので，付加体の岩石は大陸より外側，つまり太平洋側へ行くほど新しくできた岩石になっている。

6.1.3　岩石の循環

地球上の岩石は，火成岩，変成岩，堆積岩の3つに大別される。これらの岩石は，マントルの対流とプレートの運動に伴い，固体地球の構成物質を取り巻く物理・化学条件が変化する影響を受け，図6.1-3に示すように様々に形を変える。このうち，地殻の大半を占める火成岩は，上部マントルのかんらん岩（苦土かんらん石 Mg_2SiO_4 と鉄かんらん石 Fe_2SiO_4 との間の連続固溶体であるかんらん石を主体とする岩）が部分融解して生じたマグマが冷えて固まった岩石である。もととなるマグマは，岩石が融けたもので，高温の岩石が下方から上昇することで圧力が減少し岩石の融点が下がる，あるいは，地下の岩石に水などの物質が供給され，それにより岩石の融点が下がることによって生成する。このマグマが浮力によって上昇し，地表近くで徐々に冷却され火成岩となる。この時，マグマの成分や冷え方の違いによって様々な種類の火成岩が生じる。

火成岩や堆積岩，変成岩は，地表に露出すると日光や風雨にさらされ，機械的風化（温度差による膨張収縮，間隙水の氷結による体積膨張等の力によって岩石を砕く作用）や化学的風化（水への溶解によって鉱物が溶けだしたり変質したりする作用）を受ける。風化を受けた岩石は，れきや砂や泥，水に溶けたイオン成分，イオンを失って変質した粘土鉱物などに分離し，それぞれが違う程度に水や風によって運ばれて堆積する。

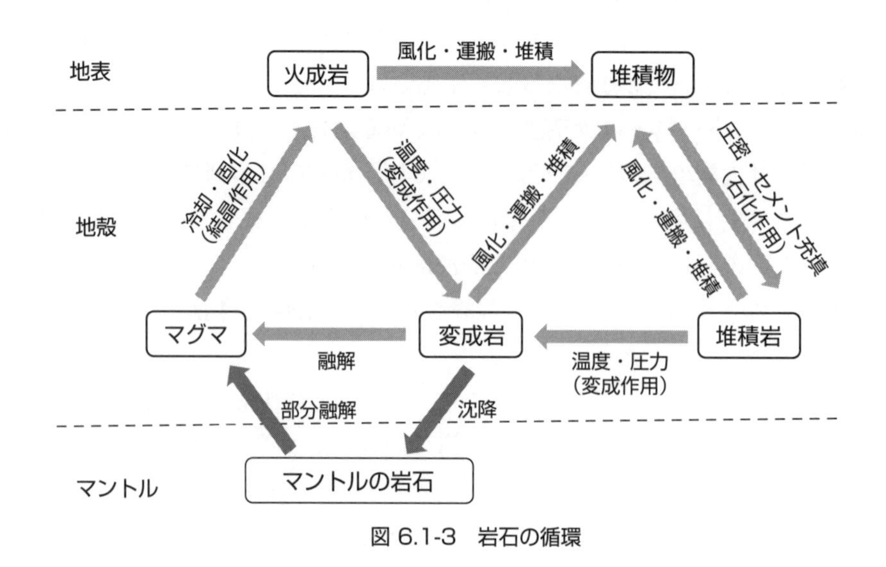

図 6.1-3　岩石の循環

例えば，風速 5m/秒の中程度の風で，径0.02 mm以下の細かい粒子は，地上に落下せずに長距離浮遊する（風塵）。径0.02 ～ 0.07 mm程度の粒子は，浮遊するが比較的短期間に地表へ落下する。径0.07 ～ 0.5 mm程度の砂粒は短距離飛ばされては着地しながら，少しずつ風下へ移動する。風と水では，水の方が密度や粘性が高いため，水の方がより大きな岩や粒子を運ぶことができ，河川等により物質の運搬が起き，河床，湖，海底に堆積する。

水中及び大気中において，鉱物・岩石の破片や生物遺骸，水中の溶解物，火山噴出物などが，機械的に沈積または化学的に沈殿した集合物が堆積物（sediment）であり，堆積物が，圧力と温度の影響を受けて，水を押し出しながらの圧密や，溶解析出を繰り返しながらのセメンテーションにより固結・岩石化したものが堆積岩（sedimentary rock）である。堆積岩を構成する堆積物には大別して次のようなものがある。

1）砕屑性堆積岩：風化・侵食とか火山活動といった物理的な作用で形成された砕屑粒子の堆積物（構成粒子の粒径から，れき岩，砂岩，シルト岩および粘土岩に分類される）
2）化学的堆積岩：溶液から沈殿した鉱物からなる堆積物
3）生物成堆積岩：生物の遺骸や生物の排泄・分泌物を主体とする堆積物

岩石がプレートの沈み込みにより地下に運び込まれると，強い圧力と高温に長期間さらされて変成岩となる。水などが結合水（岩石成分と強く結合した水）や構造水（水酸化物イオンのような形で含まれていて，加熱により水として分離されるもの）の形で一緒に地下に持ち込まれると，マントルほど高温にならなくても融けてマグマが生成する。大陸地殻の大半を占める主要な岩石である花崗岩は，新たに地殻そのものが融けたマグマからできる火成岩である。

6.1.4　地層の形成

マントルの対流とプレートの運動に応じて極めてゆっくりと長期にわたって起こる岩石の循環では，寒暖の中で風や雨にさらされ風化を受けた岩石からもたらされる様々な大きさの粒子が，風や雨により選別淘汰されながら運搬され，風下や川下の川床，湖，海底などに堆積する。堆積物は一般に急傾斜を保つことができないので，水平に堆積し，堆積岩の成層構造を形成する。堆積物ないし堆積岩のうち，垂直方向に比して水平方向の広がりが十分に広い層状に分布しているものを地層と呼ぶが，堆積物，堆積岩に限らず，ある厚さと広がりを持つ地下の層状の岩体を地層と呼ぶこともある。

地層はその堆積した環境を反映しており，水成堆積物では河口に近い位置ほど粒度が粗い砂が堆積し，離れるに従い細かい砂となり，シルト，粘土が堆積する。堆積の速度には変化はあるものの，堆積環境が継続する限りおおむね連続して堆積しており，地殻変動（褶曲など）があると上下関係に乱れが生じることもあるが，基本的には，下にあるものほど古く，上にあるものほど新しい。また同時期に堆積した地層は，その堆積した時代に特有の化石を含む。化石のもととなるその時代の生物相は，生育環境である地球の地殻を含む地表環境に大きく依存しており，その地表環境はプレートの動きに支配されて起こる地表の地理的景観と水や大気，その他の物質循環と生物活動により形成される。

化石の観察によれば，ある時代の生物群と別の時代の生物群は大きく異なっており，その時代の境界では，それまでの生物群が絶滅するほどの大きな地球環境の変化があったことが伺える。この結果，ある時代の地層は，上下の地層と区別され，離れた地域に位置する地層の識別や対比が可能となる。さらに，それぞれの地層が形成された年代は，放射性元素による年代測定や古地磁気の測定などの方法により絶対的尺度で決定することができ，これらをもとに地球の過去の歴史を再構成することができる。

表1.2-1は，現在までに整えられている地質時代の区分とその年代，及びそれぞれの時代に起こったと推測されている地表環境と生態系の変化を示したものである。これをみると，どの程度の速度で地表環境が形成され変遷してきたか，それに適応して生物がどのように進化（evolution）してきたかがわかる。このうち，地球史全体から見ればごく一瞬に近い258万年前から現在までの第四紀がヒト属の時代という区分であり，人間の文明が形成されたのは，さらに短い11,700年前から後の，最終氷期（およそ7万年前に始まって1万年前に終了した一番新しい氷期）の終了以後の完新世の間にすぎない。

すなわち，超低速で変化する地殻と岩石の土台の上皮の空気や水と接する地表の環境で，固体，液体，気体の動きとともに物質の循環がはるかに速い速度で起こり，地理的景観が形成され，人を含めた生物の生活環境が形成されている。

6.2 地下水の動き

6.2.1 地下水の動き

様々な深度の地下に埋設された固体廃棄物については，そこに含まれる放射性核種を生活環境にまでもたらす経路は，侵食やマグマの貫入，人間侵入などの外的擾乱により廃棄物と人との隔離が損なわれ両者が接近する場合を除いては，廃棄物形態あるいはバリア材，およびそれらが埋設設置された周囲の母岩（地質環境）などの固体中の間隙中に浸透して，間隙中に存在する地下水を媒介として移行する経路が唯一のものである。気体はより速く動くので，気体となる放射性核種の動きや放射線分解や化学反応により発生する気体を媒介として移行する場合については別途評価が必要となるが，これはごく特殊な場合であり，一方，固体は地下ではこれを流動させるほどの風や流水のような動きはない。すなわち，処分施設は人工または天然の様々な物理的要素からなるが，それがどのような材料から構成されているとしても，閉じこめの完全さは，どれだけの放射性核種が，廃棄物の傍まで浸透して接触する地下水に溶けだし，どれだけの速度の地下水により運搬されるかで決まる。したがって，地表近くから地下深部に至るまでの場での地下水の状態について知っておくことが重要となる。

地球規模でいえば，水は，太陽エネルギーを主因として，固相，液相，気相間で相互に状態を変化させながら，蒸発，降水，地表流，土壌への浸透などを経て，地球上を絶えず循環している。

図6.2-1は地下の岩石間隙中の地下水の状態を示したものである。地盤は堆積物や岩石からできており，構成粒子の間には間隙が存在する。

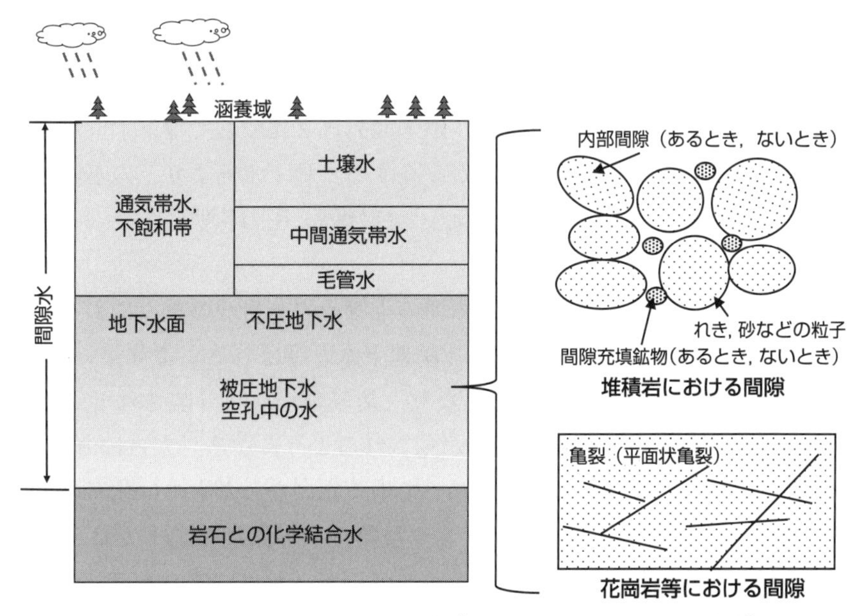

図 6.2-1　岩石間隙中の地下水の状態【Domenico他，1997より作成】

堆積岩は，図の右上に示したようにれき，砂，シルト，粘土などが堆積して固結化して形成されるものであるが，堆積時の粒子の淘汰のされ方により，構成粒子の大きさと揃い方の程度は異なり，その後の固結化の過程で，圧密やセメンテーションにより間隙の状態が決まる。間隙の大きさは，多くの結晶粒子が集合した固体中の間隙のように数μmから数mmの比較的大きいものから，緻密な多結晶の内部の結晶粒界や，粘土等が持つ結晶構造そのものの内部空隙のように，数μm以下の非常に小さいものまでさまざまである。比較的大きくて連結している間隙は，網目状にランダムにネットワークを構成して，水の流れに対する均質な抵抗媒体として作用する多孔質媒体を構成する。このとき，粒子内には微小間隙も存在する。これらは袋小路の空孔として，水や分子・イオンは内部に拡散により浸透し得るが，その空孔における流動は，より大きな間隙における動きとは異なった形になる。

一方，火成岩や深成岩のような結晶質岩では，冷却時の状態や岩石がその後受けた作用の履歴により，岩体の大きさや割れ目（亀裂）の状態が決まると考えられる。間隙は，数μmから数mmの大きさの開口幅の板状の割れ目となり，その間隙を新たな鉱物が析出充填することもあり間隙の状態は異なるが，地下水は主としてこれに沿って流れる。このとき，この地下水の流れをはさむ岩石マトリクスも，開口幅と比べてはるかに小さい微小間隙を持つので，水や分子・イオンは，割れ目とは垂直方向に拡散して，細孔内に割れ目の流れに比べてより長期にとどまることとなる。このような現象はマトリクス拡散と呼ばれ，放射性核種の地下水による移行に対する遅延効果を与える機構として知られている。

地表付近の地盤を構成している岩石や堆積物は，十分大きい間隙を持っているので，水が浸透でき，大気中の水分が雨や雪などの形で地表面に降水となって降ると，その多くが地面の下に流入する。降水に限らず何らかの水が地下へ流入することを涵養という。

地下に浸透した水は，浅い地下では，土壌（堆積物）間に水が満たされずに不飽和となっており，このような水は土壌水と呼ばれる。地下水面より深い場所では帯水層と呼ばれる地層に水が満たされて飽和している。日本は，欧米諸外国と比較して地下水位が高く，平野部で地表面から1～数mのところに地下水面が存在する。地下水面より上の不飽和帯内と地下水面にある水は，地上と通じているため大気圧とほぼ同じ圧力状態にあり，不圧地下水または自由地下水と呼ばれる。

地下水面より下にある飽和帯内の水は，周囲の土壌や岩石自身の重みによって圧力を受けるため大気圧より高い状態になっており，被圧地下水と呼ばれる。より深い地下になると，間隙構造が緻密になり，水は移動しにくくなり，地表環境から分離されてから何万年，何十万年よりも長い期間が経っている地下水が見られるようになる。太古に海だった地域が，長い年月の間に陸となり，海水が地中に残存して地下水になったものは化石水と呼ばれている。放射性廃棄物の地層処分の対象となるような数百mの深度の地下では，主として水が水分子で形成される流体として動く状態となっているが，さらに深い地下で堆積岩の圧密やセメンテーションの過程で結合水や構造水の形となった水は自由に移動できず，プレートと

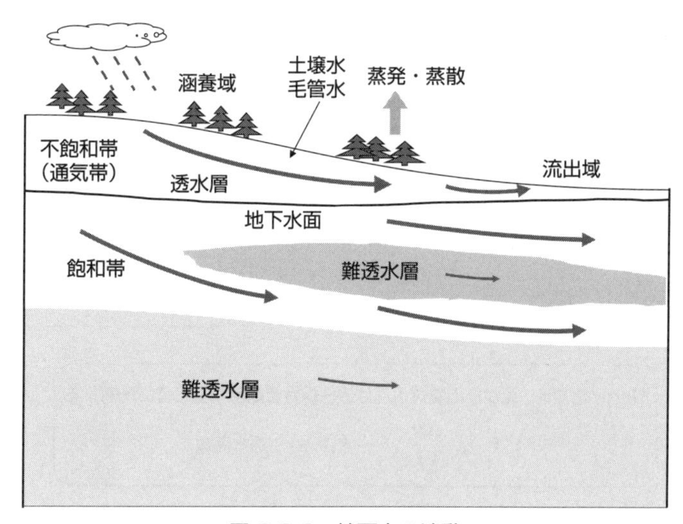

図 6.2-2　地下水の流動

ともに地殻内部に引き込まれ，熱せられてマグマの発生に関与したり，再び地表近くに戻ったりすることもある。

地中へ浸透した地下水は，図6.2-2に示すように不飽和帯にあればすぐに地上へ蒸発したり湧き出したりするが，さらに深く浸透して飽和帯水となれば土や岩石の粒子間をゆっくりと流れて遠くまで移動する。地中に浸透した地下水は，ふたたび地表に湧出して河川や池沼のような地表水となるか，地下のまま海岸線を潜り抜けて沿岸の海底に湧き出る。

地下水の流れは，浅い深度では，土や岩石は水を通しやすい間隙を多く持ち，地形勾配の影響を受けるので，比較的速く流れるが，地下深くになるほど，一般に涵養域から流出域までの移行経路が長くなり，その分動きも遅くなり，ほとんど停滞している状態になる。地下の地層には，地層を構成している岩石の構成と状態により，水を通しやすい透水層と通しにくい難透水層があり，難透水層で挟まれた領域の水は，周囲と違う形で圧力を受けるので，ある領域の地下水の流れを把握するためには，どのような透水性の岩体が，どのように分布しているかを把握することが重要となる。

6.2.2　ダルシーの法則

地下水の流速を求めるには，アンリ・ダルシーが発見したダルシーの法則（Darcy's law）が用いられる。この法則は，図6.2-3に説明したように，単位面積当たりの多孔質の媒体を流れる見かけの浸透流速は，透水係数と動水勾配との積に比例するというものである。

$$v = -k\frac{\Delta h}{\Delta L}$$

動水勾配 $\Delta h/\Delta L$ は，水が流れる方向の単位距離あたりの水頭（その位置の水圧を水柱の

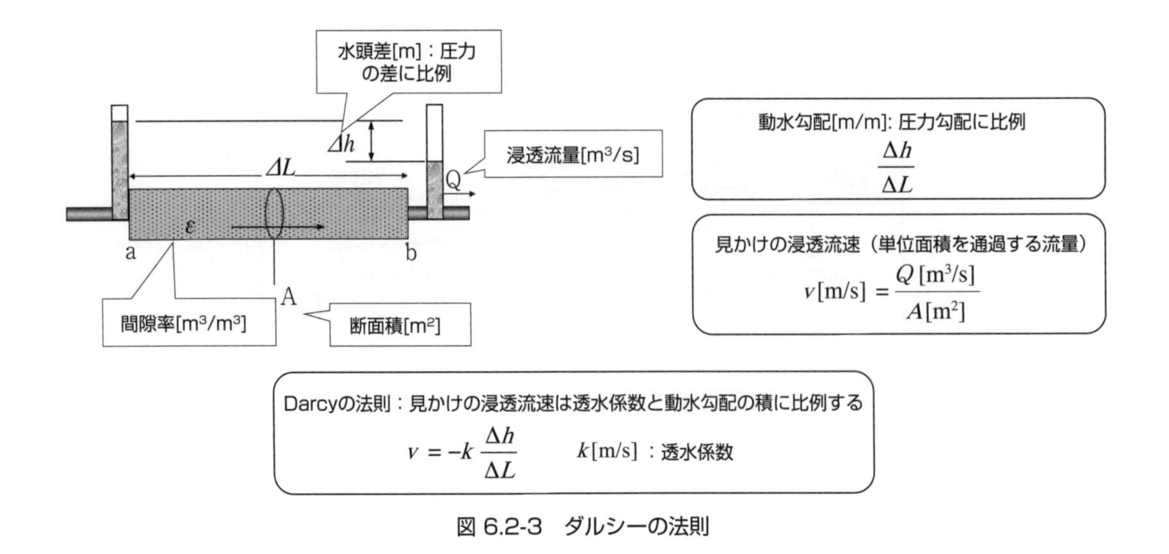

図 6.2-3　ダルシーの法則

高さで表したもの）の差である。地下水は，水圧の高い方から低い方へ移動するので，水圧の高さが同じところを結んだ等水圧線に対して垂直の方向が動水勾配の方向となる。地下の動水勾配は，地表に近いところでは地形勾配の影響を受けるが，500 mを超える深度になると大部分が0.01 ～ 0.04の間に入るようになる。

地下水によって飽和している地層を帯水層というが，この帯水層の地下水の透水性は，透水係数k [m/s]や透水量係数T [m^2/s]を用いて表される。

1）透水係数，k（Permeability coefficientまたはHydraulic conductivity，[m/s]）：
単位動水勾配における，単位時間当たりに，単位断面積を流れる水の流量。

2）透水量係数，T（Transmissivity，[m^2/s]）：
被圧帯水層について，単位動水勾配における，単位時間当たりに，その層厚で単位幅の帯水層を流れる水の流量。透水係数と被圧帯水層の層厚との積である。

いずれの場合も，地下水の速さである流速（velocity）よりは，どれだけの量の地下水が移動するかという地下水流束（flux）を問題としており，透水係数では単位断面積あたり，透水量係数では単位幅あたりの流量に着目している。

透水係数は，その間隙構造と密接に関係している。間隙率または空隙率（porosity）ε は，固相，気相および液相の体積の和（全体積）に対する気相と液相の体積の和の割合である。間隙の中には孤立していて地下水の流動に関係しないものもあるので，飽和した媒体において，圧力勾配により移動可能な間隙体積の媒体全体の体積に対する比を有効間隙率と呼ぶ。

固体と間隙の全体を水の浸透媒体と見なして，単位断面積を流れる流量を考えたのが，ダルシーの法則であり，この時の地下水の見かけの浸透流速をダルシー流速と呼ぶ。実際に地下水が流れているのは，間隙のみであるので，浸透流量Qを有効断面積 εA（Aは断面積）

で除した流束，すなわちダルシー流速vを間隙率で除したものを実流速と呼ぶことがある。

表6.2-1は，一般的に見られる，地層を構成する種々の岩石の間隙率と透水係数である。間隙率と透水係数の関係は，岩石の種類により違っており，間隙構造が重要な影響因子となっていることがわかる。これらの値から，地下のそれぞれの場で地下水がどの程度移動するかをうかがい知ることができる。地下水の流速は動水勾配と透水係数の積として与えられる。動水勾配の大きさは，地下水がその地層の場で受けている圧力と周囲の部分の圧力により決まるが，一般的には地表の地形勾配によるものよりは低くなっているので，地下水の流速は，透水係数であたえられるものよりも1から3桁低いものとなる。

表 6.2-1　種々の岩石の間隙率と透水係数【Domenico他，1997より作成】

	粒径	間隙率	透水係数/(m/s)
堆積物			
粗粒	>2 mm	0.3～0.4	10^{-4}～10^{-2}
細粒	数十μm～数mm	0.3～0.5	10^{-7}～10^{-4}
シルト	数μm～数十μm	0.3～0.6	10^{-9}～10^{-5}
粘土	<数μm	0.3～0.6	10^{-11}～10^{-8}
堆積岩			
砂岩		0.05～0.3	10^{-10}～10^{-5}
シルト岩		0.2～0.4	10^{-11}～10^{-8}
頁岩		0～0.1	10^{-13}～10^{-8}
結晶岩			
亀裂性火成・変成岩		0～0.1	10^{-8}～10^{-3}
亀裂のない火成・変成岩		0～0.05	10^{-14}～10^{-18}
玄武岩		0.03～0.4	10^{-11}～10^{-6}
風化花崗岩		0.3～0.6	10^{-6}～10^{-4}

6.3　元素の固液分配と動きやすさ

6.3.1　放射性核種の元素としての性質

処分施設に固体として埋設された放射性廃棄物は，長い間には，処分施設の周囲の地質環境からもたらされる地下水が，廃棄物マトリクスを溶解したり，固体廃棄物中の内部間隙に浸透したりして，最終的に廃棄物に接触する形となり，水に溶けやすい放射性核種を溶かし出し，処分施設に人工的に構築されたバリアを通過し，次にその近傍の地質環境およびより遠い地下岩石圏を通過して生活環境まで運ばれて被ばくを与える可能性を考える必要がある。

この経路に沿って地表の生活環境まで運ばれる放射性核種の量を推定するには，図6.3-1に示すような，固体と間隙水の間で起こる放射性核種の溶解・沈殿や収着，酸化還元，酸塩基や錯生成などの反応を，化学熱力学データを用いて，地下水中に溶解して地下水とともに移行する量を定量的に評価する。

核種が固体と地下水のどちらに分配しやすいかは，その核種の元素としての化学的性質により決まる。元素の性質は，原子番号の増加に伴って，量子力学の規則に従って配置される電子の構造によって決まる。その大まかな傾向は，元素の化学的性質を経験的にまとめた元素の周期表に要約されている。

図6.3-2は元素の周期表における核分裂生成物，TRU核種，放射化生成核種の元素としての位置を示したものである。核分裂生成物は，質量数が80 ～ 90および135 ～ 145のあたりの核種が主に生成し，TRU核種は燃料ウランが中性子を捕獲してその生成核種が放射性崩壊することを繰り返して生成する。鉛からプロトアクチニウムは生成TRU核種の娘核種で

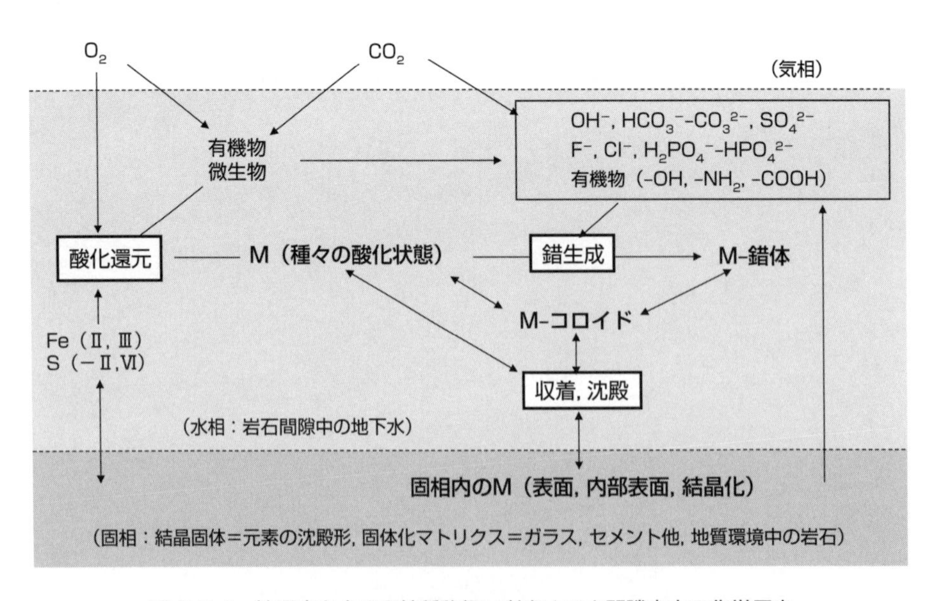

図 6.3-1　地下水を介する核種移行で考慮すべき間隙水中の化学反応

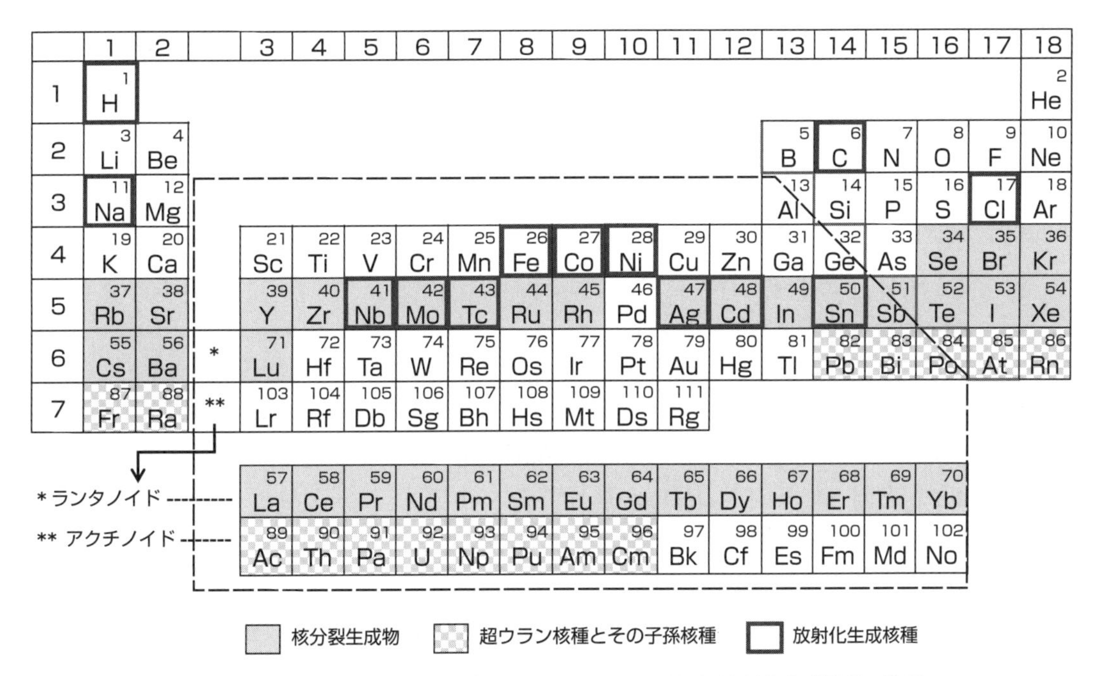

図 6.3-2　元素の周期表における核分裂生成物，TRU核種，放射化生成核種の位置

ある。放射化生成物は，材料中に含まれる元素の核種が中性子吸収して生成する。

元素の化学反応の起こり易さは，最も大まかには，裸の元素が最外殻の電子を失うか最外殻に電子を得るかしてイオンになったときの，イオンの電荷密度（失うか得るかした電子の数をイオンの半径で除したもの）の大きさにより決まる。

典型元素を見ると，典型元素のうちsブロック元素（1～2族）は，+1価または+2価の水に溶けやすい陽イオンとなる。この正電荷は，水分子の中で負電荷が偏って存在している酸素を引き付けるが，その引き付け方は水分子の中の酸素と水素の結合を壊すほどではないので，これらの陽イオンは，水和イオンとして安定に水中に存在する。

pブロック元素（13～18族）は，電子を失って陽イオンになると電荷は+3以上になり，電荷密度はそれに応じて高くなるので，反応性に富む（不安定になる）ようになる。13族のアルミニウムはAl^{3+}として水分子の中のOH^-を引き付けて加水分解する。14族以上の元素はさらに強く水分子中の酸素を引き付けて結合し，CO_3^{2-}，NO_3^-，PO_4^{3-}，SO_4^{2-}などの酸素酸陰イオンとなり水に溶ける。周期表の右寄りの元素は，電子を失う（金属イオンになる）よりはそのまま電子を引き付けて，そのままCl^-，I^-やO^{2-}のような陰イオンとなる非金属元素である。中間にある炭素やリン，ホウ素，ケイ素などは，条件によって酸素酸陰イオンになるか酸化水酸化物になるかが決まる。

放射性廃棄物の処分において問題となる核種の多くは，第5周期以下のdまたはfブロック遷移元素（3～12族）である。遷移元素は全て金属元素で，より高い酸化状態をとり，複数の酸化状態をとることが多い。これらは+2価や+3価以上のように大きい電荷数を持ち，遷移元素の特徴として同じ電荷数でも典型元素より反応しやすい。このため，水と接触すると中性から塩基性条件で加水分解して水酸化物沈殿を形成し，これらは次の例のように，時間とともに固体から水が失われ酸化水酸化物や酸化物固体へと変化する。

1）　$Fe^{3+} + 3H_2O \rightleftharpoons Fe(OH)_3 + 3H^+$

2）　$Fe(OH)_3 \rightleftharpoons FeOOH + H_2O$

3）　$FeOOH \rightleftharpoons (1/2)Fe_2O_3 + (1/2)H_2O$

このような反応は，中心金属イオンの電荷密度が大きいほど，右向きで下向きの反応が進行する。また同じ金属イオンについては，環境のpHが高いほど，水の活量（水の蒸気圧）が小さいほど，右向きで下向きの反応が進行する。

反応に関与する水は地表環境中には豊富にあるが，地下深部にはもともと含まれず，地表から地下水や結合水，構造水の形で持ち込まれない限り存在しない。また酸（H^+）も地表環境では，二酸化炭素（CO_2）の水への溶解（$CO_2 + H_2O \rightleftharpoons H_2CO_3 \rightleftharpoons H^+ + HCO_3^-$）や有機物中に含まれるカルボキシル基（-COOH）の解離などから供給される。このため，地表では左向き，下から上に平衡がずれ，地下では逆に右向き，上から下に平衡がずれる。この結果，堆積物が堆積岩へと進行する場合は，上から下へと右向きの反応が順次進み，風化が進行する場合は左向きに下から上へと順次反応が進む。

遷移元素のあるものは，環境の酸化還元雰囲気に応じて異なる酸化状態をとる。一般に地表の環境は，数十億年をかけて活動してきたシアノバクテリアの光合成の結果，遊離酸素に満ちた酸化性雰囲気になっているが，地下は地球誕生後の無機的な還元状態のままである。このため遷移元素のあるものは地表付近では高い酸化状態をとり地下の還元性雰囲気ではより低い酸化状態をとる。5～8族の遷移金属イオンやアクチノイドは，酸化雰囲気ではpブロック元素と同じように酸素酸イオン，ただし酸素酸陽イオンとなり，より水に溶解しやすくなる。アクチノイドの安定な原子価は，還元性ではU^{4+}，Np^{4+}，Pu^{3+}，Am^{3+}であり，酸化性ではUO_2^{2+}，NpO_2^{+}，PuO_2^{2+}，Am^{3+}である。これらのイオンの様々なpHにおける溶解度は，図6.3-3のようになり，還元性では溶解度はより低くなる。

このような金属イオンの水酸化物，酸化物沈殿形成の傾向は，その金属イオンの岩石表面への収着についても同様である。自然界の岩石を構成する鉱物の多くは金属の酸化物であるので，その表面の金属イオンは，結合が満たされない形で正電荷を局在したまま露出しているので，酸化物が水のある環境に長期間曝されると，水分子を強く引き付けて水和するようになる。金属イオンが水分子中の酸素原子を引き付ける力は，金属イオンが酸化物内部で酸素原子を引き付ける力と同程度と考えられるので，表面に吸着した水分子は水酸基の形になり，水酸基中のプロトンは酸として解離する性質を持つ。

これを水溶液で金属イオンが加水分解するときと比べると，加水分解の時には（H−O−)H

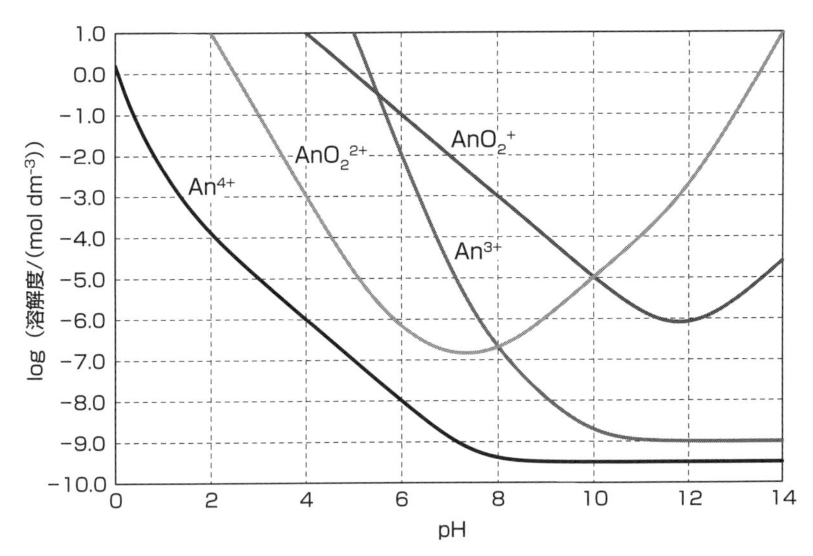

図 6.3-3　3価から6価のアクチノイドの溶解度の概略（An＝U, Np, Pu, Am）
【Guillaumont他, 2003のデータより作成】

の一方のH^+が解離して金属イオンM^{z+}がこれを交換する形で結合する。固体酸化物表面では，（≡S−O−）HのH^+が解離する。ここで≡Sは固体酸化物を形成している骨格金属元素である。金属イオンM^{z+}が固体表面へ収着するときには，このH^+を交換する形で結合する。水と接触している表面を持つ鉱物はこのような形で溶液中の金属イオンを収着することができる。溶液中の金属イオンの側から見ると，溶液中で加水分解しやすい金属イオンほど，固体にも収着されやすい。

水分子が浸透することのできる間隙は岩石が形成された条件に依存するが，多くの間隙は水分子よりもはるかに大きいので長い間には岩石の内部間隙にまで水は浸透し，金属イオンを収着することのできる表面を形成する。物質が表面に捕捉される場合には吸着（adsorption）と呼び，二酸化炭素が水に溶け込むように物質が体積全体に取り込まれる場合には吸収（absorption）と呼ぶ。岩石固体へ金属イオンが取り込まれる場合には，内部間隙における固体表面に吸着が起こっているが，岩石の内部に吸収されているという風にも考えることができる。岩石全体としてその質量に比例する形で内部間隙およびそれに比例する内部表面積があると考えられるので，岩石質量あたりに金属イオンが取り込まれるとして，これを収着（sorption）と呼び，収着分配係数を次のように定義して，金属イオンの固液分配を評価することにしている。

$$K_d[\mathrm{dm^3/kg}] = \frac{\text{固体に取り込まれた金属イオンの濃度}[\mathrm{mol/kg}]}{\text{溶液中の金属イオン濃度}[\mathrm{mol/dm^3}]}$$

このことからわかるように，収着分配係数は熱力学的な平衡定数ではない。収着分配を化学熱力学的に考えるには，固体中にどれだけの有効間隙と有効表面積があり，有効表面にどれだけ金属イオンと反応する部位があるかを知る必要がある。これらは岩石の構成鉱物に依存して変質作用の途上で徐々に変化していく量であり，岩石ごとに異なっている。このため，放射性廃棄物処分で核種の移行を評価する際には，問題とする岩石ごとにこれらは過渡的にほぼ一定となっているとみなして，収着分配の程度を収着分配「係数」を用いて扱うこととしている。

6.3.2　環境中の地下水の特性

地下水中で元素が溶存しやすいかどうかは，その地質環境に存在する地下水のpHと酸化還元性に最も大きく左右される。温度や圧力の影響は，その反応が発熱か吸熱か，反応物と生成物（溶液中の分子やイオン）の体積が増加するか減少するかに依存する。温度の影響は地下数百m程度の温度範囲では影響はそれほど大きくはなく，反応ごとに（発熱反応か吸熱反応かに依存して）影響の方向は異なる。温度の影響はむしろ反応速度に対して大きく，温度が10℃上昇するごとに反応速度はおよそ2倍速くなる。圧力の影響は，気体の反応に比べて，溶液中の反応物と生成物の体積が大きく変わらないので，ほとんど影響しない。

図6.3-4は，自然環境中にある水の酸塩基性と酸化還元性を表したものである。この図において，酸塩基性はpHという尺度を用いて表される。pHは

$$pH = \log \{H^+\}$$

で表され，$\{H^+\}$は水溶液中の水素イオンの活量で，近似的にその濃度$[H^+]$に等しいとして

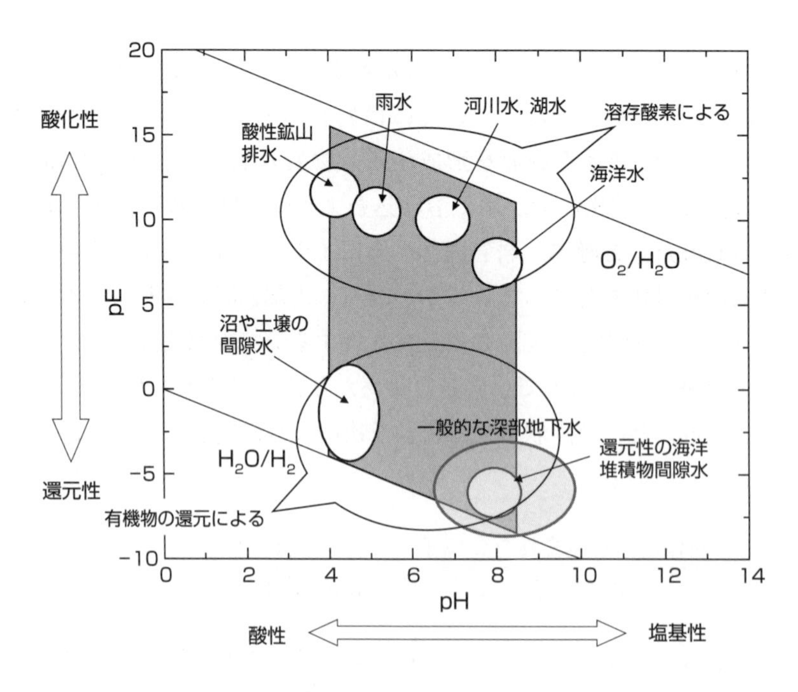

図 6.3-4　環境中の水の酸塩基性と酸化還元性【Stumm他，1996より作成】

扱われる。水溶液中では，

$$H_2O \rightleftharpoons H^+ + OH^- \quad K_W = [H^+][OH^-] = 10^{-14}$$

という平衡（K_wは定数）が成立しているので，純粋の水ではpH = 7（$[H^+] = [OH^-] = 10^{-7}$ mol/dm^3）となり，その他の物質が加わって$[H^+]$が低くなると，それに応じて$[OH^-]$が高くなる。雨水は大気中の二酸化炭素（CO_2）を吸収し，これは水中ではH^+を与える弱酸（$CO_2 + H_2O \rightleftharpoons H^+ + HCO_3^-$）として挙動するので，大気からヘンリーの法則に従って溶け込んだ二酸化炭素で飽和した雨水のpHは少し酸性の約5.6となっている。海洋では二酸化炭素は非常に長い時間をかけて方解石（$CaCO_3$）として固定される。方解石を作っている炭酸カルシウムは，水中ではH^+を消費する弱塩基（$CaCO_3 + H^+ \rightleftharpoons Ca^{2+} + HCO_3^-$）として挙動するので，海水のpHは少し塩基性の約8.4となっている。

酸化性還元性はpEという尺度を用いて表される。pEは

$$pE = -\log\{e^-\}$$

で表され，$\{e^-\}$は水溶液中の電子の活量である。電子は，水中に遊離で存在するものではないが，水中に存在する様々な物質は他の物質に電子を与えたり（すなわち還元したり），電子を奪ったり（すなわち酸化したり）する能力を持っているので，その水溶液がどれだけ酸化性であるか，還元性であるかをpEという尺度を用いて表すことができる。単位濃度（1 mol/dm^3）のH^+イオンが標準気圧（10^5 Pa≈1 atm）の水素に還元されるときのpEをゼロと約束している。

$$H^+ + e^- \rightleftharpoons \frac{1}{2}H_2(g) \qquad pE = 0$$

pEはpE = $-\log\{e^-\}$として定義されているので，pEが大きくなるほど，その雰囲気は電子を奪う力が強くなる，すなわちより酸化性になる。pEはまた，電子を奪ったり与えたりする力であるので，その電子の電荷を電流として流す力である電位にも相当する。水素の還元電位を0として表した電位（単位V）とpEの関係は，単純に比例関係にあり

$$E_H = 0.059\,pE\ (25℃)$$

で表される。すなわちpEが1大きくなると還元電位は59 mVだけ正側（酸化側）にずれる。図6.3-4において，2つの直線で囲んだ領域は水が水として安定に存在する領域で，これよりpEが高くなる（例えば塩素ガスのような強い酸化性の物質が共存する）と，水は酸化されて酸素が生成する。またこれよりpEが低くなる（例えば金属ナトリウムのような強い還元性の物質が共存する）と，水は還元されて水素が生成する。

図6.3-4を見ると，河川水や雨水，海洋水は大気中からの溶存酸素の影響で，酸化性になっ

ている。一方，沼や土壌の間隙水，深部地下水，海洋堆積物間隙水などは，主として有機物の影響で還元性になっている。太古の時代，シアノバクテリアは太陽からエネルギーを貰い，二酸化炭素と水から光合成により有機物を合成し，酸素を放出し続けた。

$$nCO_2 + nCH_2O \rightleftharpoons (CH_2O)_n + nO_2(g)$$

地表環境には酸素が増え酸化雰囲気となり，これに応じて逆反応を行う酸素呼吸生物が現れ，現在の世界の祖先を生み出したのであるが，太陽の光の届かない，生命活動の及ばない地下深部は太古の還元雰囲気のままである。地下の岩盤に浸透するのは，その間隙に浸透し得る水とそれに溶存し得る物質（イオンやコロイド，微生物など）および堆積物中に閉じ込められた物質のみであり，気体の酸素は水に溶存できず，帯水層中で飽和している水にそれ以上の浸透を阻まれている。地下に運ばれる物質は，浸透していく過程で還元を受けて変化していく。石油や石炭は，地表で形成された有機物が炭化水素にまで還元されたものであると考えられている。

6.3.3　自然界における元素の固液分配

このような元素の性質の結果，典型元素のうち周期表の両端に近い元素は水に溶解しやすい形となり環境に広く分布し，一方，その他の元素は水に溶けないで固体として地殻中に分布する。

図6.3-5の左の図は，地殻中の元素の濃度と海水中の元素の濃度（いずれも種々の測定からの推定値）をプロットしたものであり，右の表は地下水中の元素の一般的濃度である。固体から地下水中への溶解の速度は非常に遅く，自然界の観測では海水中や地下水中

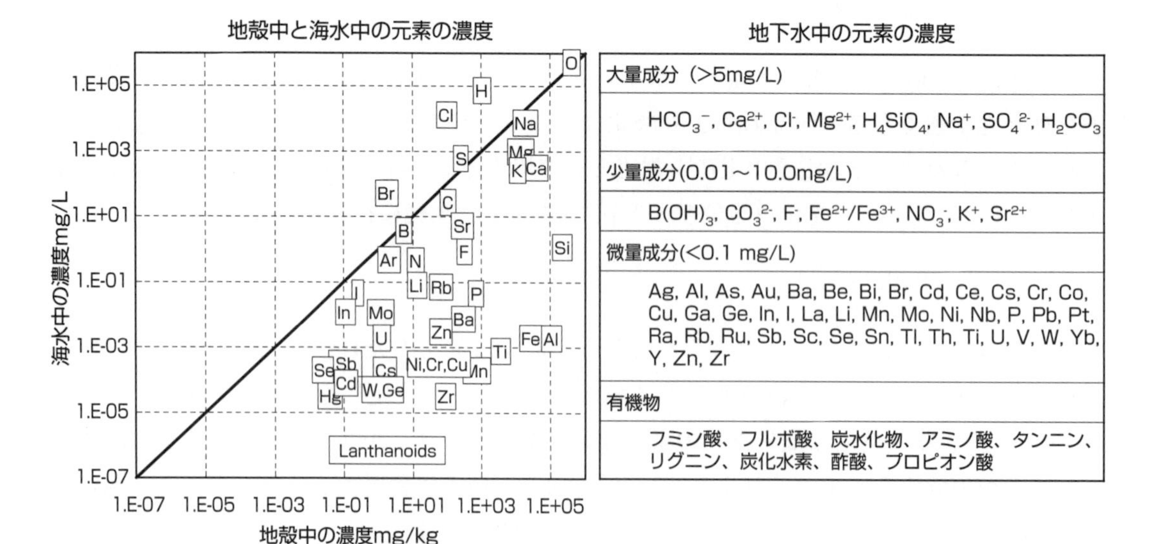

地下水中の元素の濃度

地下水中の元素の濃度
大量成分（>5mg/L）
HCO_3^-, Ca^{2+}, Cl^-, Mg^{2+}, H_4SiO_4, Na^+, SO_4^{2-}, H_2CO_3
少量成分(0.01～10.0mg/L)
$B(OH)_3$, CO_3^{2-}, F^-, Fe^{2+}/Fe^{3+}, NO_3^-, K^+, Sr^{2+}
微量成分(<0.1 mg/L)
Ag, Al, As, Au, Ba, Be, Bi, Br, Cd, Ce, Cs, Cr, Co, Cu, Ga, Ge, In, I, La, Li, Mn, Mo, Ni, Nb, P, Pb, Pt, Ra, Rb, Ru, Sb, Sc, Se, Sn, Tl, Th, Ti, U, V, W, Yb, Y, Zn, Zr
有機物
フミン酸、フルボ酸、炭水化物、アミノ酸、タンニン、リグニン、炭化水素、酢酸、プロピオン酸

図 6.3-5　地殻中と海水中の元素の濃度および地下水中の元素の濃度（左図：【CRC, 2015のデータより作成】）

の濃度は，地殻中の元素の飽和溶解度まで達しているわけではないが，左の図では直線からの（45度方向の）距離が大きい元素ほど，相対的に固体地殻中に分布しやすいこと，右の表ではそもそも多くの元素が地下水に溶解しにくいことを表している。

表6.3-1はこれらの性質を勘案したときの元素の環境中の移動しやすさを要約したものである。これらの大まかな観察事実は，廃棄物中の放射性核種は地下水中に溶出しにくいことを示唆しているが，安全評価においては平衡に至るまで核種は地下水中に溶け込むと仮定して，平衡（飽和）まで溶解した核種が地下水に運ばれるとしてその危険性を評価する。このような評価の仕方を「保守的」評価と呼んでいる。

表 6.3-1　環境中の元素の移動しやすさ【Ojovan, 2014より作成】

移動しやすさ	酸化性	酸性	中性～塩基性	還元性
極高	Cl, I, Br, S, B	Cl, I, Br, S, B	Cl, I, Br, S, B, Mo, V, U, Se, Re	Cl, I, Br
高	Mo, V, U, Se, Re, Ca, Na, Mg, F, Sr, Ra, Zn	Mo, V, U, Se, Re, Ca, Na, Mg, F, Sr, Ra, Zn, Cu, Co, Ni, Hg, Ag, Au	Ca, Na, Mg, F, Sr, Ra	Ca, Na, Mg, F, Sr, Ra
中	Cu, Co, Ni, Hg, Ag, Au, As, Cd	As, Cd	As, Cd	
低	Si, P, K, Pb, Rb, Ba, Be, Bi, Sb, Ge, Cs, Tk, Li	Si, P, K, Pb, Li, Rb, Ba, Be, Bi, Sb, Ge, Cs, Tl, Fe, Mn		Si, P, K, Fe, Mn
極低	Fe, Mn, Al, Ti, Ta, Pt, Cr, Zr, Th, REE	Al, Ti, Sn, Pt, Cr, Zr, Th, REE	Al, Ti, Sn, Te, Cr, Zr, Th, Zn, Cu, Co, Ni, Hg, Ag, Au, 希土類元素	Al, Ti, Sn, Ta, Pt, Cr, Zr, Th, REE, S, B, Mo, V, U, Se, Re, Zn, Co, Cu, Ni, Hg, Ag, Au, As, Cu, Pb, Li, Rb, Ba, Be, Bi, Sb, Ge, Cs, Tl

6.4 放射性核種の移行挙動

放射性核種がどの程度移動して生活環境に到達するかを見積もるためには，核種がそれぞれの間隙において，どれだけ水に溶け込むか，すなわちその条件における核種の沈殿形成や収着等の固液分配を評価して，水に溶解した核種が水とともにどれだけ移行するかを評価する。水に溶解した物質（溶質）の移行には，水とともに運ばれる移流（advection）と，自らの熱運動により水中でランダムに動く結果，濃度の薄い方向へ拡がっていく拡散（diffusion）との2つの様式がある。

6.4.1 移流

岩石の間隙中を移動する流体としての水の速度は，いろいろな形で定義される。微視的に見れば，図6.2-1に示したように，地下水は様々な形状と大きさの間隙や亀裂を流れており，流れる経路は，動水勾配の方向に沿って，粒子や岩盤を迂回するものとなる。このような微視的速度は，間隙の幾何学構造と連結構造が分からない限り，本質的に求めることができないものである。このため一般的には，ある大きさの体積要素を考えて，平均の流速として，6.2で説明したダルシー流速，すなわち単位時間に単位断面積を通過する地下水の流量を用いる。

$$v_{\mathrm{Darcy}}\,[\mathrm{m/s}] = \frac{Q\,[\mathrm{m^3/s}]}{A\,[\mathrm{m^2}]}$$

Qは単位時間に断面積Aを通過する地下水の量である。また地下水が流れているのは断面積Aのうち間隙εの部分であると考えて，通過地下水流量Qを地下水の流れに対する有効断面積εAで除した値を実流速と呼んで利用することもある。

$$v_{\mathrm{linear}}\,[\mathrm{m/s}] = \frac{Q\,[\mathrm{m^3/s}]}{\varepsilon A\,[\mathrm{m^2}]}$$

いずれの流速も，地下水の流れをある方向に対する流束を用いて表すものであって，実際の間隙中の地下水あるいは地下水の流れとともに移行する分子やイオンの動く速度を表すものではないことに注意する必要がある。

6.4.2 拡散

拡散は，粒子（分子やイオンなど）がランダムに熱運動することにより起こる。媒体が特定の方向に移動する（これを移流（advection）という）ことがなくても，それぞれの粒子はあらゆる方向にランダムに運動している。

常温常圧の気体中では，一辺が10^{-8} mの立方体中で，約10^{-10} mの数倍程度の大きさの分子が数十個飛び回っており，衝突するまでに直径の数百～数万倍程度を動き，およそ10^{-9}～10^{-10}秒ごとに衝突して向きを変えている。

これに対して，液体中では分子は分子間の相互作用の影響を大きく受けている。分子が1回に動ける距離は分子直径の1/10程度に過ぎず，すぐに他の分子と衝突して，およそ10^{-11}秒ごとに向きを変えている。水の中の分子やイオンはいつも水分子に取り囲まれており，一様な力の影響を受けている。

図6.4-1は時間とともに拡散により起こる濃度変化を模式的に示したものである。各粒子は上下左右どちらに行くにも同じ確率で移動するので，全粒子の平均の位置（重心）はもとの位置から変わらないが，濃度の高い方向からの粒子のフラックスが大きくなるので，結果として，物質は高濃度から低濃度へ移動するプロセスで，濃度はもとの位置を中心にして薄い方向に向かってだんだんと拡がっていく。

このような分子の動きに対しては，拡散による濃度が時間に関して変化しない場合については，拡散流束は濃度勾配に比例するというフィック（Fick）の拡散第一法則が成り立つ。

$$J = -D\frac{dC}{dx}$$

Jは拡散束または流束（flux）といい，単位時間当たりに単位面積を通過する粒子の量であり，Dは拡散係数（diffusion coefficient），Cは濃度，xは位置である。式は空間を1次元とした式である。

一方，拡散における濃度Cが時間とともに変化するような非定常状態に対しては

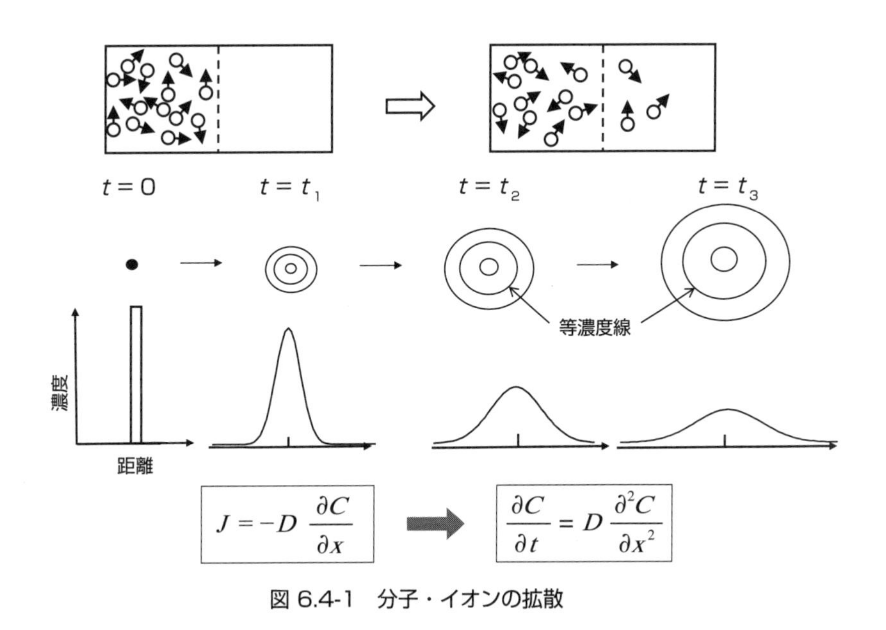

図 6.4-1　分子・イオンの拡散

$$\frac{\partial C}{\partial t} = J(x) - J(x+dx)$$

の関係を用いて導かれる次のフィックの第二法則が成り立つ。

$$\frac{\partial C}{\partial t} = D\frac{\partial^2 C}{\partial x^2}$$

これより，ある時間tの後のある位置xにおける濃度の分率は，粒子の動きはランダムであるという確率的性質を反映して，下記のように正規分布に従う形になる。

$$\frac{C}{C_0} = \frac{1}{\sigma\sqrt{2\pi}}\exp\left(-\frac{1}{2}\left(\frac{x-\mu}{\sigma}\right)^2\right) \qquad \sigma = \sqrt{2Dt}$$

μは$t = 0$における物質の位置であり，σ^2は全ての粒子が動いた距離$x - \mu$の2乗の平均値で，数学的には分散（variance）と呼ばれる値に対応し，この平方根であるσを拡散距離と呼んでいる。μからの距離が$\pm 1\sigma$以下の範囲に粒子が含まれる確率は68.27％，$\pm 2\sigma$以下だと95.45％，さらに$\pm 3\sigma$だと99.73％となる。

拡散距離は，媒体中の粒子が熱運動により動きやすいほど大きくなるので，温度が高く粒子が持っている運動エネルギーが大きいほど，元の位置から移動するために越えなければならない拘束力すなわち拡散の活性化エネルギーが小さいほど，さらに粒子が動き回って障害物に衝突するまでの距離が大きいほど大きくなる。この動きやすさを表すのが拡散係数D（単位$m^2 s^{-1}$）であり，$\sigma = \sqrt{2Dt}$で示されるように拡散距離は拡散係数および時間tの平方根に比例する。

表6.4-1は，空気および水中のいくつかの粒子の拡散係数と放射性廃棄物処分において人工バリア材として用いられる粘土緩衝材（ベントナイト）中の見かけの拡散係数を示している。水中の拡散係数は，多価イオンの方が少し小さくなるなどの違いはあるものの，概ね10^{-9} m^2/s程度の値となり，主として媒体としての水の性質を反映している。

媒体が土や粘土緩衝材のような多孔質媒体になると，分子やイオンは，固体の間隙を，固体を迂回して動かなければならず，かつ電荷のあるイオンは，固体が陽イオン交換体として作用する場合には，固相に収着され著しい抵抗を受ける。このような場合についても，固体と間隙を含む全体を水と同じ媒体と考え，そこを通過する水溶液中の分子やイオンの濃度に着目して求められる拡散係数を見かけの拡散係数と呼んでいる。

表にみられるように，多孔質媒体における見かけの拡散係数は，媒体の性質と媒体と移動粒子の相互作用の影響を受けて，水中におけるものよりも低い値となる。

拡散距離は$\sigma = \sqrt{2Dt}$の形で拡散係数および時間の平方根に比例するのに対して，移流距離は$v_{Darcy}t$の形でダルシーの法則に従い時間に比例する。表6.4-1には拡散係数が10^{-9} m^2/s

表 6.4-1　様々な媒体中の拡散係数の例と典型的な水中の拡散と移流の距離
【CRC, 2015；柴田, 1999などより作成】

媒体	拡散粒子	拡散係数 $D/(m^2s^{-1})$
空気	H_2	7.6×10^{-5}
	Ar	1.9×10^{-5}
	H_2O	2.4×10^{-5}
水	H_2	5.1×10^{-9}
	O_2	2.4×10^{-9}
	H^+	9.3×10^{-9}
	Na^+	1.3×10^{-9}
	Al^{3+}	0.5×10^{-9}
	Cl^-	2.0×10^{-9}
ベントナイト*	Cs^+	8×10^{-12}
	Am^{3+}	2×10^{-15}

＊密度1.4 Mg/m^3の圧縮ベントナイトに対する見かけの拡散係数

時間	拡散距離 $\sigma=\sqrt{2Dt}$ ($D=10^{-9}\ m^2s^{-1}$)	移流距離 $k\frac{\Delta h}{\Delta L}=10^{-9}\ ms^{-1}$
1分	0.3 mm	0.00006 mm
1時間	3 mm	0.004 mm
1日	1.3 cm	0.09 mm
1月	7 cm	2.6 mm
1年	25 cm	3.2 cm
10年	80 cm	32 cm
100年	2.5 m	3.2 m
1,000年	8 m	32 m
1万年	25 m	320 m
10万年	80 m	3.2 km

の時の平均拡散距離を時間の関数として計算した値と，透水係数と動水勾配の積が10^{-9} m/s（例えば透水係数10^{-7} m/sと動水勾配0.01の積や透水係数10^{-8} m/sと動水勾配0.1の積）の時の移流距離を示している。

この計算例から，分子やイオンは，短い距離を移動する場合には，比較的短時間で拡散することができるが，環境中の移行などで問題とする距離を拡散のみで移動しようとすれば，非常に長時間を要することになる。一方，短い時間ではほとんど動いていないように見える移流の効果は，長い時間がたてば大きい距離を移動することができる。

このように，微細な間隙中のイオンと固相の化学反応を考えるような場合には，拡散により系の濃度が均質となることが保証されるが，遠い距離の移動に対しては拡散の寄与は小さい。

移流も拡散も，分子やイオンが移行することのできる間隙が限られ，固相への収着がおこるような場合には，その程度は大きく低減される。表6.4-1中の拡散距離や移流距離は，浅地中の地質媒体のように間隙水が動きやすい条件に対するものであるが，これらの値から見て，人工及び天然のバリアからなる数mから数十mの範囲に，分子やイオンを数百年の間，閉じ込めておくように処分施設を建設することはそれほど難しいものではないことがわかる。

一方，より長い閉じ込めを達成しようとする場合には，粘土緩衝材や地下深部の岩石のようなより緻密な媒体が必要となる。

表6.4-1の例のベントナイト中のイオンの例では，見かけの拡散係数が小さくなればそれに反比例して同じ距離を動くのに必要な時間が長くなるので，見かけの拡散係数がおよそ$10^{-15}\ m^2s^{-1}$のアメリシウム（半減期は^{241}Amが433年，^{243}Amが7364年）がベントナイト中を拡散によって25 cm動くのには，およそ100万年かかり，その間にほぼ全ての^{241}Amと^{243}Amは減衰してしまうことになる。ベントナイトがなく，岩石による収着遅延がなければ，

アメリシウムは，地下水流速が10^{-9} ms^{-1}であれば1万年で320 m移動するが，地下水流速が10^{-11} ms^{-1}，すなわち，一般の地下深部で見られるように，透水係数あるいは動水勾配が小さくてその積が10^{-11} ms^{-1}程度であれば，10万年で32 mしか移動せず，この近傍でアメリシウムが減衰するまで閉じ込めておくことができる。実際にはアメリシウムは移行過程で，岩石表面に強く収着されるので，移流速度として10^{-11} ms^{-1}より低い値が容易に達成される。

このような考察から，放射性廃棄物の処分においては，地下水による移流・拡散と収着遅延の効果により，浅地中処分においては数百年の閉じ込め，地層処分においては数万から数十万年の閉じ込めを達成することができる。それ以上の期間減衰しないで残留する長半減期の核種は，もともと比放射能が小さいため廃棄物中の放射能インベントリが小さいものであるが，廃棄物中の核種が最大限溶解して，収着は遅延のみをもたらし，永遠の固定（鉱物化）をもたらさないとして，最後には地表に到達すると仮定する現在の悲観的評価の考え方からは，地下水中に溶出する核種については，その永遠の閉じ込めを保証することはできない。従ってこれらの核種に対しては，溶解度や収着によりその移行量がどれだけ低減されるかを考慮して，遠い将来に生活環境に到達する可能性のある核種の最大量を見積もって，人と環境に及ぼす影響を評価する必要がある。一般にこれらの核種の溶解度は非常に低く，比放射能が小さいため，これらの固体が地下にある限り，地表に影響を与えることはない。

6.4.3　移流に伴う分散

長距離の粒子やイオンの移動に関しては，ダルシーの法則に従ってある方向に移動する地下水による運搬すなわち移流が粒子やイオンの移動を支配する。この場合には，ベルトコンベアで運ばれる粒子やイオンを想像して，粒子やイオンはコンベアの上で拡散していると考えればよい。移流においては，媒体である水も溶質である分子やイオンも不均質な間隙構造の影響を受け，移動の方向（縦方向）に対しては，迂回による速度の遅延，壁面における速度の遅延などが起こり，垂直の方向（横方向）に対しては，固体を左右に避けることによる流路の分岐・拡大などが起こる。これらの効果は，移流速度に応じたランダムな機械的分散効果をもたらすことになり，移行する分子やイオンは，濃度勾配による拡散と合わせて，縦方向，横方向それぞれに対して程度の異なる正規分布に従う溶質フラックスの分散（dispersion）をもたらすことになる。地下深部のように移流速度が小さい時は拡散による分散が支配的となり，地表近くで移流速度が大きくなると機械的分散が支配的となる。

6.4.4　収着性多孔質媒体中の物質移行

移流・拡散（または移流・分散）方程式は，流れのある地下水中の粒子で，分子やイオンの移行を教えてくれる。移流・拡散方程式とは，移流方程式と拡散（または分散）方程式が組み合わされた一般的な流れを表す微分方程式である。ある位置の流束が，ダルシー流速vで流れ，かつ拡散係数Dで拡散する場合の移流・拡散方程式は，次のように表される。

$$\frac{\partial C}{\partial t} = D\frac{\partial^2 C}{\partial x^2} - v\frac{\partial C}{\partial x}$$

右辺第1項が拡散項，第2項が移流項である。

実際の処分システムにおいては，地下水は，固化体材料（セメント，ガラス等）やこれを取り囲むバリア材（コンクリート，粘土緩衝材，土砂等）および廃棄物直近の岩石等の地質環境構成物，より離れた場所の地層構成物や生活環境構成成分等の固体の間隙を移流と拡散により移動し，放射性核種は周囲の固相に収着されたものは移動に関与せず，地下水に溶けているフラクションのみが移流・拡散し，最終的に人に到達して摂取されるもののみが危害を与える。

したがって，処分システムの閉じ込め性能を評価するためには，廃棄物から出発して人にまで到達する移行経路のそれぞれにおいて，放射性核種が，間隙中の地下水と固相との間で，どれだけの割合で分配し，そのうちの間隙地下水に溶けている放射性核種が，間隙地下水の移流・拡散に伴ってどれだけの速さで動くかを評価する。

間隙の大きさと割合は，固相を構成している材料の緻密さによって大きく異なる。セメント内や岩石あるいは鉱物，粘土緩衝材中の間隙は非常に小さいが，地表に近い環境中の土や岩石の間隙や亀裂は比較的大きく，その分布は堆積物や堆積岩の生成時の淘汰の度合いや火成岩や変成岩の亀裂の分布に依存する。多くの場合，岩石では，より緻密で小さな間隙を持つ小さな粒子がより大きい岩石を構成しており，その間隙構造が大きく異なる場合は，外部間隙と内部間隙のように区別することもある。内部間隙をもつ粒子が集まっている場合には，内部間隙にある水や分子，イオンは移流が起こっている外部のより大きい間隙まで拡散による移動が到達しないため，この間隙にある核種は収着されているのと同じ効果を受ける。

移流・拡散に対して分子・イオンが固相に収着して移動に遅れが生じる。この効果の程度を評価するためには，地下水と固相の間での収着分配が十分速く達成されるとして，移流・拡散方程式を修正する。

放射性核種の収着による固液分配は

$$K_d\,[\mathrm{dm^3/kg}] = \frac{\text{核種の固相中濃度}\,S\,[\mathrm{mol/kg}]}{\text{核種の地下水中濃度}\,C\,[\mathrm{mol/dm^3}]}$$

で表され，間隙地下水と固相の体積比は $\varepsilon/(1-\varepsilon)$，固相の密度は $\rho_s[\mathrm{kg/dm^3}]$ であるので，ある単位体積中の核種の量の時間変化は，次のように表される。

$$\frac{\partial C}{\partial t} + \frac{(1-\varepsilon)\rho_s}{\varepsilon}\frac{\partial S}{\partial t} = D^*\frac{\partial^2 C}{\partial x^2} - v^*\frac{\partial C}{\partial x}$$

D^*は間隙地下水中の分子・イオンの拡散係数であり，v^*は間隙中の地下水の流速（実流速）

である。固相と間隙を合わせて多孔質媒体としたときの拡散係数とダルシー流速は，$D = \varepsilon D^*$ および $v = \varepsilon v^*$ であり，核種の固相濃度は $S = K_d C$ であるので，単位体積中の核種の量の変化を表す式は，次のようになる。

$$\left(1+\frac{(1-\varepsilon)\rho_s}{\varepsilon}K_d\right)\frac{\partial C}{\partial t}=\frac{D}{\varepsilon}\frac{\partial^2 C}{\partial x^2}-\frac{v}{\varepsilon}\frac{\partial C}{\partial x}$$

左辺の係数を R_d とすると，固相への収着分配があるときの移流・拡散方程式は次のようになる。

$$\varepsilon R_d\frac{\partial C}{\partial t}=D\frac{\partial^2 C}{\partial x^2}-v\frac{\partial C}{\partial x}$$

$$R_d=1+\frac{(1-\varepsilon)\rho_s}{\varepsilon}K_d$$

$1/R_d$ は，固相と間隙地下水中にある核種の全量に対する地下水中の核種の量の割合であり，収着が起こらない時に比べて，収着により核種の移行速度が $1/R_d$ になることを表している。R_d は核種の移行速度（移流拡散フラックス）に対する収着による抵抗を表す係数となっているので，遅延係数（Retardation factor）と呼ばれている。この偏微分方程式は，2次元あるいは3次元に拡張でき，沈殿や放射性崩壊による生成消失項を付け加えることもでき，解析的あるいは数値的に解くことができるので，放射性核種の地下水による移行遅延を評価する際の基本となる式として利用されている。

6.4.5 閉じ込めの達成

放射性廃棄物中の放射性核種は，化学的性質を持つ元素として挙動するので，処分施設のバリア構成要素の閉じ込め機能の劣化を考慮に入れて，各バリアにおける放射性核種の固液分配挙動と移行挙動を評価することにより，必要とされる期間の閉じ込めを達成できそうかどうかが評価できる。

隔離・閉じ込めが必要とされる期間は，5.4節で述べたように，短寿命核種を主として含む低レベル放射性廃棄物に対しては数百年程度，長寿命核種を相当程度以上含むTRUおよび高レベル放射性廃棄物に対しては少なくとも数千年程度である。

これに対して，図6.4-2は，日本で計画されている高レベル放射性廃棄物の地層処分の概要と，その予備的考察において，地下深部に見られる一般的条件に従って設定されている参照条件を示したもので，表6.4-2は，このような条件の場合に，ガラス固化体1本中に含まれている様々な半減期を持つ放射性核種の固化後50年後，1000年後のインベントリと，それらがどの程度閉じ込められるかの見込みを示したものである。

表6.4-2の地質環境の列には，深部地下に見られるように，地下水を含むものの動きや変

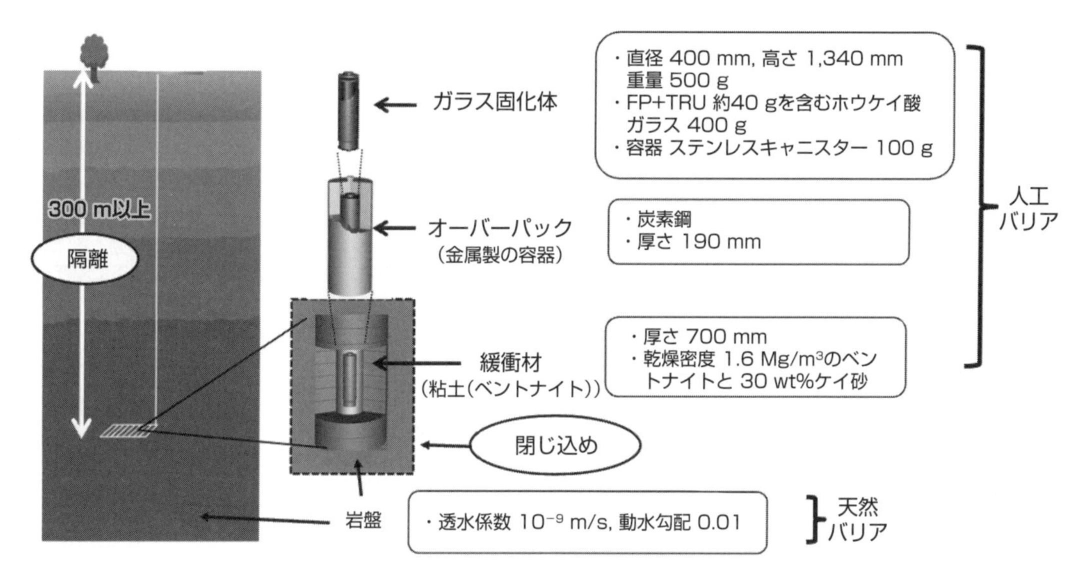

図 6.4-2　高レベル放射性廃棄物の地層処分の概略設計のための参照条件【JNC, 1999aより作成】

化が非常に緩慢であれば，固体とされて埋設された廃棄物から放射性核種が溶け出して，生活環境まで到達することはありそうもないことが示されている。この表では，地下深部の廃棄物をとりまくごく近傍（地質環境）の地下水流速（ダルシー流速）として，10^{-9} m/sの透水係数と0.01の動水勾配の積である10^{-11} m/sとしている。これは核燃料サイクル開発機構（現：日本原子力研究開発機構）の第2次取りまとめ【JNC, 1999a；JNC, 1999b】においてレファレンスケースとして選ばれている値である。

実際の地下水流速は，対象となる地下深部および岩石試料の観測により確かめるしかないが，一般的に安定した地下深部では，地下水年代（地下水が地表環境から隔離された後の年）として何万年～何十万年以上の値が得られており，地質環境として花崗岩のような結晶質岩や堆積岩からなる安定な岩盤が選ばれれば，このような地下水流速が実現される可能性は高い。表には，この条件において，それぞれの放射性核種がほぼ完全に減衰するまでの期間に地下水が移流により移動する距離が見積もられている。放射性核種の動きは，地下水流速と同じというわけではなく，収着による遅延効果があるので，この表で見積もられた地下水の移動距離は，このような地下水流速で最低限どれだけの閉じ込めが見込めるかのめやすを与えているものである。ただし，これらの見積もりは，地下水流速あるいは透水係数と動水勾配が異なれば，それに応じて変わるので注意が必要である。

放射性核種は，半減期ごとに1/2になるので，10半減期で1/1024 ≈ 1/1000，20半減期で$1/10^6$，30半減期で$1/10^9$になる。したがって，地下水の動きが遅いという条件が満たされれば，半減期が1万年以下の放射性核種は全て，廃棄体から100 m以内に閉じ込められ減衰してその生涯を終える。地下水流速が10倍になれば，この移動距離は10倍になるので，半減期が1000年以上の核種の100 m以内の閉じ込めは実現できないが，それでも半減期が500

表 6.4-2　地層処分における様々な半減期の放射性核種の閉じ込め

核種	半減期(年)		50年貯蔵後のインベントリ(Bq)	1,000年後のインベントリ(Bq)	溶解度(mol/dm^3)	溶解放射能(Bq/dm^3)	人工バリア	地質環境
Eu-154	<30	8.6E+00	3.6E+12	3.6E-23	2.8E-08	4.3E+07	オーバーパック（鉄製容器）中で減衰する。	地下水が900年で30 cm移動する*間に1/10^{9}以下に減衰する。
Pu-241		1.4E+01	2.3E+12	1.6E+10	6.3E-08	5.8E+07		
Nb-93m		1.6E+01	6.4E+10	1.4E-08	1.1E-06	9.0E+08		
Cm-244		1.8E+01	1.5E+13	3.5E-04	2.8E-08	2.0E+07		
Sr-90		2.9E+01	8.4E+14	2.9E+04	5.9E-06	2.7E+09		
Cm-243		2.9E+01	2.0E+11	9.0E+00	2.8E-08	1.3E+07		
Cs-137		3.0E+01	1.3E+15	1.3E+05	可溶			
小計			2.2E+15	1.6E+10				
Pu-238	<500	8.8E+01	5.4E+11	2.0E+08	6.3E-08	9.5E+06	溶解度により溶出量が制限される。 ガラスと粘土緩衝材中で減衰する。	地下水が1.5万年で5 m移動する*間に1/10^{9}以下に減衰する。
Am-242m		1.4E+02	1.9E+11	1.4E+09	2.8E-08	2.6E+06		
Am-241		4.3E+02	3.5E+13	7.1E+12	2.8E-08	8.6E+05		
小計			3.6E+13	7.1E+12				
Cm-246	<1万	4.7E+03	2.8E+09	2.4E+09	2.8E-08	7.9E+04		地下水が30万年で100 m移動する*間に1/10^{9}以下に減衰する。
C-14		5.7E+03	1.2E+08	1.1E+08	可溶			
Pu-240		6.6E+03	3.2E+11	3.3E+11	6.3E-08	1.3E+05		
Am-243		7.4E+03	8.1E+11	7.4E+11	2.8E-08	5.0E+04		
Th-229		7.9E+03	1.1E+04	1.0E+04	1.6E-07	2.7E+05		
Cm-245		8.4E+03	1.7E+10	1.6E+10	2.8E-08	4.4E+04		
小計			1.1E+12	1.1E+12				
Nb-94	>1万	2.0E+04	1.5E+08	1.8E+08	1.1E-06	7.2E+05	溶解度により溶出量が制限される。	1 dm^3/年で運ばれる*地下水は地表に出るまでに10^{8} m^3/年（中級河川水量）に希釈される（1/10^{11}以下になる）。
Pu-239		2.4E+04	6.8E+10	8.8E+10	6.3E-08	3.5E+04		
Ni-59		7.6E+04	8.2E+08	8.1E+08	7.7E-06	1.3E+06		
Tc-99		2.1E+05	5.2E+11	5.1E+11	4.3E-09	2.7E+02		
Sn-126		2.3E+05	2.6E+10	2.6E+10	6.9E-07	4.0E+04		
U-234		2.5E+05	9.7E+07	2.9E+08	8.8E-09	4.7E+02		
Se-79		3.0E+05	1.4E+09	1.6E+10	9.9E-09	4.4E+02		
Cl-36		3.0E+05	4.8E+08	4.8E+08	可溶	6.9E+03		
Pu-242		3.8E+05	4.1E+08	4.1E+08	6.3E-08	2.2E+03		
Zr-93		1.6E+06	7.3E+10	7.4E+10	1.1E-04	9.0E+05		
Np-237		2.1E+06	1.4E+10	2.0E+10	7.7E-08	4.8E+02		
Cs-135		2.3E+06	1.8E+10	1.8E+10	可溶			
小計			7.2E+11	7.6E+11				

＊緩衝材外側の地下水流速＝透水係数（10^{-9} m/s）×動水勾配（0.01）＝10^{-11} m/s ＝0.3 mm/年と仮定

年以下の核種は50 m以内に閉じ込められて減衰する。

これらのことから，半減期が1000年を超えるような長寿命放射性核種に対しては，長期にわたる閉じ込めによる減衰を見込むことができないことがわかる。しかし，これらの核種については，表の溶解度と溶解放射能の欄を見るとわかるように，溶解度制限により，地下水中に溶出する核種の放射能濃度は限られる。表中に示すのは，実験により求められている放射性核種の元素としての地下水1 dm^3（= 1 L）への溶解度S（mol/dm^3）と，それに対応する放射能濃度（Bq/dm^3）である。

溶解度とは，核種の元素としての性質と，主にpHおよび酸化還元性によって示される地下水の条件により熱力学的に決まる飽和状態を表す平衡定数であり，固化マトリックス母材であるガラスが溶解しても，これらの元素は酸化物や水酸化物等の固体となって，溶解度で示される以上は地下水に溶解しないことを表している。実際には，固体が水に溶解する速度は極めて遅いので，溶解量はこれ以下になるかもしれないが，溶解度は，溶解速度が速くてもこれ以上は溶解しないという限界を表している。

すなわち，典型元素に属する^{36}Clと^{135}Csなどの可溶性元素は，ガラスが溶解（ガラスが他のシリカ鉱物に変質）するにしたがって保持されていた量が地下水中に溶解するが，アクチノイドについては10^{-7} mol/dm^{3}以下に，dブロック遷移元素については元素ごとに異なる10^{-4} mol/dm^{3}以下に地下水に溶存する量は制限される。

一方，放射能濃度は，溶解度により1 dm^3（= 1 L）中に溶け込んでいる放射性核種の物質量が持っている放射能を次の式で計算した値である。

$$A = -\lambda N = \frac{\ln 2}{t_{1/2}} S N_A$$

N_Aはアボガドロ数，λは崩壊定数（s^{-1}），$t_{1/2}$は半減期（s）である。この式からわかるように，放射性核種の半減期が長くなれば，比放射能（単位物質量あたりの放射能）は小さくなるので，同じ溶解度でも，半減期が長い核種ほど，付随する放射能量は小さくなる。

このようにして求められた放射能濃度は，これらの核種を含む固体に接している水の危険性を表しており，第3章の表3.2-4に示された経口摂取についての線量換算係数を使えば，このような地下水を飲料として摂取すれば，どれだけの線量が将来体に与えられることになるかが見積もれる。表3.2-4に対する例として，200 Bq/dm^{3}の^{137}Csを含む1 dm^{3}の水を1年間飲み続けると，それ以降の生涯において内部被ばくにより与えられる線量が約1 mSvになることを示した。

もちろん廃棄物の周囲の地質環境に存在する地下水は，岩石間隙に存在するもので，人が飲み続けられるほど大量にあるわけではない（人の年間飲料水量は2 dm^3/日×365日程度）。地下水の動く速さは非常に遅いので，廃棄物の周囲の岩盤領域を通過して1年間に動く地下水量はガラス固化体1本あたりおよそ1 dm^{3}程度に限られる（廃棄物の周囲の断面積を10^{-11} m/sの流速で1年間に通過する水量）ので，地下水中に飽和するまで溶出して，1年間に地表まで運ばれる放射性核種の量はこの1 dm^{3}に溶けている量以下に限られる。この放射性核種は，地表に至るまでの地質環境と地表環境のどこかでより速い速度で動く地下水と表層水で希釈され，最終的には地表の生活環境を通過する水量にまで希釈される。処分場全体で運ばれる核種の量が，単純に処分場全体のガラス固化体の本数（日本の現在の計画では4万本）倍であるとしても，日本の中級河川の平均の水量は約10^8 m^{3}であるので，0.001 m^3/本×40000本/10^8 m^3 = 1/250,000にまで希釈されるので，地下にある長半減期難溶解性の放射性核種を含む廃棄物が地表環境に有意な影響を与えることはない。

地層処分ではこのように，地質環境だけで固体の放射性廃棄物を限られた地下の領域に閉じ込めておくことができるが，廃棄物埋設後，数百年程度の期間は，主に初期の放射能の大部分を占める^{137}Csと^{90}Srの崩壊に伴うガラス固化体の発熱が著しい。このため，廃棄物の周囲では，地下水の熱対流や放射線分解等が起こりやすい条件が想定される。また，地質環境特性の不均質な分布による地下水流速や地下水水質の変動などの影響も懸念される。このため，放射性物質を長期にわたり，より確実に地下深部に閉じ込められるように，人工バリアを適切に設計して放射性廃棄物を埋設する。具体的には，現在の地層処分の考え方に基づくと，廃棄物であるガラス固化体を炭素鋼製のオーバーパックに封入し，それを地下水および放射性物質の移行を抑制する効果のある粘土系材料（緩衝材）で取り囲み，長期にわたる物理的隔離が見込まれる地下深部の岩盤に埋設する。

オーバーパックは，埋設後数百年の，ガラス固化体の発熱や放射線分解の影響が懸念されるこのような条件下において，放射性物質の移行が起こらないよう，少なくとも1000年程度の期間，ガラス固化体と地下水との接触を防止することにより，放射性物質の地下水への浸出を抑制する。

オーバーパックが徐々に腐食され，その機能を失うと，廃棄物であるガラス固化体と地下水が接触するが，ガラス固化体は水に溶けにくいため，放射性物質の浸出が抑制される。ただし，非常にゆっくりとではあるが，ガラスが溶解する可能性があり，保守的な見積もりによれば7万年程度経過するとガラス固化体の全量が溶解すると考えられている。ガラスが溶解するには，溶解したガラスが地下水によって運ばれて除かれる必要があるが，地下水の動きは限られているため，実際に起こるのは，ガラス相がより安定なシリカ鉱物相に変質することであると考えられている。実際にはガラスの溶解速度は，天然ガラスである黒曜石の存在などからはるかに遅いと考えられるが，このような変質が最大限進行するとして，この徐々に進行するガラス固化体の溶解にしたがって，溶解度の高い放射性物質は地下水中に浸出すると考えられている。初期の放射能の大部分を占める^{137}Csと^{90}Srは地下水への溶解度が高いので，これらが減衰するまでの初期の数百年から1000年の期間は，オーバーパックおよびガラス固化体の健全性の維持が望ましい。

オーバーパックの機能が失われて以降，ガラス固化体から浸出したより長半減期の放射性物質は，放射性物質に固有の溶解度に制限され大部分が固体としてその場に閉じ込められたままとなるが，地下水中に溶出した部分は，粘土緩衝材を拡散により移行し，緩衝材の外側に達した部分が地下水の流れ（移流）によって，岩盤への収着による遅延を受けながら移行する。このときの地下水への溶出は極めて遅い酸化物等の固体の溶解であり，たとえ溶解度まで溶解したとしても，その溶解度は例えば図6.3-3に示したようにごく限られたものである。

緩衝材に用いられるベントナイトは，今から数千万年から数億万年前に，火山灰の堆積物が温度・圧力とともに侵食，風化作用を受けることによって，また地熱による熱水作用を受けることによって生成された厚みが約1 nmの薄い板状結晶が積み重なった層状構造をした粘土鉱物モンモリロナイトを主成分とした粘土で，水中で膨潤し，様々な陽イオンを吸着またはイオン交換する等の機能を持つため，廃棄物処分における遮水材，バリア材として広く用いられている。この膨潤性により緩衝材は非常に緻密な構造となるため，放射性核種は，緩衝材間隙（結晶層間と結晶粒間）中の地下水中を拡散によってしか移行できず，さらに陽イオンの移動は収着により遅延されるので，拡散速度は非常に遅いものとなる。この結果，例えばアメリシウムがベントナイトを拡散によって通過するには，数十万年以上かかり，その間にほぼ全ての^{241}Amと^{243}Amは減衰してしまうことになる。

結局，高レベル放射性廃棄物中に含まれる半減期が1万年以下の放射性核種は，オーバーパックと粘土緩衝材（人工バリア）中に閉じ込められて減衰すると見込まれ，さらにたとえ人工バリアがなくても，周囲の100 m以内の岩盤（天然バリア）中に閉じ込められて減衰する。この結果，地表の生活環境に，数十万年より遠い将来に到達する可能性のある放射性核種は，半減期が1万年以上の長半減期核種で，地下水に溶存し得るものに限られる。到達する核種の量は，これを運ぶ地下水の量により制限されるので，自然に起こる希釈により生活環境に影響が及ぶことはない。このように地層処分システムにおいて，人工バリアと天然バリアは，互いに完全に独立ではないが多重バリアとして閉じ込めを確かなものにしている。

6.5 閉じ込めのための地質環境と隔離の確保

6.5.1 浅地中処分と地層処分における隔離の確保

放射性廃棄物の処分では，その危険性が持続する期間，すなわち含まれる放射能のレベルが問題となる期間，人間とその生活環境に放射性廃棄物の影響が及ばないようにすることが求められる。このため処分においては，廃棄物形態が容器に収められた廃棄物パッケージ，これを取り囲む緩衝材や埋め戻し材などの人工バリアおよびこれらが定置された覆土や母岩などの地質環境からなる天然バリアに，問題となる放射性核種が閉じ込められるように処分施設が設計される。すなわち，人工バリアを構成する材料中における放射性核種の溶出と移行が抑制され，ほとんどの核種が人工バリア内で減衰消滅するように人工バリアが構成され，人工バリアから溶出する放射性核種の移行が限られた範囲に抑制されるように地質環境が選ばれる。

このとき，閉じこめの機能を提供する処分システムの人工バリアと廃棄物周辺の地質環境（天然バリア）には，自然過程による劣化に加えて，自然現象や人を含む動植物による外部からの擾乱事象が生じ，バリアの閉じ込め機能を損ねる可能性がある。このため，廃棄物処分システムでは，生活環境が廃棄物からの影響を受けないように処分施設を隔離するとともに，擾乱事象からの影響を受けないように処分施設を隔離しておく必要がある。

このとき，過去の一般の廃棄物の処分でなされてきたのと同様に，地表の生活環境に近いところに処分施設を設けることを考えると，そのような場合には，処分システムに影響を与える可能性のある擾乱事象のうち，自然過程による擾乱事象（地震，液状化，津波，洪水，台風，竜巻，凍結，降水，地滑り，火山，火災等）に対しては，適切な設計とサイト選定によりその影響を避けることができるが，人を含む動植物の一般的な土地利用による，施設に対する破壊的侵入に対しては，居住，建設等の土地利用や立ち入り，掘削等の制限という制度的管理に頼るしかない。

制度的管理の持続性は社会制度の安定性に依存しており，その見込みは国によって異なるが，概ね数十から数百年と考えられており，これに基づき，含まれる放射性核種の危険性が，社会制度が安定に持続すると見込まれる期間内に減衰消滅する放射性廃棄物に限って，地表近くへの埋設処分すなわち浅地中処分が認められる。

それ以上の長期にわたって危険性が持続するような放射性核種を含む廃棄物については，制度的管理が失われ，そこに廃棄物があるという記憶が失われたとしても，そのような長期にわたって閉じ込めが達成されるとともに，人間による偶発的な（故意でない）侵入が起こらないように，一般的な地下利用がなされないような，地表から隔離された深い地下への埋設がなされる。一般的な地下利用とは，居住や建設はもとより，高層ビルの基礎工，地下鉄，上下水道，種々の地下施設の建設などを含み，それ以上の深度に対しては利用に先立ってボーリングなどによる調査が行われると考えられる深さを意味している。

地層処分の対象となる高レベル放射性廃棄物および一部のTRU廃棄物は，長半減期の核種を相当量含むため，隔離・閉じ込めを必要とする期間は数万年以上の長期にわたる。このため，地層処分においては，放射性核種を長期にわたって閉じ込めておくことのできるような特性を持つ地質環境（母岩）で，その地質環境が長期にわたって安定で，様々な外的擾乱事象の影響を受けないような場所に廃棄物を埋設することが必要となる。このような場所をどこかに見つけるためには，地表に施設を作る場所を見つけるのとは異なる考慮が必要となり，段階的に調査を進め，段階ごとにより詳細な情報を得て地層処分に適した場所を選定する。地層処分に適した地質環境とその地質環境の長期安定性に影響を及ぼす要因はどのようなものであるか，そのような影響を避けてどのように地層処分地（サイト）を選定していくべきかを，次に，総合資源エネルギー調査会地層処分技術WGの報告書【総合資源エネルギー調査会，2014】の記述にしたがって紹介する。

6.5.2 好ましい地質環境

地層処分においては，数万年以上の長期間にわたり人間とその生活環境に放射性廃棄物の影響がおよばないようにするために，地下深部に放射性廃棄物を埋設することで，放射性物質が，生活環境から隔離され，さらに長期にわたってはその放出や分散が抑制され処分場周辺に閉じ込められるようにする。

このためには，人工バリアを取り囲む地質環境が，人工バリア材料の劣化を抑制するような特性を持つとともに，その地質環境自身も天然バリアとして機能するように，低い溶解度制限と遅い地下水流速が達成される条件にあることが好ましい。地質環境として，熱環境，力学場，水理場，化学場のそれぞれについて，どのような条件が好ましいか，それに対して日本において一般的に見出される地質環境特性はどうなっているかを次に示す。

(1) 熱環境

人工バリア材料のうち，ガラス固化体，鋼製オーバーパックは材料として高い耐熱性を有している。これに対し，緩衝材であるベントナイトについては，地温90℃の条件では10万年以上の期間，熱変質は軽微で機能の低下は起こらないが，地温が130℃を超えると10万年程度の期間で，また，地温170℃の条件では1万年程度の期間で，モンモリロナイトの熱変質（イライト化）が50％程度進行すると予測されている。このため長期にわたり100℃を大きく超えるのは好ましくないとされている。

地下深部の地温の実測例は限られているが，地温勾配に関するデータベースの整備が進んでおり，火山地域を除く大部分の地域で地温勾配はおおむね5℃/100 m以下（平均的には3℃/100 m）であることが示されている。

(2) 力学場

地下深部では地下水の水圧や緩衝材の圧密変形に伴う反力などの外力がオーバーパックに作用する。さらに,岩種,地形,断層や処分深度の条件によっては,岩盤中の断層変位やクリープ変形等が考えられる。これらに対して，岩盤の変形が著しいと考える場合には，オーバーパックの破損を招かないように強度を上げる必要がある。このため，力学場としては，岩盤の変形量が小さいことが好ましい。地下深部の岩盤の長期的なクリープ変形量は設計で対応が可能な範囲と考えられることから，好ましい特性を有する地質環境は広く存在していると考えられている。

(3) 水理場

地下深部の遅い地下水流速は，地質環境に求められる重要な要件である。一般的には，動水勾配は地形に強く依存するが,地下深部の岩盤中では,局所的な地形の影響が少ないため,地表付近に比べて動水勾配は緩やかになることが示されている。全国各地の井戸データ等から地表付近の動水勾配（地下水面の勾配）は地形勾配に強く支配されており,低地（0.008),台地（0.016)，丘陵地（0.035)，山地（0.061）の順に大きくなること等が示されている。地下深部の平均的な動水勾配はこれらの値より小さくなると考えられており，地下研究施設などのデータによれば，岩盤の透水性は岩石の種類や場所によって異なるが，断層破砕帯や割れ目集中帯を除くと，地下深部の岩盤としての平均的な透水係数は，概ね10^{-10}～10^{-7} ms^{-1}の範囲にある。

(4) 化学場

地下水が低pHあるいは高pHの場合は，ガラス固化体の溶解（変質）速度の増大による放射性物質の浸出率の増加，一部の放射性物質の溶解度の増加や収着係数の低下，オーバーパックの不動態化による局部腐食や応力腐食の誘導，緩衝材の変質の促進等が起こり得る。また，酸化性条件では，オーバーパックの耐食性が低下し，アクチノイドなどの一部の放射性物質の溶解度が増加する。さらに，炭酸化学種濃度が0.5 mol・dm^{-3}以上となる条件ではオーバーパックが不動態化，局部腐食を招きやすくなることが報告されている。

このような懸念があるものの，一般的に深部地下水がこのような条件になることは非常に限られている。降水を起源とする地下水のpHは，地表付近から地下深部にいくにしたがって酸性（$CO_2 + H_2O \rightleftharpoons H^+ + HCO_3^-$によるpHの制御）から弱アルカリ性（$CaCO_3 + H^+ \rightleftharpoons Ca^{2+} + HCO_3^-$などによるpHの制御，弱アルカリとして作用する固体は炭酸カルシウムの他，地下水の置かれた環境に依存して酸化物，水酸化物，ケイ酸塩等がある）に変化することが示されており，深層地下水の化学特性に関するデータベースでも，中性から弱アルカリ性のデータが得られている。

地下水の酸化還元電位に関しては，堆積岩では深度数十m，花崗岩では深度数百m程度で,還元性の地下水が形成されている。これは，地表から持ち込まれる溶存酸素などの酸化性物質は，微生物の作用も手伝って比較的速やかに有機物や含鉄鉱物，含イオウ鉱物により消費されるためと考えられており，地下深部では一般的に－100 mVから－250 mV（pE = －1.6から－4.2）の電位が観測されている。日本の地層処分では，地下300 m以深への埋設が法律に定められているのは，間違いなく還元性になっている深度としてこの深度が選ばれているためである。

地下水の炭酸化学種濃度に関しては，地質ごとに有意な差があり，0.005 mol･dm^{-3}から0.02 mol･dm^{-3}の値が観測されているが，これらの値は先に示した0.5 mol･dm^{-3}に比べかなり低い。

以上の考慮をまとめると，地層処分施設にとって好ましい地質環境特性は次のように整理される。

1）熱環境：地温が高くないこと
2）力学場：岩盤の変形が大きくないこと
3）水理場：地下水流動が緩慢であること
4）化学場：地下水のpHが中性領域であること，地下水が酸化性雰囲気でないこと，地下水中の炭酸塩化学種濃度が高くないこと

これらが満たされれば，人工バリアの構成材料の健全性が損なわれることがなく，人工バリアから放射性核種が溶出するとしても，その際の溶出とその後の移行が抑制される。

重要な点は，このような好ましい地質環境の特性は特殊なものではなく，地下深部にごく一般的にみられる特性であって，これらが確保されていれば，処分対象とされている放射性物質のほとんどすべては，廃棄物を取り囲む廃棄物の直近数mから数十mの範囲の地質環境内に閉じ込められたまま，その放射能は減衰して失われてしまい，生活環境に影響を及ぼすことはないことである。しかし，それにもかかわらず，これらの条件が満たされているかどうかは地表からはわからず，実際に地下環境を調査してみなければ確認できないということである。

6.5.3　地質環境の長期安定性に影響を与える要因

ここまでで示した閉じ込め機能の観点で好ましい地質環境は，深部地下において一般的に見られる条件と考えられるが，将来にわたってこの閉じ込め機能が安定的に維持されるかどうか，処分施設と地質環境が将来にわたって地表の生活環境から隔離され続けるかどうかは，この地質環境に作用する外的擾乱のいかんにかかっている。地質環境とは，廃棄物のごく近傍の廃棄物を取り囲む範囲の地質構成物を指し，地殻あるいは地層全体から見ればごく限られた範囲の領域である。より広域の地殻あるいは地層の中で起こりうる様々な事象が，この空間的に限られた領域の地質環境の熱，力学，水理，化学特性に影響を与えるか否かが問題となる。

それぞれ，閉じ込め機能への影響要因と物理的隔離機能への影響要因としてどのようなことが考えられるかを以下に示す。

(1) 閉じ込め機能：熱環境への影響要因

地質環境には緩衝材の変質を防ぐため，地温が低いことが求められるが，これに影響を与える要因には，次のようなものが考えられる。

1）地熱活動：
マグマや熱水（非火山性を含む）の影響は，地温を著しく上昇させ，閉じ込め機能を喪失させる可能性がある。

2）断層面における摩擦熱：
断層活動に伴う断層面における摩擦熱は，断層破砕帯内において150～400℃の熱水を形成する可能性があるが，この温度は比較的短時間に熱伝導により100℃を下回るようになり，その期間は限られているので影響は限定的である。

3）気候変動による温度の上昇：
温度の変動範囲は限定的である。

4）火砕流による地表温度の上昇：
地下深部まで伝わる熱の影響は限定的である。

以上より，熱環境に対して著しい影響を与える可能性があるのは，地熱活動である。

(2) 閉じ込め機能：力学場への影響要因

力学場の好ましい地質環境特性である岩盤の変形が小さいことに対する影響要因としては次のようなものが考えられる。

1）岩盤の破断・破砕－処分深度に達する断層のずれ：
過去数十万年にわたり繰り返し活動し将来もその活動が継続する断層（活断層）は，地下深部から処分深度を経て地表にまで達する断層のずれを引き起こし，その平均変位速度は0.01～10 m/1000年の範囲であり，将来，処分深度から地表にかけて岩盤の破断・破砕をさらに引き起こすとともに，オーバーパック等の人工バリア要素の破壊を招き，閉じ込め機能の喪失につながる可能性がある。また，繰り返し活動することから，工学的対策を合理的な範囲で実施することは容易ではないと考えられる。このため，既存の活断層は，力学場の長期安定性に著しい影響を与える事象であると考えられる。

なお，上記の既存の活断層以外の，変位規模が小さい断層（既存割れ目等を含む）が単独で，または地質断層が，将来活動する可能性および著しい岩盤の変形を引き起こす可能性は必ずしも高くないと考えられるので，現地調査等詳細な調査結果に基づいて，処分場を断層から離す，断層上に廃棄物を埋設しない等の工学的対策を実施することが可能であると考えられる。

2）岩盤の弾性変形－地震動による岩盤のひずみ：

耐震安定性の検討によれば，地震が起こった際に人工バリアは岩盤と一体となって振動し，緩衝材が地震によりせん断破壊することはなく，液状化することもないことから，地下深部において人工バリアは耐震安定性を有することが示されている。また，地下数百m以深では一般に地震動の構造物に対する影響は小さいと考えられることも示されている。したがって，地震動による岩盤のひずみは，著しい影響とはならないと考えられる。

3）地温上昇に伴う岩盤クリープ変形量の増大：

岩盤のクリープ特性は，温度依存性が認められ，岩種により異なるが，日本に分布する岩石・岩盤に関しては，温度上昇によりクリープ変形量が変化したとしても，変形量の変化は微小である。このため，工学的対策が可能であり，地温上昇によるクリープ変形量の増大は著しい影響を与えることはないと考えられる。

以上より，力学場に対して著しい影響を与える事象は，処分深度に達する断層のずれ（活断層）であると考えられる。

(3) 閉じ込め機能：水理場への影響要因

水理場の好ましい地質環境特性である地下水流動が緩慢であることに対する影響要因としては，地下深部の動水勾配の増加，地下水流動経路の変化，涵養量の変化が考えられる。

1）動水勾配の増加－海水準変動および地形変化：

海水準変動に関しては，過去の氷期には，海面は現在よりも最大150 m程度低くなった時期があることが分かっており，最大150 mの侵食が生じる可能性はある。しかし，仮に150 m程度の侵食が生じた場合でも，地下の施設においてオーダーが変わるほどの動水勾配の変化は生じる可能性は低いと考えられ，その変化が懸念される場合には，地下水流動が緩慢と考えられる領域まで処分深度を深くする工学的対策を実施することも可能であると考えられる。したがって，海水準変動および地形変化が引き起こす動水勾配の増加は，水理場に対して著しい影響を与える事象とはならないと考えられる。

2）動水勾配の変化－地震に伴う地下水位（または水圧）の変化：

地震に伴う地下水位（または水圧）の変化は，広域スケールで発生し，サイトの地質構造（遮水性断層の有無等）に依存して，処分場の範囲でも変化すると考えられる。影響の程度は，これまでの観測された数mの水位変化の範囲の変化であれば，新たな工学的対策を考慮する必要はないと考えられる。したがって，動水勾配の変化は著しい影響を与える事象とはならないと考えられる。

3）地下水流動経路の変化－気候・海水準変動に伴う流出点の変化，塩水／淡水境界の位置の変化：

沿岸部の地下水流動状況は，塩分濃度の違いによる密度差により淡水が塩水／淡水境界に沿って上昇するため，気候・海水準変動による塩水／淡水境界の移動の影響を受ける。このような影響は，地下水流動場の評価をした上で，処分場の設置位置や深度の設定等の工学的対策を実施することが可能であるので，著しい影響を与える事象とはならないと考えられる

4）地下水流動経路の変化－断層のずれに伴う透水性の増加：

活断層の活動に伴い，断層およびその周辺において透水性が増加する可能性があり，これに伴い，活断層とその周辺が主要な地下水流動経路となる可能性がある。そのような変化は比較的短期間に収束すると期待されるが，必ず短期に収束するという論拠は十分とはいえない。断層活動による透水性の増加が長期間継続した場合を想定すると，放射性物質の移行経路が変わる可能性も考えられることから，保守的に著しい影響を与える事象（サイト選定において避けるべき事象）として扱うべきと考えられる。

5）涵養量の変化－気候変動に伴う涵養域の降水量の変化：

涵養量は10万年の氷期・間氷期の周期に従って変化し，今後日本列島では現在の7割から半分近くまで減少する可能性があるが，その涵養量の予測に合わせて，サイト周辺の地下水流動の長期変遷を評価できるので，涵養量の変化は著しい影響を与える事象とはならないと考えられる。

以上より，水理場に対する著しい影響を与える事象は，断層のずれに伴う透水性の増加であると考えられる。

(4) 閉じ込め機能：化学場への影響要因

化学場の好ましい地質環境特性である，高pHあるいは低pHではなく，酸化性雰囲気ではなく，炭酸化学種濃度が高くない条件を脅かす現象としては，酸性あるいはアルカリ性地下水の流入，酸化性地表水の流入，炭酸化学種の上昇が考えられる。この原因となる地質的な事象としては，次のようなものが考えられる。

1）低pH地下水の流入，炭酸化学種を含む地下水の流入－火山性熱水や深部流体の移動・流入：

火山性熱水については，酸性地下水や炭酸化学種濃度が高い地下水が，地熱活動が活発な第四紀火山の近傍に分布するとともに，酸性地下水の影響は上部の地質構造の影

響を受け，広範囲に及ぶ可能性がある。これは，マグマに含まれている揮発性成分であるH_2O, CO_2, SO_2, H_2S, HClが，マグマの上昇に伴う圧力の低下によって放出され，地下水に溶解し，そのpHを低下させるためであると考えられている。また，深部流体は，沈み込むスラブやマントル起源の流体が断裂系等を通じて地表付近に上昇するものと考えられており，火山性熱水と同様，地下水の酸性化や炭酸化学種の増加をもたらす可能性がある。

これらはいずれも，地質環境の閉じ込めに関する地下水の化学的特性を大きく変化させるため，その影響を避けるための配慮が必要となる。

2）高pH地下水の流入－超塩基性岩と反応した地下水の移動・流入：

超塩基性岩は，地下水との反応により蛇紋岩化作用を生じ，アルカリ性地下水を生成するという観測事例があるが，この場合の地下水のpHはおおむね11であり，この程度のpHであれば，緩衝材の化学的緩衝機能により，オーバーパックの耐食性，多くの放射性物質の溶解度，緩衝材であるベントナイトの変質に著しい影響を与えることはないと考えられている。

3）酸化性地表水の流入－断層のずれに伴う透水性の増加：

断層のずれに伴う透水性の増加による酸化性地表水の流入（引き込み）については，活断層のすべてに必ず発生するわけではなく，持続性も限られており，活断層が存在する場所の涵養量や地形に依存すると考えられる。したがって，酸化性の地表水の引き込みは，ある一定の条件下においてのみ検討すべき事象であると考えられるが，発生した場合には著しい影響を与える可能性があるため，保守的な観点から，著しい影響を与える事象（回避すべき事象）として考えられている。

以上より，化学場に対して著しい影響を与えると考えられる事象は，火山性熱水や深部流体の移動・流入と断層のずれに伴う透水性の増加である。なお，断層のずれに伴う透水性の増加については，サイト毎にその影響の度合いを評価する必要がある。

(5) 物理的隔離機能への影響要因

地下深部に放射性廃棄物を埋設しても，天然事象によって廃棄物が地表に著しく接近し，物理的隔離機能が喪失する場合として，マグマの処分場への直撃と地表への噴出，著しい隆起・侵食に伴う処分場の地表への著しい接近が考えられる。

1）マグマの処分場への直撃と地表への噴出：

万が一，地殻下部から上昇してきたマグマが処分場を直撃し，さらに地表にまで噴出することを想定した場合，処分場のかなりの範囲でマグマに取り込まれた廃棄体が地表にまで移動する可能性があり，人間の生活圏から隔離する機能を喪失すると考えられる。したがって，マグマの地表への噴出は，地層処分システムの安全性に著しい影響を与える事象であると考えられ，サイト選定において回避する必要があると考えられる。

2）著しい隆起・侵食に伴う処分場の地表への著しい接近：

著しい隆起と侵食作用が生じた場合，処分場の設置領域を含む相当の範囲の岩盤が地表に著しく接近する可能性が考えられ，この場合はすべての廃棄体を人間の生活環境から隔離する機能が喪失する。したがって，隆起・侵食が著しい地域は，サイト選定において回避する必要がある。なお，侵食については，海水準低下に伴う侵食も大きく影響することから，海水準低下に伴う侵食についても包含する必要がある。

以上の考慮をまとめると，地層処分にとって好ましい地質環境特性に著しい影響を与える事象は，表6.5-1のようになる。これらの事象は，天然現象としては，図6.5-1に示すような，

表 6.5-1　著しい影響を与える事象と天然現象の関係【総合資源エネルギー調査会, 2014】

<table>
<tr><th></th><th></th><th>火山・火成活動等</th><th>断層活動</th><th>隆起・侵食</th><th>気候・海水準変動</th></tr>
<tr><td rowspan="4">閉じ込め機能の喪失</td><td>熱環境</td><td>地熱活動
(非火山性を含む)</td><td>—</td><td>—</td><td rowspan="5">侵食の要因として評価</td></tr>
<tr><td>力学場</td><td>—</td><td>処分深度に達する
断層のずれ</td><td>—</td></tr>
<tr><td>水理場</td><td>—</td><td>断層のずれに伴う
透水性の増加</td><td>—</td></tr>
<tr><td>化学場</td><td>火山性熱水や
深部流体の移動・流入</td><td>断層のずれに伴う透水性
の増加（条件による）</td><td>—</td></tr>
<tr><td colspan="2">物理的隔離
機能の喪失</td><td>マグマの処分場への
貫入と地表への噴出</td><td>—</td><td>著しい隆起・侵食に伴う
処分場の地表への著しい接近</td></tr>
</table>

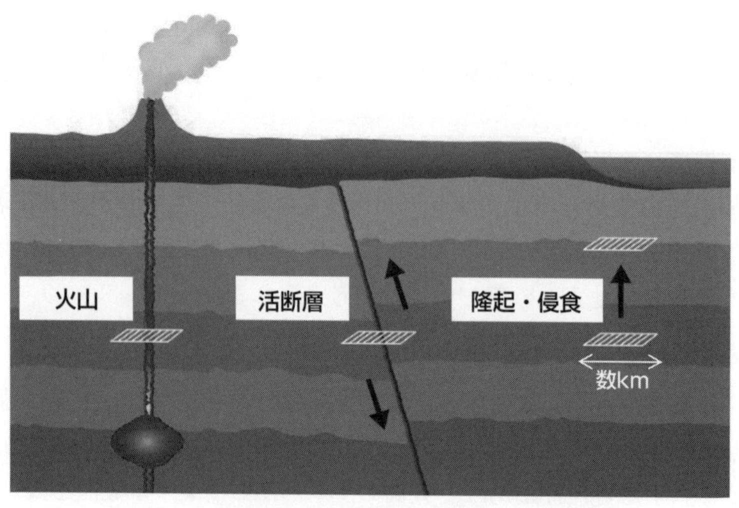

図 6.5-1　地質環境特性に著しい影響を与える天然現象

火山・火成活動等，断層活動，隆起・侵食に大きく分類することができる。

表6.5-1にまとめられている事象のうち，確実に回避すべきことは，人間の生活環境に廃棄体が露出することとなる物理的隔離機能の喪失である。この観点から問題となるのは，マグマの処分場への貫入と地表への噴出および著しい隆起・侵食に伴う処分場の地表への接近であり，これらについてはサイト選定により確実に回避することが必要である。

また，閉じ込め機能を確保する上で好ましい地質環境特性に影響を与える事象として抽出している地熱活動，火山性熱水や深部流体の移動・流入，断層のずれについては，廃棄体そのものは地下深部に定置されている状況であり，その他の閉じ込め機能が維持されている場合には，必ずしも人間の生活環境に著しい影響を与えるとは限らないものの，閉じ込め機能の重要な一部を喪失させることとなる可能性がある。この理由により，これらも回避すべき事象であると考えられる。

断層のずれについては，地下深部から処分深度を経て地表・地表付近に達するような規模を有しその変位量が大きい断層の場合には，廃棄体が破壊される可能性があるとともに透水性が増加する可能性がある。特に，ガラス固化体中の初期の放射能の大部分を占め地下水への溶解度が高い^{137}Csおよび^{90}Srが，十分減衰していない埋設後初期の数百年の期間に対しては，廃棄体の破壊と放射性核種の地表までの移行時間の数百年以下への短縮という可能性は低いが極端なことが起これば，地層処分システムに影響を及ぼす可能性がある。そのため，規模が大きく将来活動する可能性がある断層については，念のため回避すべきと考えられる。一方，規模の小さな断層等については，その影響の程度を適切に評価し，処分場のレイアウトを工夫する等の工学的対策を適切に講じることで，将来，断層が活動したとしても，その影響を最小限に抑えることが可能である。

6.5.4 地質環境に著しい影響を与える天然現象の地域的分布と長期的変動の傾向

地層処分における閉じ込めの機能を確かなものにする地質環境特性と隔離の機能に著しい影響を与える可能性があり，避けることが必要な天然現象としては，火山・火成活動等，断層活動，隆起･侵食がある。既存の火山の分布や地表の活動痕跡が明確な活断層については，全国を対象としてその分布等が体系的に整理された文献があり，隆起・侵食に関しても，過去約10万年間の隆起速度の全国分布図がある。また，個別の地域においても研究論文等が存在すると考えられることから，それらの情報に基づいて，既存の火山や活断層の存在が明らかな地域，隆起の程度の大きい地域を特定することは可能と考えられる。

その一方で，この現在の状況によって回避しておけば将来にわたって，回避が成り立つかについては，天然現象がどの程度の規模で地域的に変動しているかを理解したうえで回避の条件を設定しておく必要がある。このためには，こうした火山の分布や断層の活動性，隆起等の地殻変動の傾向をもたらす原因となっている日本列島を含む周辺のプレートシステムの理解が重要である。

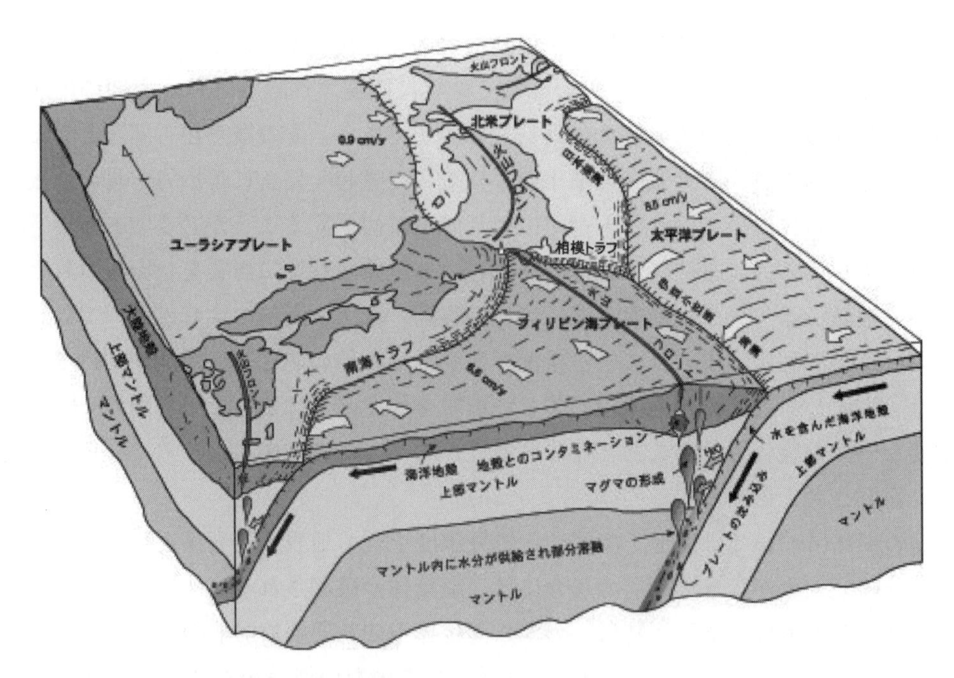

図 6.5-2　日本列島周辺のプレートの配置【全地連, 2016】

日本列島は，図6.5-2に示すように，地球を覆っている十数枚のプレートのうち4枚のプレートの衝突部にあって，世界的にも活発な沈み込み帯のフロントに位置している。この列島は北米プレートとユーラシアプレートの2つの大陸地殻からなり，これらに対して太平洋プレートとフィリピン海プレートが，日本海溝や駿河湾トラフ・南海トラフといった沈み込み帯で，2方向から強く圧縮しながら沈み込んでいる。さらに相模トラフでは，フィリピン海プレートが北米プレートの下に沈み込み，さらにその下に日本海溝から太平洋プレートが沈みこむという複雑な動きをしている。

このようなプレートの衝突の結果，プレート内部やプレート間の境界部には，力が加わり歪みが蓄積している。これら岩盤内では，岩盤の密度が低くもろい，温度（粘性）が高い，大きな摩擦力が掛かっているなどの理由で歪みが溜まりやすい部分がある。ここで応力（ストレス）が局所的に高まり，岩体（岩盤）の剪断破壊強度を超えて断層が生じる，あるいは既存の断層が動くことが地震であると考えられている。日本列島で発生する地震には，プレートの沈み込みに伴ってプレート境界付近で発生する海溝型地震と，陸域の浅部に発生する内陸型地震とがある。

陸側にゆるく傾く海溝部付近のプレート境界を断層面として発生する低角逆断層型の海溝型地震では，時としてM8級に達する巨大地震が100 ～ 200年の再来間隔をもって生起している。

一方，内陸型地震は，プレートの運動によって生じる圧縮力によって間接的に蓄積された歪みエネルギーを解放するために，陸域浅部で断層運動を生じるものである。この型の地震

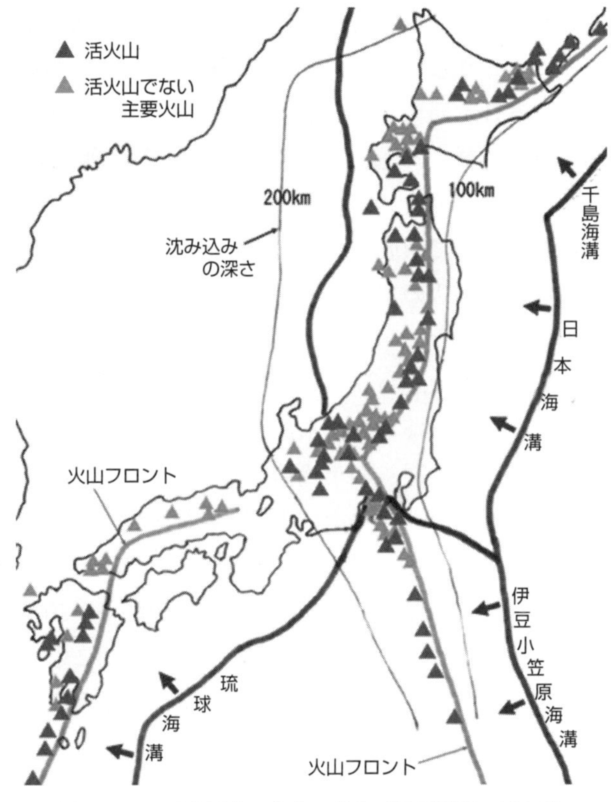

図 6.5-3　日本列島の火山の分布【防災科研, 2016】

の大きさは通常M7級どまりであり，垂直に近い断層面をもった横ずれ断層型や高角逆断層型である場合が普通である。歪みの蓄積の速度はプレート境界と比較して1桁から2桁遅いため，特定の断層における地震の繰り返し周期は数千～数万年といわれている。断層の中でも，数億年から数百万年前まで動いていて現在は動いていないような断層があり，そのようなものは古断層といって地震を起こさない。一方，現在も動いている断層を活断層という。

地震と同じくプレート運動に起因する火山は，日本列島周辺で図6.5-3のような分布を示している。この分布は我が国を取り巻く海溝の配置に平行しており，太平洋プレートが沈み込んで100～150 kmの深さに達した位置に相当している。これは，海溝から沈み込むプレートとともに地中へ持ち込まれた物質や海水が，このあたりの深さでマグマに転じる温度と圧力に達するためと考えられている。それより海溝に近い（沈み込んだプレートが浅い）場所では，プレートはマグマが発生する温度と圧力条件を与える深さに到達しないため，マグマは発生しない。マグマは発生した場所から浮力によってほぼ真上に上昇し火山を形成するので，火山は海溝から一定の距離だけ離れた位置に，海溝に平行に分布することになる。この火山列を，これより前（海溝側）には火山がないという意味で火山フロント又は火山前線と呼んでいる。

この現在の，火山や活断層の位置や活動の状況が，将来どの程度変化し得るかを知るためには，過去からこれまでに，こうした火山の分布や断層の活動性，隆起等の地殻変動の傾向をもたらす原因となっている日本列島を含む周辺のプレートシステムの理解が重要である。

現在に至る日本列島の原形の構成や過去の周辺のプレート運動の継続性などについては，表6.5-2のように知見が得られている。日本列島の原形は，日本海の拡大とともに古第三紀漸新世から新第三紀中新世にかけて形成され，主に太平洋プレートとフィリピン海プレートの沈み込みに関連する日本列島周辺のプレートシステムの基本的な枠組みは，この時代に成立したと考えられている。

このうち太平洋プレートの運動は，ハワイ―天皇海山列（北端はカムチャツカ半島の根元に至り，南端はハワイ海山群（主要なものは水面上に出てハワイ諸島を形成する）に繋がっている北太平洋の西側にある海底山脈）の年代値と屈曲などの知見が過去の履歴を教えてくれる。ホットスポット上に生まれた海底火山により，現在のハワイの位置に生まれた島々は，太平洋プレートの移動に伴い海底へ沈んで海山群となっている。この海山群は，かつてはプレートが北に向かって移動していたため，南北に形成されたが，4000万年ほど前から，移動する向きが西に変わったので，東西に海山群が生まれていくことになった。4000万年以前に生まれ北北西－南南東に連なる海山群を天皇海山群，4000万年前以降に生まれ西北西－東南東に続く海山群をハワイ海山群と呼び，この2つを合わせてハワイ－天皇海山列と呼んでいる。このことから，太平洋プレートの運動の方向は，4000～5000万年前以降は小規模な変化を伴うものの，ほぼ継続していると考えられている。

一方，フィリピン海プレートについては，太平洋プレートのようにプレート上にホットスポットによる海山が存在していないため，日本列島内陸部の火山の位置，堆積物の年代の検討，日本列島の周辺以外のフィリピン海プレートの範囲の諸情報に基づいて過去のプレート運動の推定がなされており，フィリピン海プレートの運動傾向は，300～500万年前以降は

表 6.5-2　日本列島の形成とプレート運動の継続性

	地質時代			日本列島の形成	プレート運動，断層活動の継続性		
					太平洋プレート	フィリピン海プレート	活断層の活動
6600万年前	新生代	古第三紀	暁新世				
5600万年前			始新世		4000～5000万年前		
3390万年前			漸新世	日本列島は大陸の一部 後に日本海となる地溝帯が拡大			
2300万年前		新第三紀	中新世	日本海形成			
533万年前			鮮新世	日本列島完成、圧縮応力場支配のネオテクトニクス成立		300～500万年前	
258万年前	有史時代	第四紀	更新世（洪積世）				約250万年前
1万1700年前			完新世（沖積世）				
今日							

大きく変化していないと考えられている。

このようにプレート運動に起因して発生すると考えられる地殻変動に関して，圧縮応力場が支配的である現在のテクトニクス（ネオテクトニクス）に遷移した時期は，地域ごとに異なるものの，概ね鮮新世から更新世であること等が示されている。

また，地殻変動としての活断層の活動開始年代は，古いものでおよそ600万年前からの年代が確認されているが，約250万年前ごろから活動を開始した断層の数が増加し，約100万年前までに約半数の活断層が活動を開始している。

以上の知見に基づけば，現在のテクトニクスに遷移した時期が鮮新世から更新世ごろと考えられ，プレート運動の結果として発生していると考えられる断層活動や地殻変動が少なくとも過去数十万年から100万年のオーダーで継続していることから，中期更新世以降に一定となった地殻変動の方向と速度は，将来10万年程度であれば継続する可能性が高いと考えられる。したがって，今後もプレートシステムの転換が生じなければ，現在の地殻変動の傾向や火山活動の場が今後も維持されると考えられ，今後，プレートシステムに何らかの変化が生じた場合にも，システムの転換には，100万年以上の期間を要することから，将来10万年程度であれば，現在の地殻変動，火山活動等の傾向が著しく変化するとは考えにくい。

6.5.5　処分地（サイト）選定における段階的調査の考え方

地層処分のサイトを選定するにあたっては，まず，処分した後の処分施設の安全性，すなわち閉鎖後の長期にわたる安全性を確保することと，これに加えて，地下施設・地上施設の建設操業時の安全性や放射性廃棄物の輸送時の安全性の確保についても考慮が必要となる【総合資源エネルギー調査会，2016】。

閉鎖後の長期の安全性に対しては，これまで述べてきたように，処分施設の隔離・閉じ込め機能に著しい影響を与える可能性のある天然現象の影響範囲を回避することと，閉じ込めがより確実に機能する地質環境を選択することが求められる。また，天然現象の他に，人が廃棄物の存在を知らずに偶発的に処分施設に侵入することのないように，鉱物資源の存在する地域は処分地とはしないように配慮がなされる。

表6.5-3は，隔離機能に影響を与える天然現象とその回避要件，表6.5-4は，地質環境特性

表 6.5-3　隔離のための要件

	想定されるリスク	要件
火山・火成活動	マグマの処分場への貫入と地表への噴出により、放射性廃棄物と人間が直接接触するリスク	マグマの処分場への貫入と地表への噴出により、物理的隔離機能が喪失されないこと
隆起・侵食	隆起・侵食により地表と処分場の距離が縮まることにより、放射性廃棄物と人間が直接接触するリスク	著しい隆起・侵食に伴う処分場の地表への著しい接近により、物理的隔離機能が喪失されないこと
鉱物資源	現在認められている経済的価値の高い鉱物資源が存在することにより、意図的でない人間侵入等により地層処分システムが有する隔離機能や閉じ込め機能が喪失するリスク	現在認められている経済的価値の高い鉱物資源が存在することにより、意図的でない人間侵入等により地層処分システムが有する隔離機能や閉じ込め機能が喪失されないこと

表 6.5-4　地質環境特性(閉じ込め機能)維持のための要件

	想定されるリスク	要件
地熱活動	地熱活動に伴う熱が緩衝材を変質させ、放射性物質を吸着する機能等が低下することにより、放射性物質が早く生活環境に出てくるリスク	処分システムに著しい熱的影響を及ぼす地熱活動により、閉じ込め機能が喪失されないこと
火山性熱水・深部流体	ガラスを溶かしやすくする、オーバーパックを腐食しやすくすることなどの特性を持つ地下水により、放射性物質が早く生活環境に出てくるリスク	処分システムに著しい化学的影響を及ぼす火山性熱水や深部流体の流入により、閉じ込め機能が喪失されないこと
断層活動	断層活動により処分場が破壊されると共に、断層の透水性が高まり地下水が流れやすくなるなどにより、放射性物質が早く生活環境に出てくるリスク	断層活動による処分場の破壊、断層のずれに伴う透水性の増加等により閉じ込め機能が喪失されないこと

表 6.5-5　地上施設・地下施設の建設・操業時の安全性確保に関する要件

	想定されるリスク	要件
①地下施設		
未固結堆積物	固結していないため掘削と同時に坑道が崩落する可能性	処分場の地層が未固結堆積物でないこと
		固結した岩盤であることにより、安全裕度が大きく向上すること
地熱、温泉	地温が著しく高い場合、コンクリート支保の性能低下による坑道崩落。また、湧水が水蒸気で噴出、また作業環境の悪化による健康被害	地温が高温でないことにより、安全裕度が大きく向上すること
②地上施設		
地上施設を支持する地盤	施設の十分な支持性能を発揮できる、施設の安全性が損なわれるリスク	施設を支持する地盤への対応に際して、安全裕度が大きく向上すること
津波	津波の影響により、施設の安全性が損なわれるリスク	津波への対応に際して、安全裕度が大きく向上すること
火山の影響	地震・津波以外の自然事象や人為的な事象の影響により施設の安全性が損なわれるリスク	操業時に火砕物密度流等による影響が発生することにより施設の安全性が損なわれないこと

(閉じ込め機能）維持のための回避要件である。また，表6.5-5は，地上施設・地下施設の建設・操業時の安全性確保に関する要件である。

閉鎖後の長期安全性確保のために影響を回避すべき天然現象である火山・火成活動，非火山性熱水及び深部流体，断層活動，隆起・侵食については，それらの現在の分布を調査することによって回避し，放射性物質の閉じ込めのためにより好ましい地質環境特性としての熱，力学，水理，化学的条件の確保については，深部地質環境を調査して，いくつかの候補地（地下環境）の閉じ込め機能を比較評価して，より優れた地質環境を選択する。

一方，建設・操業時の安全性確保のうち地下施設については，坑道崩落に結びつく未固結堆積物，地熱や温泉，山はね，泥火山，湧水，有害ガス等の事象を考慮しておく必要がある。また地上施設については，地上施設を支える地盤，津波，火山の影響等を考慮しておく必要がある。

これらの，最終的に閉鎖後の長期，あるいは建設操業時の約50年程度の期間における安全のための要件が満たされるためには，地表から知り得る既存の情報の調査に基づくデータにより判断できるものと，実際に場所を特定してその地域の具体的な状況に基づいて調査をしたり，地上からのボーリングや物理探査等を含む地下深部の調査や広域の地形等の調査による地下水流動等の調査（概要調査）をして得られるデータを必要とするものがあり，一挙に処分地が選定できたり，最終的な安全性が評価できたりするわけではない。また，この目的のために全国くまなく調査することも現実的には不可能である。さらに，坑道の安定性に関する未固結堆積物の固結の程度と分布，地熱や温泉の影響，山はね，泥火山，湧水，有害ガス等については，実際に地下施設を建設する際に先行ボーリング等により工学的に対応することになる。

火山や活断層，隆起侵食量などについては全国的にある程度のデータが得られており，これらのデータが，表中の要件を満たさなければ，処分システムが成立しないものがある。このような地域は，文献調査以前に判明しており当然回避すべき地域となる。一方，火山，活断層あるいは隆起侵食の具体的な大きさや影響範囲，さらには，軟弱地盤の深さ分布や，活断層以外の断層や亀裂の分布，広域地下水流動，津波，火災物密度流の到達範囲等の閉じ込め性能（地質環境条件）に関する情報は，具体的にその地域において詳細を把握する必要がある。

以上の考察に基づき，処分地を選定するためには，いくつかの候補から，段階的に情報の

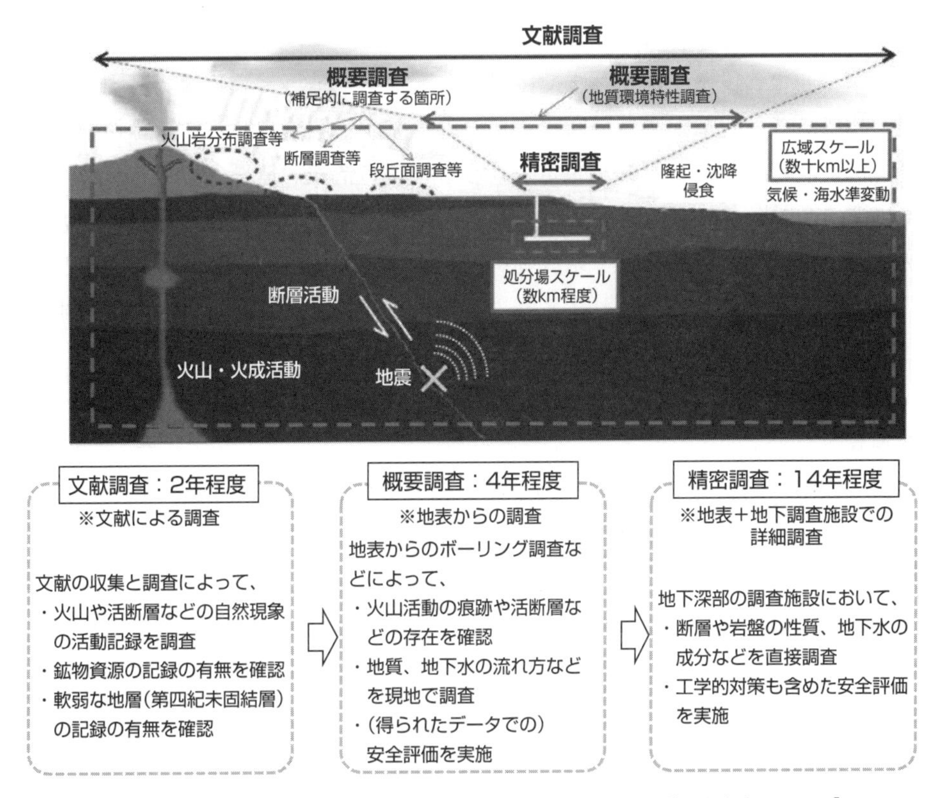

図 6.5-4　処分地選定のための段階的調査【総合資源エネルギー調査会, 2014】

詳細度を増していくことにより候補を絞り，最終的に1つの処分地を選定していくという段階的調査の方法が採られる。日本では，文献調査（概要調査地区の選定），概要調査（精密調査地区の選定），精密調査（最終処分施設建設地の選定）の3段階を経て処分地を選定しなければならないことが最終処分法に定められている。

段階的調査の内容と調査対象となる空間スケールのイメージは，図6.5-4のようになっている。

(1) 文献調査

文献調査（文献による調査:概要調査地区の選定）においては，全国的に得られているデータベース等に基づき事前に不適切な地域を対象から除いて選んだ文献調査対象地域について，2年程度をかけた文献の収集と調査によって，火山や活断層などの自然現象の活動記録，鉱物資源の記録の有無，軟弱な地層（第四紀未固結層）の記録の有無を確認して，処分地として不適切な地域を候補から除く。

(2) 概要調査

次の概要調査（地表からの調査：精密調査地区の選定）においては，文献調査より限定された対象地域について，4年程度をかけ，地表からの物理探査やボーリング調査などによって，火山活動の痕跡や活断層などの存在を確認するとともに，地質，地下水の流れ方などを現地で調査する。この段階ではそれまでに得られなかった地下水流動に関連する地質，地下水の情報として，変位規模が小さい断層，地表の痕跡が不明瞭である断層，地下に伏在している断層，地質断層で著しい影響が想定されるもの等の情報，地下水の熱，水理，力学，化学的特性に関する情報等が得られるので，地表の地形や涵養，流出等の情報と合わせて，得られたデータを用いて，広域の地下水流動をモデル化して概括的安全評価を実施し，その地域の閉じ込め性能を評価する。これにより，不適切な候補を排除するとともに，複数の候補地がある場合は，より好ましい候補を選択することができる。

(3) 精密調査

さらに次の段階の精密調査（地表＋地下調査施設での詳細調査：最終処分建設地の選定）では，図のように処分場スケールに合わせて選ばれた精密調査地区に対し，14年程度をかけて（調査全体が20年程度で終わるように），地下深部に調査施設を設けて，断層や岩盤の性質，地下水の成分などを直接調査し，工学的対策も含めた処分施設の設計を行い，これに基づき安全評価を実施して，処分施設の建設・操業の妥当性を評価する。

このように，処分地の選定は，安全性を確保するための科学的観点からだけでも，長期にわたる手間暇のかかる事業である。それに加えて，候補となる地域には，必ずその地域に住民がおり，その人々の協力がない限り事業はおろか調査も進めることができない。ここまで述べてきた安全上の考慮事項の他にも，その事業が実現できるかどうかも問題となる。地層処分施設は，最終的には，その地域の住民からも隔離された深部地下に設けられるものであるが，事業を進めるにあたっては，地表に施設を設け，廃棄物を運び込んで，処分に適した廃棄体を製作し，地下施設を建設してそこに廃棄体を運搬する必要があり，地域の住民の環境に有形無形の影響を与える可能性がある。輸送経路の問題，調査や建設・操業における人々の協力の問題，輸送と操業におけるリスクと人口分布の問題，事業を遂行するにあたっての港湾等のインフラストラクチャーの整備の問題等々，技術のみから考えることのできない多くの問題がある。このため，地域の住民が，処分事業をその地域で遂行することに同意し協力する，地域住民の事業参画のための手続きと仕組みを整えて，選定のための段階的調査を進めることが必要となる。

6.6 参考文献

1. Drever, J. I. (1997). The Geochemistry of Natural Waters: Surface and Groundwater Environments (3rd Edition), Prentice Hall.
2. Andrews, J. E., Brimblecombe, P., Jickells, T. D., Liss, P. S., Reid, B., (2013). An Introduction to Environmental Chemistry, 2nd edition, Wiley-Blackwell.
地球環境科学入門（渡辺正訳）シュプリンガー・フェアラーク東京.
3. Domenico, P. A., Schwartz, F. W. (1997) : Physical and Chemical Hydrogeology 2nd Edition, Wiley. 邦訳 地下水の科学1～3（全3巻),（地下水の科学研究会 大西有三監訳), 土木工学社.
4. Guillaumont, R., Fanghanel, T., Fuger, J., Grenthe, I., Neck, V., Palmer, D. A., Rand, M. H. (2003). Upadate on the Chemical Thermodynamics of Uranium, Neptunium, Plutonium, Americium and Technetium, OECD/NEA, Elsevier.
5. Stumm, W., Morgan, J. J. (1996). Aquatic Chemistry: Chemical Equilibria and Rates in Natural Waters (3rd Edition), Wiley-Interscience.
6. CRC (2015). CRC Handbook of Chemistry and Physics, 96th edition, 2015-2016.
7. Ojovan, M. I., Lee, W. E. (2014). An Introduction to Nuclear Waste Immobilization, 2nd ed., Elsevier.
8. 柴田雅博, 佐藤治夫 小田治恵, 油井三和（1999). 地層処分研究開発第2次取りまとめにおける緩衝材への放射性元素の分配係数の設定, JNC TN8400 99-072.
9. JNC (1999a). わが国における高レベル放射性廃棄物地層処分の技術的信頼性－地層処分研究開発第2次取りまとめ－総論レポート, 核燃料サイクル開発機構, JNC TN1400, 99-020.
10. JNC (1999b). わが国における高レベル放射性廃棄物地層処分の技術的信頼性－地層処分研究開発第2次取りまとめ－分冊1 わが国の地質環境, 核燃料サイクル開発機構, JNC TN1400, 99-021.
11. 総合資源エネルギー調査会（2014). 最新の科学的知見に基づく地層処分技術の再評価―地質環境特性および地質環境の長期安定性について―, 総合資源エネルギー調査会 電力・ガス事業分科会 原子力小委員会 地層処分技術WG, 平成26年5月.
12. 全地連 (2016). 一般社団法人 全国地質調査業協会連合会 地質関連情報WEB, 日本列島の地質と地質環境
https://www.zenchiren.or.jp/tikei/plate.html 閲覧日 2016年4月.
13. 防災科研（2016). 独立行政法人防災科学技術研究所自然災害情報室防災基礎講座
http://dil.bosai.go.jp/workshop/03kouza_yosoku/s02yuuin/f12kazan.htm 閲覧日 2016年4月.
14. 総合資源エネルギー調査会（2016). 地質処分技術WGとりまとめ（案）―科学的有望地の提示に係る要件・基準の検討結果―, 総合資源エネルギー調査会 電力・ガス事業分科会 原子力小委員会 地層処分技術WG, 平成28年8月.

7章

放射性廃棄物処分のセーフティケースと安全評価

第7章 放射性廃棄物処分のセーフティケースと安全評価

セーフティケースとは，社会において影響のある行為を実践しようとする者が，その行為により影響を受ける利害関係者に対して，様々な側面から議論を積み上げて総合的にその行為が十分安全であることを主張するために提出する全ての論述の集合体である。

放射性廃棄物処分が安全を確保できるかどうかは，安全評価により評価されるが，これは科学的推論を用いた予測であるので，当然，不確実性が伴われる。事象の生起の確率が不確実で，かつその事象の結果が社会の多数に重要な影響を与えうるような行為では，その予測の確からしさが重要となり，この理解のもとに多数が合意して意思決定する必要がある。

人は常に不確実性の存在下で予測に基づき将来に対する意思決定をしているが，不確実性は，将来（これから起こること）を間違いなく予測する（言い当てる）には，人が世界を理解している程度は圧倒的に不足しているという，本来的に人が置かれている知識の不足（限定合理性）の状態に由来している。社会的影響の大きい行為に関しては，人々は社会の一員として意思決定に参画する必要があるが，個々人には，その行為に関する知識が不足しており，知識不足の程度は異なっている（情報の非対称性）。情報の非対称性は，専門家から非専門家まで各人の持ちうる知識・情報の程度に応じて様々に分布しており，社会においては，時に，ある人々に利益をもたらし，ある人々に損失をもたらすこともある。

科学は，再現性・実証性と帰納・演繹論理により体系化された万人に共有されるはずの知識や経験であるが，科学に基づく将来予測の信頼性（confidence）は，科学的論理に疎い者には理解できないので，最終的にはその結果を，コミュニケーションを通じて信用（trust）するしかない。一方，売り手と買い手の間に存在する情報の非対称性は，相手は知っていて，自分は知らないという形で不確実な状態を生み出す。この場合には，補償，保険，罰則等の存在により相手を信用しようとする。いずれにしても，個人にとっては，自らの知識の不足がどのように由来しているのかを知ることはできず，こうした知識の共有の不完全性が，より良い将来に向けてのオプションの社会による選択を困難にしている。

セーフティケースは，安全であるとの主張，言い換えれば安全であるとする予測に付随する不確実性の程度を，科学的信頼性と論理の首尾一貫性を明確にして提示することにより，社会がより良い意思決定ができるように知識の共有を目指す文書である。

7.1　セーフティケース概論

7.1.1　放射性廃棄物処分のセーフティケース

IAEAの基本安全原則SF-1【IAEA, 2006】に述べられている基本安全目的は，人および環境を電離放射線の有害な影響から防護することであり，放射線リスクは国境を越える可能性があり，長期間にわたって持続することがあるので，現在及び将来の人と環境を放射線リスクから防護しなければならないとしている（基本安全原則7）。放射性廃棄物については，「放射性廃棄物は，将来世代に過度の負担を強いることを避けるような方法で管理されなければならない。すなわち，廃棄物を生み出す世代は，その長期的な管理のための安全で実際的かつ環境的に許容できる解決策を探求し，適用しなければならない」としている。

この目的を達成するために，放射性廃棄物の処分という行為がある。放射性廃棄物の処分は，放射性廃棄物管理における最終段階を意味し，放射性廃棄物は，含まれる放射能のレベルと廃棄物の物理化学的性状等の危険性に応じて図7.1-1のような段階（施設のライフタイム）を経て処分しようと考えられている。

浅地中処分についても地層処分についても，基本的には，廃棄物中の放射性物質をその危険性が持続する期間閉じ込めておく能力を持つ処分施設（廃棄体，工学施設および隣接する地質環境（母岩））が建設され，この施設は自然過程及び人為過程を含む外的擾乱から隔離された位置に定置される。比較的短期の隔離で危険性が減衰する廃棄物を対象とする浅地中処分施設の場合は，隔離は施設の工学設計及び制度的管理によって確保され，より長期の隔離を必要とする廃棄物を対象とする地層処分施設の場合には，隔離は深度による離隔により確保される。

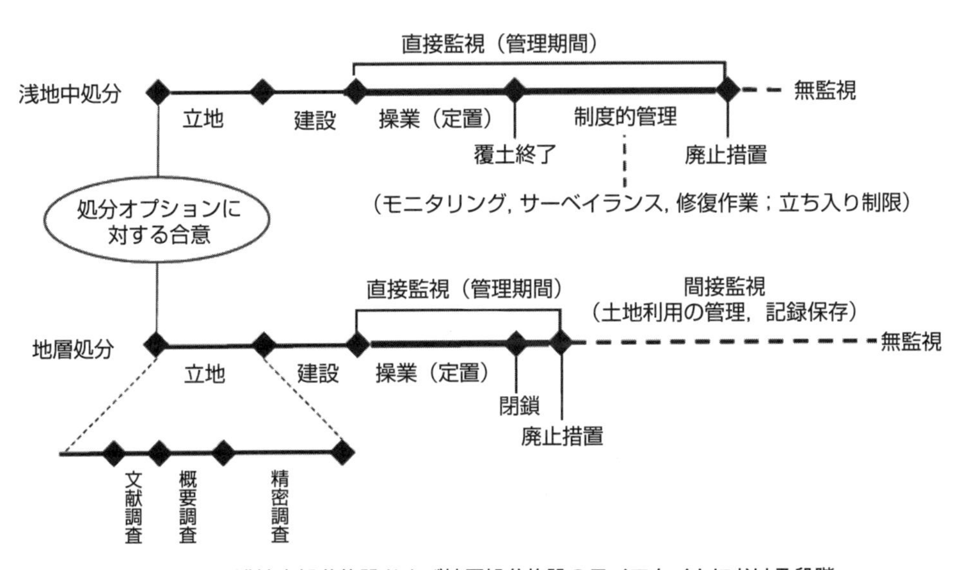

図 7.1-1　浅地中処分施設および地層処分施設のライフタイムにおける段階

人間が放射性廃棄物の管理のために行う行為（practice）は，立地から建設，操業（定置），閉鎖，廃止措置までであり，図の太線で示された操業（あるいは立地，建設）から廃止措置までの行為が，規制により管理（control）される。

このような行為によって，放射性廃棄物が現在から将来にわたって安全に隔離され，閉じ込められることによって人と環境が防護できること（閉鎖後の安全性）は，定置された廃棄物が将来どのような運命をたどるかの予測（安全評価）によって示される。

放射性廃棄物の処分，特に長寿命廃棄物の地層処分に特有の考え方は，将来の廃棄物に対する安全を，人の働きかけによる管理（control）によって確保するのではなく，適切に立地，設計，建設された処分施設に定置された廃棄物が，将来にわたって自発的に（自然のままに）閉じ込められ隔離された状態に置かれるということを予測的安全評価によって確かめるという点である。

世代内の公平性のための安全の達成，すなわち同じ社会の中で何者かが他者の安全を脅かすことはないということの確保は，人の能動的管理と不利な結果に対する補償という社会の中での約束によりなされるので，遠い将来についても，自分以外の誰かが管理し続けることにより安全が確保されると短絡的に思いがちであるが，将来世代に，現世代が生み出した廃棄物の永久の管理の負担を求めることは倫理的に好ましいことではないし，管理を継続することを保証するような社会（国や政府）が永久に継続することも期待できない。

このような配慮の下で，廃棄物の処分においては，将来の何らかの時点で，廃棄物に対する監視（oversight）が失われた状態（図の処分施設のライフタイムの右端の状態）に至ったとしても，その時点での人々および環境の防護が達成されるという予測の信頼性に基づいて，廃棄物を今処分するという行為に対する意思決定が社会によりなされる。

しかし，処分という行為は，最終的には人の管理（control）あるいは監視（oversight）が失われる状態に至るという意味で不可逆な過程に結びつくものであり，その意思決定はもっぱら科学的推論による予測に基づき，予測には必然的に不確実性が付随するので，処分を進めるという社会の意思決定は，予測の十分な信頼性と社会全体の合意のもとに，慎重になされなければならない。

このため，処分の遂行は，図7.1-1のように段階的に行う（段階ごとに管理（control）または監視（oversight）の程度を緩やかにする）ものとされ，施設のライフタイムにおける段階的意思決定ポイントごとに次の段階に進んでよいかどうかが判断される。

この判断のための材料（入力情報）となるのがセーフティケースである。放射性物質及び放射線が関係する全ての施設および活動に関して，処分施設の事業者は安全に対する第一義的な責任を負っており，施設の設計，操業，閉鎖，閉鎖後の安全が達成されることを立証しなければならない。すなわち，処分施設のライフタイムの段階ごとの判断のための材料として，処分施設の閉鎖後および建設・操業上の安全を示す安全評価とその信頼性を裏付ける科学的，技術的，経営管理上の論拠と証拠を集めて統合したセーフティケースの提出が，安全規制により処分施設の事業者に要求され，社会はこれに基づいて意思決定をする。

7.1.2　セーフティケースと安全評価

IAEAの個別安全指針SSG-23「放射性廃棄物処分のためのセーフティケースと安全評価」【IAEA, 2012】では，セーフティケースは次のように定義されている。

> 1.3　セーフティケースは，処分施設の安全を裏付ける科学的，技術的，経営管理上の論拠並びに証拠を集めたものであり，サイトの適合性並びに施設の設計，建設及び操業，放射線リスクの評価，そして処分施設と関連するあらゆる安全関連作業の適切性と品質の保証を包含するものである。セーフティケースの不可欠な部分である安全評価は放射線の危険の体系的な評価を目的として行われるもので，セーフティケースの重要な構成要素である。後者は，線量及びリスク規準と比較するために，処分施設から生じるかもしれない放射線量及び放射線リスクの定量化を必要とし，放射性廃棄物が危険であり続ける時間枠を考慮に入れた，通常条件下及び擾乱事象下での処分施設の挙動の理解をもたらす。セーフティケース及び裏付けとなる安全評価は，安全の立証と許認可の基礎となるものである。それらは，処分施設の開発に伴って変化することになり，立地，設計及び操業に関する決定を支援し導くことになる。セーフティケースはまた，利害関係者との対話が行われる，及び処分施設の安全に対する信頼が醸成される主たる基礎ともなる。

本来，セーフティケース（safety case）という用語におけるcaseは，英英辞典（例えば，Collins English Dictionary）によると

"a set of arguments supporting a particular action, cause, etc."
（何らかの行動，理由その他を支持するひと組の議論）

を意味している。つまり，「セーフティケース」とは，『安全であることを支持するひと組の議論あるいは論拠』という一般的用法から由来し，安全性（safety）を主張する論拠や証拠の全体を指す用語としていくつかの工学の社会的実施に際して，利害関係者（ステークホルダー）に提示すべき書類として用いられてきた。

このようなセーフティケースにおいて，施設又は行為が安全であるかどうかの確認は，安全評価によりなされてきた。安全評価（safety assessment）とは，施設と設計が，安全機能を発揮し技術的要件を満たす能力を体系的に解析し評価するプロセスであり，処分施設については，線源（ソースターム）から，放射性物質が何らかの経路を通じて（周囲の環境と相互作用しながら），エンドポイントとしての人に到達する事象のつながり（シナリオ）を想定し，そのような事象のつながりの生起確率と，そのシナリオに基づいて起こる被ばくによる影響の大きさを求めるプロセスである。評価解析では，その経路において起こる事象のつ

ながりがモデル化され，モデルが数式に定式化され，経路と相互作用の条件を定める条件がパラメータとして用いられて，結果が計算により求められる。

この安全評価は，すでに起こったこと，あるいは確実に起こると考えられることにより生じた被ばくの遡及的あるいは後ろ向きの線量評価（retrospective dose assessment）ではなく，これから起こることを想定してなされる予測的あるいは前向きの線量評価（prospective dose assessment）であり，不確実性のある予測に基づくという重要な性質を持っている。

世間でよくある誤解は，このようにして評価された結果がある基準を満たすかどうかが安全かどうかを決めるという見方である。安全とは，線源からエンドポイントに至る事象のつながり（シナリオ）を制限あるいは限定することによって達成される。安全評価で用いられるシナリオは，施設の立地と設計により限定されたシナリオであるので，これが求められる基準を満たすことはもちろんであるが，それ以上に大事なのは，施設の立地と設計によりシナリオがそのように制限，限定されることの保証である。この保証のために，ある意図のもとに立地設計された処分施設に対して，起こるかもしれない安全上重要と考えられるシナリオについて影響を評価するのが安全評価である。その背後には，この処分施設に対して起こり得ないシナリオが十分な根拠により排除されていることが隠されていることを忘れてはならない。

すなわちこの評価は，これから起こることを予想して（言い当てて），その結果が安全であるかどうかを判断しようとしているのではなく，ある想定をしたときに，処分システムがどれだけの安全機能（閉じ込めと隔離の性能）を有しているかを評価しているに過ぎない。計算される被ばく線量は，そのような被ばくが起こって，それが安全になるかどうかを示すものではなく，処分システムにより経路（シナリオとその生起確率）が制限されることにより，被ばく線量がどの程度低減されるかを評価する指標として用いられている。

この観点から言えば，safety assessment は安全評価と訳すよりも安全性評価とするほうが適切かもしれず，代わりに，処分システムの受動的安全系という特徴を考えて，性能評価（performance assessment）という用語を用いる国もある。

このような予測的安全評価により，その行為やオプションの妥当性を判断して意思決定しようとする場合には，それは，好ましくないことが起こること（リスク）についての予測であり，その予測には無視しえない不確実性が付随していることが問題となる。安全評価においては，下記のような点で，評価のツールとデータの品質が問題となる。

1）シナリオの不確実性：特定のシナリオまたはシナリオ群の想定の妥当性
2）モデルの不確実性：相互作用のモデル化，モデルの定式化の妥当性
3）データ・パラメータの不確実性：環境条件の設定の妥当性

安全についての予測の妥当性を判断するためには，このような不確実性の存在下で，処分システムが十分に理解され，評価のツールとデータが十分に科学的に実証され，十分な安全

性能を持つという結論がどれだけ揺らぐことがないか（robustness）が評価される必要がある。このため，対象となる時間と空間の範囲が大きく，その不均質性が高く，不確実性が高い処分システムの安全の主張には，安全評価とともにその信頼性を保証する論拠，証拠が示されることが重要であると認識されるようになり，そのような論拠と証拠を収集・統合した文書を特にセーフティケースと呼ぶようになった。

1）安全評価（safety assessment）：施設と設計が，安全機能を発揮し，技術的要件を満たす能力を体系的に解析し評価するプロセス
2）セーフティケース（safety case）：施設又は行為の安全性を記述し，定量化し，実証する論拠及び証拠を収集・統合したもの

すなわち，「セーフティケース」とはもともと，単純に「安全性を主張する論拠や証拠の総体」を意味するものであり，安全評価も，もとはといえば同じ意味を持っているので，両者を排他的な意味を持つものと考える必要はなく，セーフティケースとは，予測の不確実性とステークホルダーとのコミュニケーション（情報の非対称性）に十分配慮した安全評価と考えればよい。例えば，放射性廃棄物の地層処分の閉鎖後の安全性を主張するセーフティケース【OECD/NEA, 2004；OECD/NEA, 2013a】や放射性廃棄物処分の安全性を主張するセーフティケース【IAEA, 2012】では，特に次のような特徴に配慮が必要となると述べている。

1）処分の安全評価が対象とする全時間・空間スケールに対して文字通りの実証は不可能（不確実性の増大）
2）安全評価（システムの安全レベルの定量化）だけでは十分な信頼性を提供できない－多様な証拠（multiple lines of evidence）による説明
3）段階的なアプローチ／意思決定による信頼構築の各段階においてセーフティケースを提示する

すなわちセーフティケースにより，段階的アプローチの種々の意思決定段階において次の内容が伝えられなければならない。

1）不確実性の所在とその取り扱い（主な懸念がどこに存在しているのかを明らかにし，これを解決するのにどのような方策が採られているか）
2）意思決定における透明性の確保（実施者とステークホルダーの間で，情報の非対称性が存在しないようにとの配慮）
3）可逆性の確保（それまでに得られた新たな知識の獲得と，政治社会学的条件の変化に対応し，意思決定を行えるように配慮したオプションの提示）

したがって，セーフティケースの内容は次のようなものとなる。

1) 地層処分を実施（遂行）しようとする主体（機関）が，ステークホルダー（利害関係者：意思決定にかかわる人々）に対して，地層処分が十分安全であることを主張するために提出する全ての論述の集合体
2) 単なる証拠や論拠ではなく，説明，主張のために整理しなおしたもの。ある決められた手順により規格や仕様を満足することを示す（既存の工学における安全評価）のではなく，様々な側面から議論を積み上げて総合的に安全を主張する。
3) 実施主体による意思決定や判断の結果を提示するものではなく，どの程度安全であるか，すなわち不確実性の所在と程度を記述し出来うる限り定量化すると共に，評価におけるその扱いを示し，意思決定（安全評価など）をステークホルダーに委ねるもの。

このように，旧来の安全評価では科学的推論により得られている知識を提示するもので，その推論がどれだけ確からしいかを示そうとするものであるのに対し，セーフティケースでは，特に，評価における不確実性の所在と程度を記述し出来うる限り定量化すると共に，その不確実性をどのように扱うかを示すことに重点が置かれる。不確実性の存在の下での意思決定においては，将来が予言できるかどうかが問題となるのではなく，予測において残る不確実性のもたらす影響が許容範囲に限定されるかどうかがが評価されて，予防措置が施されることになるからである。

7.1.3　不確実性とリスク【Lindley, 2013】

(1) 不確実性とは

不確実性あるいは不確かさ（uncertainty）とは，情報が不完全あるいは情報について未知であることにより与えられる状況を指す用語である。ある陳述の真偽がわかっている（known）とき，あるいはそれに関する知識を有しているときこれは確実であり，わかっていない（unkown）ときあるいは無知であるとき不確実である。

重要な点は，不確実性は本来個々の人間が有している知識の限界（限定合理性あるいは無知）に由来するものであり，個々人の有する知識は世界の理解に必要な知識に比べて圧倒的に不足しているので，将来を言い当てることはできず，たかだか不確実性の存在下で限られた予測をすることしかできないという点である。

将来起こる好ましくない事象（危険）に関する予測では，不確実性を確率論として扱い，その事象の生起確率と事象の影響の積をリスクと呼んでいる。

例えば，明日雨が降るかどうかわからないならば，これは不確実な状態である。もし天気予報による確率（probability）の評価により，起こりそうな結末に対して確率を割り振ることができれば，不確実性は定量化されたことになる。90％の公算（chance）で晴天と定量化されたとしよう。もし明日，重要で価値のある屋外行事を計画しているのなら，10％の公算

で雨が降ることになり，それは好ましくない結末なので，リスクがあることになる。

この行事が中止になれば100万円の損失になるとすれば，リスクは10%の公算で100万円（機会損失（EOL：expected opportunity loss）＝損失の起こる確率×損失の大きさ）を失うという風に定量化されていることになる。このリスクの定量化は，雨の激しさに応じて行事の一時中断，順延，中止がされるとしてさらに詳細に影響が定量化される。

行事を計画する者は，行事の運営のための経費と利益を上乗せして参加費を徴収することになる。もしもこのような行事を無限回計画するのであれば，雨の降る確率は統計として実現されてその平均としてのEOL = 10万円が損失となる。このようなリスクに従って意思決定がなされるという考え方は規範的理論（normative theory）と呼ばれている。

しかし，行事は繰り返し行われるわけではないので，損失の起こる確率は，不確実でありそのまま損失の大きさの割合になるのではない。もしも雨が降れば，100万円の10%ではなく100万円を失う可能性がある。このため，100万円をまるまる失う危険を避けるために予防措置として行事の経営者は保険に入ることとなる。保険会社は，このような行事を計画する者が多数いれば，それぞれからEOL = 10万円プラスアルファを徴収すれば，利益を得ることができる。この行事の計画者にとっての予防措置にかかる保険料は，不確実性が定量化された結果であるということができる。

(2) 客観確率と主観確率

不確実性または不確かさを問題にするとき，その補集合表現として確率または確からしさ（probability）という用語が使われることがあり，その特性について表7.1-1のように様々な表現が用いられる。

客観的不確実性の補集合である客観確率とは，世界の中に存在する頻度や傾向性など，われわれの主観とは独立に存在するものとしての確率を指す。客観確率は実験または理論的考

表 7.1-1　不確実性を表す用語と取り扱い

	不確実性（uncertainty）	
呼称	客観的不確実性 (objective uncertainty)	主観的不確実性 (subjective uncertainty)
	偶然による不確実性 (aleatory uncertainty)	無知による不確実性 (epistemic uncertainty)
	ランダム誤差（random error）	系統誤差（systematic error）
	ばらつき・分散（dispersion）	偏り・バイアス（bias）
	精度（precision）	正確さ（accuracy）
不確実性の取り扱い	確率分布関数 モンテカルロシミュレーション	知識の探求
安全評価における所在	データ・パラメータ不確実性	シナリオ・モデル不確実性

察（思考実験）から求められ，客観的な観測結果と比較できるランダムな事象についての確率である。

主観確率とは，人間が考える主観的な信念あるいは信頼の程度または確信度（confidence）をいう。たとえば「宇宙に生命が存在する確率」という言葉は，主観確率の考え方からは，「宇宙に生命が存在すると信じる信念の度合い」と同値である。すなわち，主観的不確実性とは，人間が持つ知識の限界に由来する無知の内容により，観測できない真の値や事象との間に一方向に生ずる偏りである。

客観的不確実性と主観的不確実性の分類は，突き詰めるといずれも人間の無知に由来することになるので，厳密なものとはならない。前者は，統計的観察から将来を予測するための確率を割り振ることが可能なもの，後者は，人間の知識や経験からありそうかどうかを判断するものという特徴で分類している。この特徴を反映して，確率（または不確実性），確からしさ（または不確かさ）（probabilityとuncertainty）や，蓋然性または尤度（likelihood），もっともらしさ（plausibility）などの用語が用いられているが，必ずしも厳密なものではない。

(3) 客観確率

典型的な客観確率は，ある事象が起きる頻度の観測結果に基づいて，無限回繰り返した際の極限値として定義されるものであり，頻度主義といわれる。統計が過去に起こった事象の観察を言う用語であり，確率がこれから起こることの予測を言う用語であることを考えると，客観確率とは過去の統計から，事象が繰り返されるとして確率が割り当てられる現象である。さいころを無限回振ったときの統計はそれぞれの目が出る割合が1/6になるのであるが，1回ずつの試行でどの目が出るかは予言できない。なぜこのような確率分布が実現されるかについては，さいころの軌跡を運命づける無数の相互作用について，十分な情報のない事象同士の間では同じ確率を割り振る「無差別の原理」から論理的に確率が決まるとする考え方が一般的である。

このような客観確率に支配された現象であらわれる不確実さはランダム誤差あるいはばらつき，その範囲は精度と呼ばれている。例えば30 cmの物差しによる長さの測定において，目盛りが1 mm単位に刻印されているとすると，0.1 mm単位の読み取りの精度は測定者が刻印の間に割り振る判断に左右され，測定の精度（有効数字）を±0.1 mmに限界づける。

客観確率あるいは客観的不確実性の定量化は，統計学と確率論により扱われている。偶然に支配されて起こる事柄について，それが起こる可能性の大小を表す数値が確率であり，そのような事象を数学的に取り扱うのが確率論である。統計学は，確率論を基礎として，経験的に得られたばらつきのあるデータから，数値上の性質や規則性あるいは不規則性を見いだして，事象の生起確率の分布を示す数学的なモデルを与えるものである。不確実性は，このような確率変数の分布が期待値からどれだけ散らばっているかを示す分散（確率変数からその母平均を引いた変数の2乗の期待値）あるいは標準偏差（分散の正の平方根）により与えられる。

安全評価においては，計算において用いられるパラメータは，もともと自然の観測により得られる観測値（データ）の分布から求められる適切な値がシミュレーション（試計算）に用いられるので，何らかの形でこのような不確実性（誤差：真の値との食い違い）を含んでいる。この不確実性の影響を評価するためには，用いるパラメータを確率分布に従って変化させて結果に対する影響を評価する方法がとられる。

(4) 主観確率

一方，主観確率については，主観性に程度があり，どこまで認めるかについてはいろいろな意見に分かれる。個々人の持っている客観的知識の程度には大きな差があり，それにより主観的な信念あるいは信頼の程度は大きく異なる。典型的には，科学は，科学的方法により主観確率を高めた知識の集合であるといえる。科学では，帰納的に得られた観察事実や経験をもとに，現象を説明できる仮説を立て，仮説を前提とする演繹論理を用いて具体的事例に当てはめて結果を予測し，実験や観察により結果を確かめる。この仮説演繹法では，最後の予測を検証するプロセスが帰納法となっているので，検証結果が予想通りであったとしても，原理的には，これらは確からしいというレベルに留まり，その信頼性（confidence）もその知識ごとに異なっている。科学においてはこれらの個々の知識は，科学全体の知識の集合との整合性が調べられ，それらが十分整合的であればより確からしいものとして，法則や理論として受け入れられ「客観性のある」知識とされる。

このような主観確率に支配された現象であらわれる不確実さは系統誤差または偏り，確実さは正確さと呼ばれている。例えば30 cmの物差しによる長さの測定において，目盛りが1 mm単位に刻印されていると，± 0.1 mmの測定精度が得られると述べたが，この測定値の正しさは，物差しの目盛りの刻印が正しく打たれていることが前提である。物差しの刻印幅が，膨張により正しい長さより長くなっていれば，測定値は系統的に長さを過小に評価する。このような不確実性を除去するためには，物差しにはそのようなことが起こる可能性があるという知識を得るしかない。すなわち，主観確率に付随する不確実性は，そのシステム，プロセス，メカニズムのより良い知識を獲得することにより除去できる。

主観確率について，複数の命題の各々のもっともらしさ（あるいはその根拠となる信念・信頼の度合）を確率値と見なす立場をベイズ主義という。ベイズの名は，トーマス・ベイズが示したベイズの定理に由来する。ベイズ統計学では，事象の確率という考え方を採用し，必ずしも頻度には基づかない確率を「確率」と見なす。ベイズの定理とは，条件付き確率に関して成り立つ定理で次のように誘導される。

同時確率：2つの事象がどちらも起こる確率：

$$P(X \cap Y) = P(X, Y)$$

周辺確率：他の事象に関わりなく1つの事象だけの確率：

$P(X),\ P(Y)$

条件付確率：ある事象Yが起こるという条件の下で別の事象Xが起こる確率：

$P(X|Y)$

とすると

$P(X, Y) = P(X|Y)P(Y) = P(Y|X)P(X)$

これより次のベイズの定理が導かれる。

$$P(Y|X) = \frac{P(X, Y)}{P(X)} = \frac{P(X|Y)P(Y)}{P(X)}$$

ここで，$P(Y)$ を事前確率，$P(X|Y)$ を尤度，$P(Y|X)$ を事後確率と呼ぶ。

安全評価においては，評価のためのシナリオの設定または選定，経路で起こると予想される事象のモデル化とその定式化において知識不足による不確実性が付随する。この評価の信頼性はもっぱら科学的知識とその適用の妥当性に依存するので，専門家による妥当性の議論がなされ，その議論の結果が透明性と追跡性をもって示される。特に重要となるのが，この際の知識の不足によってもたらされる不確実性の影響の評価となる。

IPCC（国連気候変動に関する政府間パネル）の第5次評価報告書【IPCC, 2013】では，気候システムの温暖化について，人間の影響がその支配的要因であった可能性，今世紀末までの世界平均気温の変化の範囲等の見通しについて報告している。これらに関する科学的知見の信頼の程度または確信度および起こる可能性の表現を統一するために，報告書の用語を図7.1-2および表7.1-2のように定義している。これらは予防原則の適用に関する社会の意思決定に，科学が予測の信頼性と不確実性を伝達しようとする努力を表しているといえる。

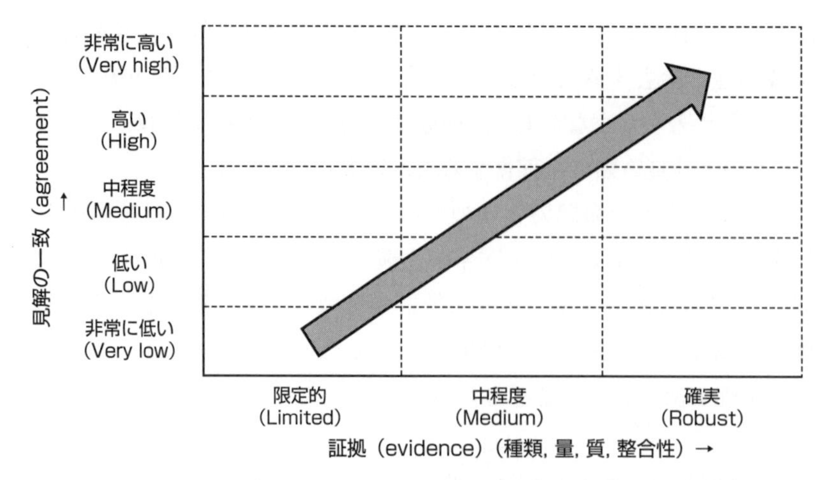

図 7.1-2　IPCC報告書で用いられている信頼度(confidence)の表現

表 7.1-2　IPCC報告書で用いられている起こりやすさ(likelihood)の表現

用語		likelihood of outcome（結果の起こりやすさ）probability（確率）
Virtually certain	ほぼ確実	99～100%
Extremely likely	可能性が極めて高い	95～100%
Very likely	可能性が非常に高い	90～100%
Likely	可能性が高い	66～100%
More likely than not	どちらかといえば	50～100%
About as likely as not	どちらも同程度	33～100%
Unlikely	可能性が低い	0～33%
Very unlikely	可能性が非常に低い	0～10%
Extremely unlikely	可能性が極めて低い	0～5%
Exceptionally unlikely	ほぼあり得ない	0～1%

7.1.4　不確実性下の意思決定

人は誰も将来を知ることはできない。将来に対する無知，すなわち不確実性の存在の下で，人は将来を予測して社会における個々人の行動（協働と競争）に関する意思決定をする。社会すなわち人々の集団としての意思決定では，完全情報（同じ情報量）と完全競争（同じ価値観）を仮定して人々が意思決定すると考える。しかし，実際には個々人の間には情報量に差があり，それぞれが持つ価値観（期待効用）も異なる。

放射性廃棄物の地層処分について考えれば，人々は期待効用として放射線によりもたらされる被ばく線量を共通のリスク指標としているわけではなく，予防のためにどれだけの努力をすべきと考えているかあるいは感じているかは異なる。また，地層処分によりどれだけリスクが低減されるかという科学的知見はおろか，地層処分がどういうもので，放射性廃棄物がどういうものであるかの知識の程度も大きく異なっている。

意思決定における不確実性の問題は，それが基本的には個々人の知識の不足（限定合理性）に由来しているということである。社会的影響の大きい行為に関しては，人々は社会の一員として意思決定に参画する必要があるが，個々人には，その行為に関する知識が不足しており，個々人の知識不足の程度は異なっている（情報の非対称性）。情報の非対称性は，専門家から非専門家まで各人の持ちうる知識･情報の程度に応じて様々に分布しており，社会においては，時に，ある人々に利益をもたらし，ある人々に損失をもたらすこともある。この結果，意思決定に関するコミュニケーションでは，意思決定しようとしている個人にとっては

1）将来予測の不確実性（限定合理性）
2）他者の真意推定の不確実性（情報の非対称性）

の2種類の不確実性が不可分に共存することとなる。

こうした不確実性の存在下で予測に基づき将来に対する意思決定をするために，人はヒューリスティクスを用いる。不確実性は知識の空白のまま残されるのではなく，ヒューリスティクスによる推測で埋められる。ヒューリスティクスとは，予測の不確実性の存在下で，人が意思決定をしたり判断を下したりするときに，厳密な論理で一歩一歩答えに迫るのではなく，経験や直感からの類推で素早く解に到達する方法で，人が不確実性に対処する1つの方法であるといえる。多くの場合ヒューリスティクスは素早い意思決定につながり，うまく機能するが，時に知識不足による最適解からのバイアス（誤解）をもたらす（ヒューリスティック・バイアス）。

その一方で，もたらされるかもしれないリスクに，人々が付与する重要性（価値，効用）は，規範的（normative）に計算されるリスク（生起確率と影響の積）ではなく，人々がそれをどれだけ好ましくないものと考えるかという感情移入の程度に依存する。自然からもたらされるリスクと，他人からもたらされるリスクに人々が付与する重要性は全く異なっているし，その予防措置に投下する資源を自らが賄うか他者が賄うかによっても，リスクの価値は異なってくる。

社会において人々が公平性に配慮しつつ社会的意思決定をするためには，可能な限りヒューリスティック・バイアスを除いた「客観的」知識・情報の共有をはかり，人々が共有する知識の不足による不確実性を把握し，その上で，残る不確実性に対する人々の価値観に配慮して意思決定を行う必要がある。

科学による知識は，信頼性を深めた知識であり，万人に共有されるべき知識であるが，なお無知による不確実性を内包している。科学者は，分業化社会において人々に代わって知識を獲得することを職業としている。その意味では，自分が知識を獲得すればよいとするのではなく，その成果を社会に伝達し知識が社会に共有されるための努力が必要となる。このためのコミュニケーションツールとしてセーフティケースがある。

しかしながら，不幸にして個々人は，問題とする事項についての専門家でもなく科学者でもない。すべての事柄に関する専門家あるいは科学者は存在しない。このため，限られた情報・知識しか持たない個々人は多くのヒューリスティック・バイアスを持っている。情報は，メディア等を通じ断片的に，言葉や表象（シンボル）を通じて伝達されるしかないので，その際にも伝えられない知識に対してヒューリスティクスが働きバイアスが生じる。

安全に関するコミュニケーションでは，相手および自分のどこに，どのような類の不確実性が存在し，どこに価値観の違いが存在しているのかを理解しながら，情報を共有して将来オプションの選択として意思決定をする（informed and comparative judgment）ことを目指すことが必要となる。

以下は，不確実性下の意思決定の問題に大きな貢献をした3人のノーベル賞経済学者の研究の簡単な紹介である。

(1) アカロフ：情報の非対称性

取引において売り手と買い手の間で保有される情報の量の多寡（不確実性の程度）が合理的取引を損ねることを，情報の非対称性という用語で指摘したのはアカロフである【Akerlof, 1970；依田, 2013】。

アカロフは，中古車市場を例にとって情報の非対称性のもたらす影響を論じている。今市場には高品質の中古車と低品質の中古車が，それぞれ半分ずつ存在しているとする。その品質を熟知している売り手は，高品質は200万円，低品質は100万円の価値があると仮定する。他方で，買い手にとっては，売られている中古自動車の品質がわからないために，中古車は確率50％で高品質，確率50％で低品質と考えると仮定する。そのため買い手にとっての中古車の価値は，平均値の150万円となる。その結果，売り手は高品質の中古車を200万円市場で売り出すことを諦め，市場では100万円の中古車だけが売りに出され，市場が成立しなくなる。

このように，情報の非対称性が存在する状況では，情報優位者（保持している情報量が多い売り手）は情報劣位者（保持している情報量が少ない買い手）の無知につけ込み，粗悪な財やサービスを良質な財やサービスと称して提供したり，都合の悪い情報を隠して利益を得ようとしたりするインセンティブが働く。そのため，情報劣位者はその財やサービスに対して，本来の価値より過度に悲観的な予想を抱くことになり，良質な材やサービスが流通されにくくなる。

(2) サイモン：限定合理性

不確実性の存在下の意思決定で重要となるのは，人間行動が必ずしも合理性ばかりでは測れないという問題である。これを最初に限定合理性という用語で指摘したのはサイモンであり，ヒューリスティクスという人間の思考方法を提唱した【サイモン, 1999；サイモン, 1979】。さらに，限定合理性を心理学の立場から肉付けし，行動経済学という学問分野を確立したのがカーネマンとその同僚たちである。

限定合理性とは，経済主体は合理的であろうとするが，その合理性には限界があるという概念である。ゲーム理論のような伝統的経済学では，意思決定は次のように期待効用が極大化されるようになされる。

1）与えられた選択肢の集合を定義する。
2）ある選択肢を選んだ時の結果を評価する（確率○○％で××の結果が生じる）。
3）最も効用が高くなるような選択肢を選ぶ。

これに対し限定合理性の理論では，意思決定は次のようになされる。

1）選択肢は心の中の動きにより発見されるものであるが，時間と費用がかかる。

2）結果の確率は客観的に与えられるものではなく，主観的に評価される。
3）効用は選択の結果だけではなく，過程からも影響されるので，効用，不効用を正確に測るのは難しい。
4）選択肢の決定は，効用最大化ではなく，満足化によって決められる。

サイモンは，人間の合理性には限界が存在し，問題解決の可能な選択肢を発見する過程が重要であると指摘した。選択肢の探索と評価には時間と費用がかかるので，人間は，最適ではなくても満足のできる選択肢を発見するために，単純で，おおよそでしかないことが多い規則や方法あるいは手がかりを利用して判断を下すとした。この簡便な解決法をヒューリスティクス（発見的方法：heuristics）と呼んでいる。

この限定合理性の考え方はその後の行動経済学で基本概念として受け入れられた。限定合理性は人間の認識と意思決定の基本構造であるという点が重要である。このことは進化心理学の観点からも認められている。

進化論によれば，自然淘汰の結果として，生物は，食物や配偶者の獲得，捕食者や自然災害の回避といった環境への順応をしながら，種と個体の生存に有利なように進化してきた。生物の身体と心の機能，例えば，快不快，痛みや苦しみ，恐怖と不安等の本能的感情は，危険を減らし生存に有利に働くように人の意思決定や判断を支援するように進化してきたと考えられる。その一方で，原始生物から人類に至るまでの進化の過程，あるいは人間の狩猟採集から定住，文明の進展の過程では，かつて進化の過程で合理的であったものが，環境の変化とともに非合理になってしまうものもある。この結果，合理性から逸脱しがちな感情に基づく心理性向が，理性的な判断に先立って人の行動を導くこととなる。しかし，たとえ不合理であっても，人々は進化の過程で獲得した価値観，すなわち快不快等の感情に従って幸福であると感じたり不幸であると考えたりして，それをもとに意思決定をすることになる。

(3) カーネマン：ヒューリスティクスとバイアス

ヒューリスティクスを多面的な視点から取り上げ，経済心理学，後に行動経済学と呼ばれる新しい学問を築いたのがカーネマンとその一派である。ヒューリスティクスとは，人間が認知や能力に限界があるので，理性的というよりは直感的に限られた時間の中で意思決定を行う際に用いるルールであるが，カーネマンは，合理的に考えて最適な解とヒューリスティクスにより導かれる現実的な解の乖離（バイアス）には体系的な法則性があることを，現実的な実証結果により示した。

彼は，その著「ファスト&スロー」【カーネマン，2012】において，人の認知・判断を導く脳の働きを，2つの異なるシステム（システム1とシステム2と本書では呼ばれている）に分類した思考モードにより説明できると論じている。

システム1は，人々が本来的に進化の過程で獲得してきたヒューリスティクスに基づく思考モードである。人々は，過去の経験から危険や不利を学び，これを感情や情緒という形で記憶しており，大抵の場合，感情を元に無意識的，自動的，即座に判断，意思決定をする。経験の持ち合わせがない時には，関連がありそうで似たことを判断の材料にする。例えば，2＋2の計算は瞬時に，他のことをしながらでも答えが浮かぶ。これに対して，17×24の場合は，これがかけ算の問題であることにはすぐ気づくが，まず学校で教わったかけ算のやり方を記憶から呼び出し，1桁目のかけ算の計算結果を覚えておき，2桁目のかけ算と足し算する，という骨の折れる知的作業を必要とする。このように熟考を意識した時だけ発動されるのがシステム2の思考モードである。

この2つの情報処理システムの特徴，機能，思考法を整理したのが表7.1-3である。表に示すように，両者の特性には大きな違いがある。システム2の主な機能の1つとして，システム1が「提案」した考えや行動を監視し，制御することであり，「提案」を却下し修正するようにも働く。

科学では，帰納的に得られた観察事実や経験をもとに，現象を説明できる仮説を立て，仮説を前提とする演繹論理を用いて具体的事例に当てはめて結果を予測し，実験や観察により結果を確かめて，仮説を法則や理論として万人に共有できる科学的知識とする。このときの仮説を立てる際の思考法がヒューリスティクスであり，システム1の思考である。アインシュタインの1905年の光量子仮説の論文の題名（英訳）は

“On a Heuristic Viewpoint Concerning the Production and Transformation of Light”

であり，発見的な（heuristic）という用語を使っている。

仮説は，これをもとに演繹論理により結果を予測し，実験により結果を確かめて初めて科学（法則，理論）と認められる。このときの演繹論理による思考法がシステム2であり，科

表 7.1-3　2つの情報処理システム【中谷内，2008より作成】

	速い思考	遅い思考
名称	システム1（いわゆる感情的システム）	システム2（いわゆる理性的システム）
特徴	日常的に使われる情報処理 （大抵はこれで十分だが時に大きく間違う）	慎重な考慮が必要な時の情報処理 （普段は休眠，怠け者）
機能	経験的システム（経験で類推） 暗黙的モード（知らないまま起動） ヒューリスティック処理（類似物で置換して判断）	分析的システム（合理的システム） 明示的システム システマティック処理
判断に導く思考	定性；大小；多少；善悪；危険，安全；白黒；好き嫌い 感情志向 無意識的・自動的・直観的 具体的イメージや話に基づく判断 快・不快基準 全体論的で印象を重視 素早く，低負荷（2+2＝4）	定量；計量；検算；科学的思考 論理志向 意識的・制御的・熟考的 抽象的な確率や記号操作に基づく判断 正・誤基準 分析的で個々の論拠を重視 時間がかかり高負荷（17 × 24）

学の法則や理論となった知識は，社会の人々の共有すべき客観的知識となる。
光量子仮説の場合には，帰納的な発見的思考の基礎となっているのは「アインシュタインの」経験と知識である。このような知識は人により異なっている（限定合理性)。
このように，システム1の思考は多種多様の複雑な情報を扱うのに非常に有効で，人は大抵の場合この思考によりうまく意思決定している。しかしその一方，思考の過程に論理的でない飛躍を伴うため，時に間違うこともある。このため，これをチェックするシステム2の思考が発達してきたとしている。
カーネマンは，合理的に考えて最適な解（システム2の解）とヒューリスティクスにより導かれる現実的な解（システム1の解）にはある法則にしたがったバイアスがあること，システム2は手間がかかるので，システム1に頼って間違いを犯しやすいことを，現実的な実証結果により示した。例えば，次のような簡単な問題がある。

1）バットとボールは合わせて1ドル10セントである。
2）バットはボールより1ドル高い。
3）ではボールはいくらか？

直感だけでひらめく答えは10セントであるが，このすぐに思い浮かぶ答は間違っていて，検算すれば正解は5セントであることがわかる。カーネマンはこの問題を数千人の大学生にテストして，ハーバード大学，マサチューセッツ大学，プリンストン大学の学生の50％以上が，直感的な間違った答えを出したと述べている。
次に，次の2つの前提と1つの結論は論理的に成り立つかどうかについてはどうか。

1）すべてのバラは花である。
2）一部の花はすぐしおれる。
3）したがって，一部のバラはすぐにしおれる。

大部分の人が，この三段論法は成り立つと考える。しかし実際には成り立たない。すぐにしおれる花の中にバラが含まれないことはあり得るからである。人は実際に，バラはすぐにしおれるということを知っているおかげで，論理をチェックするのが難しくなる。大抵の人は，結論が正しいと感じると，それを導くに至ったと思われる論理も正しいと思い込む。
これらから考えられるのは，「多くの人は自信過剰に陥っており，自分の直感を信じすぎているのではないか」ということである。カーネマンは3つの代表的なヒューリスティック・バイアスを紹介している。

1）利用可能性ヒューリスティクス（availability heuristics）
availabilityとは，手に入りやすいとか想起しやすいを意味しており，心に思い浮かべやすい事象やインパクトの強い事象に過大な評価を与えてしまうこと。

例えば,「①7文字の単語で末尾がingで終わるもの,②7文字の単語で6番目がnのもの」のどちらが多いかを聞かれれば,playingやwalkingなどが思い浮かべやすいので,①のほうが多いように思ってしまうが,実際には①は②の部分集合なので,②のほうが多い。

2)代表性ヒューリスティック(representative heuristic)

特定のカテゴリーに典型的あるいはもっともらしいと思われる事項の確率を過大に評価してしまうこと。

例えば,「リンダは31歳の独身女性で外交的で大変聡明である。専攻は哲学だった。学生時代には,差別や社会正義の問題に深い関心を持っていた。また,反核運動に参加したこともある」という情報のもとに,「では次のどちらの可能性が高いと思うか?①リンダは銀行員である。②リンダは銀行員で,フェミニスト運動の活動家でもある」と問われると,②の確率が高いと思ってしまう。実際には,②は①の部分集合なので,①の確率のほうが高い。

3)係留と調整(anchoring and adjustment)

提示された特定の数値や情報が印象に残って基準点(アンカー)となり,判断に影響を及ぼす心理傾向のこと。

これらのバイアスの例は,人がどのように間違うかを示しているという点で重要であるが,それ以上に重要な点は,限定合理性のもとでのヒューリスティクスは,人の認識と意思決定の基本構造であり,人の思考の長所も短所もここに由来するという点と,それが深層の心理構造に根を持っており,人はその間違いに気づかない傾向が強いという点である。

感情ヒューリスティック(affect heuristic)という概念を開発したポール・スロビック【Slovic, 2010】によれば,私たちが生活の多くの場面で抱く意見や選択には,好き嫌いの感情や恐ろしさ,未知性などの危険に対する感覚による選好が気づかぬうちに表れているという。様々な技術について個人的な好き嫌いを言ってもらったうえで,それぞれのメリット(プラス面)とリスク(マイナス面)を書き出してもらうという実験では,2つの答えは非常に高い負の相関を示したということである。ある技術に好感を抱いている場合はメリットを高く評価し,リスクはほとんど顧慮しない。逆に,ある技術を嫌いな場合はリスクを強調し,メリットはほとんど思い浮かばないということが判明した,と論じている。

リスクという不確実性が付随する問題の社会におけるコミュニケーションでは,ヒューリスティック・バイアスは,社会に大きな影響を与えることも多い。第1章(図1.3-1)ではラブ・カナルの化学有害廃棄物処分施設への人間侵入がもたらした不確実な事柄に関する疑心暗鬼が,ヒューリスティック・カスケードをもたらしたと考えられていることを紹介した【Kuranら, 1999;Sunstein, 2002】。

(4) DAD型からEIC型のコミュニケーションへの志向

地層処分の実践において最大の障害となっているのは，放射性廃棄物からのリスクが地層処分によって大幅に低減されるという科学による予測とその確からしさが，なかなか社会の構成員に共有されないことである。

地層処分は専門家の間では，例えばIAEAの国際基準のような形で，世界でコンセンサスの得られた処分オプションとして認められているのにもかかわらず，これを進めようとする各国において，ステークホルダー間の意見の対立がみられ，その結果として処分計画を進める上での意思決定に関する合意の不成立が経験されてきている。

放射性廃棄物の地層処分のように社会的影響の大きい企図については，その企図を社会に提案する者は，ステークホルダーに意思決定の材料としてセーフティケースを提示して，安全に関する情報の共有を図る必要がある。セーフティケースは，科学としての地層処分の安全に関する情報であり，万人が共有できる知識がどのようなものであり，どこに限界（不確実性）があるかを専門家が整理したものである。

一方，非専門家は，専門家が提示する情報を，白紙の状態で，すなわち賛成とか反対とかに関して中立で，科学的論理を理解できる状態で待っているわけではなく，地層処分の安全に関して不十分で不完全な情報を得ており，一人一人は異なる程度の不確実性の下で，その不確実性をヒューリスティクスで充填してバイアスを抱いている。

感情ヒューリスティック理論に基づくと，「高レベル放射性廃棄物の地層処分」という言葉を聞いて，先に思いつくのはメリットよりもリスクとなる。「原子力」，「放射能」，「放射線」，「高レベル」，「廃棄物」，「処分」，「超長期」，「地層」等の用語は，非専門家において，恐ろしさ，未知性，嫌悪等の感情形成に寄与し，システム2で検算を終えた情報，すなわち意思決定の際に社会で共有すべき科学的知識の共有を妨げている。

もちろん，専門家の側もヒューリスティック・バイアスが避けられない。あまり起こりそうもないことの影響や生起確率を懸念する非専門家は，これらを過大評価する一方，専門家は，これらを過小評価する可能性もある。非専門家の懸念は，むしろこのような専門家の「自信過剰」に対するものとも考えられる。

そのため，実施主体とそれ以外のステークホルダーとのコミュニケーションにおいては，従来の「決定し，宣言し，防御する（DAD：decide, announce and defend）」という形態から，「関与を促し，相互に交流し，共同作業する（EIC：engage, interact and co-operate）」という形態への転換が必要との認識が生じている【OECD/NEA, 2012a】。

DADアプローチは，一般にパターナリズム（paternalism）と呼ばれているアプローチと同様のアプローチである。パターナリズムは，強い立場にある者が，弱い立場にある者の利益になるようにと，本人の意思に反して行動に介入・干渉するアプローチで，日本語では家父長主義，父権主義などと訳されている。語源はラテン語のpater（パテル，父）で，pattern（パターン）ではない。社会生活のさまざまな局面において，こうした事例が観察されるが，とくに国家と個人の関係に即していうならば，パターナリズムとは，個人の利益を保護するためであるとして，国家が個人の生活に干渉し，あるいは，その自由・権利に制限を加えることを正当化する原理である。医療現場においても，医者と患者の権力関係がパターナリズムであるとして社会的問題として喚起されるようになった。現在では「患者の利益か，患者の自己決定の自由か」をめぐる問題として議論され，医療現場ではインフォームド・コンセント（informed consent）として「正しい情報を得た（伝えられた）上での合意」を重視する環境が整いつつある。さらに，患者が主体的に複数の方針からひとつを選択するよう促されることがある。このように患者が方針の選択まで行うことを特にインフォームド・チョイス（informed choice），または，インフォームド・デシジョン（informed decision）と呼ぶこともある。

放射性廃棄物の地層処分は，科学技術に関わる専門家の知識を基礎として実施しようとする国家的企てである。これまで，様々な機会でしばしば行われている地層処分についての説明は，「高レベル放射性廃棄物対策として最善の技術は地層処分である」という主張のDAD方式による展開であった。非専門家が「何故地層処分か？」，「地震の多い日本では危険ではないか？」などの疑問を呈すると，それに答え，さらに異論が述べられると，プレート理論や核種移行メカニズムなど，難解な科学の領域に踏み込んで解説するという流れで行われてきた。専門家が自らの主張を守りきるまで対話を続ければ，やがて非専門家も理解するようになると思いこんだ説明スタイルである。

しかしこのアプローチは，不確実性下の意思決定において存在する限定合理性，情報の非対称性，ヒューリスティック・バイアスの問題に対して無力であり，むしろバイアスを助長する風に作用することもある。

このため，これを改め，技術的関心と社会的関心の両方が建設的な結果に等しく重要であると考えるEIC型対話へのパラダイムシフトが，放射性廃棄物分野における国際的な傾向となってきているのである。OECD/NEAの集約意見「放射性廃棄物の地層処分：国を挙げての取り組みと地元および地域の関与」【OECD/NEA, 2012a】では，放射性廃棄物の地層処分に対する社会的合意を確保し続けるという複雑な課題に対して，「国を挙げての取り組み」と「地元および地域の関与」が，必要不可欠な2要素であるとして，DAD型の説明からEIC型の対話への転換の必要性を論じている。

EIC型対話では「関与を促し，相互に交流し，共同作業する（EIC：engage, interact and co-operate）」ということからわかるように，システム1の入り口から出発し，対話により，システム2の思考過程を共有しようというアプローチである。

この対話で目指すのは，インフォームド・チョイスに相当する「正しい情報を得た（伝えられた）上での選択としての意思決定（informed and comparative judgment）」である。ここでは，提案者とステークホルダーの共通の関心として社会問題があり，科学技術はオプションの選択を受け入れてもらうための説得のためにあるのではなく，社会問題の解決のためにあるということが出発点となる。

すなわち，対話のきっかけはシステム1思考による高レベル放射性廃棄物問題への関与（Engage）であり，対話は社会問題の解決のオプションの選択の形で，各オプションの長所短所について話し合う（Interact）段階を経て，システム2思考による解決策に向けた協働作業（Cooperate）ができれば，EIC型対話の進行が期待できる。社会問題の解決という提案者とステークホルダーの共通の動機（incentive）が共有できれば，両者の間に信頼関係が築け，複数のオプションからの選択のために情報を共有するというアプローチをとれば，両者を同じ尺度で比較することにより，ヒューリスティック・バイアスの混入を避けることができる，というのがEIC型対話に対する期待である。

7.2 安全評価

安全評価はセーフティケースを支える中心の柱ともなるべきものである。セーフティケースの概念の開発の駆動力となる不確実性の取り扱いに関する考察の進展を受けて，セーフティケースの中に配される安全評価のあるべき姿が論じられ，地層処分についてはOECD/NEAのMeSA（Method for Safety Assessment）【OECD/NEA, 2012b】が，浅地中処分についてはIAEAのISAM（Improvement of Safety Assessment Methodology）【IAEA, 2004】が，国際的に集約された書として刊行されており，シナリオ，モデル，評価指標，不確実性の取り扱い等について記述されている。ここではセーフティケースの内容と構成を論じる前に，安全評価がどのように行われるかを見る。

7.2.1 安全評価の手順

(1) 安全評価の概要

図7.2-1に，閉鎖後の処分システムの安全評価の概要を示す。

処分の安全評価とは，施設と設計（埋設深度と地質環境の選定を含む）が，安全機能を発揮し技術的要件を満たす能力を体系的に解析し評価するプロセスであるが，これを評価するために，定置された放射性廃棄物（線源）からどれだけの潜在的危険物質が放出され（ソー

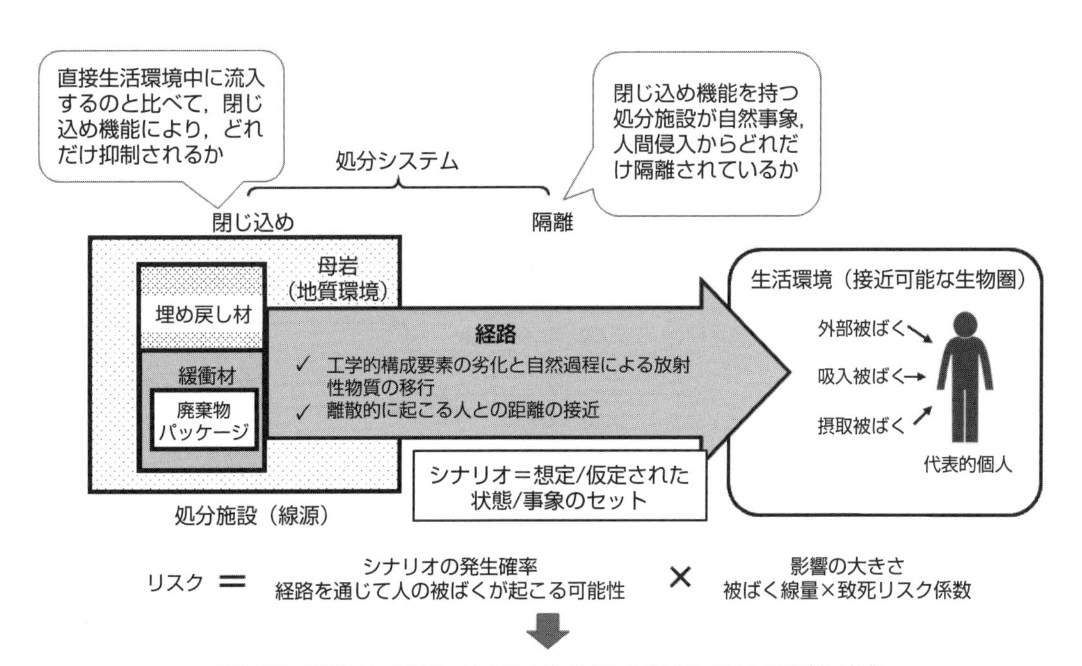

図 7.2-1　閉鎖後の処分システムの安全評価

スターム），経路を通じて，最終的に人および環境に影響（被ばく）を与える程度（エンドポイント）を定量評価する。

線源から被ばくに至るまでの経路で起こる放射性核種と移行環境の特質と相互作用は，FEP（特質（feature），事象（event），プロセス（process））と呼ばれ，このFEPのつながりを仮定（postulate）または想定（assume）した一連のセットをシナリオと呼ぶ。

安全性とは，線源とエンドポイントの間のつながりを制限して，潜在的な危険性が顕在化しないようにする程度であるので，処分システムで考えられるシナリオについて，エンドポイントにおける影響を予測的線量評価で求め，そのシナリオが起こる可能性（発生確率）と影響をリスク，

> 機会損失（EOL：expected opportunity loss）＝ 損失の起こる確率×損失の大きさ）
> リスク ＝ シナリオの発生確率×シナリオによりもたらされる負の影響

として計算することにより，システムが提供する隔離と閉じ込めの性能が評価できる。

(2) 安全評価の手順

図7.2-2は一般に行われる安全評価の手順である【IAEA, 2004】。各ステップは次のようなものである。

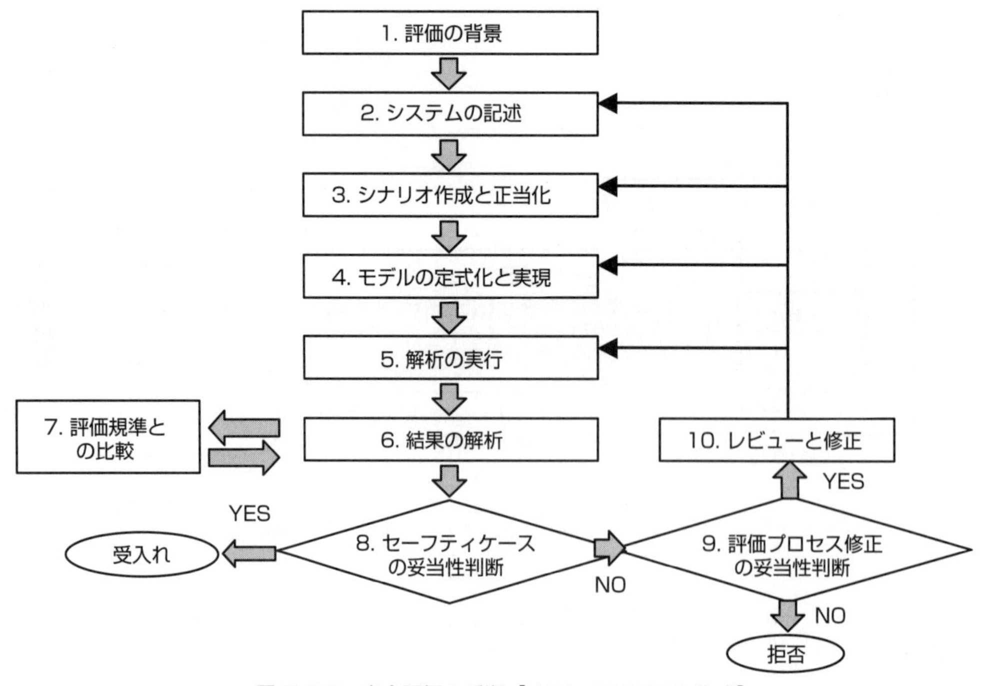

図 7.2-2　安全評価の手順【IAEA, 2004より作成】

①評価の背景

ここでは次のような項目が整理される。

1）目的：何のためにこの評価を行うのか
2）放射線学的防護基準：線量限度，拘束値，継続的／離散的被ばく
3）計算のエンドポイント：代表的個人＝決定グループ（公衆，作業者），環境中濃度
4）評価の考え方：保守的／現実的
5）時間枠：操業中／閉鎖後

特に，評価が何のために行われるのかが重要となる。放射線防護の目標は，世代内の公平性の観点からは，特定の個人の活動が他者に過度の（不公平な）危険またはその可能性（リスク）をもたらさないことであり，世代間の衡平性の観点からは，現世代の活動が将来世代に対して過度の（不衡平な）危険またはその可能性（リスク）をもたらさないことである。しかし，予測的安全評価によりこれを見積もるために計算対象となる人は，特定の個人ではなく，環境中で生活（生命活動）している生活様式も人数も特定できない人々である。

そのため，計算では，今と同様の生活を営んでいる人を考え（様式化（stylization）），その中で最も高い被ばくを受けそうな生活様式を営んでいる人々のグループを考え，その人たちのうちで平均の被ばくを受ける人を代表的個人（representative person）としてその被ばくを評価する。

これは，ある個人ではなく，そのような人で代表される人々が，その環境中で一生を過ごす際に，過度の被ばくを受けるような生活環境をもたらさないことが，処分の安全の目標であると考えていることになる。一般的に処分システムの閉じ込め性能を評価するときにはこの考え方が成立し，年あたりの被ばくで代表して評価ができるが，離散的に起こる隔離機能の喪失では，その事象ごとに限られた時間内で被ばくが起こる場合もある。

また，社会制度が継続する近い将来においては，ある活動をする人と，それにより被害を受ける人との間の公平が問題となるが，遠い将来については，個々人の間の公平ではなく，廃棄物の発生により便益を受けた現世代と，それにより被害を受けるかもしれない将来世代の間の衡平が問題となる。

計算の過程での仮定または想定をどれだけ保守的（より悪い方向，悲観的）に，あるいは逆にどれだけ現実的（真実に近い方向）に設定するかも，評価の目的と結果の評価で問題となる。一般的には，予測には不確実性が付随するとの考え方から，できるだけ現実的な想定と保守的な想定をセットにして考える。

②システムの記述

評価のためのシナリオを設定するためには，まずシステムが最初どのような状態にあるかを把握し，これを出発点としてシステムがどのような変遷（evolution）をたどるかを考える。

1）廃棄物と廃棄物形態：濃度と総量，物理的化学的形態，容器，含有物
2）処分施設の人工バリア：バリア要素（物理的化学的形態）
3）地質環境：熱的，水理的，機械的，化学的条件
4）生物圏：GBI（地圏生物圏インターフェース），生物圏コンパートメント，人の振る舞い

処分システムでは，これを構成する要素間で様々な熱的，水理的，機械的，化学的（THMC）相互作用が進行しており，廃棄物近傍では放射線が，地表環境近傍では生物がこの相互作用に干渉している。この結果，それぞれの構成要素は，時とともに徐々に変遷する。変遷という用語は，注目する対象がどのような決定論的因果により変化していくかを考えるのではなく，周囲の環境や状況と相互作用しながら（因縁により）進展変化していくかを考えることを強調している。evolutionはダーウィンの進化論（evolution theory）で用いられている用語であり，安全評価ではこれを記述しようとするのがFEPである。

1）特質（Feature）：処分システムの性能に影響を与える可能性を持つもの（object），構造（structure）または条件（condition）
2）事象（Event）：処分システムの性能に影響を与える可能性を持ち，性能の維持期間に比して短い時間範囲内に起こる自然過程または人為過程に起因する現象
3）プロセス（Process）：処分システムの性能に影響を持ち，性能の維持期間の全範囲またはかなりの範囲にわたって起こる自然過程または人為過程に起因する現象

FEPは，特質に対して作用するあるいは特質の中で起こるプロセスまたは事象で，どの時間範囲を考えるかで，それぞれがFEPのいずれかは変わってくるが，シナリオを考える際には，FEPを考えて処分システムの変遷を予測する。図7.2-3はISAMで示されているFEPの最上層の構成であり，一般的にこのような構成で国際機関や各国の放射性廃棄物処分の実施または開発機関によりFEPリストが作成されており，これに基づいてシナリオが作成されている。図7.2-4は，OECD/NEAのIGSC（Integration Group for the Safety Case）により，各国のFEPをもとに集約され整理されたFEPのリストの一部を抜粋したものである【OECD/NEA, 2013b】。リストは最上層からレベル2，レベル3，レベル4と詳細化され，システムの変遷を考える際に考慮すべきFEPが網羅される。この図では，例としてレベル3では廃棄物パッケージに関する因子のみのFEPを示し，レベル4ではさらにその中で，廃棄物パッケージのプロセスのうちの化学的プロセスのみを示している。

③シナリオ作成と正当化

安全評価のためのシナリオは，処分システムの構成要素間のFEPを考察することにより作成される。図7.2-3および図7.2-4で示したように，ここで考慮されるFEPは次のような

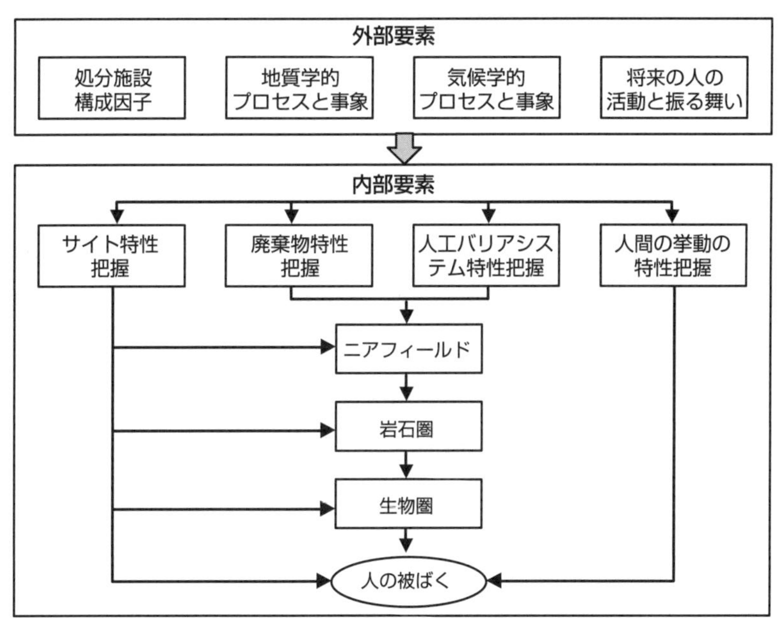

図 7.2-3　ISAMで示された処分システムのFEP構成要素と情報の流れ【IAEA, 2004】

FEP	レベル2
1.	外部因子
1.1	処分場関連因子
1.2	地質学的因子
1.3	気候学的因子
1.4	将来の人の振る舞いに関する因子
1.5	その他の外部因子
2.	廃棄物パッケージに関する因子
2.1	廃棄物形態の特性と性質
2.2	廃棄物パッケージの特性と性質
2.3	廃棄物パッケージのプロセス
2.4	汚染物質の放出（廃棄物形態から）
2.5	汚染物質の輸送（廃棄物パッケージ）
3.	処分場関連因子
3.1	処分場のと特性と性質
3.2	処分場のプロセス
3.3	汚染物質の輸送（処分場）
4.	岩石圏
4.1	岩石圏の特性と性質
4.2	岩石圏のプロセス
4.3	汚染物質の輸送（岩石圏）
5.	生物圏
5.1	地表環境
5.2	人の振る舞い
5.3	汚染物質の輸送（生物圏）
5.4	被ばく関連因子

FEP	レベル3
2	廃棄物パッケージに関する因子
2.1	廃棄物形態の特性と性質
2.1.1	廃棄物の状態
2.1.2	廃棄物の型
2.1.3	廃棄物のコンディショニング母材
2.1.4	汚染物インベントリ
2.1.5	廃棄物形態の性質
2.2	廃棄物パッケージの特性と性質
2.2.1	容器
2.2.2	オーバーパック
2.3	廃棄物パッケージのプロセス
2.3.1	熱的プロセス（廃棄物パッケージ）
2.3.2	水理的プロセス（廃棄物パッケージ）
2.3.3	機械的プロセス（廃棄物パッケージ）
2.3.4	化学的プロセス（廃棄物パッケージ）
2.3.5	生物学的プロセス（廃棄物パッケージ）
2.3.6	放射線学的プロセス（廃棄物パッケージ）
2.3.7	ガス発生（廃棄物パッケージ）
2.4	汚染物質の放出（廃棄物形態から）
2.4.1	液体を介する放出
2.4.2	気体を介する放出
2.4.3	固体を介する放出
2.4.4	人間活動を介する放出

FEP	レベル4
2.3.4	化学的プロセス（廃棄物パッケージ）
2.3.4.1	pH条件（廃棄物パッケージ）
2.3.4.2	酸化還元条件（廃棄物パッケージ）
2.3.4.3	影響を与える化学種の濃度（廃棄物パッケージ）
2.3.4.4	腐食（廃棄物パッケージ）
2.3.4.5	ポリマー分解（廃棄物パッケージ）
2.3.4.6	溶解（廃棄物パッケージ）
2.3.4.7	鉱化（廃棄物パッケージ）
2.3.4.8	沈殿反応（廃棄物パッケージ）
2.3.4.9	錯形成剤の影響（廃棄物パッケージ）
2.3.4.10	コロイド形成（廃棄物パッケージ）
2.3.4.11	化学物質濃度勾配（廃棄物パッケージ）
2.3.4.12	化学プロセスのその他のプロセスへの影響

図 7.2-4　OECD/NEAにより作成されている国際FEPの一部【OECD/NEA, 2013bより作成】

事柄に関したものである。

1）自然のプロセスと事象
2）廃棄物と処分施設の特質と操業活動
3）操業以外の人の活動

それぞれのFEPは因果による決定論で記述できるわけではないので，シナリオ作成は，エキスパートジャッジメントに高度に依存する。このため，シナリオの作成とその正当化は，用いられる科学的知識の信頼性を示すために，透明性と追跡性（コミュニケーションの性能）が要求される安全評価の中で最も困難で最も重要な作業である。

シナリオは，処分システムの与えられた初期状態からの潜在的（安全に関係する）変遷の記述であるが，すべての起こり得るシナリオの完全な網羅的記述は，次のような理由により実行不可能である。

1）ある事象のランダム性，予測不可能性
2）地質環境と生物圏の変動性
3）プロセスの特性把握の欠如
4）遠い将来の生物圏（生活環境）と人の振る舞いの予測不可能性

かつては，素朴に，専門家が最も起こりそうなシナリオを直感的に考えて，そのシナリオがもたらす結果が安全基準に比べて大幅に小さい（十分保守的である）ことをもって安全と判断する慣行があったが，このアプローチは，あまり起こりそうもないが起こるかもしれない事故的シナリオに対して防衛不可能である。

そのため，危険なことが起こる危険性の大きさと，それが起こる起こりやすさの両方に応じて予防するという本来の考え方に立ち戻り

1）様々な変遷を包絡する（bound：包み込む），すなわち起こりうる将来を影響の観点からすべて包括するようなシナリオ
2）例外的と考えられるような変遷（離散事象）（人間侵入，容器初期欠陥，気候変動等）の影響を評価するシナリオ

を包含するシナリオのセットを考え，各シナリオについて，その起こりやすさと影響の積（リスク）が，安全のリスク基準を満たすかどうかを評価するというリスク論的安全評価アプローチが取られるようになり，シナリオも，その評価の目的に応じたシナリオのセットを作成するようになっている。

④モデルの定式化と実現

図7.2-5は，安全評価のためのシナリオのモデル化の構造を示したものである。シナリオ

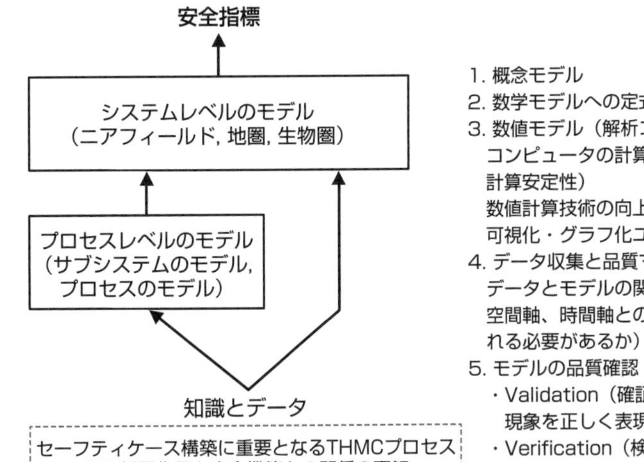

図 7.2-5　安全評価のためのシナリオのモデル化の構造【OECD/NEA, 2012bより作成】

を規定するFEPはシステム全体の中でFEPのそれぞれが変遷するので，すべてを同じモデルで表現することはできない。そこでFEPを図7.2-3および図7.2-4に示すようにモジュール化して考えて，モデル化し，モジュールごとに必要な情報が受け渡されるとして，サブシステムのモデルと全システムのモデルが構築される。サブシステムのモデルは，核種移行に直接関係するプロセス（放射性核種の固液分配（溶解，収着），オーバーパックの腐食，地下水流動等）をモデル化したり，環境条件の変遷（セメントや鉄腐食生成物等の影響下での緩衝材の長期変遷等）をモデル化したりする場合もあれば，人工バリア全体の変遷のようにサブシステムをモデル化したりする場合もある。

1）固定媒体／輸送媒体（固相／液相・気相，岩石・土・水・大気／動植物）間の分配
2）媒体中の拡散（分散）と媒体の移行
3）定式化（formulation）：移流分散方程式，バッチ型平衡と交換水量
4）実装（implementation）：数値計算法による計算コード化

FEPが理解できれば，FEPの変遷を記述する概念モデルが作られ（この部分はシナリオ作成と強く関連する），これが数式モデルに定式化され，計算ができるようにコードに実現または実装される。計算は解析的に行われることもあれば数値的に行われることもある。

計算に用いられるモデルやデータは，その利用のための品質が確認される。概念モデルや数学モデルが正しく現象を表しているかどうかの確認は，確証（validation）と呼ばれ，解析コードが意図した数学モデルを正しく反映して作られているかどうかの確認は，検証（verification）と呼ばれる。

7.2.2　安全評価の例

(1) 浅地中処分の濃度上限値設定のための安全評価

トレンチ処分やピット処分などの浅地中処分では，どれだけのインベントリ，または濃度の放射性廃棄物を，浅地中のどの処分施設に処分してよいかという受け入れ基準を判断する必要がある。IAEAの技術文書TECDOC 1380「浅地中処分施設への放射性廃棄物処分の濃度限度の導出」【IAEA, 2003】では，先に示したISAM【IAEA, 2004】の安全評価の手法を用いて受け入れ基準となる濃度上限値を導出している。具体的には，仮想的な処分システムと廃棄物量（インベントリ）を条件として，これに対して，どのようなシナリオを構築し，システムの記述に対してどのようなモデルを使い，どのような計算コードを用いて，どのようなパラメータを用いて安全評価を行えばよいかを一種の指南書として示している。この評価結果より，逆算して処分施設に対する受け入れ基準（濃度上限値）が定められる。

日本でも同様にして浅地中処分施設の濃度上限値が定められている【安全委員会，2007】。これはある濃度以上の廃棄物はその処分方法で受け入れることを拒否する基準であり，安全は，事業者がその方法で処分を実施する際に，セーフティケースを添えて申請がなされ，規制によりその妥当性が評価される。

ここでは，ピット処分におけるシナリオと評価の概要だけを例示的に示す。図7.2-6のように，浅地中ピット処分では，隔離は施設の設計と制度的管理で確保されるが，これが継続すると保証される期間は300年と考えて，それ以降の放射性核種放出シナリオとして，図の左上の初期状態に対して，その後の変遷を表すシナリオとして，建設シナリオ，居住シナリオ，河川水利用シナリオが考えられている。

建設シナリオ，居住シナリオは離隔が十分でない浅地中処分に特有のシナリオで，建設シナリオでは建設作業者の外部被ばく，居住シナリオでは居住者の外部被ばくと農作物を経由する摂取被ばくが考えられている。

河川水利用シナリオでは，地下水運搬による移動の末，河川水に至り，河川水飲用，河川魚，畜産物摂取による被ばくが考えられている。地下水による核種の移行は，収着性多孔質媒体中の物質移行であるとして，6.4.4節で説明した収着媒体中の地下水による物質移行を記述する移流拡散モデル式

$$\left(1+\frac{(1-\varepsilon)\rho_s}{\varepsilon}K_d\right)\frac{\partial C}{\partial t}=\frac{D}{\varepsilon}\frac{\partial^2 C}{\partial x^2}-\frac{v}{\varepsilon}\frac{\partial C}{\partial x}$$

を用いて計算がされている。

廃棄物物量20万m^3，覆土3 m，コンクリートピット壁厚0.5 m等の条件を用いて，これらのシナリオにより計算される被ばく線量が，それ以上の線量の低減の努力が資源の投下に値しないとされている10 μSv/年と比べられて，ピット処分に受け入れ可能な濃度の上限値が定められている。計算される線量は実際に起こる被ばくを表しているものではなく，あ

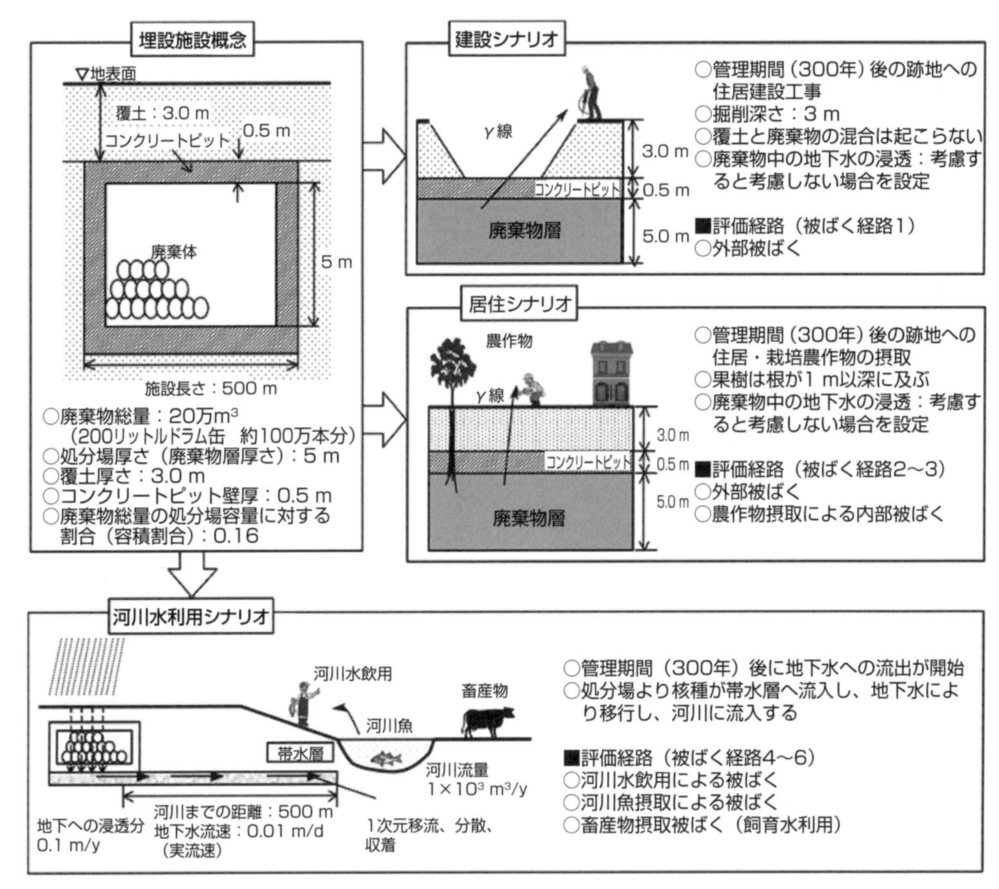

図 7.2-6　ピット処分の濃度上限値設定のための安全評価シナリオ【澤口, 2008】

表 7.2-1　埋設事業の許可申請を行うことができる廃棄物中の核種濃度の最大値
【安全委員会, 2007；安全委員会, 2004より作成】

核種	半減期（年）	クリアランスレベル（Bq/トン）	濃度上限値（Bq／トン）				
			トレンチ処分	区分値充足性の評価値	ピット処分	区分値充足性の評価値	余裕深度処分
Co-60	5.3	10^5	10^{10}		10^{15}		−
Cs-137	30	10^5	10^8		10^{14}		
Sr-90	29	10^6	10^7		10^{13}		−
Ni-63	100	10^8	−		10^{13}		−
C-14	5700	10^6	−	10^{10} *1	10^{11}		10^{16}
Tc-99	2.1×10^5	10^6	−	10^5～10^6 *1 10^4～10^5 *2	10^9		10^{14}
Cl-36	3.0×10^5	10^6	−	10^7～10^8 *1	−	10^{11} *1	10^{13}
I-129	1.6×10^7	10^4	−	10^4 *2	−	10^{10} *2	10^{12}
α核種	−	10^5	−	10^9 *2	10^{10}		10^{11}

*1　Co-60に対する相対濃度からの推定値
*2　Cs-137に対する相対濃度からの推定値

くまでも計算によって示される値に過ぎない。またここでは，処分施設に受け入れ可能な濃度（濃度上限値）を定めるだけであるので，評価の信頼性の議論は深くされていない。安全の確認は別途なされるためである。

参考のために，このようにして定められた濃度上限値とクリアランスレベル【安全委員会，2007；安全委員会，2004】を表7.2-1に示す。これらの値は，様々な廃棄物の処分の実現性を検討するための参考として用いられている。

(2) 高レベル放射性廃棄物の地層処分の地下水シナリオレファレンスケースの安全評価

日本の高レベル放射性廃棄物の地層処分についてJNCより示された第2次取りまとめ【JNC, 1999】における地下水シナリオのレファレンスケースの評価解析がどのようになされているかを考えてみる。

このシナリオ解析は，地層処分のセーフティケースとして取りまとめられた全体の一部であって，これだけで地層処分の閉鎖後の安全性が主張されているわけではないが，かつて安全評価は，専門家のエキスパートジャッジメントにより選ばれた代表的シナリオを用いて評価解析をして，その結果が何らかの順守目標を満たすとして安全を主張する傾向があったので，もしもこれが安全の主張の根拠とされるならば，どのような問題が生じるかを考えるための例として考える。

高レベル放射性廃棄物の地層処分システムでは，地下水シナリオを安全評価の中心（レファレンスケース）に据えている。地下深部に定置された廃棄物が，地表の環境で生活している人に被ばく影響を与えるとすれば，そのもっとも可能性のある経路は，放射性物質が地下水により運ばれて地表環境に至り，これを人が直接あるいは動物や植物を介して摂取する経路であると考えているからである。図7.2-7は第2次取りまとめ【JNC, 1999】における地下水シナリオのレファレンスケースの概念を図示したものである。このシナリオでは，放射性物質は固体廃棄物から地下水に溶出して，固体と地下水の間を分配しながら，地下水中に分配したものが運ばれる。

このシナリオでは，次のような段階で放射性物質が地表の生活環境に至り，人に被ばくを与えると考える。

1）オーバーパック（19 cm厚さの炭素鋼容器）の腐食が進行する（速度：0.005 mm/年以下）。

2）1000年後にオーバーパックがすべて破損し，地下水との接触下でガラスが溶解し（速度：1 mg/m^2/日），核種の溶解度にしたがって地下水中に浸出する。

3）核種は，粘土緩衝材（厚さ70 cm）中を，容器内側と緩衝材外側（掘削影響領域）との濃度差（濃度勾配）による拡散により，緩衝材への収着による遅延を受けながら移行する。

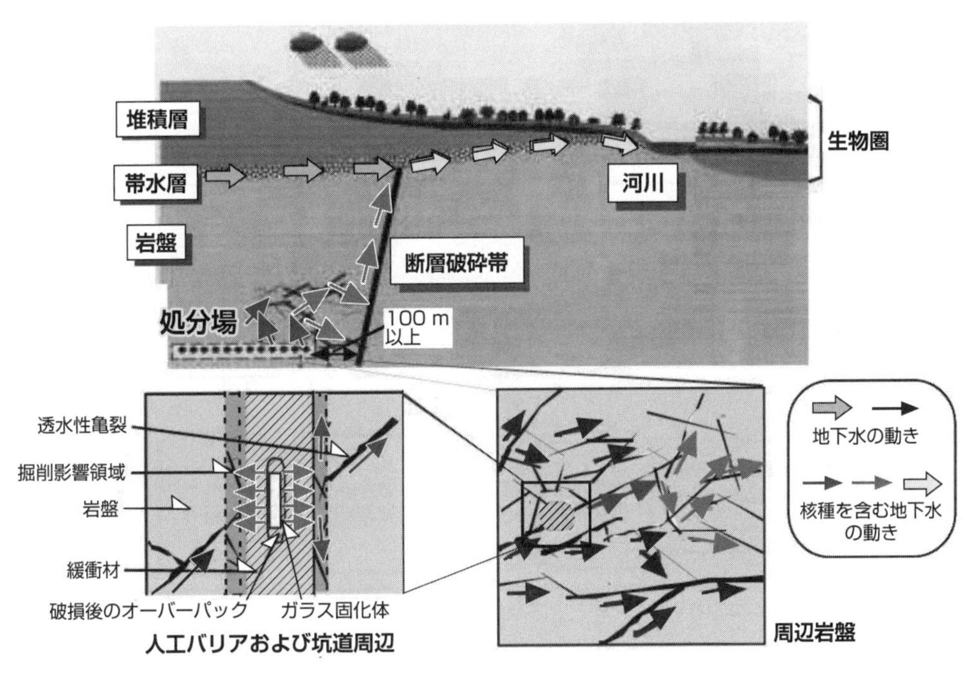

図 7.2-7　第2次取りまとめにおける地下水シナリオ基本シナリオ【JNC, 1999】

4）掘削影響領域に到達した核種は，その場の地下水流速（流量：1 dm^3/年）に従って母岩領域に移行する（ソースターム）。

5）母岩領域の間隙水中を，母岩への収着遅延を受けながら，間隙中地下水流速（透水係数10^{-7} m/s×動水勾配0.01）に従って移流分散により移行する。

6）母岩領域を100 m移行したところで，より地下水流速の大きい断層破砕帯に出会い，ここを800 m移行して地表の生物圏に至る。

7）このフラックス（ガラス固化体1本分）に全固化体本数を乗じて生物圏に到達する全フラックスとする。

8）このフラックスが河川流量（10^8 m^3/年）により希釈される。

9）生物圏に入った核種は，河川水，土壌，動植物等に移行係数に従って分布し，生活を営む人々に被ばくを与える。

これらのそれぞれの段階ごとに起こる相互作用が考えられ（概念モデル），数式化され，計算ができるように解析コード化（実装（implementation））され，実験や実測から得られるデータをもとに定められた必要なパラメータを用いて，計算が行われる。図7.2-8は評価のFEP構成要素とモデル，パラメータを示している。

このようにして解析評価された結果が図7.2-9である。移行のためには，固体から地下水に浸出される必要があり，その上，移行には時間がかかる。人工バリアの外側にまで到達するまでに40万年かかり，地表の生活環境にまで到達するのには80万年かかるので，その間

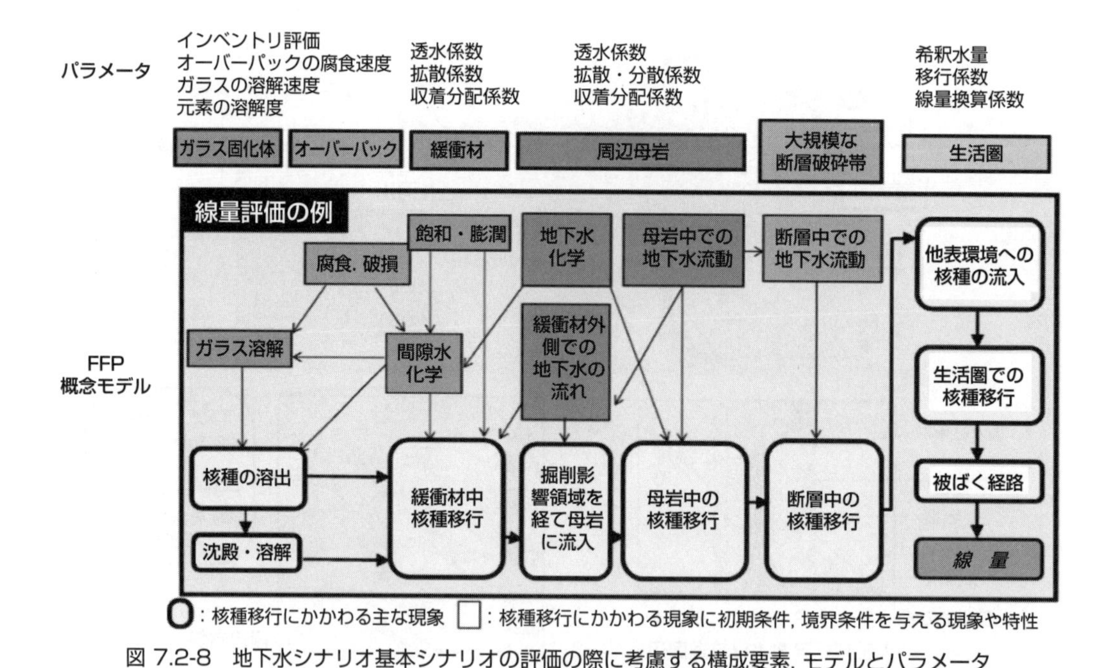

図 7.2-8　地下水シナリオ基本シナリオの評価の際に考慮する構成要素，モデルとパラメータ

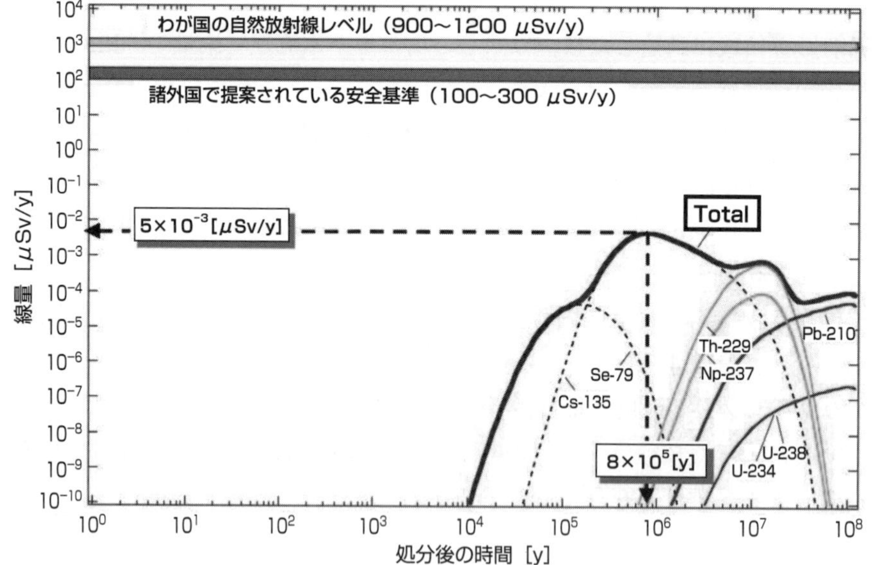

図 7.2-9　地下水シナリオ基本シナリオ解析結果【JNC，1999】

減衰せずに生き延びて地表まで到達するのは，極めて長い半減期で水への溶解度が高い核種のみで，相対的に大きい被ばく線量を与えるのは^{135}Csや^{79}Se，^{233}Uとその娘核種などに限られる。さらに1年あたり運ばれる地下水量はその遅い流速に制限され，これが地表の大量の河川水により希釈されることになるので，計算される線量は80万年後に自然放射線の数

十万分の1程度となり，諸外国で示されている安全基準等よりも十分に低い値を示している。

しかしながら，このような評価結果が，地層処分システムの閉鎖後の安全を確認するのに十分かを考えると，当然次のような質問が投げかけられるはずである。

1）なぜこのシナリオでよいのか？（シナリオの網羅（包絡）性），シナリオは将来起こることを十分網羅しているか，あるいはこれ以上悪いことは起こらないことが保証されているか？

2）このモデル，解析コードは想定されるシナリオを正しく記述し，数式化，コード化しているか？

3）なぜこれらのモデル，データでよいのか？

4）この予測の不確かさはどの程度のもので，それにどう対処するのか？

すなわち，安全評価が対象とする全時間・空間スケールに対して文字通りの実証は不可能である地層処分という行為に対して，不確実性を内包する予測に基づいて，これを進めるという意思決定をするためには，次の点が満たされていることが必要となる。

1）安全評価（システムの安全レベルの定量化）の結果の規準に対する順守

2）システムと安全評価の双方が十分な頑健性（robustness）を有すること

3）処分システムの時間的変遷（evolution:進展変化）を十分理解していること

7.3 セーフティケースの構成要素

放射性廃棄物の処分，特に地層処分の概念が進展するのに応じて，その安全評価については，その安全評価が対象とする全時間・空間スケールに対して文字通りの実証は不可能で予測の不確実性が時間とともに増大する。このため安全評価（システムの安全レベルの定量化）だけでは十分な信頼性を提供できないことが強く認識され，不確実性を扱うセーフティケースの内容と構成はどのようにあるべきかが，専門家の間で議論され，国際的にその考え方を集約した文書がOECD/NEA【OECD/NEA, 2004；OECD/NEA, 2013a】やIAEA【IAEA, 2012】により刊行された。さらにこれを受けてセーフティケースの柱となる安全評価がどうあるべきかについても国際的に整理された文書が刊行され【IAEA, 2004；OECD/NEA, 2012b】，放射性廃棄物処分に関するIAEAの個別安全要件SSR-5【IAEA, 2011】やICRPのPublication Publ. 122【ICRP, 2013】にその考え方が反映されている。

7.3.1 セーフティケースの構成と要素

セーフティケースは，「閉鎖後の地層処分場の」セーフティケースもあれば，「処分の」セーフティケース，「施設の操業の」セーフティケースなど様々であるが，共通の特徴は，不確実性を内包する将来予測を提供して意思決定をステークホルダーに委ねることを目的とすることである。ここでは，その特徴の著しい「閉鎖後の地層処分場の」セーフティケースを例にとって説明する。

図7.3-1は，OECD/NEAのIGSC（Integration Group for the Safety Case）により提案されている閉鎖後の地層処分場のセーフティケースである【OECD/NEA, 2013a】。ここでは，セーフティケースは，

1）評価の目的と背景：どのような背景のもとに，何を評価の目的として安全評価がなされようとしているか
2）安全戦略：安全はどのようにして達成されようとしているか
3）評価基盤：どのような情報や解析ツールにより安全評価が行われるか
4）統合：安全評価の結果の意味合いの目的と背景に対応した議論と統合

という内容が，安全を総合的に主張する（不確実性の所在と程度を記述・定量化し，その扱いを示す）ために，体系的に整理統合されていなければならないとしている。

このようなセーフティケースが提案されているのは，安全評価は，安全かどうかを専門家がステークホルダーに代わって評価判断するものではなく，安全の程度を評価（定量化）して，それを材料として提供し，ステークホルダーに意思決定を委ねるものであるので，評価の内容が伝達されるために，誰にでも追認でき理解できなければならないからである（追跡

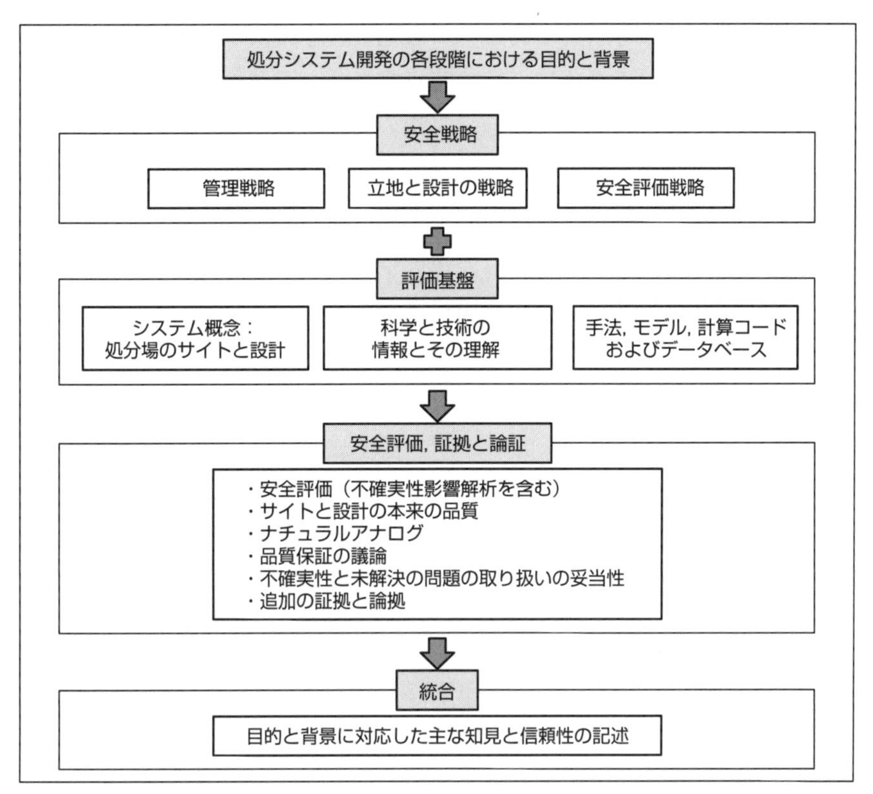

図 7.3-1　閉鎖後の地層処分場のセーフティケースの構成と要素【OECD/NEA, 2013aより作成】

性（traceability）と透明性（transparency））。以下，構成要素のそれぞれについて簡単に説明する。

7.3.2 目的と背景（purpose and context）

ここでは，セーフティケースが，どのような対象（規制当局，政治的意思決定者，より広範な科学者または公衆，実施組織内の技術的専門家など）に対して，何を目的として，計画進行過程のどの時点で，それまでのどのような成果のもとに記述されるのかを明確に述べる。

1）処分の必要性：廃棄物の特性とインベントリ，廃棄物管理戦略，処分と安全評価に対する要件（規制要件を含む）

2）処分施設の計画・実施の段階的プロセス（マイルストーンと意思決定ポイント）：段階的開発のどの段階において次の段階に進むことができるかどうかの意思決定をしようとしているか（どこまで分かっているか，残る不確実性と懸念にどう対処する予定か）

3）誰が意思決定のための情報を必要としているか

処分は，図7.1-1に示すように，立地（サイト選定），サイトに適合させた設計，建設，操業，閉鎖が段階的に進められる事業である。この過程の中で安全に地層処分が実現できることが主張される。安全の主張のために，その時点で得られる情報は限定されるので，その制限（不確実性の存在）のもとに安全な処分の実現の見通しが主張され，安全性の判断のために必要とされる情報がいつ得られる見通しであるのかという全体計画も述べられる。過去に下された重要な意思決定や，将来下されるべき意思決定，肯定的意思決定がなされた時にとられる措置，意思決定にかかわるそれぞれの機関の責任についても説明がなされる。こうした情報のもとにステークホルダーは次の段階に進んでよいかどうかの意思決定をする。

またこれらの記述の際には，透明性（transparency），追跡可能性（traceability）と全体計画の展望（holisitic perspective），ピアレビュー（peer review）について特に配慮がなされるべきである。

7.3.3 安全戦略（safety strategy）

安全戦略とは，安全な処分を達成するための，研究開発，サイト選定，処分場設計，安全評価等の高次の管理（management）戦略を意味している。安全戦略の各要素は次のようになる。

1）総合的管理戦略：
処分場の計画，実施及び閉鎖について要求される種々の活動の総合的管理戦略。これにはサイト選定と処分場設計，安全評価，サイトおよび廃棄体の特性評価とR&Dが含まれる。このような管理機能によって，作業の焦点がプロジェクトの目標に向けられ，個々の活動に対して開発資源が配分され，これらの活動が正しく実施され整理されることが保証される。

2）サイト選定と処分場設計の戦略：
サイトを選定し，選定されたサイトの特性と廃棄される廃棄体の特性に応じた工学的技術を開発するための戦略。

3）安全評価戦略：
どのようにして安全評価を行い，安全にかかわる証拠を評価し，システムの安全にかかわる将来挙動を解析し，セーフティケースを構築し更新するかを決めるための戦略。

これらの要素は各々密接に関連しており，そのいずれが欠けても他の要素では補えない。安全戦略における最も重要な側面は，不確実性の管理である。すなわちセーフティケースの本質として，意思決定の段階では常に何らかの不確実性があり，これをどのように取り扱うかということを明示することがこの項で特に重要な点である。

どのような工学システムも，これを社会に導入して実施しようとする際の安全評価においては，必ずその時点での不確実性が残っている。このためこれを実施するかどうかの意思決定は，常にこれらの不確実性が存在する条件でなされなければならない。

このような問題は，これまでは，導入された工学の多くが比較的小規模で，その将来挙動の予測を，入手しうるデータを用いた内挿により行うことができたため，それほど深刻に考慮されてこなかった。導入される工学が大規模複雑化するにつれて，工学システムの個々の要素に付随する不確実性がシステム全体の性能や挙動にどう影響を及ぼすのかを評価することが難しくなり，システムが様々な条件の下でどのように振る舞うかを予測することが困難となってきた。

これらの困難性は，CO_2その他のガスによる地球温暖化と気候変動や遺伝子改変のもたらす影響等々の分野でも顕著であるが，放射性廃棄物の地層処分においても，システムの安全性を評価すべき時間枠が極めて長く，評価にかかわる原位置の空間スケールが実験室規模に比べてはるかに大きくかつ接近できないという特徴のため，問題は深刻である。これらの原因により

1）システムの不確実性：
地層処分システムが十分理解されており適切にその特性が把握されているかどうか。

2）シナリオの不確実性：
システムの将来挙動に影響を与え得る事象とプロセスについてのシナリオが適切かつ網羅的に考慮されているかどうか。

3）モデルの不確実性：
処分システムの各要素の挙動を記述するのに用いられる概念モデルが実体を十分正しく表現しているかどうか，計算モデルのアルゴリズムが概念的理解を適切に表しているかどうか。

4）パラメータの不確実性：
用いられるパラメータの値と範囲が適切か，自然界の変動や既存の測定技術の未熟性は正しく把握されているか。

といった不確実性が現れる。これらの不確実性には，地質環境など問題とする対象や現象そのものが不確実なばらつきを持っているものや測定技術の不完全さに由来するもの，対象や現象の理解の不足に由来するものなどがある。

安全評価は結局のところ意思決定のための材料（情報）であるので，これらの不確実性の存在は，いずれかの時点で行われる意思決定に影響を与える。意思決定は個人的なものであり，個人の知識は限定されており（不確実であり），個人は意思決定を行うために不確実性をヒューリスティクスで補う。このため不確実性の評価には何らかの価値観が混入する。

社会や人間の運命は，最も高い確率の事柄が実現されるのではなく，確率分布のなかのただ1つの点として実現され，個々の出来事が決定論で予測されるとしても，これらが複雑に絡み合ったシステムはカオス的性質を有しており実現される結果は予測不可能である。

このため，人々は，回復が困難なほどの被害が及ぶなどの深刻な潜在的リスクがその工学

にあり，これに対する評価が不確実である場合には，たとえその実現確率が非常に低くても，予防原則に従ってその実施を認めない。

不確実性の取扱いとは，ステークホルダーや規制当局が適切に意思決定することのできるように，不確実性を低減し，残る不確実性の影響を定量化して，その不確実性の価値（効用）を判断できるように，わかりやすく記述することである。不確実性について最も避けるべきことは，その所在や特性を何らかの形で不透明で追跡不可能にしてしまうことである。この結果は，個々人の持つ不確実性が拡大され，この不確実性がヒューリスティクスで充填され，バイアスがもたらされることとなる。

不確実性を完全に除くことは不可能であるが，安全評価の目指すところは，安全に関する合理的な保証（すなわち将来の挙動を予言することではなく，起こるべき可能性について合理的にその影響を評価すること）であるので，この方針に沿って不確実性を低減，定量化する努力がなされている。これに対するアプローチには

1）機構の解明などの科学的真理の追究
2）感度解析や確率論的手法の適用
3）不確実性に影響を受けない（ロバストな）設計や解析の追究
4）単純性の追求（簡易型性能評価ツールの開発など）
5）計画の進行に科学技術の進展を取り入れることのできる可逆性の確保
6）複数の説明原理やモデル，ナチュラルアナログなど，異なる論拠による安全性の提示
7）what-if シナリオ（合理的には想定しにくいが想像しうる最悪のシナリオ）の提示と解析
8）エキスパートジャッジメントによる決定過程の追跡可能性の確保，決定過程に入り込む可能性のある専門家集団に内在する偏向（バイアス）の排除
9）安全解析における追跡可能性の確保
10）同分野や異分野の専門家による評価，国際評価，非専門家との対話

など様々なものがある。

セーフティケースの目的は，ある様式化した評価法に従ってシステムが基準を満足するという形で安全を示す（安全評価または性能評価）のではなく，上記のような不確実性をどのように扱ったかを具体的に記述することによって，安全であることを主張すると共に，意思決定者が公正な判断をすることを助けるものである。

7.3.4　評価基盤（assessment basis）

評価基盤とは，安全評価を行うための情報や解析ツールの集合体のことで，次のような要素が含まれる。

1）システム概念：処分システムおよびシステム要素とその安全機能の記述，および計画開発段階に応じて開発，建設，操業，操業および閉鎖後のモニタリング，工学システムが仕様を満たしていることを確認する品質管理手順等を記述したもの。
2）安全評価に関連する科学的，技術的なデータと知見。
3）システムの性能を解析するための，評価の方法，モデル，コンピュータコード，データベース。

安全評価の質と信頼性は，評価基盤の質と信頼性次第である。この項に含まれる内容が，これまで地層処分の研究開発において研究者が蓄積してきた知識である。

地層処分システムのセーフティケースにおける評価基盤の最も重要な側面は，問題とする事象の起こる環境の，不均質開放系性および時間軸の長期性の取り扱いである。放射性廃棄物の地層処分において考慮すべき時間範囲はきわめて長期にわたるが，時間の進展と共に，廃棄物の潜在的危険性と将来挙動の予測の確実性の両者が大きく変化する。放射性廃棄物の潜在的危険性は放射能インベントリに比例するとすると，この時間変化（放射能の減衰）は，半減期が，物理学的に正確かつ精密に得られる不変の係数であるため，きわめて長期にわたり正確に予測できる。一方，核種の移行については，長期にわたる処分システム要素の変化をどのように予測するかという科学技術的に困難な課題を含んでいる。

OECD/NEAの報告書「放射性廃棄物の地層処分の閉鎖後安全性における時間軸に関する考察」【OECD/NEA, 2009】では，このような遠い将来を言い当てるのにはどうしたらよいかというような袋小路に陥る議論は避けて，セーフティケース構築において時間軸をどのように扱うかを中心に議論を進めている。

そこでの共通の認識は，多重バリアの概念を考える時に，バリアの機能を第一義的に考えて時間軸を整理しようというものである。

図7.3-2は，種々の処分システム要素の将来挙動予測可能性を示したもので，構成要素により予測可能な時間範囲は大きく異なっている。この予測可能な時間空間範囲を整理することにより，安全評価の信頼性（不確実性）が評価できるというのがこの議論の内容である。

図7.3-2は，人工バリアと母岩領域については，数十万年を超える時間範囲で予測が可能と述べている。廃棄物の周辺領域は物理的に限られた範囲にあり，この範囲が，火山，断層運動，人間侵入等の外的擾乱を受けない限り，そこでの地質環境条件（温度，水理，機械的，化学的状態）は，ほぼ一定の状態にとどまり，地下水への溶解を支配する溶解度は一定にとどまり，その領域を地下水または地下水に溶解した核種が移動するのには数万年から数十万年かかる。このため，半減期の短い核種はほぼすべて，廃棄物が定置された場所で減衰消滅することが，信頼度高く評価できる。

一方，初期の放射能インベントリの0.01％以下を占める長半減期核種は，母岩領域から地表に至る数十万年後まで生き延びる可能性がある。地下水中に溶解する核種の濃度は一定に

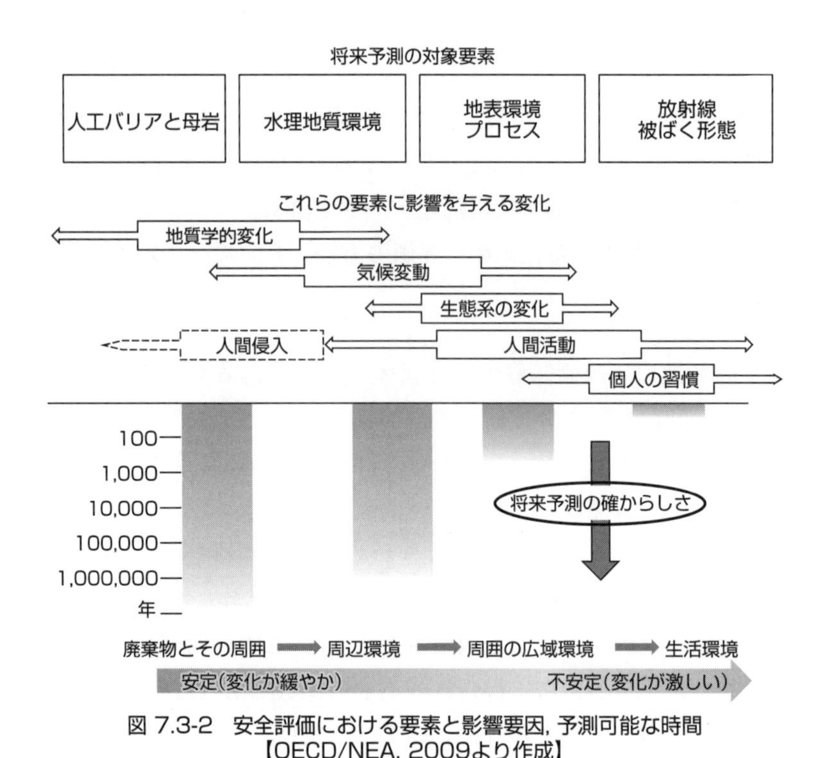

図 7.3-2　安全評価における要素と影響要因，予測可能な時間
【OECD/NEA, 2009より作成】

保たれるので，ここで年あたりに運ばれる間隙中の限られた量の地下水が運ぶ核種の量は少量に限定される。この核種を含む地下水が地表に向かうとすれば，地表に向かうほど流速が速くなる地下水に出会ってだんだんと希釈され，最終的には大量の地表水で希釈されることになる。したがって，実際に起こる経路については予測することはできない（不確実性が大きい）かもしれないが，それにもかかわらず，地下水中の核種の濃度は，地下深部の地下水流速（流量）と地表水の流速（流量）の比で希釈されることが保証される。

この結果，地表にもたらされる放射性核種の量と濃度は非常に小さくなることが保証できる。遠い将来，被ばくを受ける人がどのような生活をしているか，今と同じ危険を受けるかどうかは全く予想がつかないが，地表にもたらされる核種の量が十分小さく限定され，その寄与が自然放射線に比べて十分小さいならば，将来の人と環境は大きな追加的影響を受けないと判断できる。

図7.3-3はベルギーのONDRAF/NIRAS【ONDRAF, 2001】により特定された安全機能とそれが有効に機能すると予測される時間枠を示したものである（これは例示的なもので必ずしも全ての処分概念に共通のものではない）。上記のOECD/NEAの議論のように考えれば，これらの安全機能が，有効に働くと期待される時間範囲が特定でき，処分システムの閉鎖後安全を果たす性能が評価できる。

もちろんこれは地下水シナリオに限っての考察であるが，このように安全評価の目的を考えて，評価のツールとデータを用いてシナリオ解析をすれば，不確実性を定量化することが

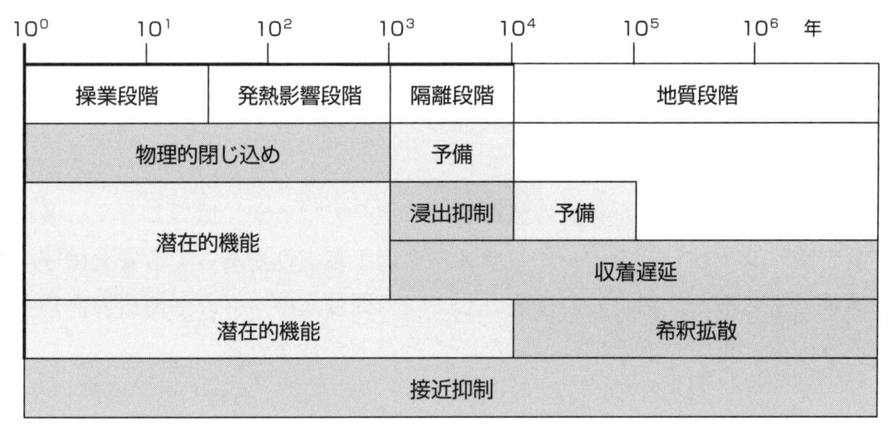

図 7.3-3　SAFIR2において示された安全機能が機能すると期待される時間枠
【ONDRAF, 2001より作成】

できる。この評価の信頼性を高めるには，人工バリアと母岩領域の長期にわたる変遷が許容範囲にとどまることの確認，人工バリア領域が外的擾乱により影響を受けないことの確認などを行うことになる。

すなわち，セーフティケースでは，これらの機能がそれぞれの時間枠で有効に働くことを期待して文書化がなされるので，科学技術的知見（データと理解，モデルの構築）は，これらを証左する形で提示されなければならない。安全評価では，評価の目的に沿って，不確実性のもたらす影響を考慮して，シナリオ開発，概念モデル化，解析モデル化，コード化，解析，結果の評価を行うことが重要となる。

7.3.5　安全評価，証拠と論証（safety assessment, evidence and arguments）

ここでは安全評価そのものと安全であると主張する根拠が示される。すなわち，安全目標とこれを満たすとする証拠が示される。安全目標については，ほとんどの国の規制当局は，線量またはリスクあるいはその両方を考えた安全基準を策定している。したがって，地層処分システムについて，多様なシナリオを設定し，これを記述するモデルとデータを用い，数学的解析によりこれを満たすことを示すのは，ここでの重要な要素となる。しかしながら，不確実性を伴う処分システムの安全を主張するためには，このような数値目標を満たすだけでは不十分で，その論拠を示すことが重要となる。これには，例えば次のような論拠を示すことが考えられる。

1）廃棄物管理オプションとしての地層処分の優位性
2）地層処分システムの有する頑健性（robustness）
3）選定された地層の安定性
4）線量及びリスクを補足する安全指標（天然の放射能濃度やウラン鉱石との比較）

5）不確実性や未解決の問題に対する戦略の妥当性

6）ナチュラルアナログ（地層処分システムが保守的であることを支持する観察的事実）

頑健性とは，様々な不確実性があったとしても，安全であるとの主張が揺るがない程度である。その中には，評価された線量の値が基準に比べてはるかに低いことや，多重バリアの一部の不具合や，シナリオ，モデル，パラメータの不確実性があっても安全は守られるとする深層防護性はもちろん，想定外の事象として，人間侵入やマグマ活断層の直撃などの稀頻度事象があっても，重大な事態には至らないことなどが含まれる。

7.3.6　統合（synthesis）

ここでは，これまでの議論を統合し，セーフティケースの目的と背景に対応した鍵となる知見や信頼性（confidence）に関する記述を行う。段階的アプローチの各段階およびセーフティケースを提出すべき対象（規制，開発，住民等）により内容が変化し，なされる意思決定も異なるので，これに配慮した形で結論が明瞭に示されねばならない。セーフティケースは，不確実性の存在下で，リスクとベネフィットを考慮して意思決定をする社会に対して，科学技術の側からその判断材料を提示するものであるので，このことに配慮した形で統合がなされなければならない。

7.4 シナリオ区分による不確実性に対する対策：処分システムの頑健性の確保

7.4.1 シナリオ評価による安全評価の不確実性

ここまでのセーフティケースの考察から言えるのは，放射性廃棄物の地層処分や余裕深度処分のように，無視しえない量の長半減期核種を含有している廃棄物の処分においては，人間及び環境への遠い将来にまでわたる影響を考えなければならず，処分が可能である（すなわち規制上の管理（regulatory control）がなくなってもよい，管理を規制から外してもよい）ことを示すには，管理を受けない状態で，将来想定される様々な事象の発生・進展（シナリオ）に対して，処分システムの有する隔離と閉じ込め（移行抑制を含む）の機能により，受動的に安全が達成される見込みを示さなければならない。

管理がなされている状態では，無視しえない被ばくに至るような不具合が生じたときには，それに対して何らかの措置として，被ばくを合理的に可能な限り低減する努力がなされることが期待できるが，受動的安全系である処分システムの管理期間終了以後においては，これに期待して安全確保の前提とすることはできない。

図7.4-1は処分システムの閉鎖後安全性の確認に求められる隔離・閉じ込め機能である。安全評価では，これらの機能がどれだけ有効に働くかという性能を定量的に評価することができるようにシナリオが設定されなければならない。隔離・閉じ込めが破られる以外に，人が被ばくすることはないので，シナリオは，隔離・閉じ込めが破られる可能性のすべての経路を記述するように，隔離に対しては接近シナリオを，閉じ込めに対しては地下水シナリオが設定されなければならない。

このような可能性と，FEPに着眼して，廃棄物と周囲の環境に対する将来予測が科学的

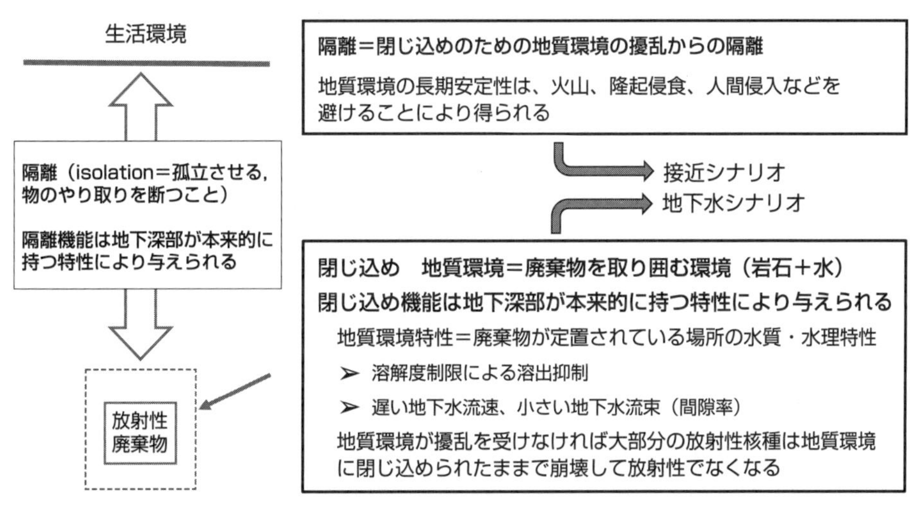

図 7.4-1　処分システムの閉鎖後安全性の確認（隔離・閉じ込めの性能の評価）

に追究され，シナリオが設定されるが，将来予測には不確実性が付随する。安全評価による不確実性は，次のような形で含まれてくる。

1）シナリオの不確実性：シナリオ設定の妥当性，人工バリア，物理プロセス，サイトにおける顕著な変化に伴う不確実性
2）モデルの不確実性：天然バリア，人工バリアの変遷，物理プロセス，サイトの特性把握，評価のためのモデル化や計算コード化に関する知識の不足および理解の不足による不確実性
3）データとパラメータの不確実性：評価モデルに使われるパラメータが，不完全（目的に対して不十分）なこと，正確に取得できないこと，入手できないことによりもたらされる不確実性

これらの不確実性に対しては，次のような対処が考えられる。

1）その不確実性が安全評価に関係しないことを示す。
2）不確実性を評価，処理する：確率論的アプローチや感度解析による。
3）不確実性の範囲を明示する：保守的簡単化の仮定をして，計算される被ばく線量や放射線学的リスクのような安全指標が過大評価となるようにする。
4）不確実な事象またはプロセスを除外する：例えば低頻度であること，起こるとしても放射線学的影響よりもさらに深刻な影響があることを理由として除外する。
5）同意された様式化アプローチをとる：たとえば生物圏の不確実性や将来の人の振る舞い（生活，人為過程）の不確実性は，様式化された“代表的個人”と今日の状態と技術を仮定して評価する。

さらに，立地過程等，処分の段階的進展の途上である場合には，その時点で排除できない不確実性が存在するが，これらは，サイトの選定，処分施設の設計，プロセスについての研究等の知識の獲得により，低減していくことになる。

7.4.2　安全評価におけるリスク論的アプローチ

こうした中で生まれてきたのが，自然過程（人間侵入以外のすべての過程）に対して，0.3 mSv/年の線量拘束値と，これに相当する10^{-5}/年のリスク拘束値に対する順守を考えるアプローチである【ICRP, 2000】。このアプローチでは，下記のいずれかの方法が採用できる。

1）統合アプローチ：
将来の個人に線量を与えるかもしれない関連したすべての確かな過程からの全リスクをリスク拘束値と比較する。このアプローチでは，考慮中の期間の範囲内におけるすべての関連した被ばく状況と，それらに付随する確率の包括的な評価を必要とする。

2）線量／確率分解アプローチ：

起こりそうかあるいは代表的な放出シナリオが同定され，これらのシナリオから計算された線量が線量拘束値と比較される。その他のあまり起こりそうにないシナリオの放射線学的重要性は，結果としてそれらの発生確率を別々に考察して評価できる。このアプローチは，そのようなシナリオが起こる確率の正確な定量化を要求せず，むしろそれらの確率の推定された大きさに見合った，それらの放射線学的影響の評価を要求する。

近年の安全評価では，シナリオの発生確率の特定が困難なことを考慮して，線量／確率分解アプローチを考え，それに応じたシナリオのセットを作成するようになっている。

この考え方では，リスクを念頭に置いて，シナリオ設定とそのシナリオによる評価結果をセットとして，その妥当性を評価・判断しようと考えている。

図7.4-2は，処分システムの安全評価におけるリスクの考え方を要約したものである。ここでリスクは，「放射線により健康への有害な影響が生じる確率や不確実性。ここでは，ある線量をもたらす事象の発生確率と，その被ばくによる健康の重大な影響を引き起こす確率との積で表現される」を意味している。シナリオの発生の確率と被ばく影響を引き起こす確率を別にして表すとリスクは次のように表される。

リスク＝ $\Sigma\ (Q \cdot P_{\mathrm{s}} \cdot F \cdot E \cdot P_r)$

Q ：線源（廃棄物中の放射能）[Bq]

P_{s} ：シナリオの発生確率 [1/年]

F ：シナリオにより決まる線源Qのうち結果に影響を与える放射能の分率 [－]

設計・計画で守るべきめやす＝リスク(不確実性に対する配慮がある)を念頭に置く

$$リスク = \Sigma(\boxed{Q \times P_s \times F} \times E \times \boxed{P_r})$$

評価する性能　　核種の危険性を考慮するための換算(固定する)

Q ：線源（廃棄物中の放射能）［Bq］

P_s ：シナリオの発生確率［1/年］

F ：シナリオにより決まる線源Qのうち結果に影響を与える放射能の分率［－］

E ：影響を与える放射能（$Q \times P_s \times F$）から被ばく線量への換算係数［Sv/Bq］

P_r ：被ばく線量から生涯リスクへの換算係数［=0.055/Sv］

Σ ：核種ごとに計算された結果の総和

➢ シナリオの発生確率も被ばくによる障害の発生確率もリスクに対する寄与は等価と考え、将来予想に関する不確実性を取り扱う。

➢ このようにして計算されるリスクがある値以下なら処分システムの閉じ込め、隔離のための基本設計（地質環境選定を含む）は十分頑健であるとする。

図 7.4-2　処分システムの安全評価におけるリスクの考え方

E ：影響を与える放射能Fから被ばく線量への換算係数 [Sv/Bq]
P_r ：被ばく線量から生涯リスクへの換算係数 [1/Sv]
Σ ：核種ごとに計算された結果の総和

長寿命の放射性物質を有意に含む放射性廃棄物の埋設処分においては，廃棄物中の放射能Qはその潜在的危険性$Q \cdot E \cdot P_r$が無視し得るほどにまで，すなわち何があっても影響が無視できるまでには減衰しないため，シナリオの発生確率とそのシナリオのもたらす放射能量の積$Q \cdot P_s \cdot F$が将来にわたってリスクを十分低くするような値にとどまっているという見通しが必要となる。

すなわち処分の安全評価においては，この$Q \cdot P_s \cdot F$が評価すべき対象となり，注目すべき処分システムの性能は$P_s \cdot F$により示される。しかし，人の健康に与える影響は核種ごとに異なるため，核種ごとに$E \cdot P_r$を乗じて計算された結果をリスクの指標として用いることとしており，このようにして計算されたリスク値がある値以下なら，処分システムは安全であると判断しようとするものである。

一方，すでに述べてきたように，シナリオの発生確率P_sを決める様々な条件には多くの不確実さが含まれるため，シナリオの発生確率P_sは定量的に推定することはできない。

例えば，地下水移行シナリオを例にとり単純化すると，図7.2-8に示すようなステップを踏んで最終的な$Q \cdot F \cdot E \cdot P_r$が計算される。これらのステップでは，図7.2-8の上部に例示したような様々なパラメータが用いられ，パラメータの値の違いごとに放射性核種のたどる運命について異なるシナリオが実現される。実際には例示したパラメータのほかにも諸条件を決めるさらに多くのパラメータがあり，これらのパラメータは，推定が困難で，その上時間とともに変化していくもので，ほとんどのパラメータが10のべき乗程度の値としてしか推定できない。この結果，これらを総合して求められる生活圏に流入する放射性核種の量と濃度，最終的に線量として与えられる数値には大きな不確実性が付随する。

そのうえ，そもそもこのような処分システムの記述が，将来起こることを正しく表すことは不可能にしても，閉じ込め性能を評価するという目的に照らして妥当な，起こるべき変遷を考えているか，その変遷を正しくモデル化しているかも問題となる。

こうした不確かさあるいは発生確率については，たとえば頻度分布として表されるものであれば，中央値を用いたシナリオがより発生の可能性が高く，裾の値を用いたシナリオはより発生の可能性が低くなると考えられる。しかし，シナリオの中には，地質環境の状態の変遷のように，頻度分布として表すことができないものが数多く含まれ，結局，シナリオの発生確率P_sは，中央値と偏差のように定量的な分布として示すことができない。

7.4.3 線量／確率分解アプローチによるシナリオ区分

そこで，シナリオを，図7.4-3に示すように，定性的に，分布の中央値に相当するようなシナリオ（基本シナリオ），分布の大部分を包絡するようなシナリオ，言い換えれば起こりそうかあるいは代表的なシナリオを保守的に覆うようなシナリオ（変動シナリオ），起こりそうとは考えられない，すなわち分布の裾にあって発生確率としての値を割り当てることができそうもないが，念のために考えておくべきシナリオ（稀頻度事象シナリオ）に分類し，それぞれのシナリオ群に対して，念頭に置いたリスク基準が満たされるように，めやすとなる線量（リスクをP_rで除した値）を設定しようというのが，線量／リスク分解アプローチである。

シナリオをこのように分類すれば，それぞれのシナリオの発生確率との関連から，これらのシナリオにより，処分システムのどのような機能が評価されるか（評価の目的）が次のように関連付けられる。

(1) 基本シナリオ（likely scenarios）

基本シナリオに対応する英語には，main，base，normal，expected，likely，referenceなどの用語がシナリオ（scenario）または変遷（evolution）と組み合わせて用いられている【OECD/NEA, 2012b】。

基本シナリオは，発生の可能性が高く，通常考えられるシナリオであり，過去及び現在の状況から，処分システム及び被ばく経路の特性並びにそれらにおいて，将来起こることが確

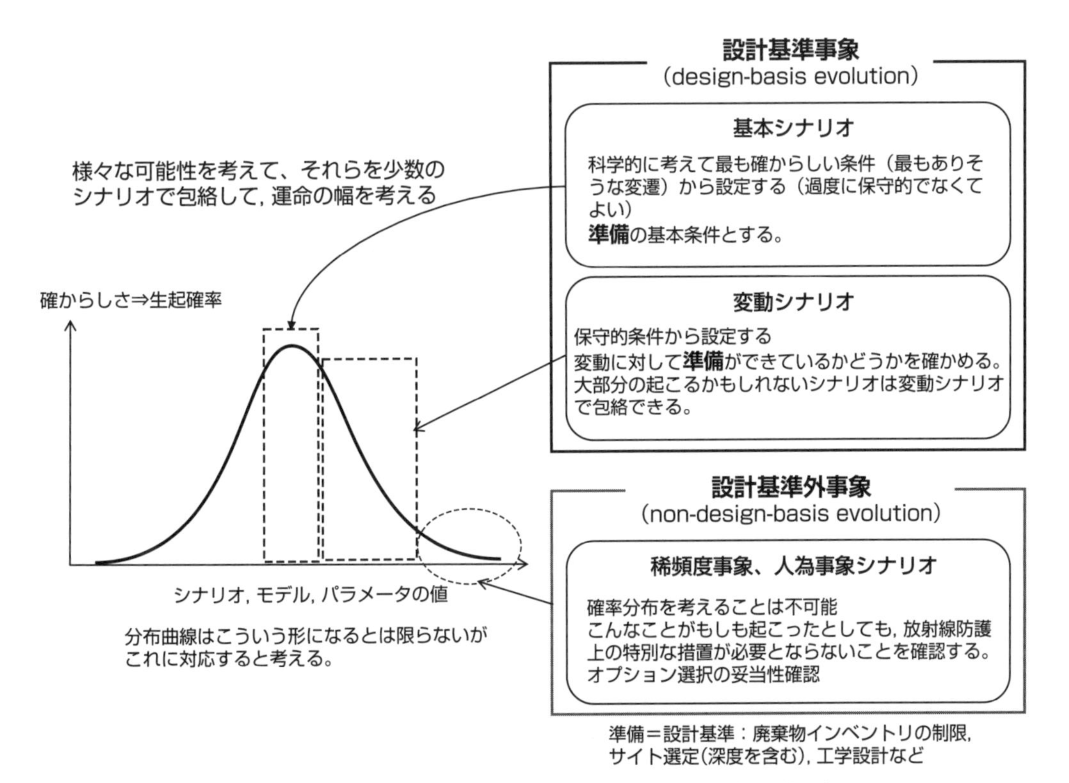

図 7.4-3　リスク論的アプローチにおけるシナリオ区分の考え方

からしいと予見される一連の変化を考慮したものであり，処分システムの基本設計及びその方針について，その影響である線量が，可能な限り低く抑えられるように配慮されているかどうかを評価するために用いる。

「発生の可能性が高く，通常考えられる」は文字通り解釈すればこのシナリオに由来する被ばくは，起こることが確実と予想される被ばく（運転施設では通常被ばく）に相当するが，安全評価では，「もしも被ばくが起こるとすれば，そのようなことをもたらす経路のうち最も発生の可能性が高いとみなすべきもの」を意味しており，このシナリオによる評価は潜在被ばくの評価である。

基本シナリオでは，予測による意思決定を行うときのごく当たり前の態度として，不確実性の考慮を後回しにして考えて，最も確実な（確からしい）予測を考え，その予測に対してどうするかを考える。過去の安全評価は，「もしも被ばくが起こるとすれば，そのようなことをもたらす経路のうち最も発生の可能性が高いとみなすべきもの」としての基本シナリオを用いて安全を主張する（将来予測を確実に起こることとして線源と被ばくを決定論的に結び付けて考える）ことが慣行であった。しかし，基本シナリオだけでは，予測の不確実性は評価できない。このため，基本シナリオとして，「もしも被ばくが起こるとすれば，そのようなことをもたらす経路のうち最も大きい影響をもたらすもの」をも保守的に考えるようになり，影響の大きさとシナリオの発生確率の扱いが混乱してきたといえる。

(2) 変動シナリオ（less-likely scenarios）

変動シナリオに対応する英語には。variant, less-likely but still plausible, altered, disturbed などの用語がシナリオまたは変遷と組み合わせて用いられる【OECD/NEA, 2012b】。likelyとは「おそらくある状況下で起こる」を意味し，plausibleは「正確（true）または正当（valid）と思われる」すなわち推論としてもっともらしいことを意味している。将来予測が，客観確率と主観確率に基づいてなされることと関連してこのような用語が使われている。

変動シナリオは，発生の可能性は低いが，安全評価上重要な変動要因を考慮したシナリオであり，処分システム及び被ばく経路並びにそれらにおける，基本シナリオで選定した以外の様々な変化における変動の範囲を網羅的に考慮したものである。変動は，最も起こりやすい変遷の周りに，ばらつきまたは偏りとしてもたらされ，将来の変遷となると考えれば，基本シナリオは変動シナリオを考えるための中心と考えられ，そこからのずれとして変動シナリオを考えれば，発生の可能性のあるシナリオを包絡（bound）（範囲付け）できると考えることができる。

変動シナリオは，処分システムの設計が様々な不確かさに対応しうるものであるか否かを確認するために，すなわち，そのような変動要因を考慮しても，放射性廃棄物処分の長期安全性に係る判断の「めやす」であって，国際的に共通になりつつある線量を超えないことに十分な合理性があることを確認するために用いるシナリオである。

(3) 稀頻度事象シナリオ（unlikely/very unlikely scenarios）

発生の可能性が著しく低い自然事象を表すシナリオである。これと対応する用語として，念のため（what-if）シナリオという用語が用いられることもある。稀頻度事象は起こりそうもないシナリオであり，念のため（what-if）シナリオは起こるとは考えにくいまたは物理的に不可能な事象を指している。

いずれも起こった時のことを想像できるが，起こるかどうかの生起確率は，客観確率として頻度が小さすぎるか，主観確率としてその経路がもっともらしいと思えないという理由により，発生確率を割り当てることのできない事象である。「稀頻度」の用語の意味は，統計（過去の経験や観察あるいは「無差別の原理」）により確率分布を推定できる場合においても，そのような分布は頻度の高い部分を記述しているだけで，分布の裾にあって，頻度が低く観測できないような事象についての発生確率を割り当てることは，試行回数が膨大な場合にしか意味がなく，処分システムの将来予測について，確率が大きいか小さいかをうんぬんすることに意味を持たすことはできない。

しかし，それでも知識の限界からそのようなことが起きないとは言えない。すなわち稀頻度事象とは，発生の可能性が低いため，確率を言うこともできず，しかし確率がゼロとも言えない不確かな事象である。

稀頻度事象シナリオは，このような事象についても，処分においては，将来管理が失われ，現世代はそのような事態に対処できない状態になることを考えて，想定される事象に対して，処分システムの設計が放射線防護上の観点からその影響を適切に緩和しうるものであるか否かを確認するために，言い換えれば，発生の可能性が低いと考えられるシナリオを想定しても，放射線防護上の特別な措置（介入）が必要となるものではないことを確認するために用いる。

このことは，発生の可能性が低いと考えられるシナリオについても，その発生の結果が，放射線防護上の特別な措置（介入）を必要とするものとなる場合は，その設計（廃棄物インベントリの制限，サイト（深度を含む）選定，工学設計，隔離閉じ込め戦略）の妥当性を検討しなおすことが必要となることを意味している。

(4) 人為事象シナリオ（human intrusion scenarios）

人間の行為により処分施設が擾乱を受けて引き起こされるシナリオについては，自然過程と同様には発生確率を論じることはできないので，別途人為事象シナリオとして扱うこととしている。本来，地層処分や中深度処分は，地表環境で起こる間違いによる処分施設への人間侵入を避けるために，岩盤による離隔により隔離機能を確保しようとするものである。しかし，それにもかかわらず，将来そこに廃棄物が定置されているという情報が失われたあかつきには，人がそれに気づかないで侵入する事態が起こる可能性は否定できない。このようなことが起こる可能性は，将来の人の，地下にアクセスしたり，これを検知したり途中で気づいたりする能力に依存し，どのような動機を持つか，被ばくに対する対応能力はどうかということにも依存し，全く予測することはできない。

人為事象シナリオは，放射性廃棄物処分場の存在を認識できず偶発的に発生する人間活動による処分施設及び施設近傍の天然バリアの擾乱を想定したものであり，稀頻度事象シナリオと同様に，想定される事象に対して，処分システムの設計が放射線防護上の観点からその影響を適切に緩和しうるものであるか否かを確認するために，すなわち，人為事象を低減化させるための処分システムの設計や記録保存等の取り組みに対し，なお残る不確かさの存在を勘案し，それを考慮しても，放射線防護上の特別な措置が必要となるものではないことを確認するために用いる。すなわち，この場合も，稀頻度事象シナリオと同様，評価は，その設計（廃棄物インベントリの制限，サイト（深度を含む）選定，工学設計，隔離閉じ込め戦略）の妥当性の検討となる。

7.4.4 シナリオに対するめやすの設定

各シナリオのもたらす結果の安全性能を判断する「めやす」をどのように設定するかは，処分システムからもたらされるリスクをどのように抑制しようとするかにかかっている。

その際には，次の点に留意することが重要となる。

1）適切な放射線管理が可能な管理期間と異なり，処分場の閉鎖後において管理を解くこと，すなわち基本的に安全規制を要しない段階に至ることの妥当性は，管理により達成されるのと同等のレベル以上の防護が，管理を受けない状態で，将来想定される様々な事象の発生・進展に対して受動的に達成されるという十分な見込みを示すことにより確認される。

2）対象とする廃棄物は，長寿命の放射性物質を含む廃棄物であり，上記の判断のためには，何万年，何十万年もの長期にわたる安全評価を行う必要がある。このため，長期の評価に伴う不確かさを考慮して，評価・判断方法と判断の「めやす」を設定する必要がある。

3）各シナリオの評価では被ばく線量を求めこれを「めやす」と比べることになるが，これは将来世代の健康障害への影響を議論しているのではなく，「めやす」を指標として処分システムの性能が，求める安全性のレベルを確保しているかどうかを判断するためである。

これらの留意点は，要するに，評価による将来予測の不確実性に対して，どの程度の予防措置をとるかを考える際の留意点といえる。ICRP Publ. 103【ICRP, 2007】では，放射線防護について正当化，防護の最適化，線量限度の適用という3つの防護の基本原則を置き，対象となる状況に応じて，計画被ばく状況に対する線量限度とこの状況における線源に対する線量拘束値，現存被ばく状況と緊急時被ばく状況に対する参考レベルを用いて，防護を最適化することを勧告している。これに応じて，ICRPPubl. 122「長寿命固体廃棄物の地層処分における放射線防護」【ICRP, 2013】では，閉鎖後の監視状態が，直接監視，間接監視，無監視の状況で，設計基準変遷，設計基準外変遷，偶発的人間侵入が起こったときは，それぞれ，ICRPの提案している被ばく状況のいずれに相当するかを示している。これについては，5.2.3節および表5.2-3と5.2.4節にその勧告内容とIAEAのSSR-5【IAEA, 2011】に示されている安全基準を示した。これらの各シナリオに対して考えるめやすがどのような関係にあるかを考える。

(1) 基本シナリオ，変動シナリオのめやす

ICRP Publ. 81【ICRP, 2000】およびIAEA SSR-5【IAEA, 2011】では，放射性廃棄物処分活動からの公衆構成員に対する線量拘束値について，約300 μSv/年以下を超えない値を勧告しており，生涯リスクへの換算係数を用いて換算すると，これは10^{-5}/年のリスクに相当するとしている。

この線量拘束値300 μSv/年以下が，どのような発生確率のシナリオに対して要求されているのか，またALARAによる最適化の努力はこの値とどのように関係しているのかを考えると，この値は，「安全評価上考慮しなければならないシナリオ」，すなわち「起こりそうかあるいは代表的な」シナリオについて，これを超えないように勧告されているものであり，ALARAによる最適化の努力はこれを出発点としてなされるものと考えられる。

また，10^{-5}/年のリスクは，前に示した式の$E \cdot P_r$として計算されているもので，シナリオの発生確率までを考慮したリスクとは別物であることにも注意する必要がある。安全評価上考慮しなければならないシナリオ，言い換えれば保守性を保証するシナリオとしては，発生確率が1より小さいものも考えなければならないので，シナリオの発生確率まで含めた場合，10^{-5}/年よりも低いリスクを要求していることとなる。すなわち，ICRPやIAEAの勧告している線量拘束値300 μSv/年以下は，リスク論的シナリオ区分のアプローチにおいては，変動シナリオの満足すべき「めやす」に相当するものであると考えることができ，シナリオの発生確率までを考慮したリスクとして念頭に置くべき値としては，10^{-5}/年よりも低い値を考える必要がある。このような考察から，変動シナリオの「めやす」として，ICRPや放射線審議会により与えられている線量拘束値が妥当と考えられる。

一方，基本シナリオのめやすとしては，リスク論的考え方に従えば，変動シナリオに対する300 μSv/年より低い値が与えられなければならない。両者の発生確率の比によりめやすを設定することも考えられるが，変動シナリオの発生確率の裾がどのような点で選ばれているか定量化できないため，こうした設定をすることができない。したがって，この設定については，各パラメータの不確かさ，シナリオを用いた将来予測の不確かさを考慮することになる。各パラメータの不確かさは数万年から数十万年の時間の経過に従って一般に増大し，推定の不確かさ，変遷の不確かさ等を考慮するとかなり大きく，これらのパラメータの結果

への寄与は線形ではなく，その不確実性の結果の不確実性に対する寄与も複雑である。これを勘案して，余裕を見て変動シナリオの「めやす」であり，不利な条件でも超えてはならない線量拘束値に相当するリスクに比べて1桁程度低い10^{-6}/年のオーダーのリスクに相当するめやすを設定することが妥当と考えられる。

基本シナリオのめやすとして10 μSv/年のオーダーという線量の値を考えるということの意味は，基本状態として10 μSv/年のオーダーという線量の値を超えないように処分システムを設計しておけば，将来の処分システムの変遷が起こって基本変遷からのずれとして変動状態が実現しても，その影響は300 μSv/年に収まるような頑健な処分システムとなるであろうという意味である。防護の最適化の考え方では，被ばくの影響が確率的な性格のものであり，しきい値の考え方を使えないので，被ばくはより低いことが好ましいという考え方，すなわち不確実な事柄に対する予防措置の考え方が基礎となっている。その意味で基本シナリオに線量拘束値に相当するリスクに比べて1桁程度低いめやすを考えるのは最適化にも通じるものであるともいえる。

10 μSv/年のオーダーという線量の値が用いられているが，これは将来世代の健康障害への影響を議論しているのではなく，処分システムの設計された性能（インベントリ制限，地質環境の選定，人工バリアの設計等）が，求めるレベルを確保しているかどうかを判断するためである。すなわちリスク＝ $Q \cdot P_s \cdot F \cdot E \cdot P_r$ のうちの，線量に対する $E \cdot P_r$ についてはこれらの積を一定とみなし，$Q \cdot P_s \cdot F$ が十分低く抑制されているかどうかを判断するために評価するものであって，線量拘束値をもたらす放射性物質量の1/10程度まで生物圏への放射性物質の放出が抑制されるよう頑健に処分システムが設計されていることを確認するものである。計算結果としての線量は，放射性物質が生活圏に流入する際に大量の河川水で希釈され，生活圏に広く分散し環境を汚染した結果としての影響を計算しているため，大変低いものとなっているが，これは実測される値ではなく，安全評価計算の結果として示される指標としての意味を持っている。

(2) 稀頻度事象シナリオのめやす

念のために考慮すべき稀頻度事象シナリオについてはあえて安全評価を行い，そのような状況においても，放射線防護上の特別の措置を必ずしも必要とする状況には至らないことを示すことが目的となる。特別の措置すなわち介入が必要かどうかの判断のめやすは，現存被ばく状況における参考レベル（1～20 mSv/年）および緊急時被ばく状況における参考レベル（20～100 mSv/年）として与えられている。稀頻度事象とは，起こることは想像できても起こる確率はいえそうもない事象であるので，できるだけ確からしい想定に対して1～20 mSv/年の値，不確かさを考慮した保守的な想定に対して20～100 mSv/年の値をめやすとするのが妥当と考えられる。なお稀頻度事象は離散的に起こる事象であることが多いので，その結果が1度限り，1回限りの被ばくをもたらすのか，繰り返しの被ばくをもたらすのか，生活における定常的な被ばくをもたらすのかも考慮が必要となる。線量拘束値や参考レベルは，被ばくは代表的個人の年あたりで与えられており，人々にどのような被ばく環境を与えるのかが評価の対象となっている。1度限り，1回限りの被ばくについてはそれが繰り返されない限りは事故的とみなしてめやすを考える必要がある。

(3) 人為事象シナリオのめやす

処分場に対する人間侵入の影響を評価する人為事象シナリオについては，周辺住民と特定の接近者個人を区別するとする考え方が一般的になりつつある（IAEA SSG-23【IAEA, 2012】）。

IAEA SSR-5【IAEA, 2011】では「閉鎖後の偶発的な人間侵入の影響に関連して，このような侵入がサイトの周辺住民に1 mSv/年未満の線量をもたらすと予想される場合には，人間侵入の確率を減らすことも，その影響を限定するための取り組みも正当化されない。人間侵入がサイトの周辺住民に20 mSv/年を上回る線量をもたらすと予想される場合は代替となる処分のオプションが考慮されるべき。1～20 mSv/年が示される場合には，侵入確率の低減措置等の合理的取り組みが正当化される」としている。

人間侵入については，どのような形でそれが起こるかもわからない。不確実なものは，あれやこれや言ってもらちが明かない。そのため，このシナリオの評価の目的が何であるかに立ち返って考える。評価の目的は，このような処分法で現世代および近い将来世代の安全を確保するというオプションが，将来世代に不当なリスクをもたらさないことの確認，すなわち世代間の衡平性の確認である。

こうした評価の目的に照らし，世代間の衡平性の確認のために，地下深部に定置されている処分施設に対しては，人間侵入は現在と同じ能力を持つ人により，まずボーリング等の調査から始まるとして，様式化した上で，それに関連して生じる自然過程の事象についてできるだけ確からしい想定と不確かさを考慮した保守的な想定を行って評価する。

その上で，前者の想定に基づく周辺住民への影響については1 mSv/年以下，後者の想定に基づく周辺住民への影響について20 mSv/年以下であることを示すことが妥当と考えられる。ここで重要な考え方は，1～20 mSv/年においては人間侵入の確率を減らすことやその影響を限定するための取り組みを行うことであり，これを行っても上記基準を満足出来ない場合には，代替となる処分のオプションを検討することを求めている点である。

中深度処分のように生活環境からの離隔が十分でない処分法の場合は，このような人間侵入により周辺住民が有意な影響を受ける可能性がある場合は，深度を大きくすることやインベントリを減らすこと，あるいは処分施設の設計をより頑健にするなどの代替となるオプションを求めている。

一方，特定の接近者個人への影響については，これは1回限りの事故的被ばくということを考えて，稀頻度事象と同様，放射線緊急事態による最も高い計画残存線量に対する参考レベルを考慮して，できるだけ確からしい想定に対して20 mSv，不確かさを考慮した保守的な想定に対して100 mSvをめやすとする，あるいは特に順守を求めないなどの考え方がある。

(4) まとめ

以上のように，線量／確率分解アプローチによるシナリオ区分とめやすのセットの考え方では，シナリオの発生確率と発生の不確かさに従って，シナリオを分類する。シナリオの分類では，その発生確率を定量化して表すことはできないという考え方に従い，大きく予測の範囲内にある事柄（設計基準事象）と起こりそうもないと考えられるが，絶対に起こらないとは言い切れない事柄（設計基準外事象）に分け，それぞれに対するめやすを評価目的に応じて設定し，それぞれの評価結果がめやすを満足することを確かめる。

ここでは，処分場が基本的に安全規制を要しない（必然的にもたらされる無監視の状態）段階に至ることの妥当性を判断するために，パラメータや状態の設定として具体化されるシナリオ設定の妥当性と計算結果のめやすに対する適合性がセットとして評価・判断される。

これは，この処分システムについて，以下を確認することに相当している。

1）通常考えられるシナリオ（設計基準変遷）に対しては，制限されるインベントリに対して，十分に低い「めやす」を超えない高い隔離および閉じ込め機能を有している（最適化がなされている）ことの確認
2）長期の将来予測に係るモデルやパラメータの変動やそれらの不確かさを考慮してシステムの変動を幅広く設定したシナリオに対する「めやす」を超えることはないこと（頑健性）の確認
3）人為事象や稀頻度事象を考慮したシナリオ（設計基準外事象）に対してもこれらに対応して設定されためやすを超えることはないことの確認

すなわち，区分されたシナリオすべてに対してそれぞれの区分に対応するめやすを超えないことを一連の安全評価によって確認するという手続きをとることによって，安全評価に伴う不確かさを包絡しようという考え方である。

設計基準変遷に対するシナリオは基本シナリオと変動シナリオである。設計の基本的考え方は，これらの予測されるすべての事象及び変遷に対して，安全が確保されるようにすることである。この確認は，すべてのシナリオの評価の結果が，300 μSv/年の線量拘束値または 10^{-5}/年のリスク拘束値を超えない範囲で最適化されていることによりなされる。

このために予測されるすべての事象及び変遷を記述するシナリオは，基本変遷に対する基本シナリオを中心として，不確実性の範囲で分布する変遷を記述する変動シナリオ群であると考える。その意味で，基本シナリオに対するめやすは，もたらされる線量の計算値がこれを超えれば危険になるということではなく，このめやすを満足するようなシナリオの条件が選べるような処分システムの基本設計を求めるものであり，将来予測においてもたらされる

シナリオ，モデル，データ・パラメータの不確実性が，このような設計における配慮によって包絡され，安全であるという評価の結果がゆらぐことはないという安全評価の頑健性が確保される。

一方，設計基準外事象としての人為事象や稀頻度事象に対するシナリオの評価値についてめやすを考えることの意味は，少し意味が異なっている。処分施設の設計は，起こりそうなあらゆることを考えて安全が確保されるようになされるが，それでも人間の知識には限界があり，起こりそうとは思えないが，それでも絶対に起こらないと言えない事象が予想外（surprise）に起こるかもしれない。そのような事柄については，念のためにその事象についてもたらされる放射線学的影響を評価し，その影響の程度に応じて予防原則を適用すべきかどうかを考える。予防原則とは，「重大あるいは取り返しのつかない損害の恐れがあるところでは，十分な科学的確実性がないことを，環境悪化を防ぐ費用対効果の高い対策を引き伸ばす理由にしてはならない」というもので，処分の場合には，予防原則の適用はその処分オプションの放棄，すなわちより深い深度への処分や他のサイトでの処分につながる。深度やサイトが正しく選択されたうえでの，念のためのシナリオの評価であれば，これは隔離閉じ込めオプションの放棄となり，現世代及び将来世代がともに影響を受けることになる。設計基準外事象としての人為事象や稀頻度事象に対するシナリオの評価値についてのめやすは，このような観点から設定されるもので，めやすは，その結果の影響が「重大あるいは取り返しのつかない損害」であるかどうかを判断するために設定される。

7.5 参考文献

1. IAEA (2006). European Atomic Energy Community, Food and Agriculture Organization of the United Nations, International Atomic Energy Agency, International Labour Organization, International Maritime Organization, OECD Nuclear Energy Agency, Pan American Health Organization, United Nations Environmental Programme, World Health Organization, Fundamental Safety Principles, IAEA Safety Standards Series No. SF-1, IAEA, Vienna.
2. IAEA (2012). The Safety Case and Safety Assessment for the Disposal of Radioactive Waste, IAEA Safety Standard Series, Specific Safety Guide, No. SSG-23, IAEA, Vienna.
3. OECD/NEA (2004). Post-closure Safety Case for Geological Repositories: Nature and Purpose, "NEA Safety Case Brochure 2004", NEA Radioactive Waste Management Committee, NEA Report No. 3679, OECD/NEA.
4. OECD/NEA (2013a). The Nature and Purpose of the Post-closure Safety Case for Geological Repositories, NEA Safety Case Brochure 2012, NEA Radioactive Waste Management Committee: NEA/RWM/R (2013) 1, OECD/NEA.
5. Lindley, D. V. (2013). Understanding Uncertainty, Wiley Series in Probability and Statistics), Wiley, 2nd edition.
6. IPCC (2013). Technical Summary (Introduction) In: The Physical Science Basis, Climate Change 2013, Fifth Assessment Report of the Intergovernmental Panel on Climate Change, WMO & UNEP.
7. Akerlof (1970). The Market for 'Lemons' : Quality Uncertainty and the Market Mechanism, Quarterly Journal of Economics, 84, 488-500.
8. 依田高典（2013）. 改訂新版 現代経済学（放送大学教材），放送大学教育振興会.
9. ハーバート A. サイモン（1999）. システムの科学（稲葉元吉，吉原英樹訳），ダイアモンド社.
10. ハーバート A. サイモン（1979）. 意思決定の科学（稲葉元吉，倉井武夫訳），産業能率大学出版部.
11. ダニエル・カーネマン（2012）. ファスト＆スロー（上，下）あなたの意思はどのように決まるか？（村井章子訳），早川書房.
12. 中谷内一也（2008）. 安全。でも、安心できない… －信頼をめぐる心理学（ちくま新書 746），筑摩書房.
13. Slovic, P. (2010). The Feeling of Risk: New Perspectives on Risk Perception, Earthscan Risk in Society, Routledge.
14. Kuran, T., Sunstein, C. R. (1999). Availability Cascades and Risk Regulation, Stanford Law Review, Vol. 51, No. 4.
15. Sunstein. C. R. (2002). Risk and Reason －Safety, Law, and the Environment－,Cambridge

University Press.
16. OECD/NEA (2012a). Geological Disposal of Radioactive Waste: National Commitment, Local and Regional Involvement: Collective Statement of the OECD/NEA Radioactive Waste Management Committee.
17. OECD/NEA (2012b). Methods for Safety Assessment of Geological Disposal Facilities for Radioactive Waste - Outcomes of the NEA MeSA Initiative, NEA No. 6923, OECD/NEA.
18. IAEA (2004). ISAM (Improvement of Safety Assessment Methodologies for Near Surface Disposal Facilities) Project: Safety Assessment Methodologies for Near Surface Disposal Facilities, Vol. 1, IAEA, Vienna.
19. OECD/NEA (2013b). Updating the NEA International FEP List: An IGSC Technical Note, Technical Note 2: Proposed Revisions to the NEA International FEP List, OECD/NEA.
20. IAEA (2003). Derivation of activity limits for the disposal of radioactive waste in near surface disposal facilities, IAEA-TECDOC-1380, IAEA, Vienna.
21. 安全委員会（2007）．低レベル放射性固体廃棄物の埋設処分に係る放射能濃度上限値について，原子力安全委員会，平成19年5月．
22. 澤口拓磨，武田聖司，佐々木利久，落合透，渡邊正敏，木村英雄（2008）．TRU核種を含む放射性廃棄物及びウラン廃棄物のピット処分に対する濃度上限値の評価，JAEA-Research 2008-046．
23. 安全委員会（2004）．原子炉施設及び核燃料施設の解体に伴って発生するもののうち放射性物質として取り扱う必要のないものの放射能濃度について，原子力安全委員会，平成16年12月（平成17年3月一部改正）．
24. JNC (1999)．わが国における高レベル放射性廃棄物地層処分の技術的信頼性－地層処分技術開発第2次取りまとめ－総論レポート，核燃料サイクル開発機構，JNC TN1400 99-020．
25. IAEA (2011). Disposal of Radioactive Waste Specific Safety Requirements: IAEA Safety Standards Series No. SSR-5, IAEA.
邦訳http://www.nsra.or.jp/rwdsrc/iaea/index.html
26. ICRP (2013). Radiological protection in geological disposal of long-lived solid radioactive waste. ICRP Publication 122. Ann. ICRP 42(3), Elsevier.
27. OECD/NEA (2009). Considering Timescales in the Post-closure Safety of Geological Disposal of Radioactive Waste, OECD/NEA.
28. ONDRAF (2001). SAFIR 2, Safety Assessment and Feasibility Interim Report 2, NIROUND 2001-06E, ONDRAF/NIRAS.
29. ICRP (2000). Radiation protection recommendations as applied to the disposal of long-lived solid radioactive waste, ICRP Publication 81, Elsevier Science Ltd.
30. ICRP (2007), The 2007 Recommendations of the International Commission on Radiological Protection. ICRP Publication 103 (Annals of the ICRP, 37 (2-4), 2007).

索　引

[著者紹介]
杤山　修（とちやま　おさむ）

（学歴・経歴）

1944年　誕生
1969年　京都大学大学院理学研究科化学専攻修士課程修了
1971年　東北大学工学部助手
1982年　同助教授
2003年　東北大学大学院工学研究科教授
2004年　東北大学多元物質科学研究所教授
2008年　公益財団法人原子力安全研究協会処分システム安全研究所所長
2010年～公益財団法人原子力環境整備促進・資金管理センター評議員
2015年～公益財団法人原子力安全研究協会技術顧問

（専門）

アクチノイドの溶液化学，放射性廃棄物の処理・処分

（委員）

総合資源エネルギー調査会電力・ガス事業分科会原子力小委員会
・放射性廃棄物ワーキンググループ委員
・地層処分技術ワーキンググループ委員長

（著書）

Chemical Thermodynamics of Compounds and Complexes of U, Np, Pu, Am, Tc, Se, Ni and Zr with Selected Organic Ligands（W. Hummelらと共著）, OECD NEA, Data Bank, Elsevier（2005）など。

放射性廃棄物処分の原則と基礎

2016年12月11日　　初版第1刷発行

［著者］ 杤山　修
［監修］ 公益財団法人原子力環境整備促進・資金管理センター

［発行人］ 長田　高
［発行所］ 株式会社ERC出版
〒107-0062
東京都港区南青山3-13-1　小林ビル2F
TEL 03-3479-2150　　振替 00110-7-553669
http://www.erc-books.com

［組版・印刷］ 株式会社ERC出版

ISBN 978-4-900622-59-3